THE PSYCHOLOGY BOOK

“人类的思想”百科丛书
精品书目

经济学百科

心理学百科

哲学百科

科学百科

商业百科

政治学百科

莎士比亚百科

社会学百科

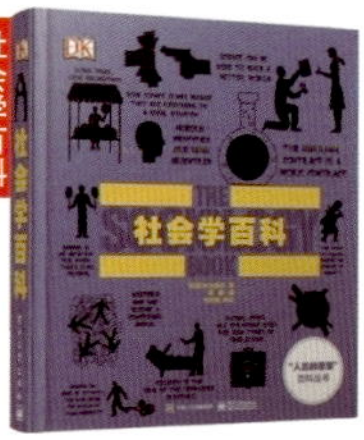

文学百科

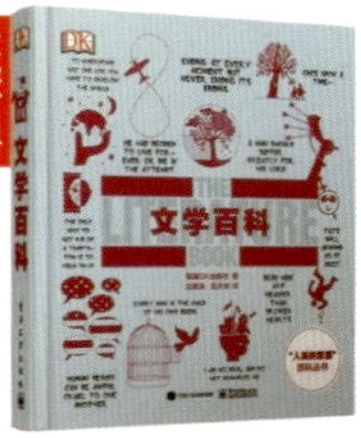

福尔摩斯百科

电影百科

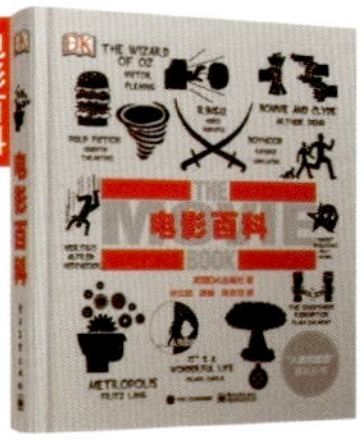

历史百科

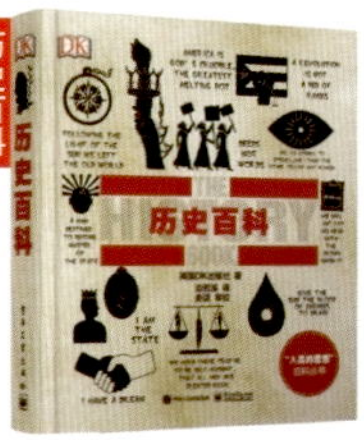

艺术百科

更多精品图书陆续出版，
敬请期待！

"人类的思想"百科丛书

THE PSYCHOLOGY BOOK

心理学百科

英国DK出版社　著

徐　玥　译

電子工業出版社
Publishing House of Electronics Industry
北京・BEIJING

Penguin Random House

A DORLING KINDERSLEY BOOK
WWW.DK.COM

Original Title: The Psychology Book

版权贸易合同登记号　图字：01-2012-7750

图书在版编目（CIP）数据

心理学百科 / 英国DK出版社著 ; 徐玥译. — 北京：电子工业出版社，2014. 1
（人类的思想百科丛书）
书名原文：The psychology book

ISBN 978-7-121-21545-2

Ⅰ. ①心… Ⅱ. ①英… ②徐… Ⅲ. ①心理学－通俗读物 Ⅳ. ①B84-49

中国版本图书馆CIP数据核字(2013)第226083号

策划编辑：郭景瑶（guojingyao@phei.com.cn）
责任编辑：张　冉
印　　刷：鸿博昊天科技有限公司
装　　订：鸿博昊天科技有限公司
出版发行：电子工业出版社
　　　　　北京市海淀区万寿路173信箱　邮编 100036
开　　本：850×1168　1/16　印张：22　字数：666千字
版　　次：2014年1月第1版
印　　次：2019年2月第13次印刷
定　　价：148.00元

凡所购买电子工业出版社图书有缺损问题，请向购买书店调换。若书店售缺，请与本社发行部联系，联系及邮购电话：（010）88254888，88258888。
质量投诉请发邮件至zlts@phei.com.cn，盗版侵权举报请发邮件至dbqq@phei.com.cn。
本书咨询联系方式：（010）88254210，influence@phei.com.cn，微信号：yingxianglibook。

扫码免费收听DK“人类的思想”
百科丛书导读

“人类的思想”百科丛书

本丛书由著名的英国DK出版社授权电子工业出版社出版，是介绍全人类思想的百科丛书。该丛书以人类自古至今各领域的人物和事件为线索，全面解读各学科领域的顶级思想，是了解人类文明发展历程的不二之选。

无论你是未涉足某类学科，或是有志于踏足某领域并向深度和广度发展，还是已经成为专业人士，这套书都会给你以智慧上的引领和思想上的启发。读这套书就像与人类历史上的伟大灵魂对话，让你无不惊叹与感慨。

该丛书包罗万象的内容、科学严谨的结构、精准细致的解读，以及全彩的印刷、易读的文风、精美的插图、优质的装帧，无不带给你一种全新的阅读体验，是一套极具收藏价值的人文社科类经典读物。

“人类的思想”百科丛书适合10岁以上人群阅读。

《心理学百科》的主要贡献者有Catherine Collin, Nigel Benson, Joannah Ginsburg, Voula Grand, Merrin Lazyan, Marcus Weeks等人。

目录

10 引言

哲学根源
萌芽中的心理学

18 人格的四种气质
克劳迪亚斯·盖伦

20 人类这台机器中有理性的灵魂
勒内·笛卡儿

22 睡吧!
阿毕·法利亚

24 思想在相互对抗中产生推动力
约翰·赫尔巴特

26 做真实的自己
索伦·克尔凯郭尔

28 人格是由先天和后天因素合成的
弗朗西斯·高尔顿

30 癔症是有普遍规律的
让-马丁·沙可

31 心灵内在结构的不可思议的紊乱
埃米尔·克雷佩林

32 有生命就有心灵
威廉·冯特

38 只要没有人让我们定义“意识”，我们就知道它是什么
威廉·詹姆斯

46 青春期是一次新生
斯坦利·霍尔

48 学习了24小时之后，我们就遗忘了三分之二
赫尔曼·艾宾浩斯

50 一个人的智力不是一成不变的
阿尔弗雷德·比奈

54 无意识看到了躲在窗帘后的男人
皮埃尔·让内

行为主义
我们对环境的反应

60 美食令人垂涎
伊万·巴甫洛夫

62 无益的行动淘汰出局
爱德华·桑代克

66 无论人们天性如何，都可以被训练成任何样子
约翰·华生

72 最大的迷宫就是人类的世界
爱德华·托尔曼

74 一旦被老鼠看到谷袋，我们就知道它会回来的
埃德温·格斯里

75 没有什么天性能阻挡猫爱上老鼠
郭任远

76 学习有无限可能
卡尔·拉什利

77 印刻是无法被遗忘的
康拉德·洛伦兹

78 行为是由正负强化塑造的
斯金纳

86 别想了，放松
约瑟夫·沃尔普

心理治疗

无意识决定行为

92 无意识是真正的心灵
西格蒙德•弗洛伊德

100 神经病患者通常都心怀自卑
阿尔弗雷德•阿德勒

102 集体无意识是由原型构成的
卡尔•荣格

108 生本能与死本能的争斗持续一生
梅兰妮•克莱因

110 "应该"的暴政
凯伦•霍妮

111 超我只有在与充满敌意的自我对峙时才会变得清晰
安娜•弗洛伊德

112 你只能容忍你自己发现的真理
弗里兹•皮尔斯

118 众所周知，收养一个孩子并给他爱是永远不够的
唐纳德•温尼考特

122 无意识是"他者"的言说
雅克•拉康

124 人的主要任务是让自己重生
埃里克•弗洛姆

130 美好的人生是一种过程，而不是 一种存在状态
卡尔•罗杰斯

138 一个人能成为什么，就一定能成为什么
亚伯拉罕•马斯洛

140 找到了痛苦的意义，就不再痛苦
维克多•弗兰克尔

141 不经历痛苦，不生而为人
罗洛•梅

142 合理的信念产生健康的情绪结果
阿尔伯特•艾利斯

146 家庭是塑造人的"工厂"
弗吉尼亚•萨提亚

148 激发热情，内向探索，脱离体制
蒂莫西•利里

149 领悟可能会导致盲目
保罗•瓦兹拉威克

150 疯狂不需要被全盘瓦解，它或许可以被突破
莱恩

152 我们的过去不决定我们的命运
伯里斯•西鲁尔尼克

154 只有好人才会抑郁
多萝西•罗伊

155 陷入沉默的父亲们
盖伊•科尔诺

认知心理学

计算机般的脑

160 直觉是一种动态的模式
沃尔夫冈•苛勒

162 打断任务极大程度上加深了对任务的记忆
布鲁玛•蔡加尼克

163 当婴儿听到脚步声时，一个细胞 集合就会被激活
唐纳德•赫布

164 知道是一个过程，不是一个结果
杰罗姆•布鲁纳

166 信念坚定的人很难被改变
莱昂•费斯廷格

168 神奇的数字7±2
乔治•米勒

174 表面之下还有很多我们看不到的事实
艾伦•贝克

178 我们每次只能听到一个声音
唐纳德•布罗德本特

186 时光之水可以倒流
安道尔•托尔文

192 知觉是受外部信息引导的一种想象
罗杰•谢帕德

193 我们一直在不停地寻找事物间的因果关系
丹尼尔•卡尼曼

194 事件和情绪是一起被储存进记忆的
高尔顿·鲍尔

196 情绪是一列脱轨的火车
保罗·艾克曼

198 入迷让人进入另一种现实
米哈里·契克森米哈赖

200 幸福的人都是高度社会化的
马丁·塞利格曼

202 我们一心相信的东西并不一定是真实的
伊丽莎白·洛夫特斯

208 记忆的七宗罪
丹尼尔·夏克特

210 个体并非只是其想法的集合那么简单
乔·卡巴金

211 人们担心生物学会揭穿我们神圣的外衣
斯蒂文·平克

212 强迫性的行为仪式是个体试图控制闯入性思维的尝试
保罗·萨科夫斯基斯

社会心理学

与他人共处一个世界

218 要想彻底了解一个系统，你必须试着改变它
库尔特·勒温

224 从众的力量有多大
所罗门·阿希

228 生活就是一个戏剧化的表演过程
欧文·戈夫曼

230 你越常看到一样东西，就会越喜欢它
罗伯特·扎荣茨

236 谁喜欢女强人？
珍妮特·泰勒·斯宾塞

237 闪光灯记忆会被高情绪唤醒的事件所激发
罗杰·布朗

238 不是为了获得知识，而是为了成为知情人
塞尔日·莫斯科维奇

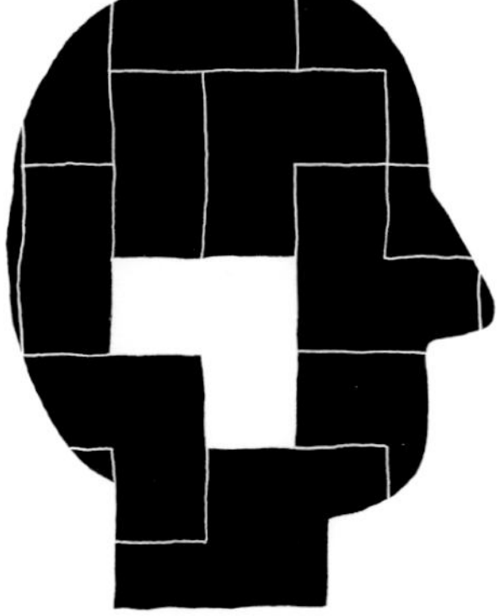

240 我们本质上都是社会人
威廉·格拉瑟

242 我们坚信人都会得到应得的奖赏或惩罚
梅尔文·勒纳

244 那些做疯狂事情的人并不一定是疯子
埃利奥特·阿伦森

246 人们会做别人要求他们做的事
斯坦利·米尔格拉姆

254 当好人被推上恶魔的位置时，会发生什么？
菲利普·津巴多

256 个体创伤应从个体与社会之间关系的角度去理解
伊格纳西奥·马丁-巴洛

发展心理学
从婴儿到成人

262 **教育应该培养有能力做新事情的人**
让·皮亚杰

270 **我们通过与他人的互动成为今天的自己**
利维·维果斯基

271 **不是由特定父母养大的儿童**
布鲁诺·贝特尔海姆

272 **任何事物的发展都可以按图索骥**
艾瑞克·埃里克森

274 **早期的情感联结是人性的组成部分**
约翰·鲍尔比

278 **接触所带来的安慰感极其重要**
哈里·哈洛

279 **我们在让孩子为我们完全不了解的未来做准备**
弗朗索瓦兹·多尔多

280 **敏感的母亲能够创造安全的依恋**
玛丽·安斯沃斯

282 **是谁教会孩子憎恨或畏惧另一种族的人?**
肯尼斯·克拉克

284 **女孩的成绩比男孩好**
埃莉诺·迈克比

286 **大部分人类行为都是通过模仿习得的**
阿尔伯特·班杜拉

292 **道德发展的六个阶段**
劳伦斯·科尔伯格

294 **语言器官的发展类似于其他身体器官的发展**
诺姆·乔姆斯基

298 **孤独症是男性大脑的极端形式**
西蒙·巴伦科恩

差异心理学
人格和智力

304 **牙签和名字一样，你都可以有多种用途**
吉尔福特

306 **鲁滨逊在遇见“星期五”之前是否缺乏某种人格特质?**
高尔顿·奥尔波特

314 **一般智力包含晶体智力和流体智力**
雷蒙德·卡特尔

316 **天才和疯子仅有一线之隔**
汉斯·艾森克

322 **三种核心动机驱动个体做出行动**
大卫·麦克利兰

324 **情绪本质上是一个无意识的过程**
尼科·弗莱吉达

326 **脱离环境线索去理解行为的做法是荒谬的**
沃尔特·米歇尔

328 **在精神病医院，我们无法区分正常人和精神病人**
大卫·罗森汉

330 **三面夏娃**
科比特·西格彭
赫维·克莱克里

332 人名录

340 术语表

344 索引

351 致谢

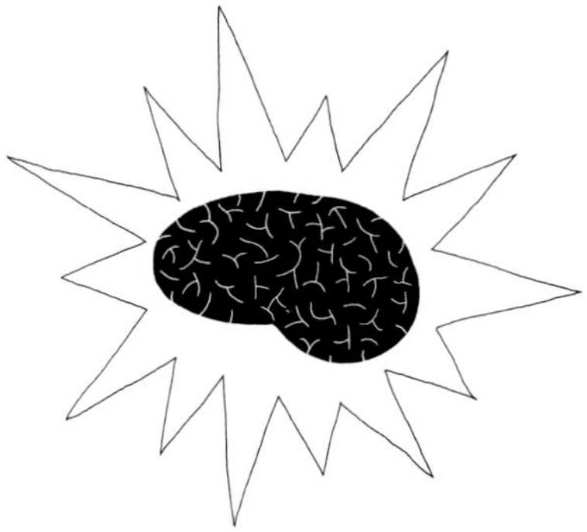

在公众眼里，心理学在所有的学科中可能是最神秘的，同时恐怕也是受误解最多的。虽然心理学的声音和思想渗透在每一种文化的日常生活中，但是大多数人依旧搞不清楚这个学科到底是关于什么的，以及心理学家到底是做什么的。有的人一提到“心理学”就会联想到穿白大褂的人，他们可能是精神病院的医生，也可能是拿小白鼠开刀的实验员。有的人脑海中可能会浮现出一个满嘴中欧口音的人，正在对躺椅上的病人进行精神分析，或者像电影里演的那样，实施着心灵操控术。

虽然这些形象过于夸张，但是它们的背后却有着真实的成分。心理学这把大伞覆盖了范围相当广泛的分支学科，也难怪人们会困惑于心理学到底是做什么的（光是以psych为前缀的词就够让人眼花缭乱的了），心理学家自身对于某个术语的定义可能也存在着争议。“Psychology”（心理学）这个词源于古希腊语中的psyche（意为灵魂或心灵）和logia（意为研究和解释），两个词合起来就组成了这个学科最初的涵义，而今天对“心理学”更为准确的描述是“心智与行为的科学”。

新的科学

心理学可以被看作是哲学与生理学之间的桥梁。生理学描述和解释的是大脑和神经系统的生理结构，而心理学考察的是发生在其中的心理加工过程及其如何在思想、观念和行动中体现出来。哲学关注的是思想和观念，而心理学研究的是我们怎样产生出思想和观念以及我们的心灵是如何工作的。

> 心理学虽有着悠远的过去，却只有短暂的历史。
>
> ——赫尔曼·艾宾浩斯

所有的科学都起源于哲学，起源于想用科学的方法去解释哲学问题，但是像意识、知觉和记忆这类问题，它们看不见摸不着的特性预示了心理学要想将哲学观点转变为科学实践势必有很长的路要走。在一些大学里，特别是在美国，心理学系起初都是哲学系的分支，而在其他一些国家，尤其是德国，心理学系建立之初就完全是科学类的科系。但是直到19世纪后期，心理学才凭借自身的力量屹立于科学之林。

世界上第一个实验心理学实验室是由莱比锡大学的威廉·冯特于1879年建立的，这标志着心理学作为一门真正的科学受到认可，同时也开拓了尚未被探索过的新的研究领域。到了20世纪，心理学进入繁盛时期；它的主要分支和思潮纷纷开始涌现。心理学的历史和所有

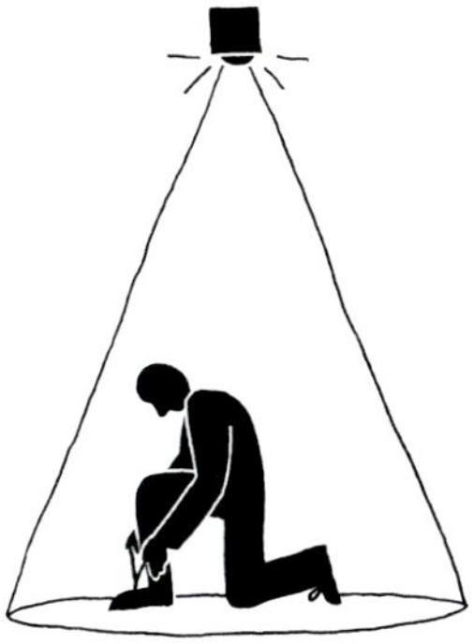

科学一样，建立在后继者的理论和发现之上，当代的心理学家仍然与许多古老的理论有着千丝万缕的联系。一些学术研究领域的主题来源于心理学发展的初期，不同思想学派都对它们进行各自的解释，而另一些则在人们的视线中来了又去，但是每次它们都会对后继的思想产生重要的影响，并且有时候还可能孕育出崭新的探索领域。

初学者想要了解如此广泛的心理学领域有一个最简单的办法，那就是按照年代的顺序看看所发生过的重大事件和变革，正如本书这样：从心理学的哲学根源开始，经过行为主义、心理治疗、认知、社会、发展心理学的研究，直到差异心理学。

两种取向

即使是在发展的早期，心理学对不同人也有着不同的意味。在美国，它依附于哲学，所以其取向是思辨和理论性的，关注的是意识和自我这样的概念。在欧洲，心理学研究植根于科学，所以强调的是检验实验室控制条件下的感知或记忆等心理加工过程。然而，即便是偏科学取向的心理学家，他们的研究仍局限于内省的方法：像艾宾浩斯这样的先驱以自己为调查对象，大大限制了他们所能观察到的事物的范围。虽然他们使用了科学的方法并且他们的理论为新的科学奠定了基础，但是许多后辈的心理学家都发现他们的研究过于主观，于是便开始寻找更为客观的方法。

19世纪90年代，俄国心理学家伊万·巴甫洛夫做出了被认为是对欧洲和美国的心理学发展都产生了重要影响的实验。他证明了动物能够产生条件性的反应，这一观点后来发展为众所周知的行为主义。行为主义者认为客观地研究心理加工过程是不可能的，但是测量行为就相对简单多了，而行为正是那些心理加工过程的体现。他们开始设计实验来操纵各种控制条件，起初用动物做实验来推断人类的心理，后来干脆直接用人类做实验。行为主义者的研究几乎只关注于行为如何被环境所塑造；“刺激—反应”理论因约翰·华生的工作而变得家喻户晓。新的学习理论在欧洲和美国的发展势如破竹，大大吸引了普通民众的目光。

然而，当行为主义刚开始在美国崭露头角时，维也纳一位年轻的精神病医生开始提出关于心灵的理论，这一理论颠覆了同时代的思想并开辟了一条截然不同的道路。

> **对我们心理学人来说，首要的事情是思考自己要走向何方。**
>
> ——威廉·詹姆斯

基于对病人的观察以及对病史资料的分析，弗洛伊德的精神分析理论又扭头转向主观经验的研究，而非实验室实验。他关注记忆、儿童发展和人际关系，强调无意识对行为的决定性作用。虽然他的思想在当时令人震惊，但是它们迅速而广泛地被人们所接受，并且“谈话治疗”一直延续并存在于今天的各种心理治疗中。

新的研究领域

20世纪中叶，随着一股研究心理加工过程的科学思潮的回归，行为主义和精神分析渐渐没落。这就是著名的认知心理学的兴起，这一思想运动又起源于以研究知觉为主的格式塔心理学家的整体观。认知心理学的工作开始于第二次世界大战之后的美国；到了20世纪50年代后期，认知心理学变得举世瞩目。通信和计算机领域的飞速发展为心理学家提供了一种有用的类比；他们用信息加工模型来深化多个领域的理论，例如，注意、知觉、记忆和遗忘，语言和语言获得问题，解决和决策，以及动机。

甚至由原始的“谈话治疗”衍生出的形式多样的心理治疗都受到了认知取向的影响。认知疗法和认知行为疗法被称为精神分析的代替品，催生了人本心理学，注重人类生活的质量。这些治疗师将他们的注意力从治疗疾病转向引导健康的人过上更有意义的生活。

心理学的早期阶段主要关注个体的心智和行为，而现在，却对我们如何与环境及他人互动更感兴趣；社会心理学应运而生。和认知心理学一样，社会心理学在相当程度上也得益于格式塔心理学，特别是20世纪30年代从纳粹德国逃到美国的科特·勒温。社会心理学统一了20世纪后半叶的步调，其研究揭示了许多新的发现，包括我们的态度和偏见、我们对权威的服从以及我们具有攻击性和利他主义的原因，这些都与现代都市生活以及更有效的沟通交流有密切的关系。

> **如果说19世纪是编辑称霸的年代，那么我们这个世纪就是精神科医生的天下。**
>
> ——麦克卢汉

弗洛伊德的后续影响主要体现在发展心理学这个新领域上。这一领域的研究起初只关心儿童的发展，后来慢慢地扩展到整个人一生的变化，从婴儿直到老年。研究者勾勒出人类如何进行社会、文化和道德的学习，以及如何形成依恋。发展心理学对教育和培训的贡献也是非常突出的，同时，也影响着我们如何思考儿童发展中的人际关系及对种族和性别的态度。

几乎每一个心理学分支都

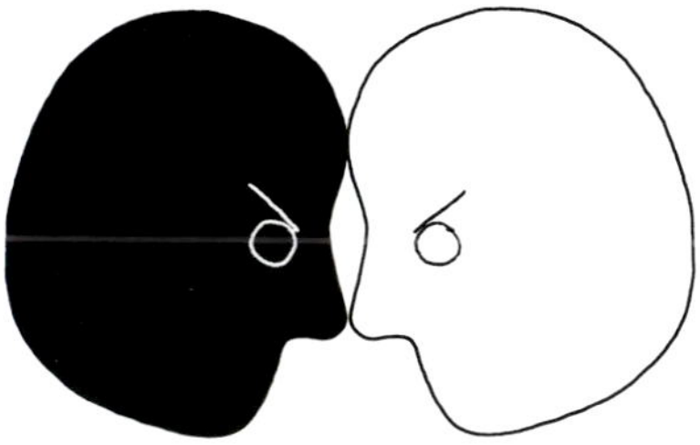

会涉及人类的独特性的问题，但是，20世纪后期心理学被单独看作是差异心理学的天下。在试图确认和测量人格特质及智力元素的同时，心理学家们也检验了正常与异常的定义及测量方法，并着眼于我们的个体差异在多大程度上是环境的结果还是遗传的产物。

一门影响深远的科学

留存到今天的众多心理学分支覆盖了心智生活及人类与动物行为的全部内容。其研究范围又因与许多其他学科交叉而进一步扩展，包括医学、生理学、神经科学、计算机科学、教育学、社会学、人类学，甚至政治、经济和法律。心理学或许是最包罗万象的科学。

心理学持续影响着其他科学，同时也被其他科学所影响，特别是神经科学和遗传学。延续至今的先天和后天的争论可以追溯到19世纪70年代的高尔顿的观点；近年来，进化心理学对此争论也做出了自己的贡献，它发现心理特质是先天和生物学的现象，服从遗传规律和自然选择法则。

心理学是一个巨大的主题，它的发现和我们每一个人都息息相关。或多或少，它都在影响着政府、商业和工业、广告业以及大众传媒的决策。它影响着群体中的我们，也影响着身为个体的我们，它介入了对社会的一般性讨论，也指导着对心理障碍的诊断和治疗。

心理学家的观点和理论融入了我们的日常文化，从某种程度上讲，他们关于行为和心理加工过程的许多发现现在都被视为“常识”。心理学所提出的一些观点确认了我们的直觉，仅是让我们做出再一次的思考而已；但是心理学家也经常令公众震惊和震怒，因为他们的发现动摇了人们传统的、长久的信念。

> 心理学的目的是让我们对自以为了然于胸的事情有截然不同的见解。
>
> ——保罗·瓦勒里

在其简短的历史上，心理学带来的许多观念改变了我们的思维方式，帮助我们更能够理解自己、他人和我们所生活的世界。它深深地质疑旧有的观念，发掘出令人不安的真相，同时也为复杂的问题提出令人惊叹的见解和解决之道。作为一门大学课程，它的受欢迎程度不断提升，这不仅显示出当代心理学的流行，而且显示出这门探索人类神秘心灵世界的学科的丰富性和多样性，以及给人们带来的欢欣和鼓舞。■

PHILOSOPHICAL ROOTS
PSYCHOLOGY IN THE MAKING

哲学根源
萌芽中的心理学

1649年

勒内·笛卡儿出版《灵魂的激情》，宣称**肉体和灵魂是分开的**。

1816年

约翰·赫尔巴特在一本心理学教科书中用**意识和无意识**来描述动态的心灵。

1819年

阿毕·法利亚在他的著作《论清醒睡眠的原因》中调查了**催眠**现象。

1849年

索伦·克尔凯郭尔的著作《致死的疾病》标志着**存在主义**的开端。

1859年

达尔文出版《物种起源》，提出我们的所有特质都来自遗传。

1861年

神经外科医生**皮埃尔·保罗·布洛卡**发现人脑的左右半球有着不同的功能。

1869年

弗朗西斯·高尔顿的研究认为**先天比后天更重要**，并将其写进《遗传的天赋》。

1874年

卡尔·威尔尼克证明特定脑区的损伤能导致特定技能的缺失。

现代心理学的许多议题在今天的科学发展出来之前就是哲学领域长久讨论的话题了。古希腊最早期的哲学家一直在寻找关于我们所存在的世界中各种问题的答案，以及我们思考和行动的方式。从那时起，我们就为了思索意识和自我、心灵和躯体、知识和知觉、社会的构成以及如何过上美好生活而绞尽脑汁。

科学的各个分支几乎都起源于哲学，启蒙于16世纪之后，直到一场“科学革命”的爆发，开辟了18世纪的理性年代。虽然科学知识的进展回答了许多关于我们所存在的世界的问题，但仍无法解释我们的心灵如何工作。然而，科学和技术确实提供了研究的范式，告诉我们该如何提出适当的问题，并收集相关资料来验证理论。

分离的心灵与肉体

17世纪科学革命的代表人物之一，哲学家和数学家笛卡儿提出心灵和肉体是分离的，这对心理学的发展起到了至关重要的作用。他宣称所有的人类都是二元的存在——拥有独立的机器一样的身体，以及非物质、可思考的心灵或灵魂。后来的心理学思想家，如约翰·赫尔巴特，对机器的比喻进行了扩展，将人脑以及心理加工过程描述为人脑机器在工作。

心灵和肉体分离的程度成为争论的主题。科学家想知道心灵在多大程度上是由生理因素以及我们的环境所塑造的。“先天和后天”的争论由英国自然学家达尔文的进化论点燃，由弗朗西斯·高尔顿接棒，将话题引入自由意志、人格、发展和学习。这些领域还没有完全被哲学所触及，并且已经为迎接科学研究做好了准备。同时，心灵的奥秘

1877年 **让-马丁·沙可**发表题为《神经系统疾病》的演讲。

1879年 **威廉·冯特**在德国莱比锡建立了**第一个实验心理学实验室**。

1883年 **埃米尔·克雷佩林**出版《精神病学教科书》。

1885年 **赫尔曼·艾宾浩斯**在他的著作《记忆》中详细描述了他的学习无意义音节的实验。

1887年 **格兰维尔·霍尔**出版《美国心理学期刊》创刊号。

1889年 皮埃尔·让内认为**癔症**是人格的解离和割裂造成的。

1890年 “心理学之父”**威廉·詹姆斯**出版《心理学原理》。

1895年 阿尔弗雷德·比奈建立**第一个心理诊断**实验室。

随着催眠的发现而受到热烈的追捧，严肃的科学家们开始思考心灵世界除了外显的有意识思维是否还有更多内幕。这些科学家开始探查“无意识”的本质，以及它对我们的思维和行为的影响。

心理学的诞生

在这些背景基础上，现代科学心理学诞生了。1879年，威廉·冯特在德国莱比锡大学建立了第一个实验心理学实验室，欧洲和美国的大学里也开始出现心理学系。正如哲学带有特定的地域色彩一样，心理学在不同的地区也有着各自的发展方向：在德国，像威廉·冯特、赫尔曼·艾宾浩斯和埃米尔·克雷佩林这样的心理学家采用严格的科学和实验方法进行研究；而在美国，威廉·詹姆斯和他的哈佛同事采用更为理论性和哲学化的方法。除了这些研究方向外，一个颇具影响力的学派在巴黎生根发芽，它围绕着神经学家让-马丁·沙可的工作，即催眠治疗癔症展开。这一学派吸引了一些心理学家，如皮埃尔·让内，他关于无意识的观点早于弗洛伊德的精神分析理论。

19世纪的最后20年可以看到新的心理科学的重大飞速发展，同时，研究心灵的科学方法建立起来，这些方法和生理学和研究躯体的相关学科大致相同。起初，科学的方法仅用于研究知觉、意识、记忆、学习和智力，后来它在观察和实验过程中的实践又为新的理论提供了宝贵财富。

虽然这些观点通常来源于心灵研究者的自省，他们的研究也带有强烈的主观意味，但他们为下一代心理学家更客观地研究心灵和行为奠定了基础，并且催生了治疗心理障碍的新理论。■

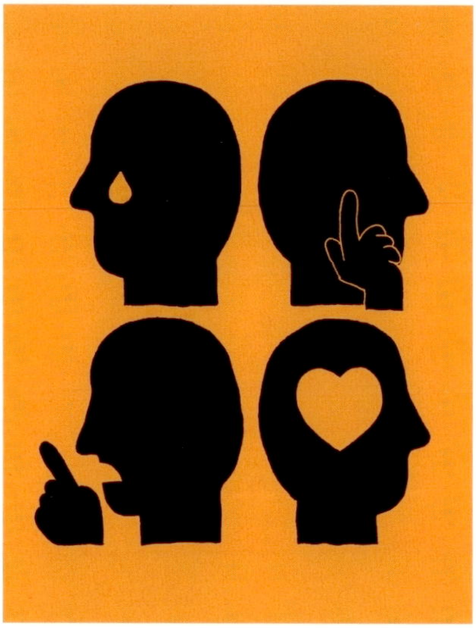

人格的四种气质

克劳迪亚斯·盖伦（约129–约201年）

背景介绍

聚焦

体液说

此前

约公元前400年 希腊医生希波克拉底认为人体的体液中含有四种元素。

约公元前325年 希腊哲学家亚里士多德认为幸福有四种来源：感官的、物质的、道德的和逻辑的。

此后

1543年 解剖学家安德雷亚斯·维萨里在意大利出版了《人体构造》。他指出了盖伦的错误，却被当成异教徒而遭受指控。

1879年 冯特认为气质的差异源于在两个维度上所占的比例不同，这两个维度分别为可变性和情绪性。

1947年 在《人格维度》一书中，艾森克提出人格基于两种维度。

万物都由四种基本元素组成：土、空气、火和水。

↓

这些元素与四种体液相对应，而体液影响着我们的身体功能。

↓

这些体液也会影响我们的情绪和行为——我们的“气质”。

↓

体液的不均衡会导致气质问题……

↓

……因此，通过重新找回体液的均衡，医生可以治愈我们的情绪和行为问题。

罗马哲学家和医生克劳迪亚斯·盖伦（Claudius Galen）根据古希腊的体液说，提出了人格类型的概念。体液说试图揭示人体是如何工作的。

体液说的起源可以追溯到希腊哲学家恩培多克勒（前495—前435年），他提出所有的物质都由四种基本元素，即土（寒冷而干燥）、空气（温暖而潮湿）、火（温暖而干燥），和水（寒冷而潮湿）构成。“医学之父”希波克拉底（前460—前370年）基于这些元素提出了一个医学模型，认为人体中有四种液体。这些液体被称为“体液”。

500年后，盖伦将体液说扩展到人格，他观察到人体的体液水平与情绪和行为倾向或“气质”有着直接的联系。

盖伦的四种气质，即多血质、黏液质、胆汁质、抑郁质的基础是人体的体液处于均衡状态。如果一种体液过多，那么其对应的人格类型就开始占主导。

参见：勒内•笛卡儿 20~21页，高尔顿•奥尔波特 306~313页，汉斯•艾森克 316~321页，沃尔特•米歇尔 326~327页。

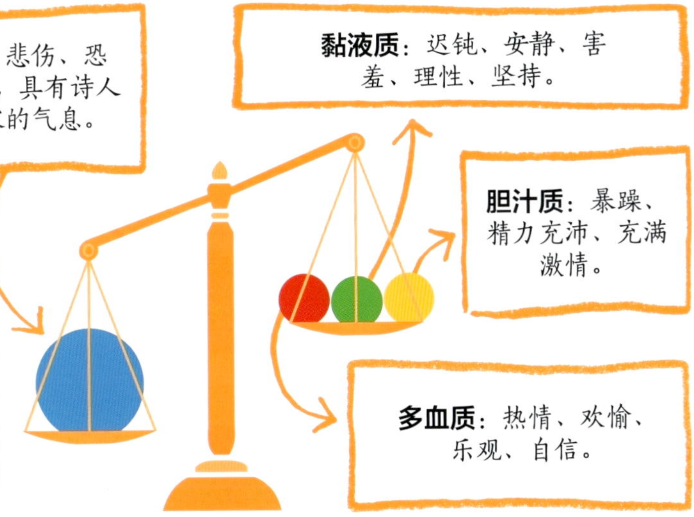

体液的不均衡状态决定了人格类型以及特定心理疾病的倾向。

多血质的人拥有过多的血液，他们热情、高兴、乐观且自信，但是也可能会有些自私。黏液质的人拥有过多的黏液，他们安定、温和、冷静、理性且坚持，但是也可能会有些迟钝和害羞。胆汁质的人是暴躁而炽烈的，他们拥有过多的黄色胆汁。最后，抑郁质的人黑色胆汁过多，他们具有诗人和艺术家的气息，也经常体验到悲伤和恐惧。

体液的失衡

根据盖伦的说法，有的人生来就容易带有某种气质。然而，他又说，虽然气质问题是由体液的失衡导致的，但是饮食和锻炼可以将其治愈。在更为极端的病例中，治疗的方法还有排毒和放血。例如，一个超级多血质的人表现得特别自私，是因为他体内的血液过多；将身体切开一个小口放血就可以对此进行治疗。

盖伦的学说对医学界的统领直到文艺复兴时才结束，那时有了更科学的研究成果。1543年，在意大利行医的医生安德雷亚斯•维萨里（1514—1564）发现盖伦的解剖描述中有超过200个错误，但是尽管盖伦的医学观点一败涂地，他仍然持续影响着20世纪的心理学家。1947年，艾森克推断，气质是以生物学为基础的，并且他找到了两种人格特质呼应着古老的气质，即神经质和外向性。

虽然体液说不再属于心理学的范畴，但是盖伦提出的“许多生理和心理疾病相互关联”的观点构成了现代治疗的基础。■

克劳迪亚斯•盖伦

克劳迪亚斯•盖伦，也被称为“帕加玛的盖伦”（帕加玛位于土耳其），他是古罗马的内科医生、外科医生和哲学家。他的父亲埃利乌斯•尼康是一个富有的古希腊建筑师，他给盖伦提供了良好的教育和外出旅行的机会。盖伦定居在罗马，为帝王服务，包括马可·奥勒留，并成为他的主治医生。盖伦在负责医治角斗士时学会了创伤的处理，他还撰写了超过500部医书。他认为通过动物来研究解剖是最好的方法。然而，虽然盖伦发现了许多内脏器官的功能，但是他因为假设动物的躯体（如猴子和猪）和人类是非常相似的，所以也犯了不少错误。盖伦活了至少70岁，关于盖伦的争论在他死后仍在继续。

主要作品

约190年 《气质》
约190年 《本能》
约190年 《关于自然科学的三篇论文》

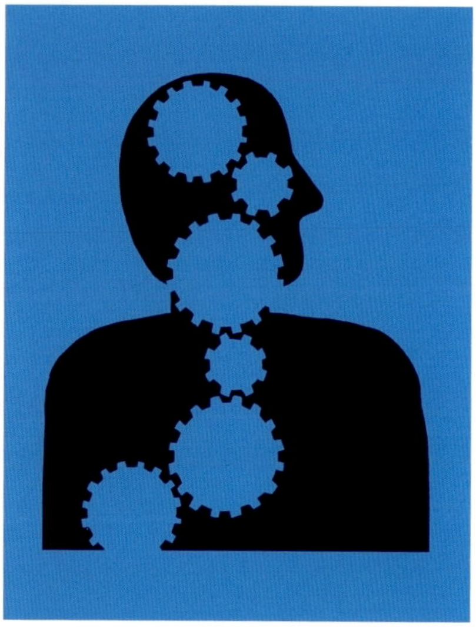

人类这台机器中有理性的灵魂

勒内·笛卡儿（1596–1650年）

背景介绍

聚焦

心灵–肉体二元论

此前

公元前4世纪 古希腊哲学家柏拉图认为肉体来自物质世界，而灵魂，或者说心灵，来自理念世界。

公元前4世纪 古希腊哲学家亚里士多德认为灵魂与肉体是不可分离的：灵魂是肉体的实质。

此后

1710年 在《人类知识原理》中，英裔爱尔兰哲学家乔治·贝克莱认为肉体只是心灵的知觉。

1904年 在《意识存在吗》中，威廉·詹姆斯断言意识不是独立的实体，而是一种特殊的功能。

心灵与肉体是否分离的争论可以一直追溯到柏拉图和古希腊时期，但是17世纪的哲学家勒内·笛卡儿（Rene Descartes）是第一个详细描写了心灵与肉体之间关系的人。1633年，笛卡儿写了第一部哲学著作《论人》，他在其中这样描述心灵和肉体的二元论：无形的心灵，或“灵魂”，存在于大脑的松果体中，负责思考，而肉体就像一台由“动物精气”操控的机器，或者说是流经神经系统的体液使人做出各种动作。这种观点在公元2世纪就因盖伦而盛行，他还将

参见：克劳迪亚斯·盖伦 18~19页，威廉·詹姆斯 38~45页，西格蒙德·弗洛伊德 92~99页。

这种观点融入他的体液说；但是笛卡儿是第一个进行详细描述的人，并且他强调心灵与肉体的分离性。在给法国哲学家马林·梅森的信中，笛卡儿解释说松果体是“思维之所在”，所以一定是灵魂的居所，“因为它们密不可分”。他说，这是非常重要的，因为若非如此，灵魂就无法与肉体相结合，而只能是精神上的存在。

笛卡儿想象心灵和肉体通过流经肉体的动物精气相互作用。驻扎在大脑深处的松果体中的心灵，或灵魂，就像是一名舵手，支配着有意识的感觉。这样，肉体就能够影响心灵。相反，心灵通过动物精气向肉体的特定区域流动来影响肉体，激发动作。

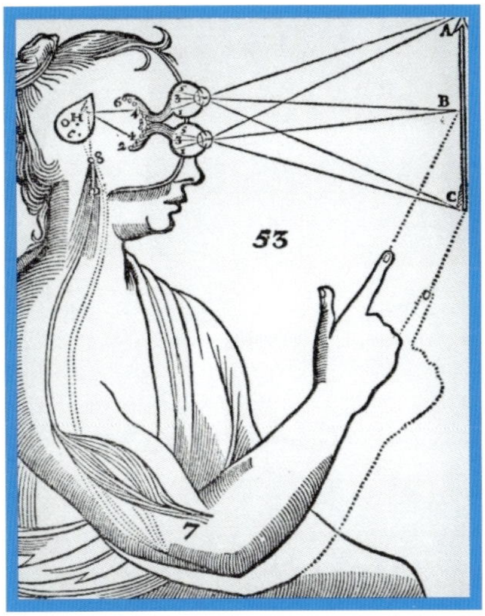

笛卡儿图解松果体，松果体是大脑中独一无二的器官，它完美地整合了来自双眼和双耳的视听信息。

> **心灵和肉体是完全不同的。**
> ——勒内·笛卡儿

心灵的比喻

笛卡儿从法国凡尔赛花园的供水系统及精美的喷泉中得到了灵感，他将操纵神经和肌肉的精气比喻为水流的力量，“正是这种力量推动了一切”。喷泉是由喷泉制造者所控制的，而在此笛卡儿将其比作心灵。他解释说：“这台机器中有一个理性的灵魂。它居住在大脑中，就好像喷泉制造者必须建造一个蓄水池，机器的水管伸到那里，他可以随意开启或关闭，甚至改变喷水的方式。”

当哲学家们还在争论心灵和大脑是否是不同的存在时，大多数心理学家已经视心灵为大脑的产物了。然而，实际上，心理健康与生理健康之间的差别是非常复杂的：当心理压力导致生理疾病时，两者是难解难分的，而化学失衡也会影响大脑。■

勒内·笛卡儿

勒内·笛卡儿生于法国图赖讷拉海（现名以“笛卡儿”命名）。他的母亲在他出生后不几天就因结核病而去世，他因受到传染也一直体弱多病。从8岁开始，他进入拉夫赖士的耶稣学校接受教育，在那里养成了在床上度过每个早上的习惯，因为他身体不好，所以就进行“系统冥想”——关于哲学、科学和数学。从1612年到1628年，他醉心于思考、旅行和写作。1649年，他受邀为瑞典女王克里斯蒂娜讲课，但是她总是占用他早上的时间，再加上寒冷的天气，他的健康每况愈下。1650年2月11日，笛卡儿去世。官方记载他死于肺炎，但是一些历史学家认为他是被毒杀的。

主要作品

1637年 《方法论》
1662年 《论人》（写于1633年）
1647年 《人体的描述》
1649年 《灵魂的激情》

睡吧！

阿毕·法利亚（1756–1819年）

背景介绍

聚焦

催眠

此前

1027年 波斯哲学家和医生阿维森纳在《治愈之书》中描写了恍惚状态。

1779年 德国医生弗朗兹·麦斯迈出版了《发现动物磁力实录》。

此后

1843年 苏格兰外科医生詹姆斯·布雷德在《神经性睡眠》一书中创造了“神经催眠术”这个词。

19世纪80年代 法国心理学家埃米尔·库艾发现了安慰剂效应并出版了《通过有意识的自我暗示控制自我》。

19世纪80年代 弗洛伊德研究了催眠及其表现出的控制潜意识体征的力量。

引发精神恍惚状态来治病已经不是什么新闻了。在一些古代文明中，如埃及和希腊，人们时常依靠“宿庙求梦”来治病，他们进入一种类似睡觉的状态来听取祭师的建议。1027年，波斯医生阿维森纳记录了精神恍惚状态的特点，但是它还完全没有被当作治疗手段来使用，直到18世纪被德国医生弗朗兹·麦斯迈再次启用。麦斯迈的治疗法是通过磁体和暗示来操纵身体本能的，或者说“动物的”磁力。在被“催眠”或“磁化”之后，有的人会抽搐，随后他们就说自己感觉好多了。

多年以后，葡萄牙属果阿的

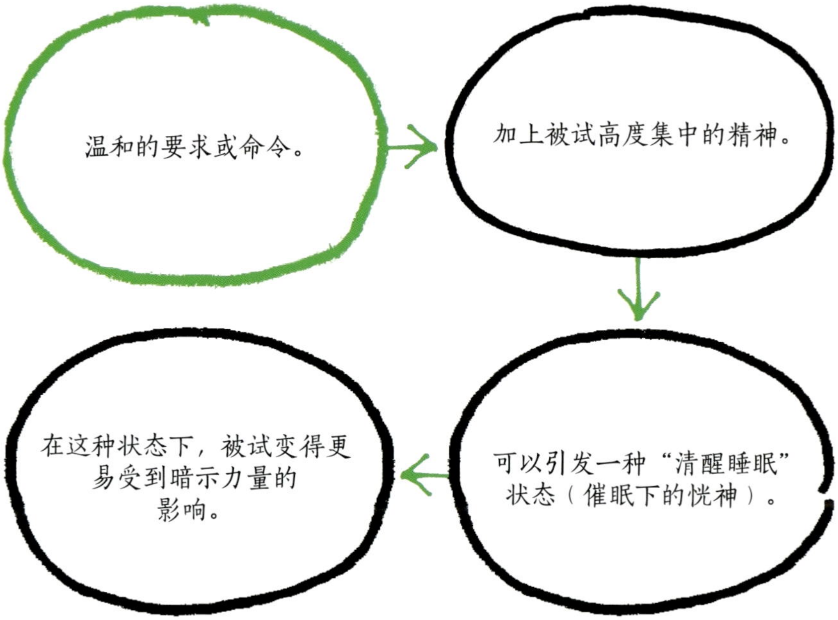

参见：让-马丁·沙可 30页，西格蒙德·弗洛伊德 92~99页，卡尔·荣格 102~107页，米尔顿·艾瑞克森 336页。

僧侣阿毕·法利亚（Abbe Faria）研究了麦斯迈的工作，他得出结论说磁力是催眠的关键完全是无稽之谈。真相其实是更令人惊讶的：使人进入精神恍惚状态或“清醒睡眠”的力量完全仰仗个体集中精神的程度。没有什么必不可少的特殊法力，因为这种现象仅仅依靠暗示的力量。

清醒睡眠

法利亚的职责是帮助被试集中精神，进入正确的状态。在《论清醒睡眠的原因》中，他描述了他的方法：“在挑选了态度端正的被试后，我要求他们坐在椅子上放松，闭上眼睛，集中精神，想着睡觉。当他们安静地等待进一步的指令时，我用温和的语气命令说‘睡吧！’，然后他们就进入了清醒睡眠”。

“催眠”（hypnosis）这个词就来自于法利亚的清醒睡眠，是由苏格兰的外科医生詹姆斯·布雷德在1843年创造的，它是由希腊语的“睡眠”（hypnos）和“状态”（osis）组合而成的。布雷德得出结论，催眠不是一种睡眠，而是一种全神贯注并且受暗示性提高的状态。在他去世后，人们对催眠的兴趣锐减，直到法国神经病医生沙可开始系统性地利用催眠来治疗创伤后的癔病。此后，催眠引起了布洛伊尔和弗洛伊德的注意，他们都对催眠背后的力量产生了疑惑，并且发现了潜意识的力量。■

弗朗兹·麦斯迈利用磁体来引发精神恍惚状态，这通常是作用在胃部的。据说由此就可以引导身体中的“动物”磁力恢复和谐状态。

> 磁体没有任何作用；所有的一切都来自于被试本身并且发生在他的想象之中。
>
> ——阿毕·法利亚

阿毕·法利亚

阿毕·法利亚出生在葡萄牙殖民地果阿，是一位富家女的儿子，但是他的父母在他15岁时离婚了。带着葡萄牙当局开具的介绍信，法利亚和他的父亲来到葡萄牙共同接受牧师的训练。一次偶然的机会，年轻的法利亚被女王邀请到她的私人教堂布道。在布道的过程中，他异常紧张和惊慌，于是他的父亲低声说：“他们都是稻草人——砍倒那些稻草！”法利亚立即忘记了害怕并开始流利地布道；后来他就想知道为什么简单的一句话就可以迅速改变他的心理状态。他来到了法国，并投身法国大革命，身陷监狱时他一直在思索自我暗示的方法。法利亚成为了一位哲学家，然而他公开演示“清醒睡眠”的失败结果却令他名誉扫地。他于1819年死于脑卒中，尸体被埋葬在巴黎蒙马特的一座无名坟墓中。

主要作品

1819年 《论清醒睡眠的原因》

思想在相互对抗中产生推动力

约翰·赫尔巴特（1776–1841年）

背景介绍

聚焦

结构主义

此前

1704年 德国哲学家戈特弗里德·莱布尼茨在他的《人类理智新论》中讨论了微弱知觉（无意识的知觉）。

1869年 德国哲学家哈特曼出版了被广泛阅读的《无意识的哲学》。

此后

1895年 弗洛伊德和布洛伊尔出版了《癔病研究》，提出了精神分析及相关的无意识理论。

1912年 卡尔·荣格撰写了《无意识心理学》，认为所有人的无意识经验都存在着文化特异性。

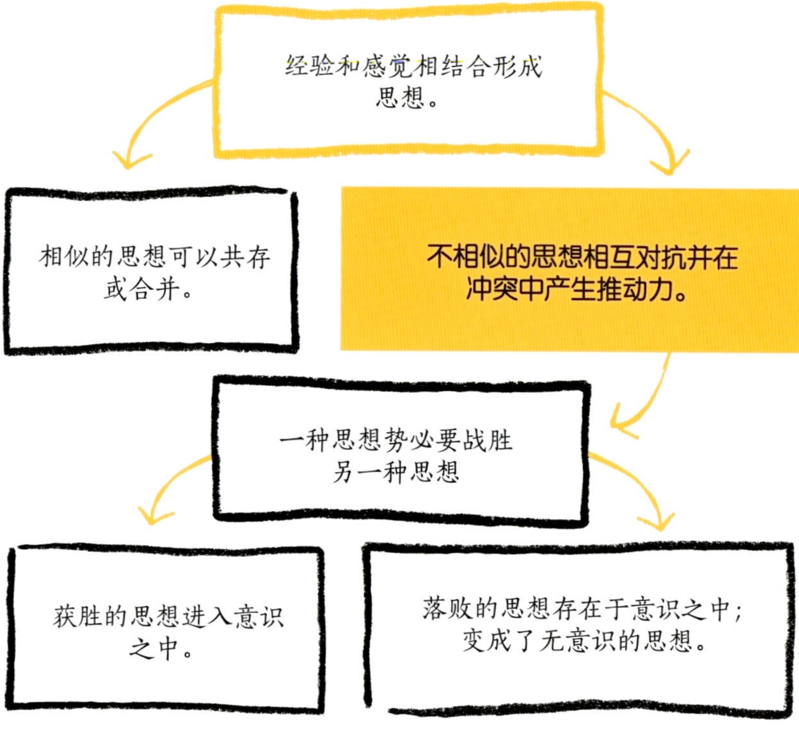

约翰·赫尔巴特（Johann Friedrich Herbart）是德国的哲学家，他想要研究心灵是如何工作的，特别是如何掌管思想和观念。试想我们每个人一生中都会产生无数的思想，为什么我们没有越来越混乱呢？在赫尔巴特看来，心灵一定动用了某种系统来区分和储存这些思想。他还想要知道为什么虽然思想一直存在（赫尔巴特认为它们是不会被销毁的），但是却又好像不在我们的意识之中。18世纪的德

参见：威廉·冯特 32~37页，西格蒙德·弗洛伊德 92~99页，卡尔·荣格 102~107页，安娜·弗洛伊德 111页，莱昂·费斯廷格 166~167页。

根据赫尔巴特的观点，想法和感受包含着能量，它们像磁铁一样互相吸引同类，或排斥异类。

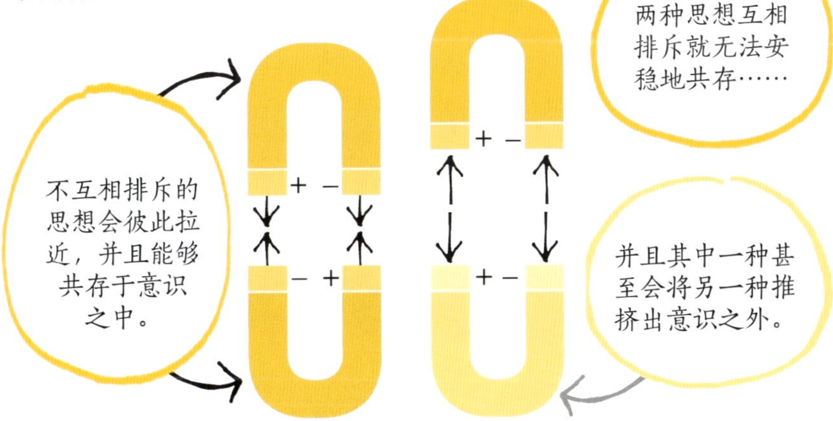

国哲学家莱布尼茨最先开始探讨存在于意识之外的思想，并称之为微弱知觉。例如，他指出我们经常会回忆起曾经感知过的事物，如某个场景中的细节，即便我们并没有自始至终地意识到它的存在。也就是说，我们感知事物、储存对它们的记忆时是没有意识到自己在这样做的。

动态的思想

根据赫尔巴特的观点，思想来自于对感觉到的信息的整合。他所说的思想包含了想法、心理表象甚至情绪状态。这些共同组成了心灵的全部内容，并且赫尔巴特把它们看作动态而非静态的元素，它们相互之间可以移动和影响。他说，思想能够吸引或结合其他的思想或感受，也能够排斥它们，就像磁铁一样。相似的思想，就好像颜色和音调，是能够互相吸收和结合成更复杂的思想的。

但是，如果两种思想不相似，它们也可能互不相干地存在着。时间久了，它们都会衰弱，最终沉没在“意识的阈限”之下。一旦两种思想刀兵相见，它们在相互抵抗中就会产生一种力量。它们在争斗中加满能量，企图将对方赶出意识之外，赶入赫尔巴特所谓的“趋势状态”，也就是我们现在所熟知的“无意识”。

赫尔巴特把无意识简单地看作是虚弱的或被打压的思想存储的地方。他认为要进入意识必须达到一个明确的阈限，他试图为健全的心灵如何管理思想找到结构化的解决之道。但是，弗洛伊德把无意识的机制看得更为复杂。他将赫尔巴特的观点融入他自己的无意识理论中，并奠定了20世纪最重要的心理治疗取向——精神分析——的基础。■

约翰·赫尔巴特

约翰·赫尔巴特出生在德国的奥尔登堡。12岁之前，他一直在家接受母亲的教育，之后他进入当地的学校学习，接着又进入耶拿大学研究哲学。他当了3年私人家庭教师后拿到了哥廷根大学的博士学位，并在那里教授哲学课程。1809年，赫尔巴特来到哥尼斯堡接任该校康德哲学教席。进入上流社会后，赫尔巴特遇到了只有他一半年纪的英国女人玛丽·德雷克，二人喜结连理。1833年，他回到了哥廷根大学，在那里继续担任哲学教授直到因脑卒中而去世，享年65岁。

主要作品

1808年 《一般实践哲学》
1816年 《心理学教科书》
1824年 《作为科学的心理学》

做真实的自己

索伦·克尔凯郭尔（1813–1855年）

背景介绍

聚焦

存在主义

此前

公元前5世纪 苏格拉底说幸福的关键是发现“真实的自我”。

此后

1879年 冯特把自我分析作为心理学的研究方法。

1913年 华生公开批判心理学中的自我分析，他说“内省法完全不得要领”。

1951年 罗杰斯出版了《以来访者为中心的治疗法》，1961年又出版了《生而为人》。

1960年 莱恩在《分裂的自我》中重新定义了“发疯”，并将对内在冲突的存在主义分析应用于治疗中。

1996年 罗洛·梅的《焦虑的意义》就是以克尔凯郭尔的《焦虑的概念》为基础写成的。

从古希腊时起，人们就一直在研究一个基本问题：“我是谁？”苏格拉底（前470—前399年）认为哲学的主要目的就是通过分析和理解自我来提高幸福感，他的名言是：“不经检视的人生是没有价值的。”索伦·克尔凯郭尔（Søren Kierkegaard）在《致死的疾病》（1849）一书中利用自我分析来理解“绝望”问

我希望超越自我：成为完全不同的我。

所以我试着让自己变得不同。

我失败了，于是我鄙视失败的自己。

我成功了，于是我放弃了真实的自己。

不管怎样，我都对真实的自己感到绝望。

为了避免绝望，我必须接受真实的自己。

做真实的自己其实是绝望的反义词。

参见： 威廉·冯特 32~37页，威廉·詹姆斯 38~45页，卡尔·罗杰斯 130~137页，罗洛·梅 141页，莱恩 150~151页。

这幅画描绘了拿破仑对权力过度膨胀的野心，使得他看不清真实的自己和人性的局限，于是最终陷入绝望。

题，他认为绝望并非来自于忧郁，而是来自于对自我的不认同。

克尔凯郭尔描绘了绝望的几个层次。最低、最常见的源自于忽视：一个人对自我有错误的认识，并且没有意识到潜在自我的存在或本性。这种忽视带来的效果类似于“傻乐”，所以克尔凯郭尔自己也拿不准这能不能算作“绝望”。他认为，真正的绝望伴随着自我意识的增强，更深层次的绝望源自于强烈的自我意识，并且极度地不喜欢自己。当一个人犯了错误时，例如，医生资格考试不合格，他可能就会因为感到自己失去了什么而绝望。但是根据克尔凯郭尔的观点，如果更仔细观察的话，很明显这个人的绝望实际上不是为了什么事情（考试不合格），而是为了他自己。自己没能达成某个目标是令人无法忍受的。于是人就想要变成一个完全不同的自己（成为医生），但是现在他却纠结于自己的失败并且陷入了绝望。

放弃真实的自己

克尔凯郭尔举例说，有个人想要当皇帝，但是就算他真的实现了他的目标，他也完全放弃了原本的自己。为了他的欲望和成就，他必须要“抛弃”自己。这种对自己的否定是令人痛苦的：当一个人想要逃避自己时就会感到深深的绝望——“他不再拥有自己，不再是自己了”。

但是，克尔凯郭尔也提供了一种解决办法。他得出结论，只要拾起面对自己的勇气，就能够找回内心的平静与和谐，切勿妄想成为其他人。“想要成为真实的自己，其实是绝望的反义词，”他说。他认为，当我们不再否定真实的自己并且试着去发现和接受我们真实的本性时，绝望就消失了。

克尔凯郭尔强调个人的责任感，以及发现个人的真正本质和人生目标的需要，这种观点被看作存在主义哲学的开端。他的观点直接影响了莱恩的存在主义治疗法，并且影响了罗杰斯等临床心理学家的人本主义治疗实践。■

索伦·克尔凯郭尔

索伦·克尔凯郭尔出生在一个富裕的丹麦家庭，他是虔诚的路德教信徒。他在哥本哈根大学研究神学和哲学。当他继承了一大笔遗产后，他决定把一生都奉献给哲学，但是最终却不甚满意。他说：“我真正需要做的，是搞清楚我到底在做什么，而不是我必须知道什么。”1840年，他与雷吉纳·奥尔森订婚，却又突然取消婚约，因为他觉得自己不适合结婚。长期的郁郁寡欢严重影响了他的生活。他深居简出，主要的娱乐活动就是走到街上和陌生人聊天，以及独自去乡村骑自行车。

1855年10月2日，克尔凯郭尔倒在了街头，同年11月11日卒于哥本哈根的弗里德里希医院。

主要作品

1843年 《恐惧与战栗》
1843年 《非此即彼》
1844年 《焦虑的概念》
1849年 《致死的疾病》

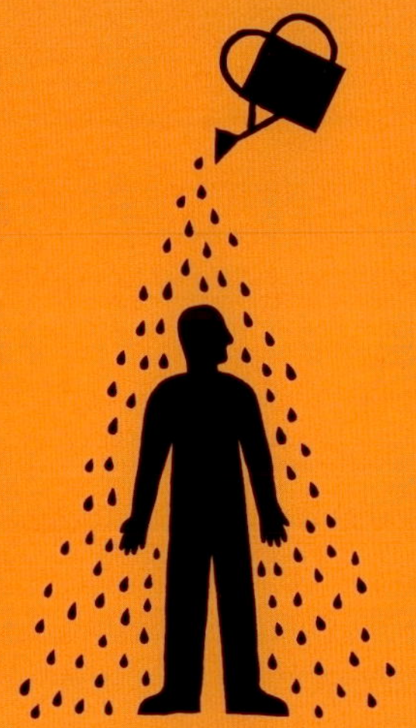

人格是由先天和后天因素合成的

弗朗西斯·高尔顿（1822—1911年）

人格是由两种来源不同的因素合成的。

先天因素是天生的，遗传而来的，并且……

后天因素是指从出生开始获得的经验。

我们可以通过训练和学习来提升我们的技巧和能力，但是……

……先天因素限制了我们的天赋所能发展的程度。

先天和后天都有作用，但先天是决定性因素。

背景介绍

聚焦

生物心理学

此前

1690年 英国哲学家洛克提出每个儿童的心灵都是一张白纸，因此我们生来都是平等的。

1859年 生物学家达尔文认为所有的人类发展都是对环境适应的结果。

1890年 威廉·詹姆斯认为人的能力倾向或本能，是遗传而来的。

此后

1925年 行为主义者华生说“并不存在什么遗传而来的能力、天赋、气质或者心理素质”。

20世纪40年代 纳粹德国企图通过优生学创造一个“精英级的雅利安种族”。

弗朗西斯·高尔顿（Francis Galton）的亲戚之中有许多才智过人的人，例如，进化生物学家达尔文。所以，不难理解为什么高尔顿会对能力是天生的还是习得的感兴趣。他是最先提出“先天和后天”是各自独立的两种影响，并且它们的效果是可以进行测量和比较的，同时这两种因素也起着塑造人格的作用。1869年，为了写就《遗传天赋》一书，他选择了“法官、

参见: 斯坦利•霍尔 46~47页, 约翰•华生 66~71页, 郭任远 75页, 埃莉诺•迈克比 284~285页, 雷蒙德•卡特尔 314~315页。

> 性格与家庭休戚相关。
> ——弗朗西斯•高尔顿

政治家、指挥官、科学家、文学家……占卜师、划船能手、摔跤选手”，甚至选择了自己的家族族谱来研究遗传特质。可想而知，他发现这些家庭比普通家庭拥有更多更有天赋的人。然而，他并不能完全将之归功于先天因素，因为优越的家庭环境也会给成长带来益处。高尔顿自己就生活在富裕的家庭里，而且能够接触到不同寻常的优质教育资源。

必要的平衡

高尔顿还做了许多其他的研究，包括最早的大型问卷调查，在调查中他向英国皇家学会的成员发放问卷，询问他们的兴趣和工作单位。他的调查结果记录在《科学的英国人》中，他认为，在先天和后天的对抗中，先天明显占据上风。他说，外来的影响能够留下痕迹，但是什么都无法“抹去深深的个人印记”。但是，他坚持先天和后天在人格的塑造过程中均十分重要，因此即便是最高的先天才能也可能被“糟糕的后天条件所荒废”。他还说，智力是遗传而来的，但是也必须经过教育的熏陶。

1875年，高尔顿开始研究159对双生子。他发现他们之间的相似性与普通兄弟姐妹之间不完全一样，普通兄弟姐妹之间大多中等程度地相像，而双生子之间要么特别相像，要么完全不像。真正令他感到惊奇的是相似度并不会随着时间而改变。他原本的预期是共同的成长环境会减少双生子之间的不相似性，却发现事实并非如此。后天好像完全没起什么作用。

“先天和后天之争”一直持续到今天。有的人支持高尔顿的理论，包括他的“优生学”观点。有的人则更赞同每个孩子都是一张白纸或一块白板，并且我们生来都是平等的。今天，大多数心理学家认为先天和后天在人类发展中共同扮演着重要的角色，并且以复杂的方式相互作用。■

高尔顿的双生子研究调查了许多方面的相似性，例如，身高、体重、头发和眼睛的颜色，还有性情。笔迹往往相差很大是双生子之间唯一一个显著的不同点。

弗朗西斯·高尔顿

弗朗西斯·高尔顿是一个博学的人，他精通多门学科，包括人类学、犯罪学（指纹分类）、地理、气象、生物和心理学。他出生在英国伯明翰的贵族家庭，是个天才儿童，2岁便能识字。他在伦敦和伯明翰研究了一段时间医学，随后又在剑桥大学研究数学，但是他的研究生涯突然中断，因为1844年他父亲的去世给他带来了巨大的心理打击。

高尔顿开始四处远游，尝试创新。1853年他和路易莎•巴特勒结婚，他们的婚姻持续了43年，但是没有孩子。他把他的一生奉献给了测量生理和心理特征、发明心理量表和写作。他凭借数不胜数的功绩赢得了众多奖项和荣誉，包括多个荣誉学位和骑士身份。

主要作品

1869年 《遗传天赋》
1874年 《科学的英国人：他们的天性与后天教养》
1875年 《双生子研究》

癔症是有普遍规律的

让-马丁·沙可（1825–1893年）

背景介绍

聚焦

神经病学

此前

公元前1900年 埃及的“卡珲莎草纸文稿”上记载，女性行为失调是“四处游走的子宫”导致的。

公元前400年 希腊医生希波克拉底在《论女性的疾病》一书中发明了“癔症”这个词，用来形容某种女性疾病。

1662年 英国医生托马斯·威利斯对患癔症的女性进行了尸检，并没有发现子宫的病变。

此后

1883年 比奈来到巴黎萨伯特医院和沙可成为同事，并记录了沙可如何通过催眠治疗癔症。

1895年 沙可的学生弗洛伊德出版了《癔症研究》。

让-马丁·沙可（Jean-Martin Charcot）被奉为现代神经病学的奠基人，他对心理学和生理学之间的关系充满了好奇。在19世纪六七十年代，他主要研究的是“癔症”，即女性的一系列极端情绪化行为，癔症被认为是子宫的问题造成的。症状包括大悲大喜、身体疯狂扭动、昏厥、无力、抽搐以及暂时性的失明和失聪。

在巴黎萨伯特医院，沙可观察了数以千计的癔症病例，总结出“癔症的规律”，并认为自己已经完全摸透了这种疾病。他声称，癔症是遗传而来并且持续一生的，精神打击会诱发出癔症。1882年，沙可说：“在癔症中，一切都是有规律地进行的，所发生的事情总是惊人地相似；所有国家、所有时代、所有种族，简言之，全世界都是如此。”

沙可提出，癔症和生理疾病非常相似说明它有生理上的起因，但是和他同时代的人摒弃了这种观点。有的人甚至认为沙可所说的癔症只是一些外在的行为罢了。然而，沙可的一个学生，弗洛伊德相信癔症状态是一种生理疾病，并且对此产生了极大的好奇。它成为弗洛伊德在他的精神分析理论中描述的第一种病症。■

沙可在巴黎萨伯特医院讲授关于癔症的知识。他认为癔症的发生有规律可循，有清晰的发展阶段，并且可以通过催眠来治愈。

参见：阿尔弗雷德·比奈 50~53页，皮埃尔·让内 54~55页，西格蒙德·弗洛伊德 92~99页。

心灵内在结构的不可思议的紊乱

埃米尔·克雷佩林（1856–1926年）

背景介绍

聚焦

医学精神病学

此前

公元前50年 罗马诗人和哲学家卢克莱修用“痴呆”来形容“心智失常”。

1874年 克雷佩林的导师冯特出版了《生理心理学原理》。

此后

1908年 瑞士精神病学家尤金·布鲁勒用希腊语的“skhizein”（分裂）和“phren”（心灵）这两个词组合成了一个新词“schizophrenia”（精神分裂症）。

1948年 世界卫生组织将克雷佩林对心理疾病的分类纳入国际疾病分类标准中。

20世纪50年代 第一种抗精神病药物氯丙嗪开始用于治疗精神分裂症。

德国医生埃米尔·克雷佩林（Emil Kraepelin）相信，大多数心理疾病的起源都是生物性的，而他通常也被认为是现代医学精神病学的创始人。在1883年出版的《精神病学教科书》中，他对心理疾病进行了详细的分类，包括区分“早发性痴呆”（即早期发病的痴呆）和晚期发病的痴呆，如阿尔茨海默病。

精神分裂症

早发性痴呆，现在被称为精神分裂症，克雷佩林在1893年对此的描述是“心灵的内在结构发生不可思议的紊乱所表现出的一系列临床表征”。他观察到，这种疾病以混乱和反社会行为为特征，通常发病于青少年晚期或成年早期。克雷佩林又将之分成四种亚类型。第一种是“单纯性”痴呆，特征为缓慢的衰退和退缩。第二种是偏执狂，病人终日处于害怕被迫害的状态；他们会感觉自己“被监视”或“遭到非议”。第三种是青春型精神分裂症，表现为语无伦次，情绪反应经常与行为不一致，例如，在悲伤的场合放声大笑。第四种是紧张症，特征为行动和表情极度绷紧，通常表现为两种极端，一种是刻板，如在同一个位置坐上几个小时；另一种是过度活跃，如不停地前后摆动身体。

克雷佩林的分类至今仍然是精神分裂症诊断的基础。另外，除了大脑功能性的损伤外，对精神分裂症患者的尸检还显示出大脑生物化学和结构上的异常。大量心理疾病都有着生物学起源，克雷佩林的这种观点对精神病学领域产生了深远的影响，直至今天，许多心理障碍仍然采用药物治疗。■

参见：威廉·冯特 32~37页，西格蒙德·弗洛伊德 92~99页，卡尔·荣格 102~107页，莱恩 150~151页。

有生命
就有心灵

威廉·冯特（1832–1920年）

背景介绍

聚焦

实验心理学

此前

公元5世纪 古希腊哲学家亚里士多德和柏拉图认为动物拥有低等的、明显不同于人类的意识。

17世纪30年代 笛卡儿说动物是没有感觉的机器。

1859年 英国生物学家达尔文认为人类的祖先是动物。

此后

1949年 洛伦兹在《所罗门的指环》一书中展示了动物与人类的相似性，改变了人们对动物的看法。

2001年 美国动物学家唐纳德·格里芬在《动物心灵》一书指出，动物具有对未来的感觉和复杂的记忆，也许还有自我意识。

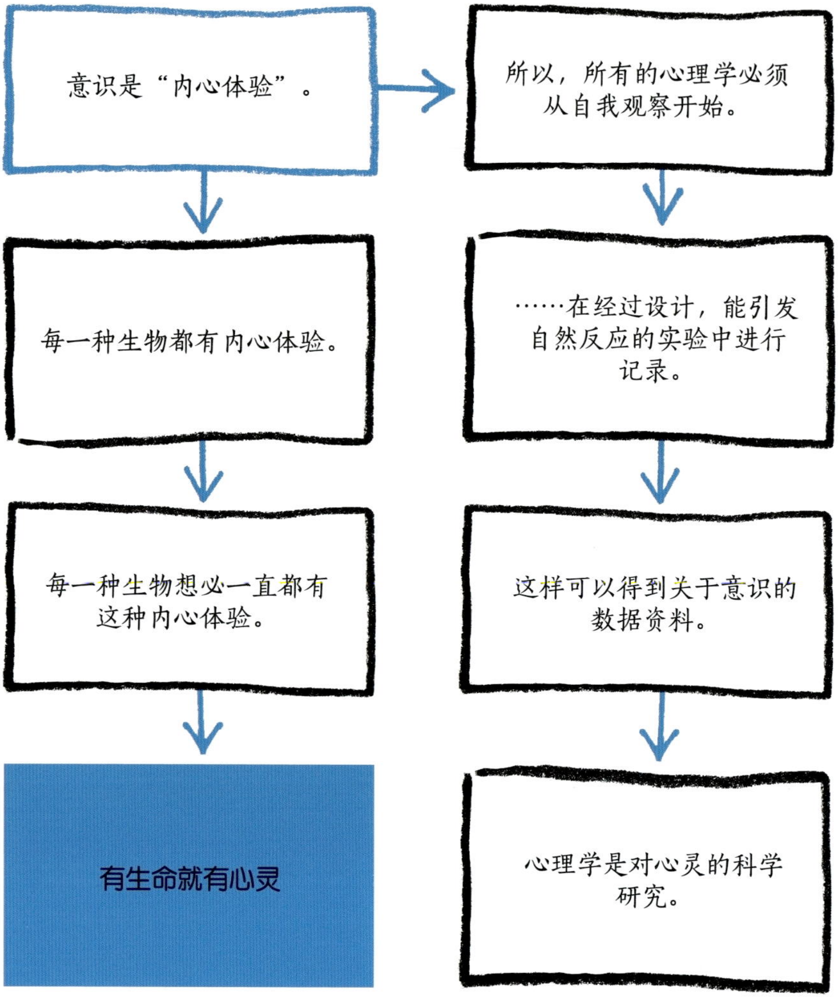

非人类的动物拥有心灵并且能够做出某种形式的思考，这种观点可以追溯到古希腊的哲学家。亚里士多德认为心灵有三种类型：植物心灵、动物心灵和人类心灵。植物心灵只涉及营养和生长。动物心灵虽然也有这些功能，但是它们还能体验到感觉，如疼痛、愉悦和欲望，甚至有原始的动机。人类心灵除了能做到所有这些，还可以推理。亚里士多德认为只有人类具有自我意识和更高级的认知能力。人类与动物的相似性是哲学家的重要议题之一，对心理学家更是如此。15世纪，法国哲学家笛卡儿宣称动物不过是反射驱动的复杂机器。如果笛卡儿是对的，那么观察动物就不能回答关于我们自身行为的任何问题。然而，200多年以后，达尔文断定人类在遗传上和其他动物有密不可分的关系，并且这些生命体的意识与我们自身相比只是处于进化等级的较低水平而已，于是动物实验很明显是具有启发意义的。这就是德国医生、哲学家和心理学家威廉·冯特（Wilhelm Wundt）所赞同的观点，他认为从最小的动物到人类是一种连续的生命状态。在《生理心理学原理》一书中，他指出意识是所有生命体普遍拥有的特质，并且从进化过程一开始就有了。

参见: 勒内·笛卡儿 20~21页，威廉·詹姆斯 38~45页，爱德华·桑代克 62~65页，约翰·华生 66~71页，斯金纳 78~85页。

> 心理功能分化的起源可以追溯到原生动物。
>
> ——威廉·冯特

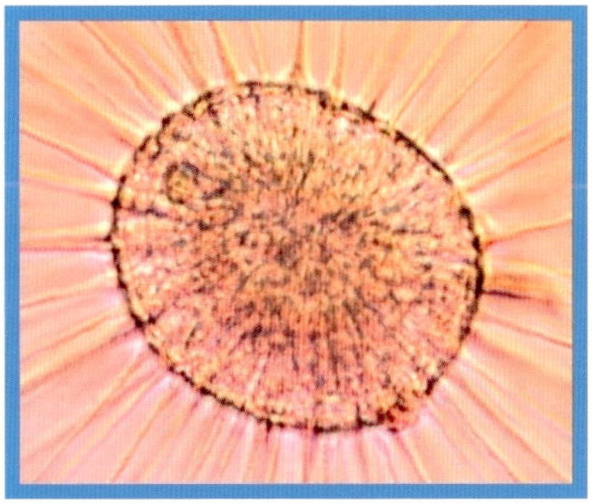

如冯特所言，即使单细胞生物也有某种形式的意识。他认为变形虫具有吞噬食物的能力就说明它也有相应的心理加工。

冯特认为，对生命的准确定义必须涉及心灵的内容。他说："从观察的角度来看，我们必须假设心灵的开始完全有可能追溯到生命的开始。因此，解决了生命起源的问题就解决了心理发展的起源问题。"冯特还说，即使是最简单的生物体如原生动物都有着某种形式的心灵。这种观点放到今天仍然令人惊讶，因为那时几乎没有人指望在单细胞动物身上验证出简单心理能力的存在，但是却有人在100多年前就做出了这样的论断。

冯特醉心于验证他自己的理论，并于1879年在德国莱比锡大学建立了世界上第一个正式的实验心理学实验室，因此他通常被誉为"实验心理学之父"。他希望从基本的感觉过程入手，对人类的心理和行为进行系统的研究。他的实验室带动了美国及欧洲的其他大学纷纷建立起心理学系，其中许多都模仿他的实验室而建，并由他的学生如铁钦纳和詹姆斯·卡特尔领军。

观察行为

冯特相信"对意识进行准确描述是实验心理学的唯一目标"。虽然他将意识理解为一种"内在体验"，但是他只对"当下的现实"或者体验的外在形式感兴趣。这使他最终转向行为研究，行为是可以通过"直接的观察"进行研究和量化的。

冯特说观察可分为两种类型：外部和内部。外部观察用于记录外部世界可见的事物，并且可用于评估身体生理性的效应和因果关系，例如，刺激-反应实验。如果给死青蛙的一根神经纤维施加微小的电刺激，相连接的肌肉痉挛就会导致青蛙腿抽动。在其他死去的动物身上也可以重复出这一现象，说明即便没有意识也可以做出抽动这样的动作。在活着的生命体身上，这样的动作是被我们称为"反射"的自动化行为的基础，例如，当你碰到烫的东西时马上就会缩手。

冯特所说的第二种类型的观察是内部观察，也就是"内省"或"自我观察"，是指留意和记录思想、感受等内在的东西。内部观察对于研究是非常重要的，因为它能够提供关于心灵如何工作的信息。冯特非常关心内部和外部世界之间的关系，他认为"生理和心理"是相互作用的，而不是相

冯特的实验室为全世界的心理学系树立了榜样。他的实验让心理学从哲学的领域中走出来，进入科学的领域。

互排斥的。他开始全力研究人类的感觉，例如对光的视觉感受，因为这些能够表现出外部生理世界与内部心理世界的联系。

在一项实验中，冯特要求个体报告出他们在同一种光线下的感觉——标准化的颜色、一定水平的亮度以及固定的照射时长。这样确保每个被试体验到的是完全相同的刺激，使不同被试的反应具有可比性，同时如果有需要的话，实验在一段时间后可以重复做。冯特坚持实验的可重复性，因此他为未来所有的心理学实验确立了标准。

冯特在他的感觉实验中，着力于通过可测量的方法来探索人类的意识。他否认每个人看不见、摸不着的主观经验都是独一无二的。在光反应实验中，他特别感兴趣的是一个人接受某种形式的刺激与做出有意识反应（非无意识反应）的时间间隔，并且用各种工具来精确测量这种反应。他还非常乐于听到被试明显存在个体差异的报告中的共性。

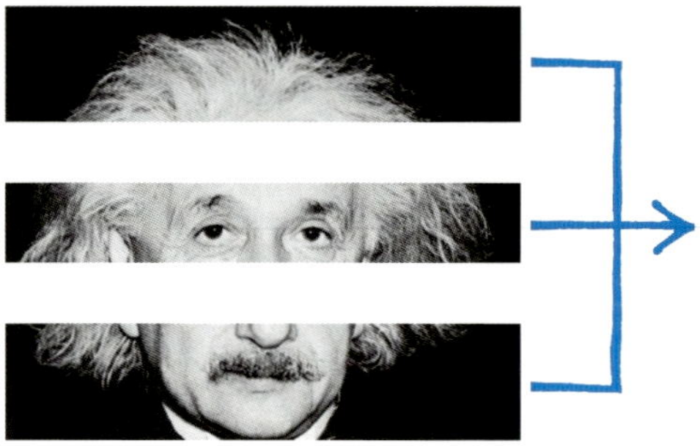

冯特说，我们的感觉提供了形状、大小、颜色、味道和质地的细节信息，但是当这些信息被内化后，它们就被组合成复杂的表征，如一张脸。

“

对意识进行准确描述是实验心理学的唯一目标。

——威廉·冯特

”

冯特认为，纯感觉有三种成分：品质、强度和“情感基调”。例如，某种香水拥有一种香甜的气味（品质），味道分明却不浓郁（强度），让人闻起来感到心旷神怡（情感基调），而一只死老鼠可能散发着恶臭的（品质）、强烈的（强度）、令人作呕的气味（情感基调）。他说，所有意识都起源于感觉，但是它们并不是“单一”感觉信息的内化，而是经过组合或整合后以表征的形式被知觉的，如死老鼠。冯特称之为“外部世界中的客体或加工过程的表征”。所以，举例来说，如果我们看到带有某些特征的一张面孔，如嘴的形状、眼睛的颜色、鼻子的大小等，我们就会把这张面孔辨认为我们所认识的某个人。

意识的分类

冯特根据他的感觉实验，将意识分为三种类型：表征、意愿和感受，它们合在一起构成了对事物统一的印象。如果表征代表的是外部世界的物体在心灵中的表象（如视野中的一棵树），那么也可称为“知觉”；如果表征代表的是主观活动（如记住一棵树，或想象一只独角兽），那么就称为“直觉”。他称知觉或直觉在意识中变清晰的心理加工为“统觉”。所以，举例来说，你可能突然知觉到一声巨响，然后将其统合为警示的信号，意味着如果你不能迅速躲开就要被车撞到。

意愿以它干预外部世界的方式为特征，它表达我们的意志，或“心愿”，例如，想要选择穿着红色衣衫。这种类型的意识是在实验控制或测量之外的。然而，冯特发现意识的第三种类型，感受是可以被测量的，方法是通过参加实验的被试的主观报告，或者测量行为的水平，如紧张、放松或兴奋。

文化心理学

对冯特来说，一个人的心理发展不仅由感觉所决定，还受到复杂的社会和文化所影响，这在实验情境下是难以复制或控制的。宗教、语言、神话、历史、艺术、法律和风俗都包含在这些影响之列，他用人生的最后20年在十卷巨著《文化心理学》中讨论了这些问题。

冯特将语言视为文化对意识的贡献中特别重要的一个部分。任何言语交流都始于我们对想要说的事情的“整体印象”或统一的想法。我们从这种一般性的“统合”开始，接着选择表达它的词汇和句子。在讲话时，我们控制着意图表达的准确性。我们可能会说：“不，不是那样，我的意思是……”然后选择不同的词汇或短语来更好地表达我们的想法。无论谁在听，都不得不去理解讲话者试图表达的意思，但是实际的词句可能并没有整体印象那么重要，特别是有强烈的情绪卷入时。冯特指出，这种心理加工的证据就是，我们通常会记住一个人讲话的整体意思，但是时间长了就会忘记他当时使用的特定的词句。

> **在正常讲话的过程中……意愿一刻不停地指引着思想和发音动作之间的配合。**
>
> ——威廉·冯特

相比有限的手势和信号交流，使用真正的语言的能力，才是今天许多心理学家认可的区分人类与其他动物的关键因素。也许有一些例外，如黑猩猩这样的非人灵长类，但语言仍然被认为是对于意识非常重要的一种人类能力。

意识与物种

关于意识的定义仍在争论中，但是从冯特开始它基本上就变化不大了。动物的意识水平还无法确定，这也推动了关于特定动物实验、集约农业和血腥运动如猎狐和斗牛的道德标准的出台。特别值得关注的是动物能否像人类一样体验到不舒服、恐惧和痛苦。虽然今天的一些心理学家支持冯特的观点，但动物是否有自我意识的基本问题还未得到解答。■

威廉·冯特

威廉·冯特生于巴登（现德国曼海姆），是家里的第四个孩子，他的家族几代都是高级知识分子。他的父亲是路德教会的牧师。年少的冯特几乎没什么时间玩耍，他被迫接受严格的政权教育，13岁起就进入了森严的天主教学校。他分别在柏林、图宾根和海德堡大学学习和研究，直到1856年从医学专业毕业。

两年以后，冯特成为著名的视知觉研究者赫尔姆霍兹医生的助手。在海德堡时，冯特开始讲授世界上第一门实验心理学课，并且在1879年建立了第一个心理学实验室。冯特撰写了490多部著作，并且可能是世界上最多产的科学作家。

主要作品

1863年 《关于人类和动物心灵的演讲》
1896年 《心理学纲要》
1873年 《生理心理学原理》

只要没有人让我们定义“意识”，我们就知道它是什么

威廉·詹姆斯（1842–1910年）

背景介绍

聚焦

意识分析

此前

1641年 笛卡儿将自我意识定义为思考的能力。

1690年 英国哲学家和医生洛克将意识定义为"一个人对进入自己心灵的东西的知觉"。

1781年 德国哲学家伊曼努尔·康德说，同时发生的事件会被经验为"意识的统一"。

此后

1923年 韦特默在《知觉的组织原则》一书中描写了心灵如何动态地解释表象。

1925年 约翰·华生认为意识是"既无法下定义又没什么用处的概念"。

"意识"这个词通常指一个人对自己的思想包括感觉、情感和记忆的觉察。我们想当然地以为我们能做到这样的觉察，除非遇到什么困难，如实在太累了什么都干不了。但是当你将注意力集中在你的意识上时，你就会发现你的意识体验是不断变化着的。例如，在阅读本书时，你可能会想起过去的经历或者因为注意被打断而懊恼；对未来的计划也会自然地浮现在你的脑海中。思考你的意识经验仅仅让你认识到你的思想有多么善变，它们似乎以整体的形式来了又去。

美国心理学家威廉·詹姆斯将每日的意识经验比作持续的流体，时而也会被临时打断和改变方向。他说："意识可以恰当地比喻成一条'河流'或'溪流'。今后再谈起时，我们可以称之为思想流，或意识流……"

> **意识本身不能以碎片的形式出现……它并不是被什么东西连接起来的；它像流体一样。**
>
> ——威廉·詹姆斯

詹姆斯对"意识流"的描述几乎得到了每个人的认同，因为我们感同身受。而同时，詹姆斯又说意识流很难准确定义："如果每一个想法都是个人意识的组成部分，那么'个人意识'这个词又成了问题……对它做出解释是最为艰巨的哲学课题。"

这个"最艰巨的哲学课题"由来已久。不过，古希腊讨论的是心灵，而不用"意识"或其他

威廉·詹姆斯

1842年，威廉·詹姆斯出生在一个富裕且有影响力的纽约家庭，小时候就游历过很多地方，在欧洲和美国都读过书。詹姆斯很早就显现出艺术天赋，并且原本想当个画家，但是他对科学日渐浓厚的兴趣使他于1861年考入哈佛大学。1864年，他转入哈佛医学院，然而他的研究因为身体疾病和抑郁症而中断。1869年，他拿到了医师资格，但是从没有真的去行医。1873年，詹姆斯回到哈佛，成为哲学和心理学双料教授。他在美国率先开设了实验心理学课程，有力地推动了心理学成为一门真正的科学。他于1907年退休，1910年在新罕布什尔的家中平静地去世。

主要作品

1890年 《心理学原理》

1892年 《心理学》

1897年 《信仰的意志》

参见：勒内·笛卡儿 20~21页，威廉·冯特 32~37页，约翰·华生 66~71页，西格蒙德·弗洛伊德 92~99页，弗里兹·皮尔斯 112~117页，沃尔夫冈·苛勒 160~161页，马克斯·韦特海默 335页。

等同的词。关于是否有什么东西能够脱离肉体独立存在一直在争论。公元前4世纪，柏拉图对灵魂和肉体进行了区分，但是亚里士多德认为即便有分别，这两者也不可能真的分开。

早期定义

17世纪中叶，哲学的先驱之一笛卡儿试图描述意识，他提出意识居住在一个无形的地方，称为“思想的王国”，相对的，物质世界存在于“延展的王国”。公认的第一个给出意识的现代定义的人是17世纪英国哲学家洛克，他说意识是个体知觉的持续通道。詹姆斯被洛克关于知觉通道的观点以及18世纪德国哲学家康德的观点所吸引。康德在意的是我们的经验整合方式，他注意到，如果我们听到一声噪音的同时感觉到疼痛，那么一般情况下我们都会将两者体验成一个事件。这就是他所谓的“意识的统一”，这个概念影响了后继的许多哲学家，包括威廉·詹姆斯。

詹姆斯认为，关于意识最重要的一点是它不是一个“东西”而是一个过程，“它是脑通过神经系统操控的，却又比脑本身复杂得多”。它让我们反思过去、现在和未来，规划和适应环境，并且完成意识的最主要目的——

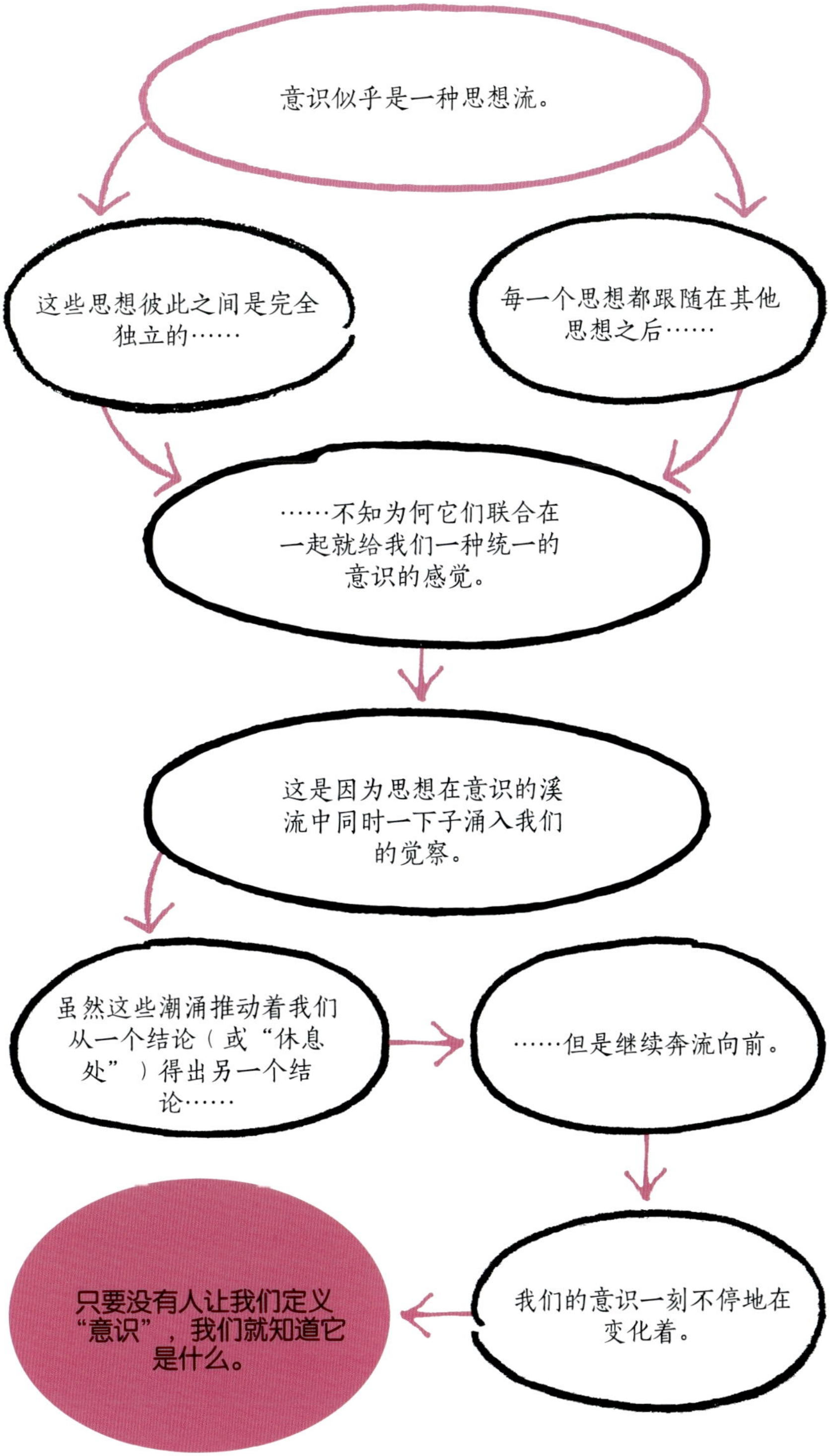

> 没有纯粹的感官，意识是客体和关系交织在一起的复合体。
>
> ——威廉·詹姆斯

活着。

然而，詹姆斯发现很难想象出统一的意识的结构。他用12个人来比喻：“有12个单词，12个人，给他们每人一个单词。然后这些人站成一排或一圈，让他们每个人都专心地想自己的单词；这样就不会有完整句子的意识”。如果意识是独立思想的溪流，詹姆斯想知道它们是如何结合在一起的。他说：“思想a加上思想b不等于思想（a+b）。”两个思想加在一起不能合并成一个思想。它们更有可能产生一个完全新的想法。例如，如果思想a是“9点了”，思想b是“火车9点2分开”，随即产生的思想c可能是“我就要赶不上火车啦！”

整合的思想

詹姆斯下结论说，理解意识流中的思想如何整合的最简单方法是假设“同时得知的事情在同一股溪流中”。他认为，有的思想，或感觉，不可避免地会联系在一起，如康德列举的同时听到噪音和感觉到疼痛，因为任何同时被我们所觉察的思想都汇入了同一股溪流。我们的意识中有很多这样的溪流，有的流动得快，有的流动得慢。詹姆斯说，甚至还有一些休息处，我们在那里停下来生成脑海中的图像，这些图像是可以被保留和深入思考的。他将这些休息处称为“实体部”，将流动的溪流称为“传送部”，他说我们的思维不停歇地被传送部或溪流从一个实体部推向另一个实体部。因此，我们被源源不断的思想流从一个结论冲向另一个结论，马不停蹄地前行着。没有最终的结论，意识不是一个东西而是一个过程，一刻不停地在变化。

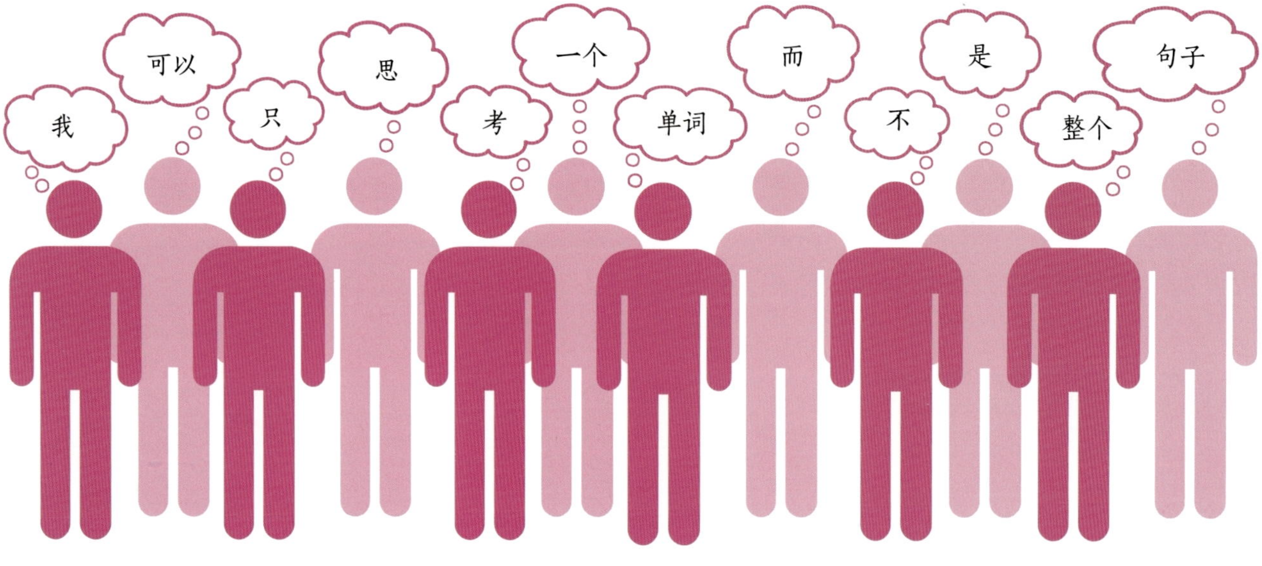

詹姆斯用12个词的句子来说明他在理解独立的思想如何产生统一的意识时所遇到的困惑。如果每个人只觉察到一个词，那么怎么能产生整个句子的意识呢？

法国后印象派画家乔治·修拉用纯色的圆点创作的作品。然而我们的脑整合了这些独立的元素，让我们看到了一幅人像。

詹姆斯对意识的私人特性也很感兴趣，他认为思想不能脱离思想者而单独存在，它们是你的思想或我的思想。每一个思想都归属于某一个人，思想不能脱离人而独立存在。这些思想以我们自己想要的方式相互结合，形成自我。詹姆斯说，因为思想不能同自我分离，所以对自我的研究应该是心理学的起点。实验心理学家不赞同这种观点，因为不能对“自我”进行实验，但是詹姆斯认为自我可以做某些事情，可以以某种方式去感觉，研究自我就足够了。他说，“经验主义自我”通过自己的行为来证明自己，并且可以将其分为几个部分——物质自我、精神自我和社会自我——每个部分都能够利用自省来研究。

情绪理论

在对意识研究的早期阶段，詹姆斯发现情绪在我们的日常生活中起着重要的作用，于是他和同事卡尔·兰格一起提出了关于情绪与动作和行为的关系的理论。所谓的詹姆斯-兰格情绪理论认为情绪起源于意识对生理状态的知觉。为了阐明这一理论，詹姆斯以“看到一只熊然后逃跑”为例。情况并不是你看到一只熊，感到害怕，然后因为害怕而逃跑。真正发生的事情是你看到一只熊于是逃跑，有意识地感觉到害怕是因为跑的动作。这种观点与大多人的想法相悖，詹姆斯的观点是心灵对跑的生理效应的知觉：呼吸加速、心跳加快和大量流汗被解读为恐惧情绪。再举个例子，根据詹姆斯的理论，你感到快乐可能是因为你意识到自己在笑；并不是你感到快乐在先，笑在后。

实用主义

詹姆斯的意识理论与我们相信事情真假的方法有关。他说：“真理来源于事实……但是……同时‘事实’本身又是不真实的；完全不是。真理是信念

> 无懈可击的真理只有一个……真理就是意识存在于当下。
>
> ——威廉·詹姆斯

在作祟，起点是相信，终点也是相信。”詹姆斯将“真正的信念”定义为信仰者所发现的有用的东西。对信念的有用性的强调正是美国实用主义传统哲学的核心，也是詹姆斯思想的核心。

詹姆斯说，在人生中，我们一直不停地检验一条又一条的“真理”，我们有意识的信念也在不停变化，于是“旧的真理”被修正，有时候也会被“新的真理”所取代。这种观点与所有科学研究的发展都有非常密切的关系，包括心理学。詹姆斯以1902年居里夫人发现放射性元素镭为例。在研究过程中，居里夫人发现镭似乎放射出无限的能量，“有一瞬间感到违背了我们对整个自然秩序的认识”。然而，在有意识地思考其中的关系后，她得出结论“虽然它延伸了我们对于能量的旧观念，但是稍稍修改了能量的特性”。在这个例子中，居里夫人的科学知识受到了质疑和修正，但是它的核心信念仍然是完整无缺的。

后续研究

詹姆斯死后，行为主义开始兴起，对意识的研究热情逐渐冷却。因此，从20世纪20年代到50年代，这方面都没有什么理论进展。一个重要的例外是德国兴起的格式塔运动，它强调脑是以整体的方式工作的，涉及的是整体的意识经验，而不是分开的一个个事物，正如当我们看到一幅画时，我们看到的不是分离的点、线和形状，而是有意义的整体。这种观点总结起来就是格式塔最著名的论断：“整体大于部分的总和”。

20世纪80年代，心理学家和神经科学家开始开拓被称为“意识研究”的新领域，研究兴趣主要集中在两个方面：正常健康的人报告的意识的内容和意识状态遭受某种损伤的人的意识。后者还包括这样的情况，比如病人处于植物人状态，陷入昏迷的病人是清醒的，也能够自主呼吸，但是明显丧失了全部的高级脑功能。两方面研究的目的都想要尽可能地评估意识，理解其背后的生理和心理机制。

现代神经科学已经证明意识确有其机制。20世纪末，英国分子生物学家和生物物理学家弗朗西斯·克里克提出意识与特定的脑区前额叶有关，它参与思维的加工过程，如计划、问题解决和行为控制。

哥伦比亚的神经科学家鲁道夫·利纳斯的研究将意识与丘脑及大脑皮质的活动联系起来。丘脑是一个位于大脑中心深处的结构，负责调控脑内一定频率的振动；如果这种节律被破坏，感染疾病或遗传导致，那么个体就会发生神经性紊乱，如癫痫或帕金森症，也可能出现心理问题，如抑郁。

然而，到了定义意识的时候，现代所做的尝试依旧是徒劳的，很模糊而且难以应用。例如，美国神经科学家安东尼奥·达玛西奥称意识为“对所发生的事情的感受”，将它定义为“生

居里夫人的研究和大多数科学研究一样，修正而非完全颠覆先前的理论。詹姆斯说，新的“真理”不断以类似地方式修正我们的基本信念。

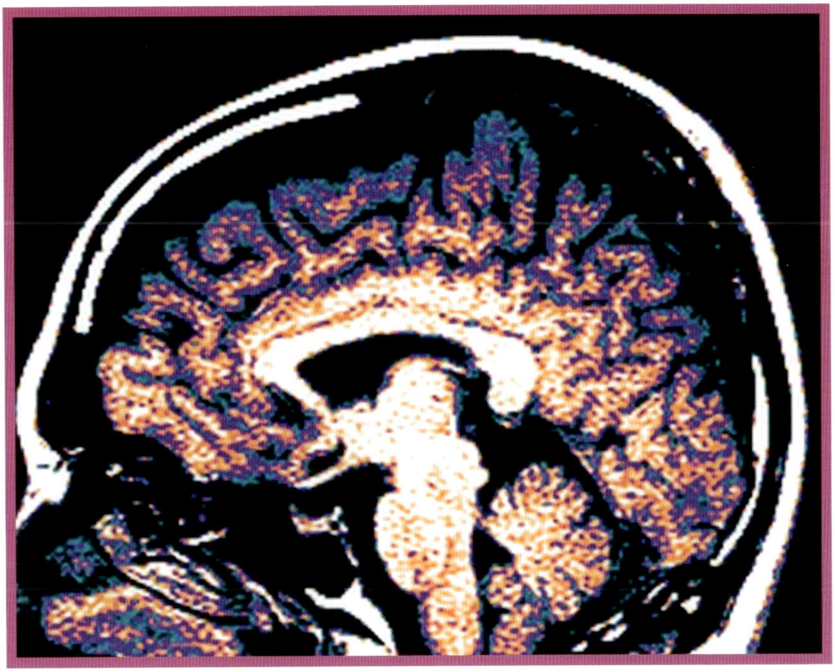

通过对大脑的MRI扫描，我们发现了位于扫描图中间位置的脑结构丘脑与意识有关。

命体对自身和周围世界的觉察”。正如威廉·詹姆斯在100多年前所说的，意识是很难被定义的。

持续的影响

詹姆斯1890年的《心理学原理》至今仍在再版，他的观点深深影响着许多心理学家，甚至其他领域的科学家和思想家。他的实用主义哲学：关心的不是“什么是真相”而是“什么是可以相信的”，帮助心理学把目光从心灵与肉体是否分离的问题转向更有用的心理加工过程，如注意、记忆、推理、想象和意图。詹姆斯认为，这种取向有助于哲学家和心理学家的转变，“从抽象概念、固定原理、封闭系统、虚假的绝对和起源，转向事实、行动和能量”。他坚持关注事物的整体性，包括不同环境对我们的行动的影响，这些造就了我们对行为的理解，相对的，崇尚内省的结构主义取向却把我们的经验化整为零。

1875年詹姆斯开始在哈佛大学开设心理学专业之前，美国任何大学都没有独立的心理学课程。但是在此后的20年之内，美国约有24所大学和学院将心理学看作独立的学术学科，并且提供学位。三种专业的心理学期刊也在同一时期创办了，另外还成立了专业的组织——美国心理学会。

尽管詹姆斯声称他痛恨实验工作，但是他仍将实验心理学引入美国。他这样做是因为他开始认识到实验是证实或证伪一个理论的最好方法。他也并未忽视内省的应用，将其看作发现心理加工过程的一种工具。

因为詹姆斯的工作，世人对心理学的认识和关注都发生了变化，心理学从“蹲墙角的小科目”变为意义深远的学科。

1977年，在美国心理学会成立85周年庆祝大会上，美国加州大学伯克利分校的心理学名誉退休教授大卫·克雷奇在演讲中称詹姆斯为“心理学之父”。■

> 所有的意识互相交融好似一幅幅渐隐的画面。可以说它们不过是一种不停延伸的意识，一条永不间断的河流。
>
> ——威廉·詹姆斯

青春期是一次新生

斯坦利·霍尔（1844–1924年）

背景介绍

聚焦

人类发展

此前

1905年 弗洛伊德在《性学三论》中称青少年期为“生殖期”。

此后

1928年 美国人类学家玛格丽特·米德在《萨摩亚人的成年》中说，只有在西方社会，青春期才被看作人类发展的一个特殊阶段。

1950年 埃里克森在《儿童与社会》中，将青春期描绘成“自我认同对角色混乱”的阶段，面临着“同一性危机”。

1983年 新西兰人类学家德里克·弗里曼在《玛格丽特·米德与萨摩亚人》中质疑了米德所提出的“青春期只是一种社会化层面的概念”的观点。

人类的发展是先天就决定好的：这是对我们“祖先的痕迹”的重复。

↓

儿童有着动物一样的本能，并且会经过很多发展阶段。

↓

在青春期，进化的势头平息了，到了个性化发展的时期。

↓

在这段狂热躁动的时期里，青少年变得更加敏感、冲动、关注自我，也更容易忧郁。

↓

随后，儿童开始步入成年变得更加文明、更加高级。

↓

青春期是一次新生

参见: 弗朗西斯·高尔顿 28~29页, 威廉·冯特 32~37页, 西格蒙德·弗洛伊德 92~99页, 艾瑞克·埃里克森 272~273页。

英文的“青春期”（adolescence）来自于拉丁语，从字面上理解是“成长”的意思。从理论上讲，青春期是指童年与成年之间的一个特殊阶段，但是实际上它通常被简单地定义为青少年时期，也就是所谓的“十来岁”的那些年。在大多数西方国家，关于青春期的观点直到20世纪才得到认可；在某个特殊的年级，特别是18岁，童年结束了，而成年开始了。

心理学家和教育家斯坦利·霍尔（Stanley Hall）在他1904年的著作《青春期》中，第一次从学术的角度对这个话题进行了探讨。受达尔文进化论的影响，霍尔认为整个童年，特别是某些行为和早期生理发展，都反映了进化的过程，并且我们每个人都按照我们“祖先的设定”而发展。

霍尔受到的另一个重要影响是18世纪德国作家和音乐家的狂飙运动，它全面推进了言论自由。霍尔把青春期比作“狂飙运动”；他认为这是一个情绪躁动和叛逆的时期，行为既可以安静内敛，也可以鲁莽冲动。他说，青春期“渴求强烈的情感和新的感觉……单调、常规和细节是不被容忍的”。对自我和环境的意识大幅提升；对事物的感受更加敏感，感官上有自己的追求。

现代的回应

霍尔的许多发现在今天的研究中都得到了印证。霍尔认为青春期是非常容易产生抑郁的，并且还描绘了一条“心志消沉曲线”，这条曲线从11岁开始，在15岁达到高峰，然后逐步回落至23岁。现代研究发现了类似的模式。霍尔指出抑郁的起因也惊人地相似：怀疑自己被讨厌，似乎有不能克服的性格缺点，以及“幻想没有希望的爱情”。他认为青春期的自我意识走向了批评和自我批评。这种观点又被之后的研究所证实，青少年的高级推理能力让他们去“揣摩言外之意”，同时放大他们对情境的敏感性。霍尔甚至还提到犯罪活动在青少年中间更为普遍，高峰在18岁左右。

但是霍尔对青春期并没有抱有完全消极的态度。他在《青年期：教育、管理和卫生》中写道：“青春期是一次新生，在此刻诞生了更高级、更复杂的人类特质”。所以，在霍尔看来，青春期事实上是让一切变得更好的必要开端。■

> **青春期是人类灵魂中最坏和最好的冲动彼此交锋的时期。**
>
> ——格兰维尔·斯坦利·霍尔

格兰维尔·斯坦利·霍尔

格兰维尔·斯坦利·霍尔出生于美国马萨诸塞州阿什菲尔德的一个农民家庭，他于1867年从马萨诸塞州威廉姆斯学院毕业。他的游学计划因为资金不足而搁浅，于是在去德国之前，他服从母亲的心愿来到纽约学了一年神学。1870年，霍尔回到美国，他在哈佛大学跟着威廉·詹姆斯做了四年研究，拿到了美国的第一个心理学博士学位。然后他又回到德国，在威廉·冯特的莱比锡实验室工作了两年。

1882年，霍尔成为约翰·霍普金斯大学的教授，他在那里建立了美国的第一个心理学实验室。他还于1887年创办了《美国心理学期刊》，并于1892年成为美国心理学会第一任主席。

主要作品

1904年 《青春期》
1906年 《青年期：教育、管理和卫生》
1911年 《教育问题》
1922年 《老年期》

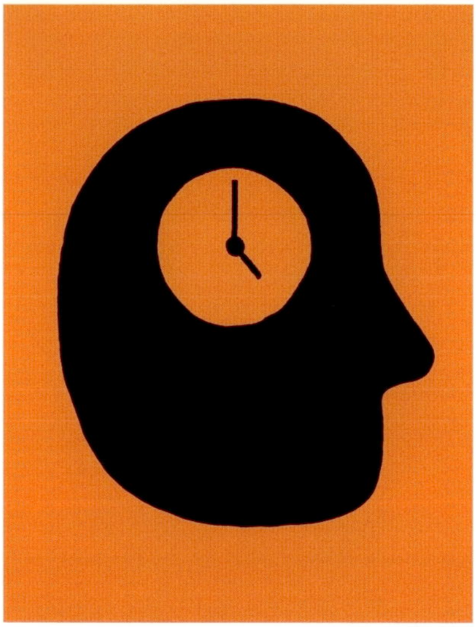

学习了24小时之后，我们就遗忘了三分之二

赫尔曼·艾宾浩斯（1850–1909年）

背景介绍

聚焦

记忆研究

此前

公元前5世纪 古希腊人就会“记忆术”，如利用关键词或韵律来辅助记忆。

1582年 意大利哲学家乔尔丹诺·布鲁诺在《记忆的艺术》中提出了利用知识和经验的图表来记忆的方法。

此后

1932年 巴特利特认为每个记忆都混合着知识和推理。

1949年 赫布在《行为组织》中提出，学习是受刺激的脑细胞“排列组合”的结果。

1960年 美国心理学家里奥·波斯特曼发现新的学习能够被先前的学习所干扰，形成“倒摄干扰”。

艾宾浩斯的记忆实验显示……

……遗忘在最先的9个小时内发生得最快。

……被遗忘的项目再次学习时比第一次学习的新项目学得快。

……精细学习（过度学习）过的材料记忆得更久。

……能记住的有意义的材料比无意义的随机材料多10倍。

……一系列项目中开始和结尾的部分最容易被记住。

……对于任何科目间隔较长一段时间的重复学习都有助于记忆的保持。

参见: 布鲁玛·蔡加尼克 162页，唐纳德·赫布 163页，乔治·米勒 168~173页，安道尔·托尔文 186~191页，高尔顿·鲍尔 194~195页，丹尼尔·夏克特 208~209页，弗雷德里克·巴特利特 335页。

在1885年，赫尔曼·艾宾浩斯（Hermann Ebbinghaus）对自己进行了一系列长期枯燥的实验，并因此成为第一位系统研究学习和记忆的心理学家。约翰·洛克和大卫·休谟这样的哲学家提出记忆包含着联想——通过共同的特征，如时间、地点、起因或结果，将事物或想法联系在一起。艾宾浩斯决定检测联想对记忆的影响，从数字上记录的结果来看记忆是否遵循某种固定的模式。

记忆实验

艾宾浩斯从记忆单词列表开始，然后测验他能够回忆出多少。为了防止使用联想策略，他编造了2300个“无意义音节”，这些无意义音节全部由三个字母组成，都是标准的辅音–元音–辅音结构，例如，“ZUC”和“QAX”。把这些无意义音节做成列表后，他先是每个音节看几百毫秒，然后停顿15秒后再从头看一遍列表。他如此反复，直到觉得自己可以快速准确地将列表背诵下来。他测试了不同列表长度和不同学习间隔，记录了学习和遗忘的速度。

艾宾浩斯发现他记忆有意义的材料，如一首诗，比记忆无意义音节列表要容易十倍。他还注意到，这些无意义音节被重复学习的次数越多，再次学习所需要的时间就越少。并且，前几次的重复学习对于记住音节表是最有效用的。

在审视关于遗忘的研究结果时，艾宾浩斯发现，不出所料，他花费越多时间去记忆，遗忘的速度就越慢，并且学习后即刻回忆的成绩越好。艾宾浩斯还揭示了记忆保持的意想不到的模式。他发现在最初的1小时里，记忆损失得非常厉害，此后损失的速度逐渐减小，9小时以后，约有60%的内容都被遗忘了。24小时之后，约有三分之二的内容被遗忘。画图表示，就是一条清晰的“遗忘曲线”，开始时陡然降低，然后缓缓下滑。

艾宾浩斯发现，听一个小时材料，同时学习和背诵，记忆的效果更好，回忆起来也更容易。

艾宾浩斯的研究开启了一个新的研究领域，帮助心理学确立了科学地位。他严谨的研究方法直到今天仍然是所有心理学实验的榜样。■

赫尔曼·艾宾浩斯

赫尔曼·艾宾浩斯生于德国巴门一个商人家庭。他17岁开始在波恩大学学习哲学，1870年，他的学术生涯受到普法战争的影响而中断。1873年，他完成学业后搬到了柏林，随后又游历了法国和英国，他的记忆研究开始于1879年。1885年，他的《记忆》问世，详述了“无意义音节”研究，同年他荣升为柏林大学的教授，在那里他建立了两个心理学实验室，还创立了一个学术期刊。艾宾浩斯后来又去了布雷斯劳大学，在那里也建立了一个实验室，最后他来到哈雷教书直至死于肺炎，享年59岁。

主要作品

1885年 《记忆：对实验心理学的一项贡献》

1897–1908年 《心理学基础》（共2卷）

1908年 《心理学：入门教材》

一个人的智力不是一成不变的

阿尔弗雷德·比奈（1857–1911年）

背景介绍

聚焦

智力理论

此前

1859年　英国自然学家达尔文在《物种起源》中提出智力是遗传而来的。

1879年起　冯特将科学的方法引入心理学，寻求客观的方法来测量心理能力，如智力。

1890年　美国心理学家詹姆斯·卡特尔设计了测量个体心理能力差异的测验。

此后

20世纪20年代　英国教育学家西里尔·伯特称智力主要来自遗传。

20世纪40年代　雷蒙德·卡特尔定义了两种智力：流体智力（天生的）和晶体智力（后天经验形成的）。

在1859年，达尔文在《物种起源》中提出了他的进化论，正可谓一石激起千层浪，至此掀起了关于智力的争论，即智力是遗传而来、一成不变的，还是可以受到环境因素改造的。19世纪80年代初期，他的表弟高尔顿在伦敦对9000多人进行了认知能力测验，并得出结论：基本的智力一出生就确定下来了。几乎同一时间，冯特提出了智商（IQ）的观点，并且试

参见：弗朗西斯·高尔顿 28~29页，让-马丁·沙可 30页，威廉·冯特 32~37页，雷蒙德·卡特尔 314~315页。

智力测验只能测量……

……个体在特定背景下特定时间内的心理能力。

能力能够在短时间内发生变化；也能够在长时间的发展过程中变化。

人的智力在一生中都在变化着。

一个人的智力不是一成不变的

图去测量它。冯特的工作启发了美国心理学家詹姆斯·卡特尔，他开始研究如何测量心理能力，并为比奈的人类智力研究奠定了基础。

对“学习”充满兴趣

比奈在被心理学吸引之前研究的是法律和自然科学。在巴黎萨伯特医院与让-马丁·沙可共事七年多让他充分受到精细而严谨的科学实验方法的影响。他对研究人类智力的渴望起因于他对自己的两个女儿成长过程的惊叹。他发现孩子吸收新知识的速度和难易程度与他们付出了多少注意力有关。环境和孩子的心情似乎都对学习有重要的作用。

听说高尔顿在伦敦所做的测验后，比奈决定实施他自己的大规模研究，来测量拥有不同专长的群体之间个体能力的差异，如数学家、象棋手、作家和画家。同时，他还继续研究儿童的智力

阿尔弗雷德·比奈

阿尔弗雷德·比奈出生于法国的尼斯，但是小小年纪就因为父母离婚而搬到了巴黎。1878年他获得了法学学位，然后为了学习医学而在巴黎大学进修。然而，比奈认定他真正的兴趣在心理学，并且基本依靠自学成才在1883年获得了让-马丁·沙可所在的巴黎萨伯特医院的职位。结婚后的第二年，他的两个女儿降生了，他开始对智力和学习产生了兴趣。1891年，比奈被任命为巴黎大学实验心理学实验室副主任，并于1894年升为主任。

比奈1911年去世后，被追加了很多荣誉。1917年，儿童心理学研究学会更名为阿尔弗雷德·比奈学会。

主要作品

1903年 《智力的实验研究》
1905年 《心灵与脑》
1911年 《测量智力发展的方法》

功能，并发现他们在特定阶段会获得特定的技能。例如，儿童很小的时候没有抽象思维的能力，这种智力水平的增长似乎单纯与年龄有关。

1899年，比奈受邀加入了一个致力于教育研究的新组织——儿童心理学研究学会。他在很短的时间内就成为这个团体的领导者，并开始发表对教师和教育官员有益的文章。同时，法国开始强制所有6~12岁的儿童接受学校教育，而比奈应邀开发鉴别有学习障碍儿童的测验，以给予适合他们需要的教育。1904年，比奈又接受了政府的委任来开发评估婴儿学习潜能的方法，他开始潜心研究正常儿童与有智力问题的儿童之间的差异，并寻找测量这些差异的方法。

做智力测验（大多数智力测验仍基于比奈-西蒙量表）已经成为预测孩子学习潜能的标准方法。

比奈-西蒙量表

比奈与巴黎大学实验心理学实验室（1894年比奈成为该实验室的主任）的科学家德奥尔多·西蒙成为同事。两位科学家开始了长期而多产的合作。

1905年，比奈和西蒙编制了他们的第一个测验，称为“诊断弱智、低能和愚笨的新方法”。很快，他们又推出了修订版，针对3~13岁儿童，简称比奈-西蒙量表。这个量表分别于1908年和1911年得到修订。

基于对儿童的多年观察，比奈和西蒙选择了30个不同难度的测验，包含适用于不同年龄阶段儿童平均能力的任务。最简单的测验任务有追踪光束，或者人物之间的基本对话。稍难一点的任务有说出各种身体部位的名称、重复两个数字、重复简单的句子、解释简单的词，如“房子”或“叉子”。在更难的任务中，儿童要描述一对相似的物体的区别、凭记忆画画，或者用三个给定的词造句。最难的任务有重复七个随机的数字、找出法语单词“obéisance”的三个韵律，还有回答这样的问题：“我的邻居家里来了陌生人，依次是医生、律师和神父。发生了什么事？”

比奈和西蒙找了50个孩子来做他们的量表，孩子们被分成5个年龄段。这些孩子都是由学校老师挑选出的在该年龄段能力中等的孩子，以此作为正常孩子的基线来衡量所有能力水平的孩子。

对智力来说，在现实生活中有一个不可或缺的基本中介，它起着非常重要的作用：那就是判断力。

——阿尔弗雷德·比奈

比奈和西蒙的30个测验任务按照难度排序，在严格控制的条件下施测。比奈从他女儿身上观察到儿童很容易分心，注意力集中程度对他们完成任务的能力有很大影响。他视智力为多种心理功能的混合物，应对着千变万化的真实环境，并且受到现实判断力的控制。

智力不是一成不变的

比奈一直坦言比奈-西蒙量表存在缺陷。他敏锐地指出，量表只是简单地将孩子们智力测验的成绩与其他年龄相仿的孩子进行了排序。量表的1908年和1911年的版本更加重视对不同年龄群体的测验，并且最终由此引出了“心理年龄”的概念。

比奈还强调心理发展的不同速率及其所受到的环境因素的影响。他倾向于把他的测验看作一种评价特定时间点心理水平的方法，因为个体的水平是随着环境的变化而变化的。这种观点与颇有影响力的英国心理学家查尔斯·斯皮尔曼的观点相悖，斯皮尔曼认为智力只与生物因素有关。

虽然比奈坚持孩子的智力不是固定不变的，但是即使他设计出量化智力的方法，也终究无法对一个人的智力做出精确的测量。最终，比奈认为不可能像测量长度或容积那样来测量智力，对于智力只能进行分类。

利用与滥用

1908年，美国心理学家亨利·戈达德来到欧洲，发现了比奈-西蒙量表。他将其翻译成英文，并在美国学校发放了约22000份用于测验。不幸的是，比奈并没有将智力完全归于遗传因素，而戈达德却认为智力就是遗传决定的。他视比奈-西蒙量表为辨别低智商儿童的利器。

1916年，另一位美国心理学家路易斯·推孟修订了比奈-西蒙量表。他的测验结果取自大量的美国儿童样本，他将量表重新命名为斯坦福-比奈量表。这个量表不仅用于鉴别有特殊需要的儿童，而且可以在今后为他们分设更为职业化或者说工作导向的教育，直接将他们的余生绑定在低级的工作上。路易斯·推孟和戈达德一样，都相信智力是遗传的，而且是不可改变的，就算学校教育也无能为力。

比奈恐怕并没有意识到他的成果被这样利用了多久。他是一个深居简出的人，很少关心自己之外的事情。他从没有离开过法国，而在法国，比奈-西蒙量表在他有生之年从未被采纳过，所以他也从来不知道自己的成果被进行了怎样的修改。当他意识到“有外来的观点植入了他的量表”时，他强烈谴责那些将智力看作一个数据的人。

比奈的智商观点仍然是当今智力概念的基础，虽然有所欠缺，但是它开启了我们对人类智力的认识和研究。■

比奈-西蒙量表产生了一个智商值，表示的是测验成绩的总体水平。下图所示的是智商在总体中的变化。

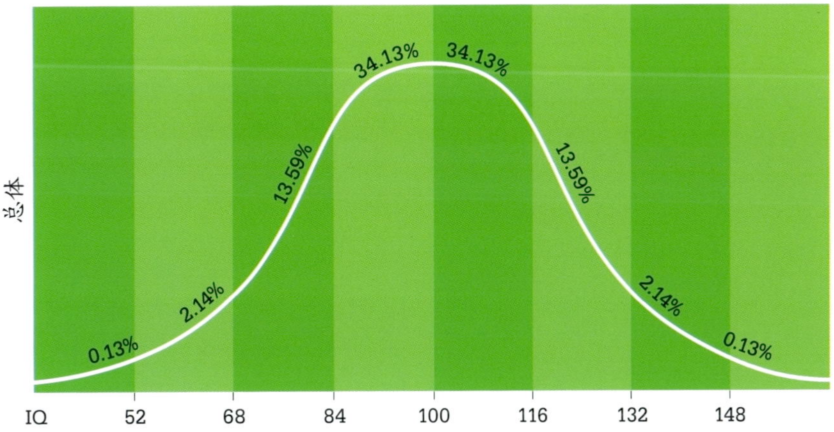

> 我找到的方法不是对个体进行测量，而是归类。
>
> ——阿尔弗雷德·比奈

无意识看到了躲在窗帘后的男人

皮埃尔·让内（1859–1947年）

背景介绍

聚焦

神经病学

此前

1878年 沙可在《神经系统疾病》一书中描写了癔症的症状，并将之视为一种独特的生理疾病。

此后

1895年 弗洛伊德认为解离是一种心理防御机制。

20世纪初 美国神经病学家莫顿·普林斯认为解离障碍是有范围的。

1913年 法国自然学家德勒兹将解离比喻为两个完全不同的人结合在一起，其中一个头脑清醒，而另一个昏昏沉沉。

1977年 欧内斯特·希尔加德在《分离的意识》中讨论了催眠产生的意识分裂现象。

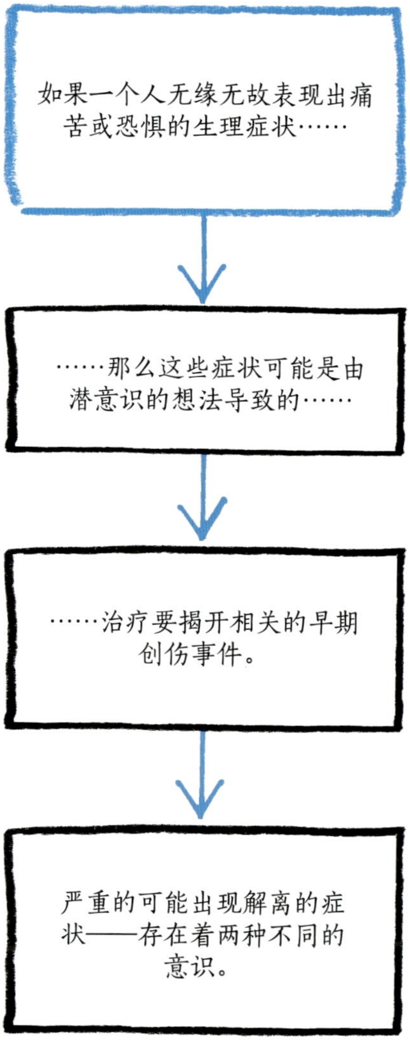

从1880年到1910年，“解离”现象引起了社会极大的兴趣，这是一种人的意识中心理加工过程或者说正常的人格发生分裂的症状。轻度的解离，相当于“梦游”或“虚幻”的感觉，是很常见的，大多数人在某个时刻都可能体验到。生病也常常是出现轻度解离的诱因，比如发烧或者药物的作用，包括酒精，而且人可能不记得解离状态下发生的事情。极少数的人会被诊断为多重人格障碍，即一个人表现出两种或两种以上的独立人格。这种极端的例子现在被划分为“解离性身份认同障碍”。

法国哲学家和医生皮埃尔·让内（Pierre Janet）是把解离当作精神病症状来研究的第一人。在19世纪八九十年代，他任职于巴黎萨伯特医院，治疗患有“癔症”的病人。他发表了多篇关于表现出这种极端病症的女性的个案研究。例如，有一位化名“露西”的病人，她在大多数情况下是安静的，但是有时会突然陷入异常激动的状态，无缘无故地

参见: 让-马丁·沙可 30页，阿尔弗雷德·比奈 50~53页，西格蒙德·弗洛伊德 92~99页，科比特·西格彭 赫维·克莱克里 330~331页，欧内斯特·希尔加德 337页。

> **这些人被某些事情困扰着，你必须认真查清其根源。**
>
> ——皮埃尔·让内

哭闹和害怕。她似乎有着三种独立的人格，让内称之为“1号露西”“2号露西”“3号露西”，她们之间的转换毫无预示，特别是在被催眠的时候。1号露西和2号露西都只有属于自己的记忆，但是3号露西能记得和三种人格相关的所有事情。值得注意的是，3号露西能够回忆起一段创伤性的经历，那是她七岁时的暑假，她被藏在窗帘后的两个男人吓坏了。

潜意识的创伤

让内得出结论，露西的童年创伤是导致她产生解离症状的原因。正如他在《精神的不自主运动》中所写的：“要想让一个人的身体做出害怕的姿态，就要让这个人体验到害怕的感觉；如果这种姿态是由潜意识的想法所控制的，那么病人的意识里只会产生相应的情绪，却不知道自己为什么会有这样的感受。”当露西被恐惧包围时，她会说：“我好害怕，可是我不知道为什么害怕。”让内说：“无意识有它的天地，它看到了躲在窗帘后的男人，并且让身体表现出害怕的姿态。”让内还补充道，他相信是创伤事件和压力刺激了那些有解离倾向的人发作。

让内认为，心灵的一部分就是隐藏在无序和紊乱行为之后的“潜意识”。然而，弗洛伊德认为这个词太模糊了，于是他将病人的心理创伤根源称为“无意识”。弗洛伊德发展了让内的观点，把解离归为一种一般性的“防御机制”。

让内的工作被忽视了几十年，因为世人并不认同催眠是研究和治疗心理疾病的有效手段。然而，自从20世纪后期，研究解离症状的心理学家又对此产生了兴趣。■

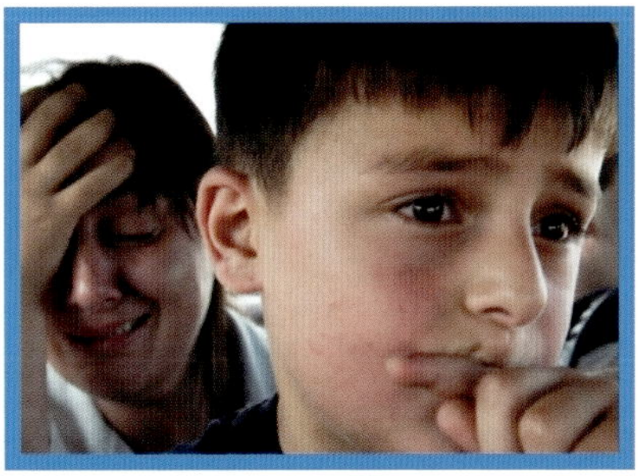

童年创伤似乎被淡忘了，但是根据让内的观点，它们常常还保留在心灵的“潜意识”之中，并且造成成年后的心理问题。

皮埃尔·让内

皮埃尔·让内出生在法国巴黎一个中产阶级知识分子家庭。他小时候十分热爱自然科学，收集了好多植物标本。他的叔叔保罗·让内是个哲学家，鼓励他学习医学和哲学，于是在巴黎高等师范学院毕业之后，他在巴黎大学继续深造并拿到了哲学硕士学位。年仅22岁的让内成为勒阿弗尔的哲学教授，并在那里开展了对催眠状态的研究。受沙可影响，让内将他的研究拓展到“癔症”领域，并于1898年成为巴黎萨伯特医院沙可实验室的主任。他依旧在巴黎大学任教，1902年又被法兰西公学院聘为心理学教授。

主要作品

1893年 《癔症的心理状态》
1902年 《神经症》
1907年 《癔症的主要症状》

BEHAVIOURISM
RESPONDING TO OUR ENVIRONMENT

行为主义
我们对环境的反应

1872年
达尔文出版《人类与动物的情绪表达》，认为行为是具有进化适应性的。

1898年
爱德华·桑代克的**效果律**是指产生满意效果的反应更有可能被重复。

1913年
约翰·华生发表的《行为主义者眼中的心理学》，被看作**行为主义者的非正式宣言**。

1920年
约翰·华生用“小阿尔伯特”做实验，教会了这个婴儿**条件性的情绪反应**。

1927年
伊万·巴甫洛夫在狗的实验中证实了**经典性条件作用**。

1929年
卡尔·拉什利的脑解剖实验显示**整个脑部参与学习的过程**。

1930年
郭任远以猫和老鼠为实验对象，试图证明**并不存在本能这回事**。

1930年
斯金纳在对老鼠的实验中证明了**操作性条件作用**的效应。

19世纪90年代，心理学已经从它的哲学起源中分离出来，并发展为一门科学。欧洲和美国都成立了心理学实验室和大学院系，第二代心理学家正在成长。

在美国，心理学家急于推进建立在客观基础上的新学科，科学的探索在威廉·詹姆斯等人的内省和哲学取向中逆流而上。他们觉得，内省完全是主观性的，据此提出的理论既不能被证明也不能被推翻。如果将心理学看作一门科学，那么它就应该以可观察、可测量的现象为基础。他们的解决之道是在严格控制的实验室条件下研究心理加工的外在表现，即行为。如约翰·华生所言，心理学是“自然科学的分支，研究对象是人类的行为——所为及所言，既有习得的也有天生的”。早期的“行为主义者”，包括桑代克、托尔曼和格斯里，设计实验来观察精心控制的情境下动物的行为，并根据这些实验结果推断环境对人类的影响，以及关于学习、记忆和条件作用的理论。

条件作用

行为主义实验受到了研究生理过程的俄国生理学家巴甫洛夫所设计的类似实验的影响，他不经意间奠定了行为主义心理学的基础。在他著名的狗分泌唾液的研究中，巴甫洛夫描述了动物如何对条件刺激进行反应，并为心理学家奠定了行为主义核心思想的基础。条件作用通常也被称为“刺激–反应（S–R）”心理学，它构成了行为主义的雏形。

行为主义主要观察外部刺激引起的反应，忽视内在心理状态与加工过程，因为这些被认为是不可能用科学的方法来检验的，所以在分析行为时可以忽略不计。心理学研究的基本点从“心灵”向“行为”的转变掀起了一场革命，伴随而来

1935年

康拉德·洛伦兹发现了**印刻现象，**也就是说初生的动物会根据某个关键时期所接收的感观信息来判定谁是它的父母。

1938年

埃德温·格斯里认为**“单次学习”**就足够了，条件性反射不需要依赖于重复。

1943年

克拉克·赫尔认为**驱动力减少**（我们的基本需要得到满足）是强化真正的唯一的基础。

1948年

爱德华·托尔曼在《老鼠与人类的认知地图》中说当我们在度过每天的生活时就在发展**认知地图**。

1957年

斯金纳出版了《言语行为》，并声称言语是过去的**行为和遗传史**的产物。

1958年

约瑟夫·沃尔普将**脱敏技术**应用于退伍老兵的“战后神经官能症”。

1959年

诺姆·乔姆斯基针对斯金纳的《言语行为》写了一篇重要评论，掀起了一场**认知革命**。

20世纪60年代

尼尔·米勒的实验推动了**生物反馈技**术的发明。

的是“行为主义者的宣言”——华生发表于1913年的《行为主义者眼中的心理学》。

在美国，行为主义成为心理学的主要取向，并独领风骚40年。巴甫洛夫主义和经典性条件作用的观点演变为华生的断言：行为完全是由环境刺激塑造的，与内在或遗传因素无关。第二代行为主义以“激进行为主义者”斯金纳为首，他在“操作性条件作用”的理论中对刺激与反应的关系做出了新的思考。他认为行为是由其后的结果塑造的，而非先前的刺激。这种观点似乎与威廉·詹姆斯有些类似，它彻底改变了行为主义的方向，不仅接纳了遗传因素，而且将心理状态解释为行为的结果（而不是起因）。

认知革命

20世纪中叶，心理学家开始对行为主义产生质疑。动物行为学的研究显示，本能的行为与后天习得的行为同样重要，这一发现令条件作用派如坐针毡。对斯金纳观点的反响也点燃了一场“认知革命”，心理学的注意力再次从行为回到心灵和心理加工过程上。这一时期的一位重要人物就是托尔曼，虽然他也是行为主义者，但是他的理论没有抛弃知觉和认知的重要性，因为起源于德国的格式塔心理学给了他启发。随着神经科学的兴起，另一位行为主义者卡尔·拉什利又将关注点从行为引向了脑与脑功能。

现在，行为主义已经走到了尽头，并且被认知心理学的各种分支所取代。然而，它留下的遗产仍然闪耀着光辉，特别是它为这个学科确立了科学的方法论，它所提供的研究范式被广泛应用于心理学实验中。行为疗法直到今天仍然在使用，并且是认知行为疗法的重要组成部分。■

美食令人垂涎

伊万·巴甫洛夫（1849–1936年）

背景介绍

聚焦

经典性条件作用

此前

12世纪早期 阿拉伯医生阿文祖尔为了测试外科手术的程序而用动物做实验。

1890年 威廉·詹姆斯在《心理学原理》中说："对执行完一个步骤的感受是下一个刺激不可分割的一部分。"

此后

1920年 华生的"小阿尔伯特"实验在人类身上证实了经典性条件作用。

20世纪30年代 斯金纳发现老鼠以特定的方式做出条件性的行为。

20世纪50年代 心理治疗师将"条件作用"应用在行为治疗中。

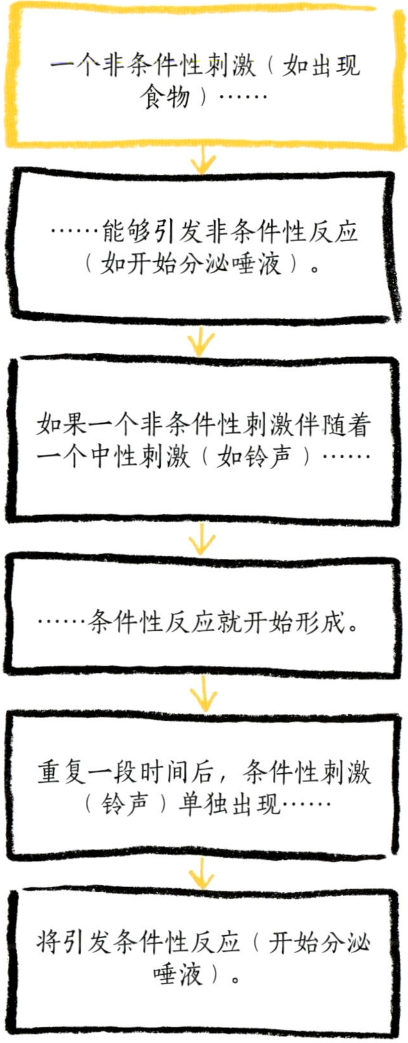

当现代心理学还在襁褓之中时，许多重大的发现都是其他领域的科学家从他们的研究中得到的。俄国生理学家伊万·巴甫洛夫（Ivan Pavlov）就是这些早期先驱者中最著名的人物之一，他在研究狗的唾液分泌及消化功能时得到了意想不到的结果。

19世纪90年代，巴甫洛夫对狗进行了一系列的实验，他利用外科手术的植入设备测量狗在喂食时唾液的分泌量。他发现狗不仅在真的进食时分泌唾液，而且在只是闻到或者看到美味的食物时也会分泌唾液。甚至在因期待食物而靠近看护者时，也会分泌唾液。

巴甫洛夫的观察让他看到了各种刺激及其引发的反应之间的联系。在一项实验中，他在给狗食物之前总会开启一个节拍器，重复这个过程，直到狗能将这种声音与美味的食物联想在一起。这种条件性的作用最终使狗在单独听到节拍器的声音时也能够分泌唾液。

参见：威廉·詹姆斯 38~45页，约翰·华生 66~71页，斯金纳 78~85页，斯坦利·斯坎特 338页。

巴甫洛夫的狗只要看到穿白大褂的实验员就能够分泌出唾液。它们条件性地将白大褂与食物联想在了一起，因为给它们喂食的人总是穿着白大褂。

在随后的实验中，巴甫洛夫将节拍器换成了铃声或蜂鸣器、闪光和不同声调的哨子。然而，不管刺激的性质如何，结果都是一样的：一旦中性刺激（铃声、蜂鸣器或闪光）与食物之间建立了联系，狗就能够对这些刺激做出分泌唾液的反应。

条件性反应

巴甫洛夫得出结论，提供给狗的食物是一种“非条件性刺激”（US），因为它所引发的是不需要学习的，或者说“非条件性”的反应（UR）——在这里，即为分泌唾液。但是，节拍器只有在狗学会了与食物联想到一起之后才能成为引发唾液分泌的刺激。因此，巴甫洛夫称之为“条件性刺激”（CS）。对节拍器产生的分泌唾液的反应也是习得的，所以是一种“条件性反应”（CR）。

在之后的实验中，巴甫洛夫又发现如果条件性刺激多次出现之后都取消食物的供给，条件性反应就可以被抑制，或者说“被忘掉”。他还证明了条件性反应既可以是生理上的，也可以是心理上的。当各种刺激伴随着疼痛或者某种形式的危险出现时，就会引发恐惧或焦虑的条件性反应。

现如今众所周知的经典性条件作用或巴甫洛夫条件作用原理，以及巴甫洛夫的实验方法，使心理学向真正的科学，而非哲学，迈进了一大步。巴甫洛夫的工作产生了重大的影响，特别是对美国的行为主义心理学家，如华生和斯金纳。■

> 事实是科学的空气。没有它们，科学人就无法生存。
>
> ——伊万·巴甫洛夫

伊万·巴甫洛夫

伊万·巴甫洛夫，俄国梁赞市乡村牧师的长子，原本注定要追随他父亲的脚步，但是他很快放弃了在当地神学院的学习，转入了圣彼得堡大学。1875年毕业后，他进入外科医学院，在那里获得了博士学位和奖学金。1890年，巴甫洛夫成为军事医学院的教授和实验医学研究院生理学系主任。就是在这里，他做出了举世闻名的关于狗的消化系统的研究，并因此夺得了1904年的诺贝尔奖。巴甫洛夫于1925年正式退休，但是他仍然继续着他的实验，直到1936年2月死于肺炎。

主要作品

1897年 《关于主要消化腺功能的演讲》

1928年 《关于条件作用的演讲》

1941年 《条件作用与精神病》

无益的行动淘汰出局

爱德华·桑代克（1874–1949年）

背景介绍

聚焦

联结主义

此前

1885年 赫尔曼·艾宾浩斯在《记忆》中揭示了“遗忘曲线”——人类记忆消退的速率。

19世纪90年代 伊万·巴甫洛夫提出经典性条件作用原理。

此后

1918年 约翰·华生的“小阿尔伯特”实验将条件作用应用在了婴儿身上。

1923年 英国心理学家查尔斯·斯皮尔曼提出了测量人类智力的单一的一般性因素——G因素。

20世纪30年代 斯金纳提出来自结果的条件作用理论——操作性条件作用。

当巴甫洛夫在俄国潜心用狗做实验的同时，爱德华·桑代克（Edward Thorndike）在美国开始为了他的博士论文而进行动物行为研究。他可能是第一位真正的“行为主义”心理学家，虽然这个词的出现已经是他的研究完成之后很久的事了。

19世纪90年代，桑代克毕业时，科学心理学在大学里还是新鲜的研究领域，他憧憬着将这门新科学应用到他感兴趣的教育和学习研究中。桑代克最初的目的

参见: 赫尔曼•艾宾浩斯 48~49页, 伊万•巴甫洛夫 60~61页, 约翰•华生 66~71页, 爱德华•托尔曼 72~73页, 斯金纳 78~85页, 唐纳德•赫布 163页。

> **心理学有助于估量一个目标达成的概率。**
>
> ——爱德华•桑代克

是研究人类的学习，但是当他在研究过程中怎么也找不到适合的课题时，他就把注意力转向了动物，希望在一系列严格控制的实验中观察智力及学习的过程。然而，桑代克得到的结果远不止这些，他奠定了行为主义心理学的基础。

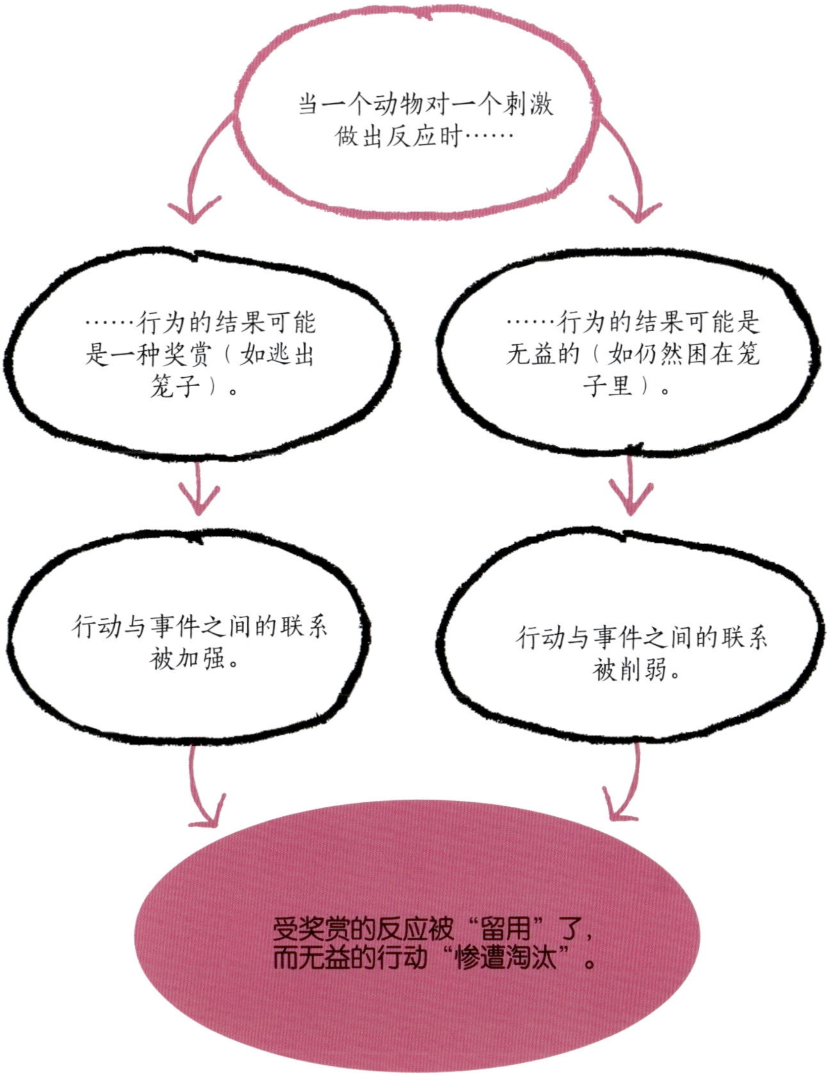

学习环境

他最开始的实验是让鸡学习走他为了实验专门设计和搭建的迷宫。后来，这成了行为主义实验技术的“品质保证”——使用特别创设的环境，被试可以在其中接受特定的刺激或任务，即现在的“工具性条件作用”或“工具性学习”。随着研究的推进，桑代克又改用猫做实验，他发明了“迷箱”来观察它们学习逃跑的能力。

饥肠辘辘的猫被关在迷箱中，探索它身处的环境时会碰到各种装置，如线绳、铃铛或者可以按的按钮或面板，其中有一种连接着打开箱门的门闩。如果这时猫发现了，它就可以跑出来并得到食物奖励。这个过程重复多次，桑代克关心的是猫每次打开迷箱门所用的时间，这表明动物能多快认识它周围的环境。

实验使用了不同的猫，每一只都被放到一系列具有不同开门机关的迷箱中。桑代克发现，猫在第一波尝试和犯错后发现了逃跑的机关，之后的尝试和犯错数就会逐渐减少，因为猫学会了哪

桑代克提出的效果律构成了所有行为主义心理学的基础。他证明了动物通过加强行动与结果之间的连接来学习，它们能记住积极的结果并忘记消极的结果。

种行为是无效的，哪种是可以获得奖赏的。

效果律

根据这些实验的结果，桑代克提出了他的效果律，也就是说如果对一种情境的反应引发了令人满意的结果，那么这种反应在未来就更有可能再次出现；如果对一种情境的反应引发了不好的结果，那么这种反应再次出现的可能性很小。这是行为主义心理学观点、刺激与反应之间的联系以及学习与行为的关系第一次被正式地阐述出来。桑代克认为，当刺激（S）与反应（R）之间建立联结时，大脑中也建立了对应的神经连接。他称这种S-R学习为“联结主义”，即学习过程中建立的联结“印刻”在大脑的神经环路中。

桑代克的观点是，行为的结果决定了刺激-反应联结被印刻的深浅程度。在迷箱中，拉绳子或者按开关的结果可能是逃脱或失败。换句话说，当特定的刺激-反应伴随着令人满意或愉快的事情（如逃脱或奖赏）时，那些反应就倾向于“加固与这种情境的联结，因此，当它再次发生时，先前的反应也更有可能出现”。它们被“印刻”在神经连接中。当刺激-反应伴随着恼人的或难过的事情（如继续被困或受惩罚）时，情境与反应之间的神经连接就会被削弱，直到最后“无益的行动被淘汰出局”。

强调刺激与反应的结果，以及结果会反过来加强刺激与反应之间的联结，这种观点可以作为日后被称为学习的强化理论的例子。实际上，强化以及结果的重要性完全被下一代行为主义者（如约翰·华生）忽视了，但是效果律远远领先于斯金纳的工作以及他的操作性条件作用理论。

在之后的研究中，桑代克更新了效果律，他在其中加入了其他的变量，例如反应和奖赏之间的延迟、任务重复的效果，以及当任务没有被重复时会多快被遗忘。由此，他又提出了练习律，即刺激与反应之间的联结因重复而加强，不再启用则会减弱。此外，联结加强或减弱的速率是可以变化的。根据桑代克的

> **任何人所拥有的智力、性格和技能都是特定的原始倾向和他们所接受的训练的共同产物。**
>
> ——爱德华·桑代克

人们曾经认为成年学习者获取知识的能力比儿童差。桑代克认为他们只是在学习速度而非记忆上有显著差异。

说法，“满意或不满意的程度越高，联结被加强或减弱的幅度就越大”。

有趣的是，虽然桑代克用标准的行为主义方法研究动物行为，并撰写了《动物智力》（1911），它被奉为早期行为主义的经典著作，但是他认为，他自己首先是一位教育心理学家。他原本想要测查的是动物的智力，而非行为。例如，他想要看到的是动物通过简单的尝试和犯错进行学习，而不是通过顿悟，顿悟是当时心理学界流行的观点。他写道，“大多数的书宁愿给动物写赞歌，也不愿意写一写心理学。他们都在称赞动物的智慧，却没有人谈动物的愚蠢。”他的猫在迷箱中是逐步学习的，并不是突发灵感顿悟出如何逃脱，这一事实支持了他的理论。

动物是通过尝试和犯错被迫学习的，因为它们没有能力推理出门与操纵杆之间的关系。

人类的智力

《动物智力》出版后，桑代克将他的注意转向人的智力。在他看来，最基本的智力就是产生简单的刺激和反应联想，并建立神经连接。动物越聪明，就越能够建立这样的联结。因此，智力可以被定义为形成神经连接的能力，这不仅依赖于遗传因素，也要靠经验的积累。

为了找到测量人类智力的方法，桑代克设计了CAVD（完形填空、算术、词汇、执行指示）量表。它是当代所有智力测验的楷模，不仅评估了机械智力（理解事情如何发生），而且评估了抽象智力（创造力）和社会智力（人际交往能力）。桑代克还特别想知道年龄对学习的影响，他提出的学习理论至今仍是教育心理学的核心内容，这或许也是桑代克最希望被世人记住的丰功伟绩。可惜，桑代克对行为主义的影响实在太大了，所以他大多时候都出现在行为主义者的名单上。■

爱德华·桑代克

1874年，爱德华·桑代克出生在美国马萨诸塞州的威廉斯堡，他的父亲是卫理公会的牧师。1895年，他从卫斯理大学毕业后，进入哈佛大学跟学威廉·詹姆斯继续学习心理学。1897年，桑代克来到纽约的哥伦比亚大学，1898年，他在那里完成了博士论文。

桑代克对教育心理学的热爱使他来到俄亥俄州克里夫兰西部保留地大学当老师，但是仅仅一年之后，他就回到了哥伦比亚大学，从1899年到1939年退休，一直都在那里教书。1912年，他当选了美国心理学会主席。桑代克继续着他的研究和写作，直至74岁在纽约蒙特罗斯去世。

主要作品

1905年　《心理学要素》
1910年　《心理学对教育学的贡献》
1911年　《动物智力》
1927年　《智力测验》

无论人们天性如何，都可以被训练成任何样子

约翰·华生（1878–1958年）

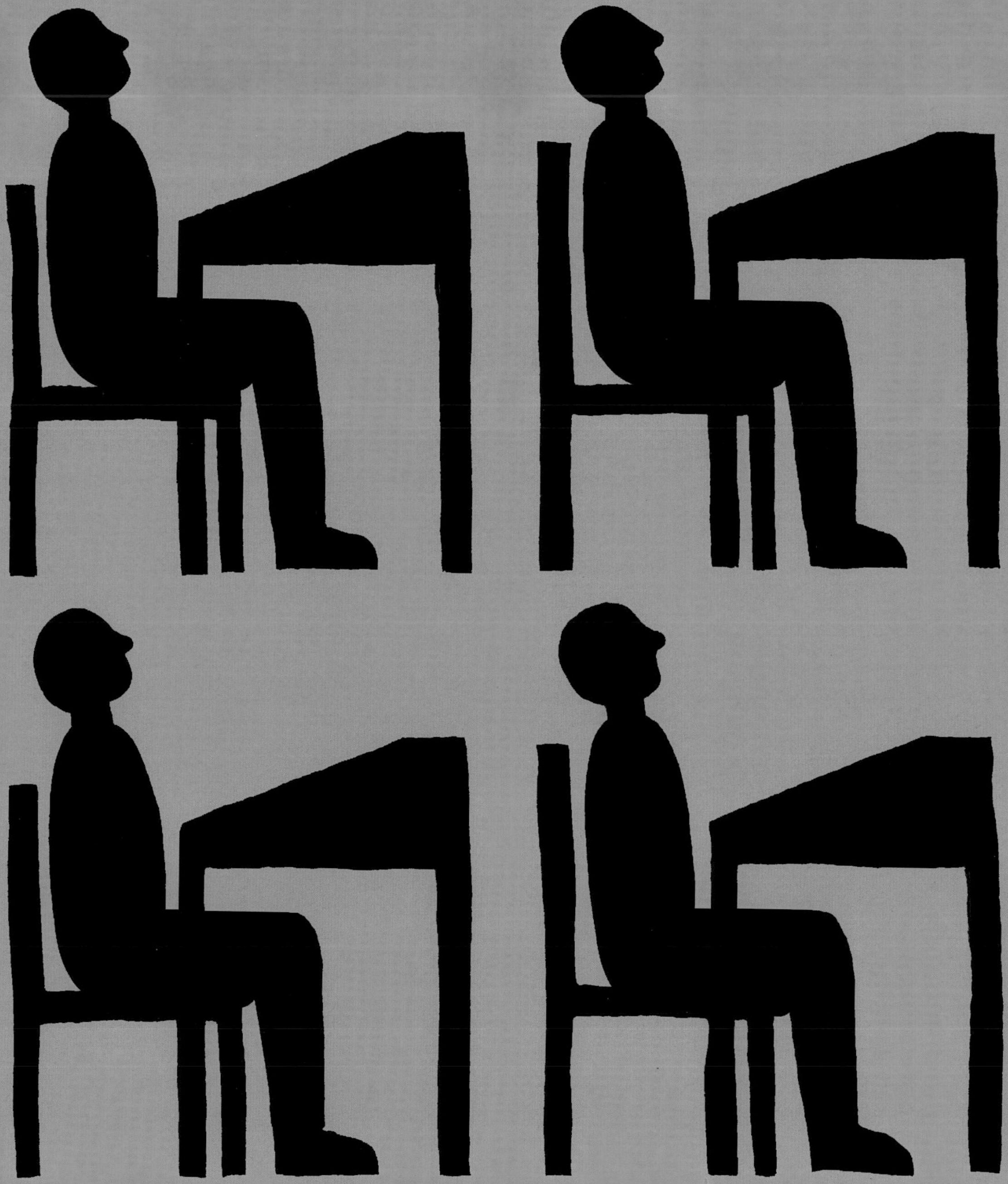

背景介绍

聚焦

古典行为主义

此前

19世纪90年代 生于德国的生物学家雅克·洛布（华生的导师之一）用纯生理–化学的术语来解释动物行为。

19世纪90年代 巴甫洛夫通过对狗的实验确立了经典性条件作用原理。

1905年 桑代克发现动物为了使其行为产生积极的后果而学习。

此后

1932年 托尔曼在他的潜在学习理论中将认知引入行为主义。

20世纪50年代 认知心理学家将研究的落脚点放在了隐藏在人类行为背后并引发行为的心理加工过程上。

人类的基本（天生的）情绪是恐惧、愤怒和喜爱。

这些感觉可以通过刺激–反应的条件性对应绑定在特定的目标上。

人类可以对目标产生条件性的情绪反应。

巴甫洛夫证明动物能够学会对条件性刺激做出反应。

人类也能对物体或事件产生条件性的生理反应。

无论人们天性如何，都能被训练成任何样子。

20世纪初期，许多心理学家纷纷表示内省的方法不足以研究人类的心理，他们都开始投身于通过实验室中严格控制的实验诱发的行为来研究心理。

约翰·华生并不是完全行为主义取向的第一人，但他的确是最引人注目的。在因婚姻丑闻而中断的职业生涯中，他成为20世纪最有影响力也最具争议性的心理学家之一。因为他对刺激–反应学习理论的研究早于桑代克，所以他被认为是行为主义之父，也是他使行为主义流行于世。他在1913年的演讲《行为主义者眼中的心理学》抛出了革命性的观点："真正的科学心理学应该放弃谈论心理状态，取而代之的是预测和控制行为。"这场演讲被后辈心理学家们看作"行为主义宣言"。

华生在美国巴尔的摩的约翰霍普金斯大学做研究之前，大多数关于行为的实验都着眼于动物的行为，用动物实验的结果推论人类的行为。华生的博士论文研究的是老鼠和猴子，但是（也许是受到第一次世界大战期间为军方工作的经历影响）他也热衷于用人类被试做实验。他想要研究经典性条件作用的刺激–反应模式以及可以怎样利用

参见：伊万·巴甫洛夫 60~61页，爱德华·桑代克 62~65页，爱德华·托尔曼 72~73页，斯金纳 78~85页，约瑟夫·沃尔普 86~87页，肯尼斯·克拉克 282~283页，阿尔伯特·班杜拉 286~291页。

> **心理学，在行为主义者的眼里，是完全客观的、以实验为基础的自然科学分支。**
>
> ——约翰·华生

它来预测和控制人类的行为。他认为人类有三种基本情绪——恐惧、愤怒和喜爱——于是他想要知道在对一个刺激做出反应时一个人是否能够条件性地产生这些感受。

小阿尔伯特

华生和他的科研助手罗莎莉·蕾娜对从当地儿童医院挑选的9个月大的婴儿“阿尔伯特”进行了一系列的实验。华生想看看反复给婴儿看一个小动物的同时制造令人害怕的巨大噪音，婴儿有没有可能学会害怕这个小动物。他还想要知道这种恐惧能否转移到其他动物或物体上，以及这种恐惧能够持续多久。现在，华生的实验方法被认为是残忍且不道德的，但是在当时他们确实将从前的动物研究向前推进了。

在今天众所周知的“小阿尔伯特实验”中，华生把健康但“总的来说有点迟钝和冷淡”的小阿尔伯特放在软垫上，然后观察他看到小狗、小白鼠、兔子、猴子和其他无生命的东西（如面具和燃烧的纸）的反应。阿尔伯特不怕任何动物或东西，甚至敢伸手去摸它们。于是，华生就以此为基线，来评估孩子的行为有多大改变。有一次，阿尔伯特正坐在软垫上玩，华生突然用锤子使劲敲一根金属棒，发出了巨大的噪音；可想而知，阿尔伯特非常害怕和紧张，大哭起来。现在，华生就得到了一个可以引发儿童恐惧反应的非条件刺激（巨大的噪音）。他设想如果这个非条件刺激与小白鼠同时出现，那么它可能会让小阿尔伯特对小动物产生条件性的恐惧。

在阿尔伯特刚满11个月时，华生又把他带到了实验室。小白鼠和小阿尔伯特都放在了软垫上，然后这个孩子伸手触摸小白鼠时他就用铁锤用力敲击金属棒。孩子号啕大哭起来。这个过程一共重复了七次，分别在两个时段进行的，两个时段之间又相隔了一周的时间，之后即便没有任何噪音出现，阿尔伯特一看到小白鼠被带进房间就会开始紧张。

约翰·华生

约翰·华生出生在美国南卡罗莱纳州的一个贫苦家庭，他的童年并不顺遂，他的父亲长年沉迷于酒色，在华生13岁的时候就离开了他，而他的母亲是虔诚的教徒。华生的青春期非常叛逆和暴力，但他的学习成绩却很好，16岁的时候就被附近的弗曼大学录取了。他在芝加哥获得博士学位后，开始在约翰霍普金斯大学当助教，并于1913年在那里发表了被誉为“行为主义宣言”的演讲。他在第一次世界大战期间曾经为军队工作过一小段时间，之后又回到了约翰霍普金斯。当他和他的科研助手罗莎莉·蕾娜的丑闻被爆出后，他被迫辞职，转而投身广告界，其间他仍然在出版关于心理学的书。1935年，37岁的蕾娜早早离开人世，之后华生便退隐江湖。

主要作品

1913年 《行为主义者眼中的心理学》
1920年 《条件性情绪反应》（与罗莎莉·蕾娜共同完成）
1924年 《行为主义》

通过让小白鼠和巨大的噪音多次共同出现，华生应用了巴甫洛夫在狗身上发现的经典性条件作用。现在，儿童对噪音的自然反应——害怕和紧张——与小白鼠联系在一起。儿童对小白鼠也会产生条件性的恐惧反应。根据经典性条件作用原理，小白鼠原本是不会引发任何特殊反应的中性刺激；巨大的噪音是能引发恐惧这种“非条件反应”（UR）的“非条件刺激”（US）。经过条件作用训练之后，小白鼠成为“条件刺激”（CS），能够引发出恐惧这种“条件反应”（CR）。

然而，这种条件作用似乎不只是对小白鼠的简单的害怕，而且似乎也不是暂时的。为了检验阿尔伯特的恐惧是否“泛化”了，或者说扩散到其他类似的对象上，在条件作用形成的五天后，华生又给他看了其他白色带毛的东西，包括兔子、小狗和裘皮大衣。阿尔伯特对这些东西表现出了和对小白鼠一样的紧张和恐惧反应。

在这些实验中，华生证明了人类的情绪易受经典性条件作用的影响。这是一个新的发现，因为先前的刺激–反应实验研究的都是躯体行为的学习。华生不仅发现了人类行为是可以被预测的——给予特定的刺激和条件——也是可以被控制和塑造的。一个月后再次检查阿尔伯特对小白鼠、兔子和狗的反应，发现条件作用的效应仍然持续着，不过再也无法进一步证实，因为此后不久阿尔伯特就被他的妈妈接出了医院。

无限的可塑性

华生的职业生涯在小阿尔伯特实验后戛然而止，他与助手蕾娜的丑闻迫使他辞去了教授的职位。虽然他的研究尚未完成，但是他坚

> **我永远不会满足，除非让我在一间可以时刻观察的实验室里培育孩子。**
>
> ——约翰·华生

华生把儿童看作“白板”。他声称运用行为主义原理可以把孩子塑造成各种专家，从艺术家到医生，且不在乎他们的天性如何。

持自己的行为主义观点，并且特别希望将经典性条件作用应用于人类身上。或许因为他无法忍受被迫离开学术界的现实（他进入广告界并取得了巨大成功），他开始夸大自己的发现，并利用自己能言善辩的天赋继续出版关于心理学的书籍。

例如，他不甘于只宣称有可能控制情绪反应，还鼓吹说基于同样的原理还可以控制或调节几乎人类的所有行为，不管有多么复杂。仅仅因为小阿尔伯特条件性地对他原本不害怕的白色毛绒物体产生了恐惧反应，华生就认为“无论天性如何，任何人都可以被训练成任意的样子”。他甚至在1924年所写的《行为主义》一书中写道：“给我一打健康的婴儿，让他们在我特制的世界中长大，我保证可以随意把任何一个人培养成任何我想要他成为的专家——医生、律师、艺术家、商人，甚至乞丐和小偷，不管他的天赋、爱好、倾向、能力、职业和种族。”在“先天对后天”的争论中，华生是彻头彻尾站在“后天”这一边的。

无感情的教养

不能继续在大学里做研究了，于是华生为了推广他的行为主义观点而把目光投向了育儿早教界。这是他的观点被证明最有公众影响力的地方，也是最受争议的地方。可想而知，他提倡用严格的行为主义方法来养育孩子，在20世纪二三十年代，他的许多关于育儿的书都非常畅销。现在回头看看，很容易发现他的方法基于极端的情感疏离，存在着巨大的误导性和潜在的伤害性，但是他的方法却被数以万计的家长们所接受，包括华生和蕾娜本人。

华生认为，儿童是由环境塑造的，而环境在家长的控制之下。在他看来，养育儿童就是通过行为矫正对恐惧、愤怒和喜爱等情绪进行客观的练习。想一想他悲惨的童年，或许他已经抛弃了那些会令自己变得脆弱、变得过度依赖父母的情感。不过，他也反对父母有极端情绪，并且反对体罚。

华生将刺激–反应条件作用应用在育儿上终于引发了批评。后来的人认为这样的方法是冷漠和充满操纵性的，看重的是功效和结果而不是儿童的幸福。按照华生的行为主义模式养大的孩子所受到的长期伤害是由浅入深的，也是非常明显的。那时候他的书犹如育儿“圣经”一样受到追捧，说明整个一代人都是在现在被认为有害的教养方式下长大的。甚至华生自己的家庭也无法幸免：蕾娜最终看到了她丈夫的育儿理论的缺陷，并在《父母杂志》发表了名为《我是一个行为主义者的孩子的母亲》的文章，华生的孙女，演员玛丽艾特·哈特利也在她的自传《打破沉默》中记录了她混乱的家庭。

其他育儿方法很快涌现出来，却依然效忠于行为主义。心理学家斯金纳接受了华生的条件作用基本原理（除了有失人性的小阿尔伯特实验），并以此作为自己的“激进行为主义”的起点，他将行为主义应用于育儿方面时要温和得多。■

> **华生主义俨然成为美国托儿所和起居室里的福音书。**
>
> ——阿尔弗雷德·阿德勒

20世纪20年代，华生将其对人类行为的理解应用于广告界，他证明了人在购买商品时会受到商品形象的影响，而非内容。

最大的迷宫就是人类的世界

爱德华·托尔曼（1886–1959年）

背景介绍

聚焦

认知（“目的”）行为主义

此前

19世纪90年代 伊万·巴甫洛夫通过对狗的实验确立了经典性条件作用理论。

1920年 约翰·华生对人类实施了行为主义实验，即著名的“小阿尔伯特”实验。

此后

1938年 斯金纳对操作性条件作用的研究用鸽子代替了老鼠，并且更为精细和复杂。

20世纪50年代 认知心理学取代行为主义成为心理学的主流。

20世纪80年代 沃尔普的行为疗法和贝克的认知疗法融合成为认知行为疗法。

虽然爱德华·托尔曼（Edward Tolman）是美国行为主义心理学家的领军人物之一，但是他跟桑代克和华生的取向有很大的不同。他赞同行为主义的基本方法论——心理学只能通过客观科学的实验来研究——但是他对心理加工过程也感兴趣，包括知觉、认知和动机，他在德国学习格式塔心理学的时候接触过这些内容。他将这两种原本互不相干的取向结合起来，提出了关于条件作用的新理论，并开创了他所谓的“目的行为主义”——现在称为认知行为主义。

托尔曼对条件作用学习的

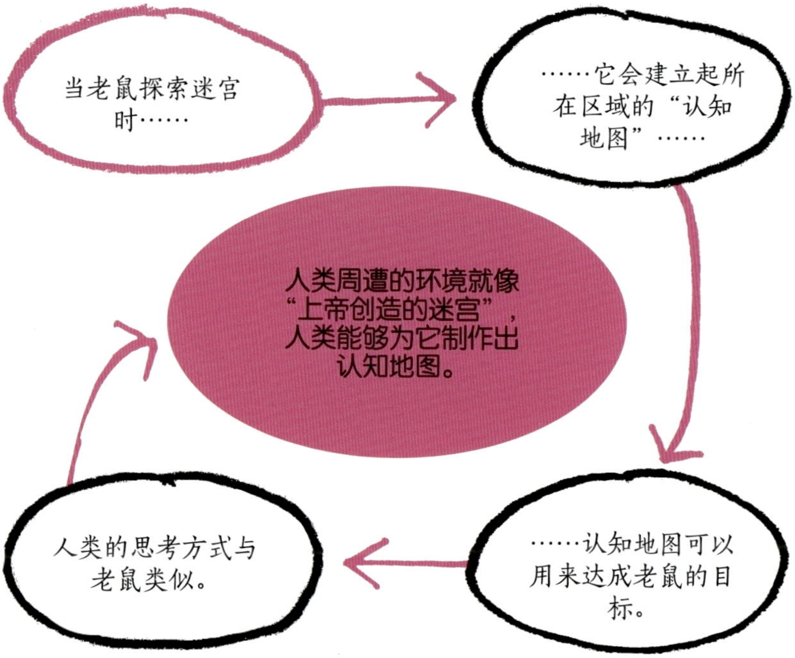

参见：伊万•巴甫洛夫 60~61页，爱德华•桑代克 62~65页，约翰•华生 66~71页，斯金纳 78~85页，约瑟夫•沃尔普 86~87页，沃尔夫冈•苛勒 160~161页，丹尼尔•卡尼曼 193页。

> **学习并非只有一种类型。**
>
> ——爱德华•托尔曼

基本假设心存疑虑（行为是简单地通过对刺激的自动反应而习得的）。他认为就算没有奖励的强化，动物也能认识周围的世界，并且在之后的决策中运用这些知识。

他设计了一系列的老鼠走迷宫实验来检测强化在学习中的作用。他比较了三组老鼠，第一组成功走出迷宫就会立即获得食物奖励，第二组六天后才能得到奖励，第三组两天后得到奖励，他的想法被证实了。第二组和第三组老鼠在得到食物奖励那天之后走迷宫时犯的错误明显减少，这说明它们已经“知道”了迷宫的路，在接受奖励之前就学会了。一旦得到了奖励，他们就能够运用已经建立的“认知地图”更快地走出迷宫。

潜在学习

托尔曼将老鼠还没有得到明确奖励的初始学习阶段称为“潜在学习”。她认为人类和所有的动物一样，在日复一日的生活中建立起了周遭世界——“上帝创造的迷宫”——的认知地图，利用它就可以定位特定的目标。他举例说，我们记住了每天经过的路上的各种地标的位置，但是只有当我们需要沿路寻找某处时才会意识到这些。进一步的实验显示，老鼠拥有的是位置感而不仅仅学会了到达某个特定地点该如何转弯。

在《动物与人类的目的性行为》一书中，托尔曼概括了他的潜在学习和认知地图理论，将行为主义的方法论与格式塔心理学结合在一起，并引入了认知的元素。■

我们在日常生活中会建立起周遭环境的认知地图。我们可能并不会意识到这一点，直到我们需要找到一个每每经过却从没留意过的地方。

爱德华•托尔曼

爱德华•托尔曼生于美国马萨诸塞州西牛顿的一个小康之家。他先在麻省理工学院学习电化学，1911年毕业后，他读了威廉•詹姆斯的著作便选择到哈佛大学读研究生，学习哲学和心理学。在学习期间，他来到德国并接触到格式塔心理学。拿到博士学位后，他来到西北大学教书，但是他的和平主义观点令他丢了这份工作，于是他调入加州大学伯克利分校。正是在这里，他完成了老鼠走迷宫的实验。在麦卡锡当政期间，他因为拒绝在他认为限制学术自由的效忠誓言上签字而受到威胁。情势于1955年好转。1959年，他在伯克利去世，享年73岁。

主要作品

1932年 《动物和人类的目的性行为》

1942年 《战争的驱动力》

1948年 《老鼠和人类的认知地图》

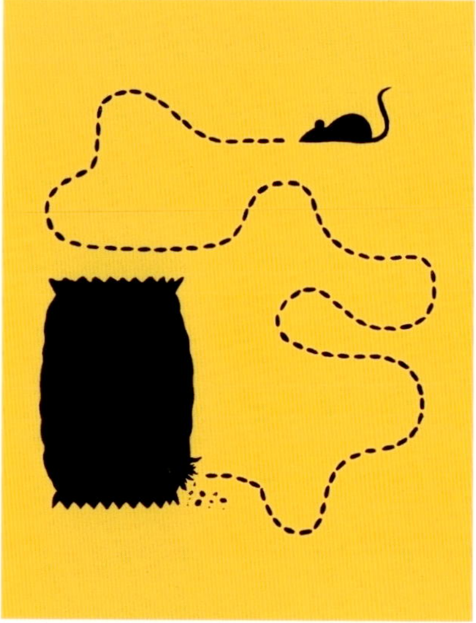

一旦被老鼠看到谷袋，我们就知道它会回来的

埃德温·格斯里（1886–1959年）

背景介绍

聚焦

学习理论

此前

19世纪90年代 巴甫洛夫在狗身上验证了“经典性条件作用”。

19世纪90年代 桑代克为他实验中的猫设计了迷箱。

20世纪20年代 托尔曼对强化在条件作用中所扮演的角色提出了疑问。

此后

1938年 斯金纳提出了操作性条件作用的观点，强调行为结果的作用。

20世纪40年代 皮亚杰的学习理论认为儿童天生就想要探索和获取知识。

1977年 阿尔伯特·班杜拉的社会学习理论认为行为可以通过观察和模仿其他人的行为来习得。

20世纪20年代，当美国哲学家埃德温·格斯里（Edwin Guthrie）将他的注意转向心理学时，学习的刺激–反应模式构成了几乎所有行为主义理论的基础。巴甫洛夫的“经典性条件作用”认为将被试反复暴露在特定刺激组合中（如在给事物的同时摇铃），最终可以诱发条件性的反应（如一听到铃响就分泌唾液）。

虽然格斯里是一个严格的行为主义者，但是他不同意条件作用必须要得到强化才能成功。他认为特定刺激和反应在初次配对的时候就建立了紧密的联系。格斯里的单次学习理论来自于观察被困迷箱中的猫。一旦猫发现了逃脱的机关，就会在逃脱和动作之间建立联想，于是接下来遇到类似的情形时它就会重复动作。格斯里说，同理可证，一旦老鼠发现了食物源，它就知道了肚子饿的时候该去哪里。

格斯里将自己的观点发展为“近因”理论，认为“当刺激伴随着某个动作出现之后，这种刺激再次出现时就有可能仍伴随着该动作”。通过刺激–反应联想习得的是动作，而非行为。相关的动作结合起来成为行动；重复不是强化联想，而是促进行动的形成，行动结合而成行为。■

> 我们指望一次争吵就能改变态度。
>
> ——埃德温·格斯里

参见： 伊万·巴甫洛夫 60~61页，爱德华·桑代克 62~65页，爱德华·托尔曼 72~73页，斯金纳 78~85页，让·皮亚杰 262~269页，阿尔伯特·班杜拉 286~291页。

没有什么天性能阻挡猫爱上老鼠

郭任远（1898–1970年）

背景介绍

聚焦

行为发育遗传学

此前

1874年　高尔顿的《科学的英国人：他们的天性与教养》掀起了先天与后天之争。

1924年　华生发表了著名的“一打婴儿”的狂言，宣称不论任何人的天性如何，都能够被训练成任何样子。

此后

1938年 斯金纳在《有机体的行为》中阐述了他的激进行为主义观点，认为控制行为的是环境而非本能。

1942年　托尔曼出版《内驱力的战争》，探讨了攻击行为是习得的还是天生的。

1966年　康拉德·洛伦兹出版《论攻击行为》，将攻击行为看作一种天生的反应。

20世纪20年代，行为主义者华生正在宣扬即便是天生的行为也能够被条件作用所改变。但是，是中国的心理学家郭任远将行为主义的观点引向极致，他拒绝用本能来解释行为。

郭先生觉得本能只是心理学家为了解释还没有适合的理论可以阐明的行为而找的借口：“过去我们的行为研究方向是错误的，因为我们只是试图在动物身上找到本能，而不是去发现我们如何在动物身上塑造所谓的本能。”郭先生最著名的实验是养育小猫，一些小猫从出生起就和老鼠一起养在笼子里，另一些长大以后才见到老鼠长什么样子。他发现“如果小猫从很小的时候起就和老鼠养在同一个笼子里，长大以后就会接纳老鼠：不只是从不攻击老鼠，而且是将老鼠看作它的同类，和它一起玩耍，甚至变得相互依恋”。可惜的是，

郭先生证明，传统意义上被认为是天敌的东西之间能够存在和谐的关系。他下结论说没有什么“先天机制”能够驱使它们发生争斗。

郭先生的工作被迫中止，并且前往美国，最后定居中国香港。当郭先生的观点被西方所熟知时，行为主义已经开始衰退，而认知心理学正在兴起。然而，他的无先天机制的发展理论作为对立面影响着“天性派”的心理学家洛伦兹。■

参见：弗朗西斯·高尔顿 28~29页，约翰·华生 66~71页，爱德华·托尔曼 72~73页，康拉德·洛伦兹 77页，斯金纳 78~85页。

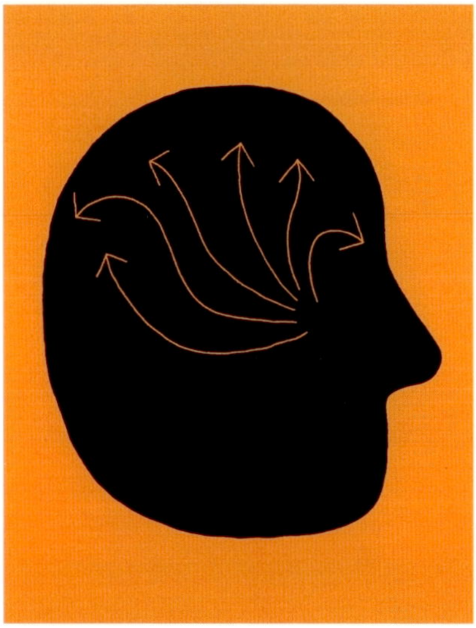

学习有无限可能

卡尔·拉什利（1890–1958年）

背景介绍

聚焦

神经心理学

此前

1861年 法国解剖学家布洛卡在人脑中定位出负责言语加工的区域。

19世纪80年代 西班牙病理学家和神经科学家圣地亚哥·拉蒙-卡哈尔提出人体的神经系统由细胞组成，此后德国解剖学家沃尔德耶·哈茨称之为神经元。

此后

1949年 唐纳德·赫布认为在联想学习的过程中，细胞进行了组合和排序。

自1980年起 借助现代脑成像技术，如CT、fMRI（功能性磁共振成像技术）和PET（正电子断层扫描技术），神经科学家就可以对特定脑功能进行定位。

美国生理学家转为心理学家的卡尔·拉什利（Karl Lashley）感兴趣的是在学习的过程中人脑发生了哪些生理变化。巴甫洛夫和其他行为主义者认为条件作用导致人脑中发生了化学或电变化，而拉什利希望准确查明这些变化到底是什么。

特别是，拉什利想要定位记忆痕迹，也就是人脑中负责记忆的特定区域。和许多行为主义者一样，他利用老鼠走迷宫来做基本的学习实验。首先，老鼠学会了找到迷宫中通往食物奖励的路径。接着，拉什利对它们进行外科手术，给每一只老鼠切除不同的大脑皮质。然后，老鼠再次被放入迷宫中，以检验它们的记忆和学习能力。

> “没有专门的细胞留给特定的记忆。”
>
> ——卡尔·拉什利

没有记忆的位置

拉什利发现无论切除脑的哪个部分，老鼠对实验任务的记忆都依然存在。它们对新任务的学习和保持受到了影响，但是影响程度依赖于切除的多少，而不是切除的位置。他得出结论说记忆痕迹没有特定的区域，而是分布在整个大脑皮质中；因此脑的每个部分都同等重要，这就是“均势原理”。几十年以后，他说他的实验“有时候让他觉得最恰当的结论是学习有无限可能”。■

参见：约翰·华生 66~71页，唐纳德·赫布 163页，乔治·米勒 168~173页，丹尼尔·夏克特 208~209页，罗杰·布朗 237页。

印刻是无法被遗忘的

康拉德·洛伦兹（1903–1989年）

背景介绍

聚焦

动物行为学

此前

1859年 英国生物学家达尔文出版《物种起源》，提出了自然选择理论。

1898年 洛伦兹的导师，德国生物学家奥斯卡尔·海印洛特开始研究鸭子和鹅的行为，并发现了印刻现象。

此后

1959年 德国心理学家埃克哈特·赫斯在实验中发现，对于印刻来说，最先被学习的东西记忆效果最好；而对于联想学习来说，最近被学习的东西记忆效果最好。

1969年 约翰·鲍尔比认为新生儿对母亲的依恋具有遗传倾向。

奥地利动物学家兼医生康拉德·洛伦兹（Konrad Lorenz）是动物行为学的奠基人之一，他在自然环境下对动物行为进行比较研究。他的研究从观察奥地利阿尔登堡的家庭避暑小屋里的鹅和鸭子开始。他注意到幼小的禽类被孵化出来后很快就会和它们的母亲建立情感联结，但是如果母亲不在了也会对养育者产生相同的依恋。虽然这种被洛伦兹称为“印刻”的现象此前已经有人观察到了，但他是第一个对此进行系统研究的人。他最著名的事迹，是让一群小鹅和小鸭把他当成养育者。

洛伦兹发现，印刻与学习的区别在于它只发生在动物成长的某个特定阶段，即“关键期”。和学习不一样，印刻的形成是快速的，不依赖于行为，而且是不可逆的；印刻是无法被遗忘的。

洛伦兹继续观察其他具有阶段性的先天行为，例如求偶行为，并将这些描述为“固定行为模式”。在特定的关键期由特定的刺激触发之前，这种行为一直都处于休眠状态。他强调，固定行为模式不需要学习，是遗传得来的，也是通过自然选择过程进化而成的。■

洛伦兹发现鹅和其他禽类会跟随和依恋它们从蛋壳中孵化出来后遇见的第一个移动的对象，例如他的雨靴。

参见：弗朗西斯·高尔顿 28~29页，伊万·巴甫洛夫 60~61页，爱德华·桑代克 62~65页，卡尔·拉什利 76页，约翰·鲍尔比 274~277页。

行为是由正负强化塑造的

斯金纳（1904–1990年）

背景介绍

聚焦
激进行为主义

此前
1890年 威廉·詹姆斯在《心理学原理》一书中概括了行为主义理论。

19世纪90年代 巴甫洛夫提出条件性刺激和反应的概念。

1924年 华生奠定了现代行为主义运动的基础。

20世纪30年代 郭任远认为行为在一生中不断被塑造，甚至所谓的先天行为也是在胎儿期就受到“经验”影响的。

此后
20世纪50年代 约瑟夫·沃尔普发明了系统脱敏法，并应用在行为治疗中。

20世纪60年代 阿尔伯特·班杜拉的社会学习理论受到了激进行为主义的影响。

伯尔赫斯·弗雷德里克·斯金纳（Burrhus Frederic Skinner）可能是最广为人知也最有影响力的行为主义心理学家。虽然他不是这一领域的先驱，但是他发展了前人的观点，如巴甫洛夫和华生，他把行为主义理论投入严格的实验监控下以满足他的“激进行为主义”立场。

斯金纳绝对是行为主义最理想的倡导者。他的观点不仅基于谨慎的科学方法论（以实证为基础的、可证明的），而且他的实验还使用了设计新颖精巧、令世人称奇的装置。斯金纳是一个嗜好DIY的能工巧匠，同时也是一个富有煽动力的自我宣传家。然而，在这个“表演者”形象的背后是一名严肃的科学家，他的工作是把心理学从内省的哲学土壤中拔出来的最后一股力量，成为一门科学的学科，找到自己正确的位置。

> **行为主义的理想就是排除万难改造环境以施加控制。**
>
> ——斯金纳

斯金纳曾经想当一名作家，而且他对许多早期心理学家的哲学化理论没什么兴趣。巴甫洛夫和华生的工作深深地打动了他。他认为心理学应该追随科学的脚步，任何无法在严格控制的实验中被看到、被测量和被复制的事物，他都不感兴趣。

因此，心理加工过程不在斯金纳的兴趣范围之内。事实上，他下结论说它们是完全主观的，

斯金纳

1904年，斯金纳出生在美国宾夕法尼亚州的萨斯奎哈纳。他在纽约汉密尔顿大学学习英语，本想以后当一名作家，但他很快意识到文学生涯不适合他。受巴甫洛夫和华生的工作影响，他开始在哈佛大学研究心理学，并于1931年获得博士学位，成为一名研究员。1936年他转入明尼苏达大学，1946年至1947年又跑到印第安纳大学心理系。1948年，斯金纳回到哈佛大学，并在那里度过余生。20世纪80年代，他被诊断为白血病，但是他仍然继续工作，直到去世的那天还在完成最后一篇演讲稿，那一天是1990年8月18日。

主要作品

1938年 《有机体的行为：实验分析》
1948年 《瓦尔登第二》
1953年 《科学与人类行为》
1957年 《言语行为》
1971年 《超越自由与尊严》

参见：威廉·詹姆斯 38~45页，伊万·巴甫洛夫 60~61页，约翰·华生 66~71页，郭任远 75页，约瑟夫·沃尔普 86~87页，阿尔伯特·班杜拉 286~291页，诺姆·乔姆斯基 294~297页。

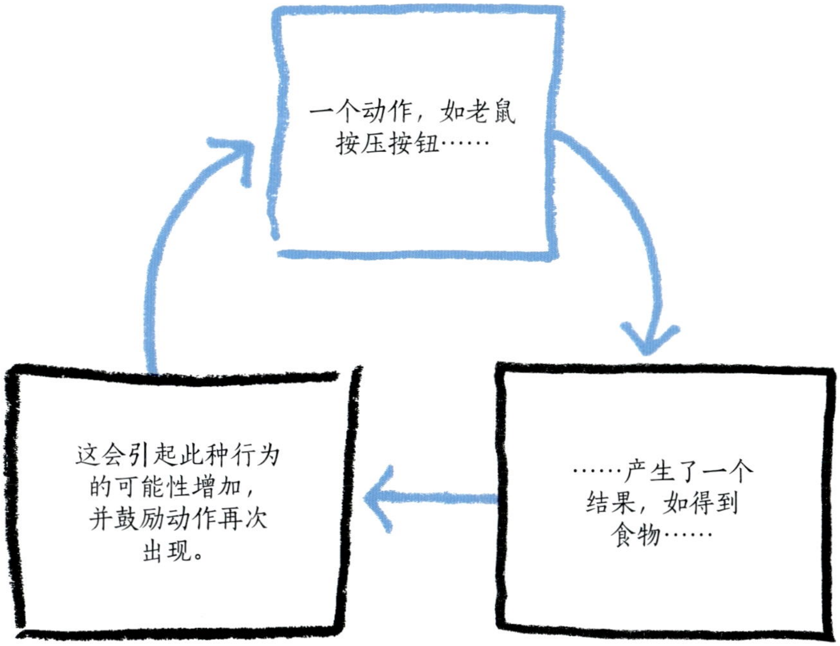

并且离开肉体就无法存在。在斯金纳看来，进行心理学研究必须依靠可观察的行为，而不是不可观察的思想。

虽然斯金纳是一个严格的行为主义者，但是他对条件作用的解释不同于早期的行为主义者，特别是巴甫洛夫的“经典性条件作用”原理。斯金纳不同意人为地引入一个条件性刺激就可以通过单纯的重复训练引发条件性反应的观点，他认为这是由于某种特殊的原因造成的。

在斯金纳看来，塑造行为更重要的似乎是动作的结果而不是先前或同时出现的任何刺激。他从他的实验中得出结论，行为主要是从动作的结果中习得的。这一充满伟大洞察力的观点成为行为主义心理学的转折点。

斯金纳箱

斯金纳在哈佛大学当研究员时，对老鼠进行了一系列实验，他在实验中使用的装置就是后来世人熟知的“斯金纳箱”。一只老鼠被放在斯金纳箱内，箱中装有一个特殊的杠杆。每次老鼠按压杠杆时，都会出现食物颗粒。按压杠杆的频率可以自动被记录下来。起初老鼠可能是偶然或仅仅出于好奇而按压了杠杆，按压的结果是得到一些食物。一段时间以后，老鼠就学会了只要按压杠杆食物就会出现，于是开始为了得到食物而有目的地按压杠杆。得到了食物“积极强化”的老鼠按压杠杆的行为与没有得到强化的老鼠或者食物出现时间不同的老鼠相比，很显然，食物作为老鼠动作的结果而出现，更能影响老鼠未来的行为。

斯金纳得出结论，动物受到它们从动作或环境中得来的反馈的影响。当老鼠探索周围的世界时，它们的某些动作带来了积极的结果（斯金纳谨慎地回避“奖赏”这个词，因为得到奖赏意味着做出的是“好”的行为），反过来这样的结果鼓励它们重复那

斯金纳箱是由心理学家创造的最巧夺天工的装置之一，斯金纳可以完全控制动物身处的环境，同时还可以观察动物的行为。

斯金纳经实验证实，积极强化能够刺激特定的行为模式产生。他把一只老鼠放在他精心设计的箱子中，箱子装有一根杠杆。每当小动物按压杠杆时都会有食物颗粒出现，鼓励着它一次又一次地做出按压杠杆的行为。

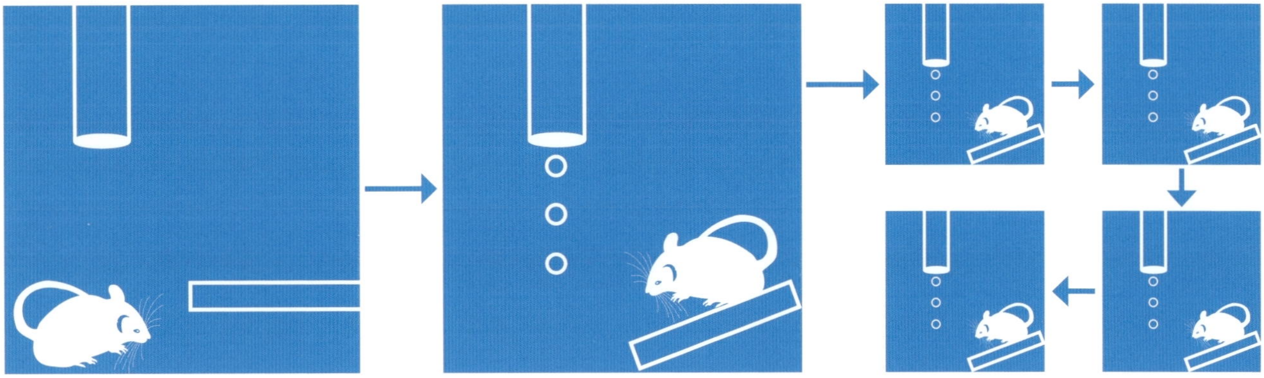

种行为。用斯金纳的话说，“生命体”操纵着它的环境，同时遇到的刺激（食物颗粒）又强化了它的操作性行为（按压杠杆）。为了和经典性条件作用区分开，他启用了“操作性条件作用”的说法。两者的主要差别在于操作性条件作用不依赖于先前的刺激，而依赖于随后产生的行为结果。另一个差别是操作性条件作用是一个双向的过程，一方面动作或行为操纵着环境，另一方面环境也塑造着行为。

在实验过程中，斯金纳手上的食物颗粒开始不够用了，于是他不得不重新安排老鼠获得食物的速率。现在，一些老鼠只有在重复按压杠杆很多次以后才能获得食物颗粒，需要按压的次数有固定的，也有随机的。变化后的结果仍然支持斯金纳原本的发现，并且还得到了新的发现：当强化刺激使行为发生的可能性很大时，如果强化刺激突然停止了，那么行为发生的概率也随之减小，其模式取决于刺激撤销的模式。

斯金纳继续将他的实验做出各种变化，并不断精细化，包括评估老鼠能否分辨装置设置的变化以及食物出现速率的差别对反应的影响。正如他所怀疑的那样，老鼠迅速就适应了新的设置。

负强化

在随后的实验中，斯金纳箱的底板铺设了一根电线，接通后就会给老鼠电击。斯金纳以此来研究负强化对行为的影响。和他不愿意用“奖赏”这个词一样，他也小心翼翼地不将电击描述为“惩罚”，其中的差别对于他的研究意义尤为重要。

负强化并不是心理学的新概念。早在1890年，威廉·詹姆斯就在《心理学原理》中写道：“举例来说，动物从小就能意识到恐惧和喜爱是相反的。如果一

在赌博中赢钱通常会激发再次尝试的冲动，而输钱则会减少这种冲动，正如斯金纳的老鼠得到食物的速率变换对它们行为的塑造一样。

个人类的孩子在第一次试着轻拍小狗反被咬伤，那么恐惧感就会被强烈地唤起，多年以后也不会有狗能唤起他喜爱的感觉。”

正强化

正如预期的那样，斯金纳发现无论行为何时导致电击的消极结果，都会减少这种行为。他继续在实验中改进斯金纳箱，使得老鼠能够按压杠杆来切断电流，通过移除一种消极刺激来提供一种正强化。结果再次巩固了斯金纳的理论：如果行为使得消极刺激被移除，那么行为就会增加。

然而，实验结果也揭示了因正强化而习得的行为与因消极刺激导致的行为之间的一个有趣的差异。与由消极反应导致的行为相比，老鼠对积极刺激（也包括移除消极刺激）的反应更好更快。斯金纳在下结论中继续谨慎地回避使用“奖赏”和“惩罚”的概念，他说正强化程序对行为的塑造更为有效。实际上，他开始相信负强化甚至会起到反效果，在大多数情况下被试会继续寻找某个行为的积极反馈而不管引起了什么消极反馈。

这些实验结果对人类行为的各个方面都有启示，例如，管教儿童遵守纪律。如果一个小男孩想要寻找愉悦感（如挖鼻子）却一直受到惩罚，于是当有成人在场时他可能就会尽量避免这样做。孩子调整他的行为，只是为了逃避惩罚。斯金纳自己认为所有形式的惩罚都不适合用来控制儿童的行为。

遗传倾向

操作性条件作用对行为的塑造与达尔文的自然选择理论惊人地一致，实质上，只有遗传结构适应特定环境的有机体才能生存、繁衍，让它们的种族立足于世。一种强化刺激将触发怎样的操作性强化过程，老鼠可能以什么样的方式行动，不仅有赖于老鼠的好奇心和智力水平，也取决于遗传结构。斯金纳将遗传倾向和条件作用相结合得出结论：“一个人的行为受到他的遗传和环境因素共同控制”，他在《结果选择论》中提出了这样的观点，这篇文章于1981年发表在《科学》杂志上。

斯金纳的鸽子实验证明对成绩的正强化能加速和巩固新行为模式的学习。

1936年，斯金纳到明尼苏达大学就职，在那里继续他的操作性条件作用的实验研究，并且尝试着将他的观点付诸实际应用，在这段时间里，他用鸽子代替了猫。通过对鸽子的研究，斯金纳发现他能够做出更精巧的实验。利用他所谓的“逐次趋近法”，他能够引发和研究更为复杂的行为模式。

在鸽子实验中，斯金纳对他想要引发的任意行为给予正强化。例如，如果他想要训练鸽子按顺时针方向转圈飞，那么就在鸽子做出正确动作的那个时刻喂食，但是只喂一点点。一旦行为建立起来，就在正确飞行了一段时间之后再喂食，重复这样的过程直到鸽子为了得到食物不得不飞完完整的一圈。

教学方法

斯金纳在研究中开始质疑当时学校里的教学方法。在20世纪50年代，他自己的孩子正在接受正规教育，学生们经常被布置五花八门的学习任务，而且在整个学习计划完成之后老师才会给予评分，此前学生们得不到任何反馈。这样的方式与斯金纳关于学习过程的发现是相悖的，而且在斯金纳看来，甚至有反作用。相对的，斯金纳提出的教学方法是在学习的每个阶段都增加反馈，这种方法随后被许多教育体系所接纳。他还发明了一种“教学机器”，学生在完成一系列测验问题的过程中，每当答对的时候就可以得到鼓励性的反馈，而不是在测验结束时才能得到反馈。虽然斯金纳的教学机器在当时得到的赞誉有限，但是几十年后其中蕴含的原理重现在计算机自学程序中。

曾有人说，斯金纳的许多发明在当时都被误解了，因此他被视为一个“怪咖”。例如，他的“婴儿照料器”设计成一张小床，可以让他年幼的女儿处于一个可控的、温暖的环境中。然而，公众却将它和斯金纳箱混淆在一起，将它当成按钮操纵的“子嗣控制器”，传言还说斯金纳用他自己的孩子做实验。即便如此，婴儿照料器还是吸引了广泛的注意，并且斯金纳也从来不是个会因受到关注而害羞的人。

战争成就

另一个受到质疑和嘲笑的著名实验是“工程鸽子”。1944年，斯金纳鸽子研究的实际应用对战争也做出了一定的贡献。那时，导弹巡航系统还没有发明出来，所以斯金纳发明了一种可以安装在炸弹上像鼻子一样的圆锥体，里面放入三只鸽子。通过操作性条件反射训练这些鸽子啄食由镜头投射在圆锥体前方的轰炸目标的图像。这种啄食行为可以控制导弹的飞行路径。军队认真地接纳了他的想法；美国国防研究委员会资助了这个项目，即便它从没有应用在战斗中。人们的质疑是，热衷于发明小物件的斯金纳似乎只对发明本身感兴趣，而不是发明的应用。当问他觉得将动物卷入战争中是否正确时，他回答说他认为人类卷入战争本身就是错误的。

斯金纳的晚年一直在哈佛大学做学术研究，并且将他的发现写成了无数的文章和书籍。《沃尔登

> **对内在状态的无视不是说它们不存在，而是它们与功能分析无关。**
>
> ——斯金纳

在功课取得阶段性进步时定期给予表扬或鼓励，相比在最后给一个大奖励，更能促进孩子的学习。

第二》（1948）描述了一个在操作性条件作用下学习行为的乌托邦社会。书中利用正强化达到社会控制的观点激起了无数争论，甚至被抨击为极权主义，但基于第二次世界大战后的政治背景，人们的反应并不激烈。

激进行为主义

斯金纳始终保持着行为主义的取向，他称他所坚持的心理学分支为“激进行为主义”。虽然他没有否认思维过程和心理状态的存在，但是他认为心理学应该只关心人体对一般条件或情境的生理反应。

在《超越自由与尊严》一书中，斯金纳将塑造行为的观点又向前推进了一步，重新翻出了自由意志与决定论之间的哲学争论。对激进行为主义者斯金纳来说，自由意志是一种幻觉；基于结果所做出的选择控制着我们所有的行为，甚至我们的生活。想要逃脱的企图注定是要遭遇失败的。正如他说：“弥尔顿的撒旦从天堂跌入地狱。他会说些什么来安慰自己呢？‘至少，我们自由了。’不过，我认为那是老式自由主义的想法。虽然他将要获得自由，但是他也将要发现自己身处地狱。”

类似这样的观点令斯金纳声名狼藉，遭受了极其猛烈的批评。特别是1957年他在《言语行为》一书中大谈行为主义观点在语言学习领域的应用，伤及了认知心理学先驱乔姆斯基大人。

然而，一些对斯金纳的批评源于对操作性条件作用的误解。激进行为主义和逻辑实证主义的哲学运动时常被错误地联系在一起，逻辑实证主义认为想法或观点只有在被真实经验所证实的情况下才是有意义的。但是事实上，它与美国实用主义有更多的共同之处，美国实用主义是指根据结果来衡量行动的重要性或价值。它也曾被错误地解释为所有生命体都是被动承受条件作用的对象，但是斯金纳的操作性条件作用却是一种双方向的过程，生物体操纵着环境而环境也会做出回应，产生的结果通常塑造着未来的行为。

> **斯金纳极度偏爱这样的观点：不存在所谓的个体，也不存在所谓的行为主体，人和动物都是行为的有机体。**
>
> ——托马斯·沙茨

20世纪60年代，心理学的焦点在研究行为和研究心理过程中间摇摆，而且那段时间里斯金纳的观点惨遭唾弃，或者至少是被忽视。然而，不久之后行为主义东山再起，他的工作也受到许多应用心理学领域的赏识，特别是教育学家和临床心理学家——认知行为治疗的方法吸收了很多他的观点。■

经典性条件作用产生了对中性刺激的自动化行为反应，如当铃声响起时分泌唾液并期待食物的出现。

操作性条件作用通过正强化使行为重复出现的可能性提高，如按压杠杆就会得到食物。

别想了，放松

约瑟夫·沃尔普（1915–1997年）

根据巴甫洛夫和华生的观点，学会对一种特殊刺激做出某种情绪反应是可能的。

所以忘掉对一种刺激的某种反应一定也是可能的。

人在同一时间不可能体验到两种相反的情绪。

如果一个人处于放松状态，那么他就不可能感到焦虑。

如果学会用深度放松作为对害怕的目标的条件反应，那么就不会同时体验到焦虑了。

背景介绍

聚焦

交互抑制

此前

1906年 巴甫洛夫首次公开关于刺激-反应技术的研究，表明行为可以通过条件作用来学习。

1913年 华生发表题为《行为主义者眼中的心理学》的演讲，提出了行为主义心理学的基本原理。

1920年 华生的小阿尔伯特实验证明情绪可以受到经典性条件作用的影响。

1938年 斯金纳出版《生物体的行为》，提出了他的人类行为与遗传和环境的关系的理论。

此后

1961年 约瑟夫·沃尔普提出系统脱敏的概念。

在20世纪上半叶，心理治疗完全由弗洛伊德的精神分析统领着，焦虑被认为是源自内心深处的冲突。焦虑只能通过对个体的意识和无意识以及先前经验进行长期的内省式分析来缓解。但是生于南非的精神病学家约瑟夫·沃尔普（Joseph Wolpe）在第二次世界大战期间为患上创伤后应激障碍（也称为“战后神经症”）的士兵们治

参见: 伊万•巴甫洛夫 60~61页, 约翰•华生 66~71页, 斯金纳 78~85页, 艾伦•贝克 174~177页, 威廉姆•里弗斯 334页。

> 行为依赖于神经通路。
> ——约瑟夫•沃尔普

疗焦虑时，发现这些心理治疗的方法对他的病人们丝毫没有帮助。和这些汉子谈他们的经历既不能阻止创伤片段的闪回，也不能结束他们的焦虑。

忘掉恐惧

沃尔普相信一定有比精神分析更简单、更快速的方法，能够解决深度焦虑的问题。他注意到巴甫洛夫和华生等行为主义者的工作，他们通过刺激–反应训练成功教会动物和孩子新的行为模式。他们能够对一个物体或事件自动做出先前从未有过的情绪反应。沃尔普推断，如果行为能够通过这样的方式来学习，那么也能够被忘却，于是他打算找到一种方法来拯救退伍老兵。

沃尔普发现一个人在同一时间不可能体验到两种相反的情绪状态。例如，当你感到非常放松时，不可能体验到焦虑。这启发了他教他的病人深层肌肉放松术，接下来他又同时给出某些焦虑情境，如诱发刺激，这种技术就是后人熟知的交互抑制。

沃尔普要求病人想象一件令人不安的事。如果他们开始感到焦虑了，就鼓励他们“停止想象那些场景，并且放松”。这种方法循序渐进地阻断了病人的恐惧感。正如病人先前在回忆特定的恐怖事件时因自身经验而产生条件性焦虑体验那样，现在他也能够通过专注于放松这种完全相反的感受来阻断他的焦虑反应。

沃尔普的交互抑制成功地引导大脑只聚焦于现状和当下的行为，不需要分析病人的过往。这是一种快速起效的方法，而且引申出

基于沃尔普的交互抑制观点而研发出的方法可以成功治愈害怕老鼠这样的恐惧症：在接触恐惧目标的同时做深度放松。

行为治疗领域许多重要的新方法。沃尔普自己还由此发展出系统脱敏程序来治疗恐惧症，例如害怕老鼠或坐飞机，这种方法至今仍有广泛的应用。■

约瑟夫•沃尔普

约瑟夫•沃尔普生于南非的约翰内斯堡。他在维特沃特斯兰德大学学习医学，随后服务于南非军队，在那里治疗患有“战后神经症”的人。回到大学研究他的系统脱敏技术时，精神分析学派的人嘲讽他治疗神经症竟敢不首先了解病人的病史。1960年，沃尔普移居美国，并获得了美国国籍。起初他任教于弗吉尼亚大学，后成为费城天普大学的精神病学教授，在那里他建立了令人景仰的行为治疗学会。沃尔普被尊为杰出的师者，他坚持教学直至死于肺癌，享年82岁。

主要作品

1958年 《交互抑制心理治疗法》
1969年 《行为主义治疗实践》
1988年 《不害怕的生活》

PSYCHOTHERAPY
THE UNCONSCIOUS DETERMINES BEHAVIOUR

心理治疗
无意识决定行为

1895年
弗洛伊德和**约瑟夫·布洛伊尔**共同出版《癔症研究》。

1900年
弗洛伊德在《梦的解析》中提出了**精神分析**的概念。

1921年
在《心理类型》一书中，**荣格**使用了**"内倾性"**和**"外倾性"**这两个词。

1927年
在出版《个体心理学的理论与实践》之后，**阿尔弗雷德·阿德勒**被认为是个体心理学的创立者。

1936年
安娜·弗洛伊德出版《自我与防御机制》。

1937年
雅克·拉康在第十四届国际精神分析大会上提交了论文《镜像期》。

1941年
凯伦·霍妮与**弗洛伊德**发生分歧，并建立**美国心理精神分析学会**。

1941年
埃里克·弗洛姆将社会政治心理学的研讨成果写成《自由的恐惧》。

在20世纪，行为主义成为美国心理学的主流取向；欧洲的心理学家却完全不同。这主要归功于弗洛伊德的工作，他的理论关注点是心理治疗，而不是心理加工过程和行为的研究。与行为主义不同，他的观点基于观察和病史分析，而非实验证据。

弗洛伊德曾经和法国神经学家沙可一起工作，深受后者使用催眠治疗癔症的影响。从和沙可共事时起，弗洛伊德就认识到无意识的重要性，他觉得没有意识到的想法对我们的行为至关重要。弗洛伊德相信，通过和病人谈话能走进无意识，可以将隐藏的痛苦记忆带入病人的意识层面，并由此减轻他们的症状。

新的心理治疗法

弗洛伊德的观点蔓延至整个欧洲和美国。在他的维也纳精神分析学会里，他有自己的小圈子，其中包括阿德勒和荣格。然而，这两个人都慢慢开始不赞同弗洛伊德理论中的某个部分，并在弗洛伊德的观点基础上提出了属于自己的心理动力学取向的观点。著名的心理治疗师克莱因和霍妮，甚至弗洛伊德的女儿安娜，也纷纷叛离了弗洛伊德。除了一些观念上的不同外，弗洛伊德的基本思想在后代的精神分析学家中只是被修正而从未被否认，并且后来的理论将重点放在了各不相同的地方。例如，埃里克森更为偏重社会性和发展趋势，而荣格研究的是集体无意识。

20世纪上半叶，各种形式的精神分析是与行为主义抗衡的最主要势力，直到第二次世界大战。20世纪50年代，弗洛伊德学派的心理治疗仍然为治疗师所采用，特别是拉康和他的追随者，但是新的治疗师似乎想要找寻真正能改变病人生活的方法。皮尔斯夫妇以及保罗·古德曼提出了

1942年

卡尔·罗杰斯开创了**以来访者为中心的疗法**，并在《心理咨询与治疗》一书中阐述了他的理论。

1946年

从奥斯维辛纳粹集中营获释后，维克多·弗兰克尔撰写了《追寻人生的意义》，提出必须**在苦难中寻找人生的意义**。

1954年

亚伯拉罕·马斯洛在《动机与人格》一书中提出了**自我实现**的概念。

1955年

梅兰妮·克莱因在《嫉恨与感恩》中公开了富有争议性的文章，提出了心灵中内在的**“死本能”**的存在。

1959年

罗纳德·大卫·莱恩在《分裂的自我》一书中描述了**精神分裂症**的体验。

1961年

阿尔伯特·艾利斯在《理性生活指南》一书中提出了**理性情绪行为疗法**。

1964年

系统式家庭治疗之母弗吉尼亚·萨提亚出版《联合家庭治疗》。

1967年

随着罗洛·梅的《存在》的出版，美国**存在主义心理学**开始兴起。

带有折中性质的格式塔疗法，同时存在主义哲学也启发了弗兰克尔和弗洛姆这样的心理学家，他们赋予心理治疗更多的社会性和政治性。

更重要的是，一群心理学家开始热心探索更偏人本主义的方法，并于20世纪50年代后期在美国召开了一系列研讨会，初步形成了所谓的“第三种势力”，关注的是自我实现、创造力和人性自由等议题。它的奠基人有马斯洛、罗杰斯和罗洛·梅，他们强调保持心理健康与治疗心理障碍同等重要。

也许那时对精神分析最大的威胁要数认知心理学，它批评精神分析学派缺少客观的证据，包括它的理论和治疗的有效性。相对的，认知心理学提供了经科学证明的理论，以及经临床证明有效的治疗实践。

认知心理治疗

认知心理学家批评精神分析学派是不科学的，它的理论不可被证实。弗洛伊德的主要观点，即被压抑的记忆，受到瓦兹拉威克的质疑，并且洛夫特斯提出所有形式的记忆都是不稳定的。认知心理学随之提出了基于实证的心理治疗法，如艾利斯的理性情绪行为疗法（REBT）和贝克的认知疗法。弗洛伊德对童年发展和个人经历的重视推动了发展心理学和社会心理学的发展，到20世纪后期，科尔诺、萨提亚和温尼考特将视线放在了家庭环境上；同时其他人，如蒂莫西·利里和多萝西·罗伊，则看重社会压力。

虽然弗洛伊德的原始观点多年来一直被抨击，但是从弗洛伊德的精神分析到认知疗法及人本主义治疗的演变大大推动了精神卫生事业的发展，也使人们了解了无意识、驱动力和行为的模式。■

无意识
是真正的心灵

西格蒙德·弗洛伊德（1856–1939年）

背景介绍

聚焦
精神分析

此前
公元前2500–公元前600年 印度吠陀经将意识描述为"一种抽象、无声、完全统一的意识领域"。
1567年 瑞士医生帕拉赛尔苏斯第一个从医学角度描述了无意识。
19世纪80年代 法国神经学家让–马丁·沙可利用催眠来治疗癔症及其他异常的心理症状。

此后
1913年 约翰·华生批评弗洛伊德的观点无疑是不科学的、无法得到证实的。
1944年 卡尔·荣格称，普遍原型的存在证明无意识是存在的。

无意识是心理学中最引人注目的概念之一。虽然它徘徊在我们的觉察或控制之外，但是它似乎容纳了我们所有的现实经验。它是我们保存所有记忆、思想和感受的地方。奥地利神经病学家和精神科医生弗洛伊德为这个观点深深吸引，他试图找到在那时的心理学能力范围之外可以解释事物的方法。那些想要探查无意识的人担心无意识充斥着超自然的力量，对我们的意识层面来说它们太强大、令人恐惧、难以理解。弗洛伊德的工作是先锋性的。他提出心灵是由意识、无意识和前意识构成的，并且是他使无意识的观点人尽皆知。

催眠与癔症

1885年，弗洛伊德将无意识介绍给世界时，他无意中发现了法国神经学家让–马丁·沙可的工作，沙可在利用催眠治疗心理疾病颇有成效。沙可的观点是，癔症是一种由神经系统异常引起的神经障碍，这种观点为治疗提供了新的重要可能。弗洛伊德回到维也纳，渴望利用这种新的见解，但是却苦于找不到一种工作方法。

随后他遇到了约瑟夫·布洛伊尔，布洛伊尔是著名的医生，他发现简单地让他的一位病人描述其幻想或幻觉就能够极大地缓解心理疾病的症状。布洛伊尔开始利用催眠来帮助这位病人唤醒创伤性的记忆，一周两次的催眠治疗过后，她的全部症状都得到缓解。于是，布洛伊尔说，她的症状是由埋藏在无意识心灵中令人困扰的记忆所导致的，而思维将它们带入意识层面后症状就消失了。这就是安娜·O的故事，是用内省式心理治疗法治愈心理疾病的第一个案例。

安娜·O的真名是贝莎·巴本海姆，被诊断为麻痹症和癔症。布洛伊尔医生对她进行的谈话治疗成功地治愈了她。

布洛伊尔成为弗洛伊德的朋友和同事，他们一起发展和推广他们的心理治疗方法，这种疗法的基本观点是多种形式的心理疾病（非理性恐惧、焦虑、癔症、想象的瘫痪和疼痛、偏执和妄想）都源于病人从前经历过的、现在隐藏在意识之外的创伤体验。弗洛伊德和布洛伊尔的方法见诸于他们共同撰写的《癔症研究》（1895），他们宣称找到了一种在无意识中释放被压抑的记忆的方法，使病人能够有意识地想起这些记忆，并在情感上和理智上对抗这些经验。这个过程释放了受困的情绪，于是症状就消失了。布洛伊尔不认同弗洛伊德过分强调性本能和神经症（由心理冲突引发的问题），于是两人

参见：约翰·赫尔巴特 24~25页，让-马丁·沙可 30页，卡尔·荣格 102~107页，梅兰妮·克莱因 108~109页，安娜·弗洛伊德 111页，雅克·拉康 122~123页，保罗·瓦兹拉威克 149页，艾伦·贝克 174~175页，伊丽莎白·洛夫特斯 202~207页。

分道扬镳；弗洛伊德则继续发展精神分析的观点和技术。

寻常的心灵

我们很容易理解意识的本质，也相信我们的所思所感、记忆和体验构成了整个心灵。弗洛伊德却说处于活跃状态的意识（在日常经验中直接觉察到的工作着的心灵）只是所有心灵力量的一小部分。意识存在于容易通达的表面层次。在意识之下是强大的无意识——我们当下的认知状态和行为的控制室。意识受到无意识的操控。有意识的心灵只是复杂心理王国的表面部分。

弗洛伊德说，由于无意识无所不包，因此它与意识有一点点的重叠，这部分被称为“前意识”。被意识到的每个事物都有机会从无意识走进意识。然而，并不是每个事物最终都能够被意识到；大多数依然停留在无意识之中。那些不存在于一般的工作记忆中，也没有被刻意压抑的记忆就驻扎在弗洛伊德所谓的前意识里。我们能够在任何时候将这些记忆带入有意识的觉察中。

无意识承载着过于强大、过于痛苦以及有意识的心灵加工不了的思想和记忆。弗洛伊德相信当某些想法或记忆威胁到整个心

> **诗人和哲学家在我之前就发现了无意识，我发现的是研究它们的科学方法。**
>
> ——西格蒙德·弗洛伊德

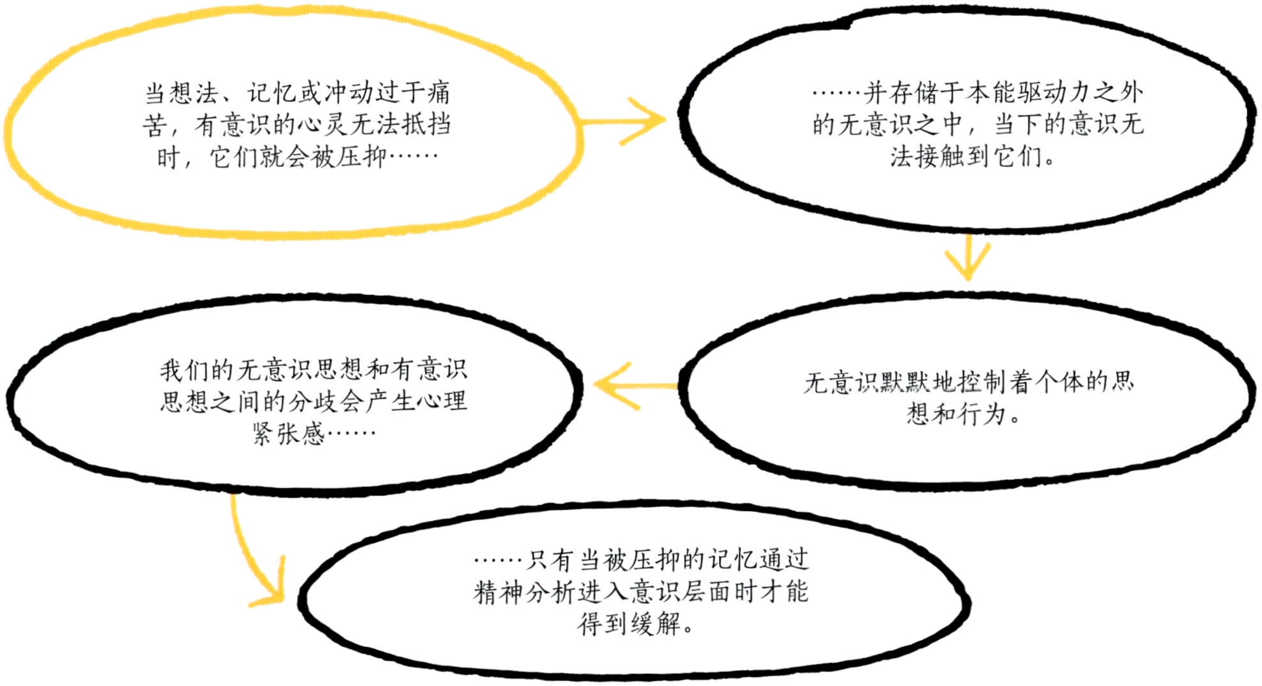

> 心灵像一座冰山，漂浮在水面之上的只是其七分之一。
>
> ——西格蒙德·弗洛伊德

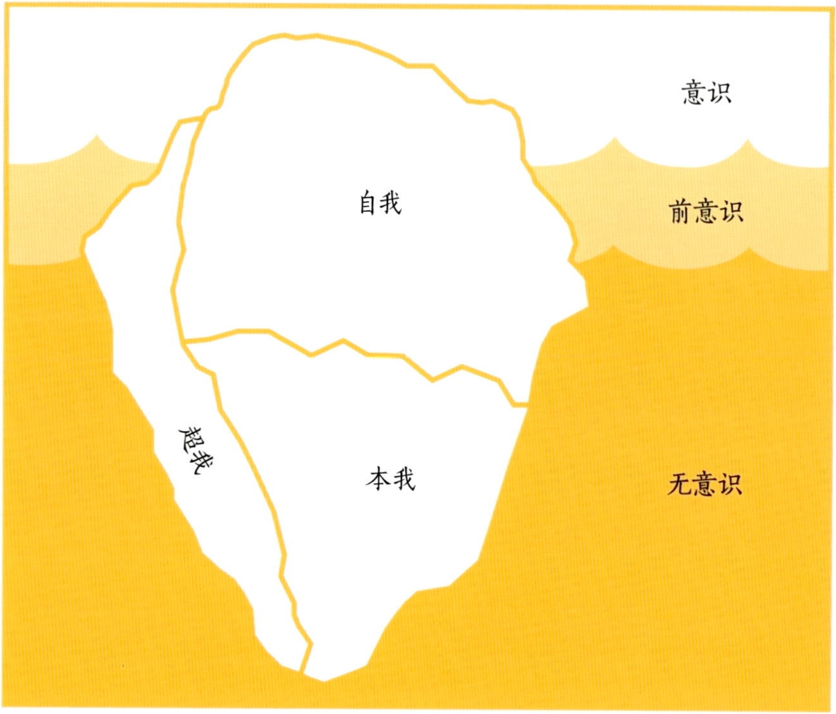

根据弗洛伊德的观点，我们的心灵就像一座冰山，隐藏在无意识之中的有原始驱动力和本我。自我处理着有意识的思想，协调本我和超我——我们的批评和判断之音。

灵时，它们就会被踢出有意识的记忆，并存储在无意识里。

动态的思想

弗洛伊德还受到生理学家恩斯特·布鲁克的影响，布鲁克是19世纪“新生理学”的开创者之一，他为所有有机体寻找机械化的解释。布鲁克称，和所有有生命的有机体一样，人类也是一个能量系统，所以必须遵守能量守恒定律。这一定律是指一个系统内的能量总和永远保持不变；能量不能消亡，只能移动或转移。弗洛伊德将这种思想应用于心理加工过程，提出了“心理能量”的观点。他说，这种能量可以修改、传递和转换，但是不能消亡。所以如果我们拥有一种意识层面不能接受的思想，心灵就会将它从意识赶入无意识，这种过程被弗洛伊德称为“压抑”。我们可能会压抑童年的创伤记忆、不可接受的欲望（可能是对你最好朋友的爱人的）或者其他危害到你的幸福或生活的想法。

驱动力

无意识也是我们本能的生物驱动力之所在。驱动力控制着我们的行为，指导我们为满足基本需要而做出选择。驱动力保障着我们的生存：食物和水的需要；延续种族的性需要；寻找温暖住所的需要；友情的需要。但是弗洛伊德说，无意识还掌控着一种相反的驱动力——与生俱来的死亡驱动力。这种驱动力是自我毁灭式的，推动我们前进，使我们逐渐接近死亡。

在后来的工作中，弗洛伊德将心灵由意识、无意识和前意识构成的观点发展为新的结构：本我、自我和超我。本我（形成原始冲动）服从快乐法则，也就是说每个愿望都必须即刻得到满足：它此时此刻就要得到所有的东西。但是，另一个心理结构，自我，认同现实法则，也就是说我们不能拥有我们想要的每一样东西，而且必须为我们生活的世界负责任。自我引导着本我，试图找到合理的方法来帮助本我满足愿望，不造成破坏性或其他可怕的结果。自我本身又受到超我的控制，即内化的来自父辈和社会的道德规范。超我是一种判断力，是良心、罪恶感和羞耻感的来源。

事实上，弗洛伊德认为无意识中充斥着大量冲突的力量。除了生与死的驱动力外，还装载着大量被压抑的记忆和情绪，以及有意识的现实和被压抑的现实之间的矛盾。根据弗洛伊德的观点，源自这些对峙力量的冲突即为心理冲突，是人类痛苦的根源。人类就会生存在焦虑、抑郁、神经质和其他不满足了。

精神分析治疗

因为无意识是不可通达的，所以发现冲突的唯一方法就是通过意识层面所表现出来的症状。弗洛伊德称，情绪上的痛苦就是无意识冲突的结果。我们不可能在没有任何情绪困扰的状态下持续和自己作对，对抗那些被压抑的思想以及死亡的力量。

弗洛伊德治疗心理疾病的独特方法就是对付那些存在于无意识之中的冲突。他力求将病人从被压抑的记忆中释放出来，减轻他们的心理痛苦。他的治疗方法被称为精神分析心理治疗法，或精神分析治疗。治疗的过程并不是轻而易举的。精神分析治疗必须由接受过弗洛伊德式专门训练的治疗师实施，治疗中病人通常躺在沙发椅上和治疗师进行谈话。从第一次治疗开始，精神分析治疗分为多次进行，一次治疗有时候可以长达数小时，每周进行几次，一直持续数年。

当无意识的想法无法通过正常的内省提取出来时，也可以通过其他方式和意识对话。它可以通过我们的偏好、吸引我们或我们创造的象征符号隐秘地流露出来。

在精神分析的过程中，分析师就像一个中介，试图让无法言说的思想或者无法忍受的情感暴露在阳光下。代表意识和无意识冲突的信息可能会被掩饰，或被编码，精神分析师的工作就是利用精神分析的工具来揭示出这些信息。

> **一个人不仅不必费尽心机地去消除他的心结，而且应该与其保持一致；心结才是指引人的外在行为的本源。**
>
> ——西格蒙德·弗洛伊德

弗洛伊德的病人在谈话时半躺在治疗室内的沙发上。弗洛伊德会坐在病人的视线之外，倾听谈话中的线索，寻找病人内在冲突的根源。

想要让无意识浮现出来有很多种方法。弗洛伊德最早详细探讨的方法之一就是分析梦；众所周知，他在《梦的解析》一书中研究了自己的梦。他说，每个梦都代表一种愿望的实现，意识层面的愿望越不堪，在梦中隐藏得越深或扭曲得越严重。所以，无意识将意识中的信息经过编码后传递出来。例如，弗洛伊德讨论了人们所做的赤身裸体的梦，大多数人的这种梦主要来源于童年早期的记忆，那时候裸体并不令人感到害羞。在梦里，做梦者感到很尴尬，而梦里的其他人大多视而不见，从愿望的实现角度来解释就是做梦者希望摆脱羞耻感和限制。按照弗洛伊德的观点，甚至连梦里的建筑物都代表着某些意义：楼梯间、矿井、上锁的门或狭小的凹槽都代表着被压抑的性感受。

通达无意识

其他揭示无意识的著名方法还有口误和自由联想。口误是言语上的错误，或者“说走了嘴”，它透露出被压抑的信念、思想或情绪。不由自主地用一个词代替了另一个发音相似的词揭示出一个人的真实感受。例如，一个男人想要感谢一个女人让他吃到了“最香的一顿饭”，却说成了“最胸的一顿饭”，口误暴露出了他的

> **梦的解析是通向在心灵中暗自活跃的无意识的一条捷径。**
>
> ——西格蒙德·弗洛伊德

萨尔瓦多·达利的《记忆的永恒》是对时间流逝的超现实主义表现，意味着腐朽和死亡。其奇幻的本质正符合弗洛伊德式的梦的解析。

真实想法。弗洛伊德也用过自由联想技术（荣格首创），病人听到一个词后要说出进入脑海中的第一个词。他相信这个过程能够直达无意识，因为我们的心灵是自动联想的，所以隐藏的思想立刻被说出来，不给意识留下干扰的机会。

为了帮助个体摆脱被压抑的状态，开始有意识地处理影响他的真正问题，弗洛伊德认为必须通达被压抑的情感。例如，如果一个人发现很难面对其他人，他就会选择压抑这种感觉而不是处理这种对峙。一段时间后，这些被压抑的情绪越积越多，就会以其他方式崭露头角。生气、焦虑、抑郁、药物和酒精滥用或者饮食障碍都可能成为和未经处理就被压抑了的情感做斗争的结果。弗洛伊德断言，未经处理的情感始终是个威胁，会产生越来越多令人不舒服的紧张感，为了压制它们，还会采取更极端的方式。

分析的过程使身陷囹圄的记忆和情感解脱出来，病人也时常惊异于这些被深埋的情感。病人发现自己为一件自以为早已不在意的陈年旧事而哭泣是很寻常的。这种反应说明，这些事件和情感依然活跃着——仍旧保持着情绪能量——它们只是被压抑了，并且没有得到处理。用弗洛伊德的话说，“宣泄”是释放与被压抑的记忆有关的深层情绪体验的行为。如果重要的事件（如父母的去世）因为太过令人痛苦而在当时没能充分体验，那么依然存在的痛苦和痛苦的能量，只有经过宣泄才能被彻底释放。

精神分析学派

弗洛伊德在维也纳创立了精神分析学会，他深深影响了当时的精神卫生事业。他培养其他人承袭他的方法，成为应用领域的权威。时间一长，他的学生和其他人不断修正他的观点，逐渐将学会分成三派：弗洛伊德派（坚持弗洛伊德的原始思想）、克莱因派（追随克莱因的思想）和新弗洛伊德派（将弗洛伊德的观点应用到更广阔的领域）。现代精神分析至少囊括了22种不同的思想学派，弗洛伊德的思想也流传至今，影响着一代又一代的从业者。■

> “和生理一样，心理并不像表面看起来的那样。”
>
> ——西格蒙德·弗洛伊德

西格蒙德·弗洛伊德

西吉斯蒙德·弗洛伊德（Sigismund Schlomo Freud）出生在摩拉维亚的弗莱堡，是母亲最喜欢的孩子；他母亲称他为“金发西吉”。弗洛伊德4岁的时候，全家搬到了维也纳。西吉斯蒙德改名为西格蒙德。1886年，弗洛伊德拿到医学学位并开了一家诊所，专门治疗神经疾病，同年与玛莎·波奈斯结婚。最终，他发展了“谈话疗法”并开辟了全新的心理学取向：精神分析。

1908年，弗洛伊德创立精神分析学会，使他的学术思想在未来得以延续。第二次世界大战期间，纳粹公开焚毁他的作品，于是他搬到了伦敦。患口腔癌后，他请求医生为他实施了安乐死。

主要作品

1900 《梦的解析》
1904 《日常生活中的心理病理学》
1905 《性学三论》
1930 《文明与缺憾》

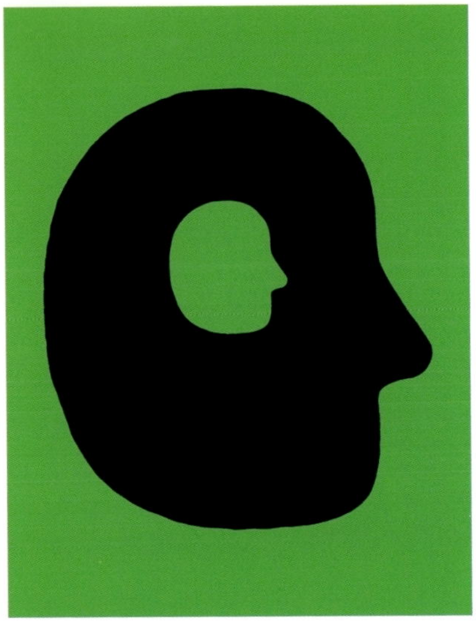

神经病患者通常都心怀自卑

阿尔弗雷德·阿德勒（1870–1937年）

背景介绍

聚焦

个体心理学

此前

1896年 威廉·詹姆斯说过，自尊与达成的目标和未达成的目标的比例有关，它可以通过降低期望和取得成就来提升。

1902年 查尔斯·荷顿·库利提出了“镜中之我”，我们看待自己的方式是基于我们想象别人如何看待我们。

此后

1943年 亚伯拉罕·马斯洛说，要想对自己有良好的感觉，我们既需要取得成绩，又需要受到他人的尊重。

20世纪60年代 英国心理学家迈克尔·阿盖尔说，自尊源于比较；当我们认为自己比别人成功时会感觉更好，当我们认为自己没有别人成功时会感觉更糟。

弗洛伊德的思想统领了19世纪后期的心理治疗，但是弗洛伊德的方法在探寻无意识驱动力和个人过去经历方面仍有局限。阿尔弗雷德·阿德勒（Alfred Adler）是第一位超越弗洛伊德的观点、并提出自己的心理学理论的精神分析师，他认为一个人的心理也受到当下和意识的影响，而社会和环境的影响同样不容忽视。基于这些观点，阿德勒建立了自己的方向——个体心理学。

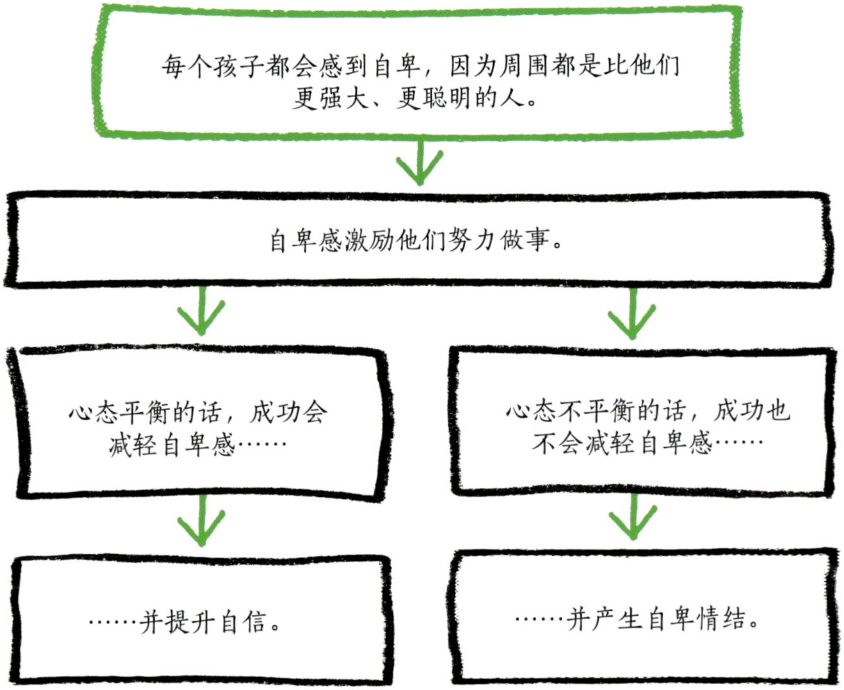

参见: 凯伦·霍妮 110页，埃里克·弗洛姆 124~129页，亚伯拉罕·马斯洛 138~139页，罗洛·梅 141页，阿尔伯特·艾利斯 142~145页。

残奥会的田径选手可能受到克服自身障碍的强烈愿望所驱使，从而努力达成更高水平的身体成就。阿德勒称之为“代偿”。

阿德勒在职业生涯的初期就对自卑感以及自尊的积极和消极影响特别感兴趣，那时他的工作是治疗有身体残疾的病人。在观察身体残疾对成就和自我感觉的影响中，他发现病人之间存在着巨大的差异。阿德勒注意到，有的人能够取得高水平的运动成绩，在这些人身上，身体残疾反而成为一种强大的推动力；另一个极端是，他也亲见了一些病人因身体残疾而感到挫败，并放弃了改善境遇的努力。阿德勒认识到，差异来自于这些个体看待自己的方式；换句话说，就是他们的自尊。

自卑情结

根据阿德勒的观点，感到自卑是一般人都会有的体验，这起源于童年。儿童自然会感到自卑，因为他们周围总是围绕着更强大、更有能力的人。儿童通常会模仿年长者，希望自己拥有更强的能力，环境中的各种力量激励他们自我发展和完善。

拥有健康人格的儿童和成人每当认为自己达成了外部目标时就会获得自信。等到下一次挑战出现并被克服时，自卑感就会荡然无存；这种心灵成长的过程会进入良性循环。然而，一个心理自卑的人也可能发展出更严重的自卑感——形成失衡的人格和阿德勒所说的“自卑情结”，这时自卑感不再会减轻。

阿德勒还认为，“追求卓越情结”同样是一种失衡的心态，它反映的是一种对努力追求目标的需要。即便目标达成，也不能增强这些个体的自信，只能刺激他们寻求更多的外部认可和成就。■

> 生而为人就会感到自卑。
>
> ——阿尔弗雷德·阿德勒

阿尔弗雷德·阿德勒

5岁的阿尔弗雷德·阿德勒差一点就被肺炎夺去了生命，因此他渴望成为医生。他在维也纳长大，在最终选择心理学之前他学的是眼科。1897年，他与俄国社会活动家瑞莎·爱普斯坦结婚，并且生了四个孩子。

阿德勒是维也纳心理学会的早期成员之一，也是第一个离开学会的人，因为他认为个体不仅受到弗洛伊德所说的无意识驱动力所影响，而且受到社会因素所影响。1911年离开之后，阿德勒的职业生涯大放异彩，建立了自己的治疗学派并提出了许多重要的心理学概念。1932年，他离开奥地利奔赴美国。在苏格兰阿伯丁大学演讲中，他因心脏病突发去世。

主要作品

1912年 《神经症的性格》
1927年 《个体心理学的理论与实践》
1927年 《理解人的本性》

集体无意识是由原型构成的

卡尔·荣格（1875–1961年）

背景介绍

聚焦

精神分析

此前

1899年 弗洛伊德在《梦的解析》中探讨了无意识的本质和梦的象征性。

1903年 皮埃尔·让内提出创伤性事件会产生充满情绪的信念，并对个体的情绪和行为产生多年的影响。

此后

1949年 荣格学派的坎贝尔出版《千面英雄》，详述了历史上来自不同文化背景的文学作品中的原型。

1969年 英国心理学家约翰·鲍尔比认为人的本能表现为社会交换中模式化的行为和思想。

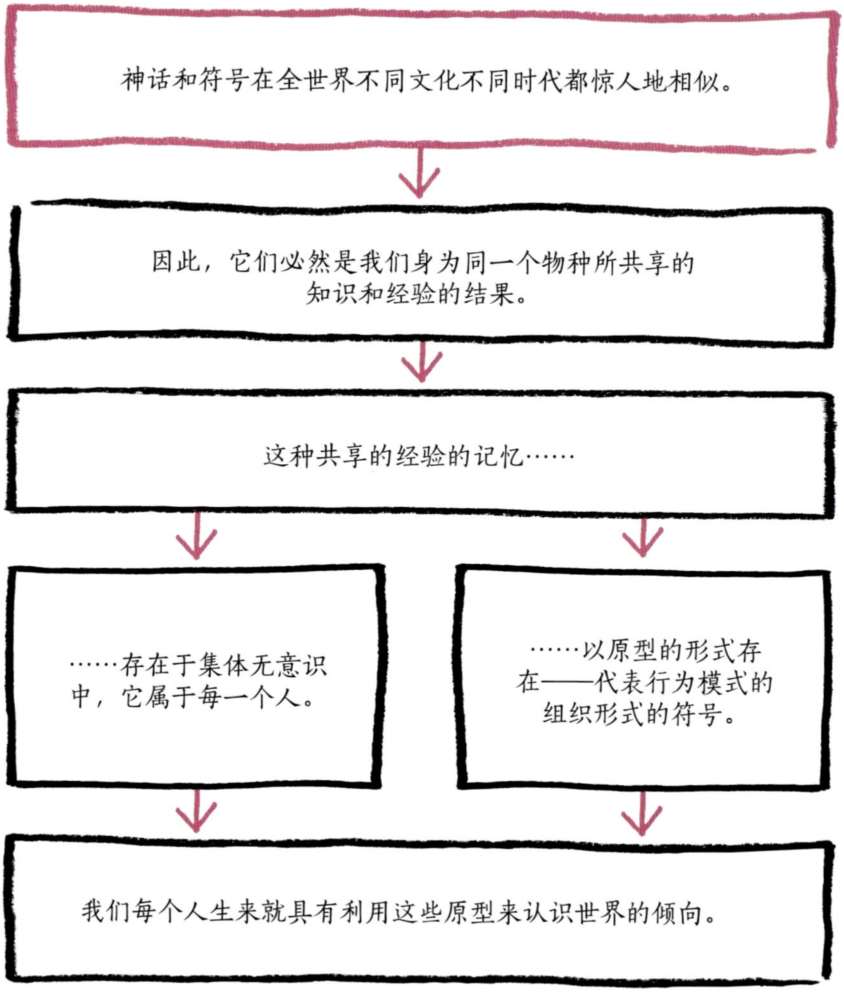

弗洛伊德提出，我们并非受到外在的力量所指引，如上帝或命运，我们真正所受的是我们内在的心灵的驱动和操控，特别是无意识。他说，我们的经验受到无意识中的原始驱动力所影响。他的门徒，瑞士精神病学家卡尔·荣格（Carl Jung）将这种观点向前推进，钻研了组成无意识的元素及其作用。

令荣格格外感兴趣的是，世界上不同的社会虽然各自拥有迥异的文化，却也有着某些惊人的相似之处。在神话和符号中，有着不可思议的共性，并且几千年一直如此。他想，一定是有什么超越人类个人经验的东西存在；他断定，符号象征一定存在于人类心灵的某个部分。

在荣格看来，这些具有共性的深层存在证明了人类心灵的某个部分容纳了永恒的思想，就像是一种“集体的记忆”。荣格提出，有一种特殊且独立的无意识存在于每个人心中，与我们的任何个人经验都无关，这就是“集体无意识”。

在荣格看来，共通的神话和符号是这种集体无意识的一部分。他认为，符号存储在可遗传的记忆里，世代延续，在跨越不同的文化和时代时稍有修改。这些遗传而来的记忆以符号为媒介

参见: 皮埃尔•让内 54~55页, 西格蒙德•弗洛伊德 92~99页, 雅克•拉康 122~123页, 斯蒂文•平克 211页。

> 个人无意识依赖于更深的层次……我称之为集体无意识。
>
> ——卡尔•荣格

浮现在心灵中，就成为荣格所说的“原型”。

古老的记忆

荣格相信原型是遗传而来的记忆，它们构成了人类经验的全部。他认为原型来自我们最初的祖先的记忆。它们是心灵的模板，借助它们，我们无意识地组织和理解我们自己的经验。我们的个人生活可能千差万别，但是无意识中这种预先存在的亚结构帮助我们理解自己的经验。

原型可以被认为是遗传而来的情绪和行为模式。它们使我们认识到特定的行为组合或情绪表达拥有什么意义。我们似乎是凭本能做到这一点的，但是荣格说，所谓本能实际上是对原型的无意识的使用。

荣格提出心灵由三个部分组成：自我、个人无意识、集体无意识。他说，自我代表了有意识的心灵或自我，而个人无意识是指个体自己的记忆，包括那些被压抑了的。集体无意识是心灵的一部分，也是原型的居所。

原型

原型有许多种，并且不同文化中的原型可以相互混合和改造，我们每个人心中有着每一种原型。因为我们利用这些符号来理解和认识世界及我们的经验，所以它们存在于所有人类的表达形式中，如艺术、文学作品和戏剧。

原型的本质是我们会对它产生即刻的认识，并且赋予它特定的情绪化的意义。原型可以和许多种行为和情绪模式联系在一起，而且有些原型是广为人知的，例如，智慧老人、女神、圣母玛利亚、伟大母亲，还有英雄。

人格面具是荣格描述的最重要的原型之一。他发现在他自己的早年生活中，他倾向于只向外界展示某一部分人格。这种特点在其他人身上也有，而且人们把自己的人格分成多个部分，根据环境和情景选择性地只展现某一部分的自我。我们展示给外界的自我（我们的公众形象）是一种原型，荣格称之为“人格面具”。荣格认为自我既有男性化的部分，也有女性化的部分，社会因素和生物因素对于将一个人塑造成完全的男人或女人起着同样重要的作用。当我们变成完全的男人或女人时，我们就把潜藏的另一半抛之脑后，虽然我们仍然能够通过原型通达这部分自我。“阿尼姆斯”是指女性人格中存在的男性化成分，“阿尼玛”是指男性心灵中的女性化成分。这就是所谓的“另一半”，与之相对的就是让我们成长为女孩或男孩的那一半。这些原型帮助我们理解异性的本质，并且因为它们包含了对男人或女人的所有印象，所以它们必然反映出对男性和女性的传统观点。

夏娃是“阿尼玛”的象征，是男性无意识中的女性成分。荣格说，她“浑身上下充满了陷阱和诱惑，令男人为之沉沦……而生活就应该是这样”。

生本能与死本能的争斗持续一生

梅兰妮·克莱因（1882–1960年）

背景介绍

聚焦

精神分析

此前

1818年 德国哲学家叔本华说，存在是由活着的欲望驱动的，与之永恒对抗的是同等的死亡驱动力。

1910年 精神分析师威廉·斯塔克尔认为对性本能的社会压抑与死本能的增长是并行的。

1932年 弗洛伊德称，为获得满足的大多数基本驱动力实际上都是为了对抗死亡。

此后

2002年 美国心理学家朱莉·诺勒姆提出了“防御悲观主义”的观点，认为悲观主义实际上是为了人们更好地应对现代生活的压力和需求。

关于对抗力量的话题一直吸引着作家、哲学家和科学家。文学作品、宗教和艺术中随处可见善与恶、朋友与敌人的故事。在牛顿的物理学说中，一种力量与另一种同等的相反力量对抗时会达到一种稳定或平衡的状态。这样的对抗力量也是人的存在的核心部分，其中最有力量的驱动力可能就是生与死。

弗洛伊德说，为了避免被自己的死本能所摧毁，我们利用自恋或自我关注的生本能（力比多）来迫使死本能指向外部，对抗其他目标。梅兰妮·克莱因（Melanie Klein）扩展了这种观点，她说即便我们将死亡的力量指向外部，我们仍旧能感觉到被这种“攻击本能”所毁灭的危险；为了完成这项艰巨的任务，我们必须“调动力比多”。与这些对抗的力量共存会产生内在的心理冲突，是人类经验的核心。克莱因称，我们成长和创造的驱动力——从繁衍到创造——永远与同等力度并具有毁灭性的力量相抵，这种持续的心理紧张是所有痛苦的基石。

戏剧的张力在于对真实情绪和情感的反映。伟大的剧作，如莎士比亚的《罗密欧与朱丽叶》，表现出来的不仅有恋人之间积极的力量，也有置人于死地的毒药。

克莱因还说，这种心理紧张解释了我们内心的攻击和暴力倾向。它造成了爱与恨之间的争斗，甚至从婴儿一出生就出现了。在我们的生本能与死本能之间（快乐与痛苦之间）永远的斗争造成了我们心灵中的困惑。无论怎样，愤怒或“不好的”情感都可能变成每种情境中的主导。

参见: 西格蒙德•弗洛伊德 92~99页，安娜•弗洛伊德 111页，雅克•拉康 122~123页。

永恒的冲突

克莱因认为我们从未摆脱过这些原始冲突。我们一生都与它们相伴，从未达到过安全、成熟的状态，而且对暴力的“原始幻想”始终在无意识中探头探脑。克莱因觉得，考虑到这种心理冲突的渗透性影响，传统意义上的幸福是不可能实现的，而且生活就是在寻找忍受冲突的办法。生活不是为了涅槃。

这样的忍受状态是我们能够寄予希望的最好办法，所以克莱因不难发现人们的生命中缺少了欲望或对自己的认可，于是导致抑郁和绝望。在克莱因看来，人类的经验不可避免地充斥着焦虑、痛苦、丧失和毁灭。因此，人们必须学会面对生与死的极端。■

梅兰妮·克莱因

梅兰妮·克莱因出生在奥地利，是家里的四个孩子之一。她的父母没什么感情，后来离婚了。17岁时，她与工业化学家亚瑟·克莱因订婚，并放弃了学医的计划。

1910年，在阅读了一本弗洛伊德的著作后，克莱因决定成为一名精神分析师。她自己深受抑郁症的困扰，并且被死亡所笼罩：在她4岁时，敬爱的姐姐死掉了，她的哥哥死于疑似的自杀，她的儿子也在1933年的一场登山事故中丧命。虽然克莱因没有任何官方的认证，但是她在精神分析领域有着巨大的影响，她对儿童的贡献尤其令人尊敬，是她将游戏运用于治疗之中。

主要作品

1932年 《儿童精神分析》
1935年 《躁狂抑郁状态的心理过程》
1955年 《嫉恨与感恩》
1961年 《一个儿童的分析过程》

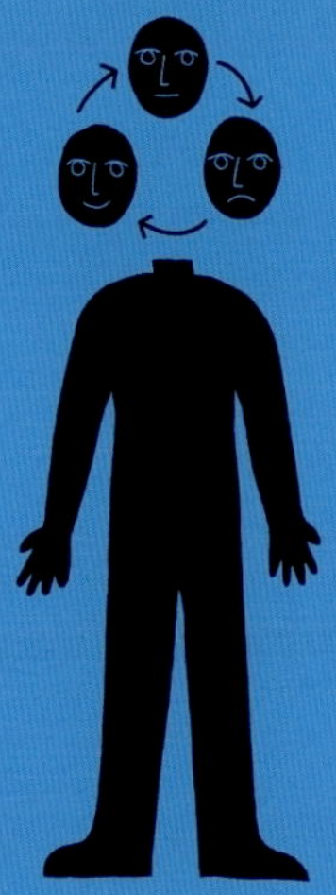

“应该”的暴政

凯伦·霍妮（1885–1952年）

背景介绍

聚焦

精神分析

此前

1889年 皮埃尔·让内在《精神的不自主运动》中描述了“分裂”现象，即人格明显分成了不同的独立的部分。

此后

20世纪50年代 梅兰妮·克莱因说，为了应对难以控制的冲突情感，有的人会出现人格分裂。

20世纪70年代 奥地利精神分析学家海因茨·科胡特称，当孩子的需要没能被满足时，自恋和自负组成的那部分自我就会浮现出来。

20世纪70年代 艾利斯提出理性情绪行为疗法，帮助人们摆脱内心中“必须”的束缚。

社会环境——从家庭到学校、工作场所，再到更广阔的社区——产生了特定信念支撑的社会文化“规范”。生于德国的精神分析学家凯伦·霍妮（Karen Horney）曾说，不健康或“有毒的”社会环境可能会在个体身上创造出不健康的信念系统，妨碍人们意识到他们的最高潜能。

霍妮还说，必须认清我们何时不受自我决定的信念所操控，而受那些内化了的有毒的环境所操控。它们以内在的信息来起作用，例如，“我应该被认可而且更强大”或者“我应该变瘦”。她教她的病人意识到对他们心灵的两种影响：有着真实欲望的“真实自我”，和为了满足“应该”的要求奋力挣扎的“理想自我”。理想自我的想法对真实自我来说都是不现实和不匹配的，并且因为真实自我没法达到理想自我的期望，所以会产生消极的反馈。这导致了第三种不快乐的自我——“被鄙视的自我”。

霍妮认为“应该”是我们“与命运谈条件”的基础；如果我们屈从了，我们就会神奇地相信自己控制了客观现实，虽然事实上它们导致了深层的不愉快和神经症。霍妮的观点和她所处的社会环境有着密切的关系，20世纪早期的德国对一致性的要求非常严格。■

> **千万别觉得自己有多么可耻；你本来就应该是这样的。**
>
> ——凯伦·霍妮

参见：皮埃尔·让内 54~55页，西格蒙德·弗洛伊德 92~99页，梅兰妮·克莱因 108~109页，卡尔·罗杰斯 130~137页，亚伯拉罕·马斯洛 138~139页，阿尔伯特·艾利斯 142~145页。

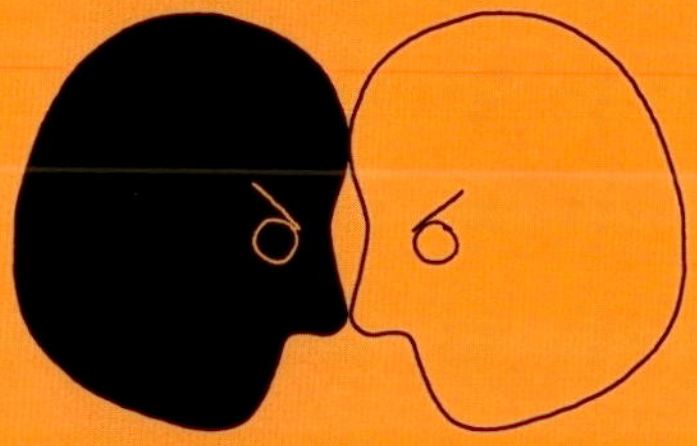

超我只有在与充满敌意的自我对峙时才会变得清晰

安娜·弗洛伊德（1895–1982年）

背景介绍

聚焦

精神分析

此前

20世纪20年代 弗洛伊德在他的文章《快乐法则之外》中首次提出了本我、自我和超我的概念。

此后

20世纪50年代 梅兰妮·克莱因不同意超我的形成受到父母的影响的观点。

1961年 伯恩提出，儿童、成人和父母的自我状态一直存在于我们的生命中，并且这些可以通过精神分析挖掘出来。

1976年 美国心理学家简·卢文格说，自我在人一生中的发展是分阶段的，是内在自我与外在环境交互作用的结果。

《圣经》上说，伊甸园里的亚当和夏娃面对着诱惑与正义之间的抉择。在心理结构模型中，弗洛伊德描述了存在于人类潜意识中的一个类似的模型，由三部分构成：本我、超我和自我。

本我，就像一条狡猾的蛇，在我们耳边低诉着什么能让我们感觉良好。它完全由欲望驱使，寻找着基本的快乐和满足（如食物、舒适、温暖和性）。

超我像一个正义的使者，要求我们向着更高的目标前进。它强加给我们父母和社会的价值观，告诉我们什么是我们应该做的，什么是不应该做的。

自我，像一个做决定的成年人——控制着冲动，并做出如何行动的判断；它是个调停者，在本我和超我之间摇摆。

奥地利精神分析学家安娜·弗洛伊德延伸了她父亲的观点，将关注点放在了超我的构成以及它对自我的影响上。自我面对着现实世界，同时还要作为超我的下级管理着本我。超我说着令人感到内疚和羞愧的话，像个内在的批评家。当我们斥责自己不应该按照某种方式思考或行动时就听到了超我的声音；超我只有在与充满敌意的自我对峙时才会变得清晰（“发言”）。

自我防御机制

超我的批判性声音会导致焦虑，而且根据安娜·弗洛伊德的观点，这时我们就会启动自我防御。心灵有无数种方法来防止焦虑变得不可承受。安娜描述了我们常用的一些创造性的防御机制，从幽默和升华到否认和替代。她的自我防御理论被认为与20世纪的人本主义治疗法不谋而合。■

参见：西格蒙德·弗洛伊德 92~99页，梅兰妮·克莱因 108~109页，埃里克·伯恩 337页。

你只能容忍你自己发现的真理

弗里兹·皮尔斯（1893–1970年）

背景介绍

聚焦

格式塔治疗

此前

20世纪20年代 卡尔·荣格说人们需要和内在的自己相连接。

1943年 韦特海默解释了“生产性思维”的概念。

1950年 在《神经症与人类成长》中，霍妮提出人们需要拒绝别人强加给自己的“应该”。

此后

1961年 罗杰斯说知道治疗的形式和方向的人是来访者，而不是治疗师。

1973年 美国自助类读物作家理查德·班德勒，神经语言学程序（NLP）的创始人之一，在他的新疗法中运用了许多格式塔疗法的技术。

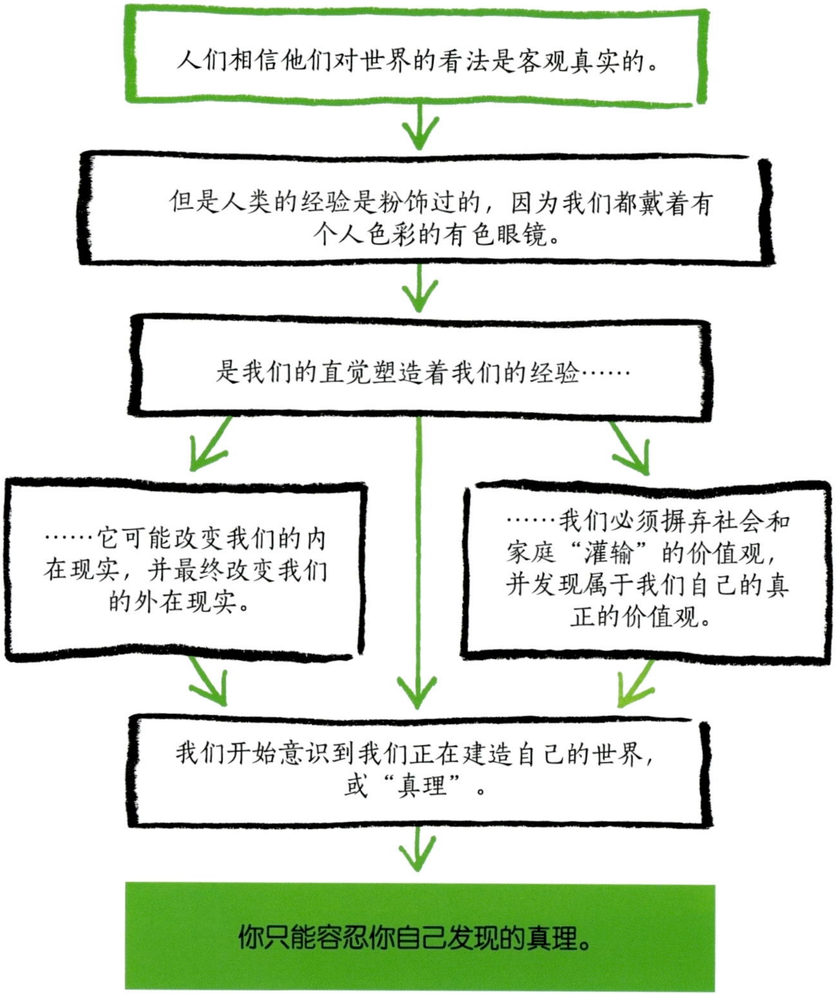

在18世纪，德国哲学家康德掀起了一场思维的革命，指出我们不可能真正了解我们的 “身外之物”，因为我们的知识受到我们的心智和感觉的限制。我们不知道事物是如何自处的，而只能去体验它们。这种观点成为格式塔治疗的基础，它认为至关重要的是记住人类经验的复杂性——悲痛与创伤，灵感与激情，还有近乎无限的可能性——经过个性化的滤镜被我们重新编码。我们不能自动化地吸收世界上所有的声音、感受和画面；我们能只能扫描和选择一部分。

弗里兹·皮尔斯（Fritz Perls）是格式塔治疗的创始人之一，他指出我们对现实的个人感觉是由我们的知觉创造的；我们看到的是我们的经验，而不是事物本身。然而，这往往容易被抛之脑后，或者认识不到。他说我们倾向于错误地把我们对世界的看法当成绝对客观的真相，而不承认知觉在塑造我们的观点时对统合想法、行动和信念的作用及影响。根据皮尔斯的观点，唯一存在的真理就是一个人自己的真理。

承担责任

皮尔斯的理论发展于20世纪40年代，当时主流的精神分析观点认为人类心灵能够分解成一系

参见：索伦·克尔凯郭尔 26~27页，卡尔·荣格 102~107页，凯伦·霍妮 110页，埃里克·弗洛姆 124~129页，卡尔·罗杰斯 130~137页，亚伯拉罕·马斯洛 138~139页，罗杰·谢帕德 192页，乔·卡巴金 210页，马克斯·韦特海默 335页。

列对满足生物驱动力的追求。这种取向对皮尔斯来说太严格、太结构化、太简略、太宽泛；不适用于皮尔斯最看重的个人经验。精神分析不能让病人认识到他们自身经验的创造性，也不能让他们承担起自我创造的责任。精神分析模型的基础是认为病人处在无意识冲突的折磨中，直到精神分析师介入并将他们从无意识驱动力中拯救出来。皮尔斯从另外的角度认为对人们来说最重要的是了解自身在创造中的力量。他想要让我们意识到我们能够改变自己的现实，事实上还可以为此负责任。没有人能够代替我们做到这一点。一旦我们认识到知觉才是现实的擎天柱，我们每个人都有责任创造人生并选择我们看待世界的方式。

皮尔斯所写的格式塔祈祷文浓缩了格式塔治疗。它强调为了我们自己的需要而生活的重要性，而不是通过他人来寻求自我实现。

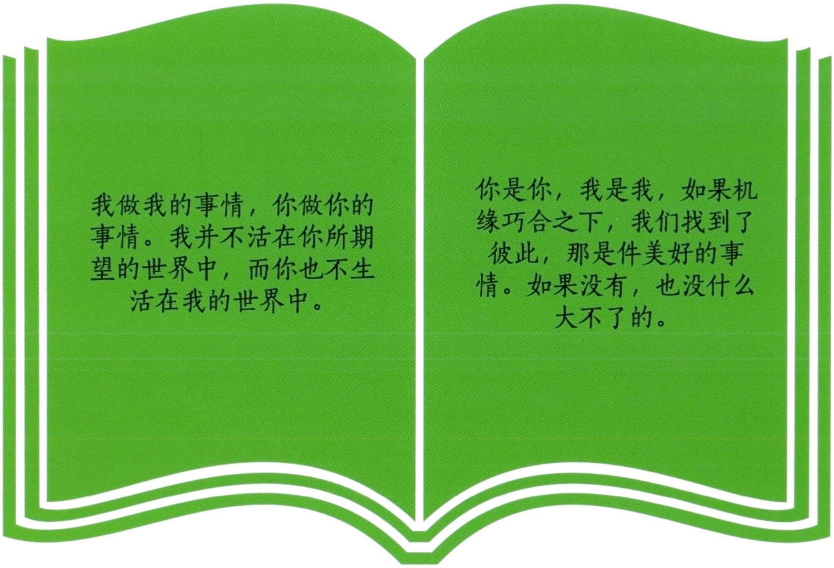

承认力量

格式塔治疗利用个体经验、知觉和责任感的原则——既有思想上的也有感受上的——鼓励个体通过建立内在控制感来成长。皮尔斯坚持认为我们能够学会控制自己的内在经验，而不管外在环境如何。一旦我们了解是我们的知觉塑造了我们的经验，就能够看到自身的作用，而我们所采取的行动就是武器，然后我们就能有意识地利用这些来改变现实。控制我们内在的心灵环境可以给我们力量，其方式有两种：如何解释环境，以及如何对环境做出反应。谚语有云：“没有人能让你生气，除了你自己”，这句话完美地阐明了这个哲学道理，人们对交通事故、坏消息或个人批评等的不同反应方式会使真相看起来各有千秋。

在格式塔治疗中，一个人必须直接为自己的行动和反应负责，不管可能会发生什么事。皮尔斯称这种可以维持情绪的稳定性而不理会环境如何变化的能力为“内稳态”，这个生物学术语一般用来描述人体内所维持的稳定的物理环境。它暗示着许多系统之间的良好平衡，而这就是格式塔治疗中所谓的心灵。它通过各种思想、感受和知觉来寻找维持心灵平衡的方法，这些都是整个人类经验的组成部分。它用整

> 学习就是发现事物的可能性。
>
> ——弗里兹·皮尔斯

和佛教一样，格式塔治疗鼓励发展正念觉察和接受不可避免的改变。皮尔斯呼唤改变"磨灭创造性的学习"。

体的眼光来看待人，视一个人为整体，而非若干部分。

皮尔斯将自己的使命定位于帮助病人觉察知觉的力量以及它如何塑造现实（或者我们如何描述"现实"）。通过这样的方式，他的病人变得有能力控制和塑造他们内心的风景。当他们为所知觉的现实负起责任后，他们就能够创造他们想要的现实。

皮尔斯利用格式塔治疗的整合观来帮助他的病人实现这个目标。最首要的步骤是学习对当下感受的觉察，并聚焦于这种觉察，让个体直接地体验他当下的感受和知觉到的现实。这种"融入此时此刻"的能力在格式塔治疗过程中是至关重要的；它是一种即刻的情绪觉察，是理解我们每个人创造自己的环境并对之反应的基础。它还为改变我们对自己和环境的体验方式提供了一条途径。

作为一种个人成长的工具，和真实感受（真实的思想和情绪）相联通的能力对皮尔斯来说比其他治疗形式的心理解释或分析反馈更重要。隐藏在行为背后的"为什么"对皮尔斯来说一点都不重要；重要的是"怎么样"和"什么"。从治疗师到病人降低对寻找"为什么"的重视而转向追寻意义，极大地改变了医患关系。在先前的治疗取向中，一般是治疗师操控着病人奔向治疗目标，而格式塔取向是治疗师和病人之间保持一种温暖、共情式的关系，他们结成同伴一起努力达成目标。治疗师的角色是灵活的，并不单是病人的领导者；皮尔斯的格式塔取向随后成为罗杰斯的人本主义、以人为中心取向的基础。

否认命运

格式塔方法的另一个部分是语言的运用。病人可用于增强自我意识的一个重要工具是注意和改变言语中"我"的使用。皮尔斯说，要想为我们的现实负责任，我们必须认识到我们是怎样使用语言来产生缺乏控制感的错觉的。简单地改变措辞，从"我不能那样做"到"我不会那样做"，就是在给自己机会做选择。这样也有助于确立感觉的归属，情绪源于也属于我，我不能因我的情感而

皮尔斯

福雷德里克·弗里兹·所罗门·皮尔斯出生在19世纪末的柏林。他学医出身，曾作为医生在第一次世界大战期间为德国军队服务过一小段时间。随后，他受训成为精神分析师，1930年与心理学家劳拉·波斯那结婚，并迁居南非，在那里他和劳拉建立了一个精神分析研究院。在他们不再对精神分析抱有幻想后，在20世纪40年代搬到了纽约，投入进步思想蓬勃发展的浪潮中。20世纪60年代，他们离婚了，皮尔斯搬到加利福尼亚州，在那里继续改变着心理治疗的格局。1969年，他离开美国开始在加拿大建立治疗中心，但是次年就在开展工作坊期间因心脏病发而去世。

主要作品

1946年 《自我的饥饿与攻击性》
1969年 《格式塔治疗实录》
1973年 《格式塔与目击治疗》

> 放松你的心灵，然后想想你的感觉。
>
> ——弗里兹·皮尔斯

20世纪60年代，嬉皮文化与发现自我的格式塔观点相一致，但是皮尔斯反对“及时行乐”和“所谓的感官解放之路”。

怪罪其他人或事。

改变语言的另一个例子是将“应该”替换成“想要”，例如，“我应该现在离开”变成“我想要现在离开”。这也是给出了选择的机会。皮尔斯说，因为我们学会了对我们的经验负责任，所以我们找到了摆脱社会影响的真实自我。我们也体验到自己的权力，认识到我们并不受制于“刚刚发生”的事情。一旦理解了我们可以选择如何接纳自己的人生，受害者的感受就烟消云散了；我们不是无能为力的。

> 如果你需要鼓励、表扬、有人拍拍你的后背，那么所有人都成了你的法官。
>
> ——弗里兹·皮尔斯

带着这样的个人责任感，我们就能阻止自己去体验对真实自我不利的事件、人际关系或环境。格式塔理论也要求我们近距离审视为了被社会规范所接受而选择什么。我们的所作所为可能一直处在假设的真相中，并且我们自动就接受了它们。皮尔斯说，我们应该采纳最有启发性的信念并找到我们的真实自我。书写我们自己的观点、哲学、需求和兴趣的能力是至关重要的。随着我们对自我责任、自我信任和自我洞察的意识的增加，我们理解了我们在构建自己的世界，或真理。我们的人生变得易于承受，因为“你只能容忍你自己发现的真理”。

亲密的可能性

格式塔治疗重在“当下”和发现属于自己的道路与思想，在20世纪60年代与西方世界的反文化革命完美契合。但是这种对个人主义的重视在一些心理学家和精神分析师看来是治疗的弱点，特别是在那些把人类完全看作社会属性的人眼里。他们声称，按照格式塔原则生活的人排除了与他人亲密的可能性，它过分关注个性而牺牲了社会性。格式塔治疗的支持者们回应说，如果不找到真实的自我，就不可能发展出与他人真实的关系。

1964年，皮尔斯成为加利福尼亚州伊莎兰研究所的正式讲师，对这个在精神和心理学领域享有盛誉的中心产生了长远的影响。20世纪70年代的人口大爆炸之后，格式塔治疗渐渐遭到冷落，但是它的原则仍被许多其他形式的治疗所采用。今天，格式塔被认为是心理治疗的“正规”取向之一。■

众所周知，收养一个孩子并给他爱是永远不够的

唐纳德·温尼考特（1896–1971年）

背景介绍

聚焦

精神分析

此前

20世纪初 弗洛伊德提出神经病患者的冲突（以及超我）源于俄狄浦斯时期，即3~6岁。

20世纪30年代 克莱因称，超我的原始形式在1岁时就开始发展了，而爱与恨天生就是交织在一起的。

此后

1947年 心理学家和游戏治疗师弗吉尼亚·亚瑟兰提出了游戏治疗的八个原则，其中包括接纳儿童所表现出的女性化或男性化。

1979年 瑞士精神分析学家爱丽丝·米勒在《天才儿童的剧本》中说，我们被鼓励去“发展未经思想雕琢的艺术”。

许多人相信，如果一个孩子在缺少爱与支持的环境中痛苦地长大，那么他们能够融入一个能满足需求的新家庭。然而，安定与接纳有助于孩子健康成长，但是这只是需求的一部分。

作为英国第一位接受过精神分析训练的儿科医生，唐纳德·温尼考特（Donald Winnicott）始终对母婴关系和儿童发展过程感兴趣。他深受弗洛伊德和克莱因的影响，特别是关于母亲或照料

参见：西格蒙德·弗洛伊德 92~99页，梅兰妮·克莱因 108~109页，弗吉尼亚·萨提亚 146~147页，约翰·鲍尔比 274~277页。

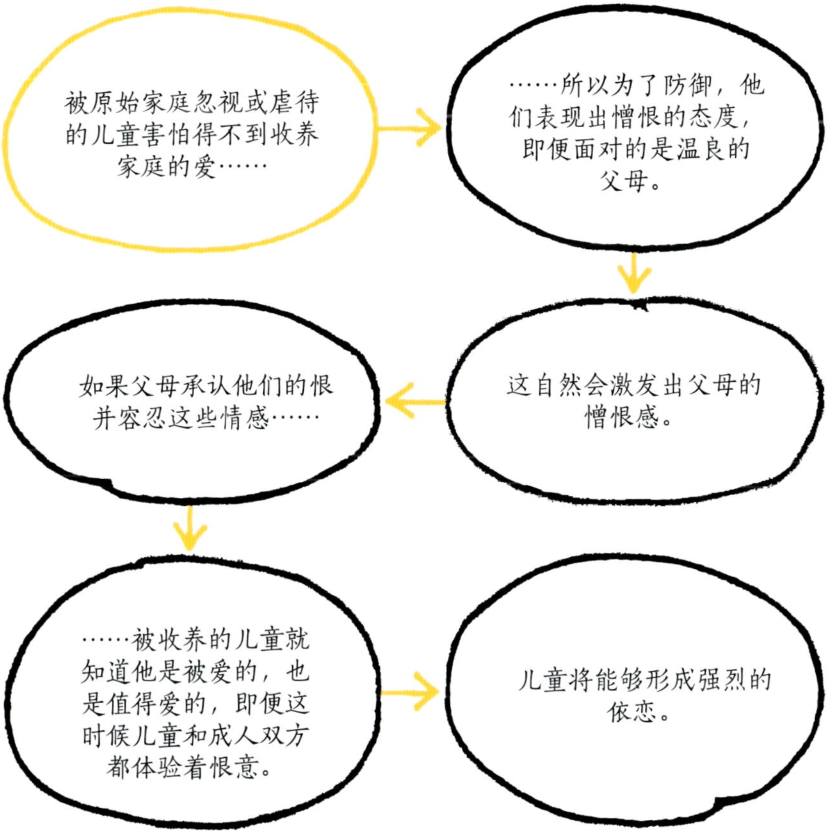

者对婴儿的无意识情感。温尼考特的职业生涯始于研究第二次世界大战期间无家可归的孩子，他调查了儿童在试图被一个新家庭所接纳时面对的困难。

温尼考特在他的文章《反移情中的憎恨》中写道："众所周知，收养一个孩子并给他爱是永远不够的"。事实上，父母必须有能力将被收养的儿童接纳到他们的家庭中，并且有能力忍耐对他的憎恨。温尼考特说，一个孩子只有在被憎恨之后才能够相信他是被爱的；他强调"忍耐恨意"在治疗中的作用不容小觑。

温尼考特解释说，当一个儿童被剥夺了适当的父母关爱，随后又被赐予了拥有健康家庭环境（如收养或寄养家庭）的机会时，儿童就开始发展无意识的希望。但是恐惧也伴随着这种希望。当儿童对过去彻底绝望，甚至基本的情绪和身体需要都无法满足时，防御机制就会启动。这些无意识的力量保护着儿童不被可能会导致失望的希望所伤害。温尼考特继续说，防御机制解

唐纳德·温尼考特

英国儿科医生兼精神分析师唐纳德·温尼考特出生在英国德文郡普利茅斯的一个颇有名望的大家族，他是家里最小的孩子，也是唯一的儿子。虽然他的母亲患有抑郁症，但是他的父亲，约翰·福德里克·温尼考特先生，对他有着积极的影响。温尼考特起初成为一名儿科医生，随后，在20世纪30年代又接受了精神分析训练。

温尼考特结过两次婚，他的第二任妻子克莱尔·布雷顿是精神病学的社工，工作是帮助第二次世界大战期间心智失常的儿童。他当了四十多年儿科医生，形成了独特的观点。他两次成为英国精神分析学会的主席，通过多次演讲和广播节目来为公众传播知识。

主要作品

1947年 《反移情中的憎恨》
1951年 《传统目标与传统现象》
1960年 《亲子关系理论》

> 被收养的儿童似乎只有在被憎恨后才能相信自己被爱。
>
> ——唐纳德·温尼考特

释了恨意的存在。儿童可能会对新的父母大发雷霆，表现出憎恨的态度，同样也激发出照料者的恨意。他称这种行为为“反社会倾向”。

根据温尼考特的观点，对痛苦中的儿童来说，憎恨和被憎恨的需要甚至比反抗的需要更迫切，照料者对憎恨情绪的忍耐是治愈儿童的关键性因素。温尼考特说，必须允许儿童表达恨意，而父母必须既能够容忍儿童的恨意又能够忍耐自己的恨意。

这种观点或许令人震惊，而人们也会为了源于自身的恨意而纠结。他们可能会感到内疚，因为孩子已经非常难过了。但是孩子主动地对父母表现出愤恨，以防过去被忽视的经验再次上演。

温尼考特说，破碎家庭的儿童或孤儿“在无意识地花时间寻找他的父母”，来自过去的情感也会转移到其他成年人身上。儿童已经内化了仇恨，即便恨意不复存在了，他的眼中依然有恨。在新环境中，儿童需要看到空气中充满恨意时会发生什么事情。温尼考特解释说：“到底发生了什么事呢？刚被收养的一段时间儿童找到一丝希望，然后他就开始测试这个环境，寻找他的监护人可能会恨他的证据。”

儿童表达恨意并证明自己实在不值得爱有很多方法。这种无用感来自于早期消极的亲子经验。从儿童的角度来看，他正试着保护自己避免感到爱或被爱，因为这种状态也伴随着失望的可能。

处理恨意

儿童的憎恨情绪既挑衅着父母，也挑衅着他们的老师和其他权威人物。温尼考特认为成年人承认这些情感，而不是简单地否认它们是非常重要的。他们也需要理解儿童的恨意不是个人化的；儿童是在表达先前同一些现在已不在场的人的不愉快处境和现已不在的人的焦虑。

当然，权威人物如何处理自己的憎恨也是相当重要的。儿童相信自己是“坏孩子”而且不值得被爱，这种信念不应该被成人的反应所强化；成人只需简单地忍耐憎恨的情感并认识到这些情感是亲子关系的一部分。这是唯一让孩子感到安全并能够形成依恋的方法。

无论新的环境有多么温暖美好，都不能抹去孩子的过去；过去的经验或多或少会残留下痕迹。温尼考特认为没有解决的捷径。因为从前发生过的事情，所以儿童预期成人会对自己产生憎恨，于是主动拒绝；当憎恨没有变成拒绝而被忍耐所代替时，憎

儿童身上的“反社会倾向”是他们表达对处境的焦虑的一种方式，他们在考验照料者能否继续营造充满支持和关爱的家。

不理会被儿童挑动的无意识的消极情感，父母必须为儿童提供一个支持性的环境，让他有安全感。

恨就开始烟消云散了。

健康的恨意

温尼考特认为，即使是心理健康的家庭，孩子也是亲生的，无意识的憎恨仍然是养育经验中自然产生的一个重要部分，并且他还谈到了“适当憎恨”。克莱因曾说过，婴儿会对母亲感到憎恨，但是温尼考特进一步说母亲也会恨孩子——甚至在此之前，有一种非常原始和粗暴的爱。婴儿的存在给母亲的心理上和身体上都提出了巨大的要求，这些都会激发母亲的憎恨感。温尼考特列出了母亲为什么会憎恨孩子的18个原因，包括：怀孕和分娩都有可能危及生命；婴儿干扰了她的私生活；在照料中，婴儿弄伤了她，甚至咬了她；婴儿对她就像对待女佣或奴隶。温尼考特说，尽管如此种种，但是她仍然爱着他，“甚至排泄物和所有的一切”，怀着强烈的、原始的爱，而且不得不学会忍耐对孩子的恨，一点也不表现出来。如果她不能适当地恨，她就会以一种受虐和不健康的方式将这些憎恨的情感转向自己。

治疗关系

温尼考特还用亲子关系来比喻治疗师和来访者之间的治疗关系。在精神分析过程中，治疗师产生的情感可称为“反移情”。在治疗中，来访者被唤起的情感——通常类似于对父母或兄弟姐妹的情感——转移到了治疗师身上。温尼考特在他的文章中描述了作为精神分析的一部分，治疗师是如何对来访者产生憎恨之感的，虽然这种恨是由来访者挑起的对治疗师的必要考验。来访者需要知道治疗师是否足够强大和可信赖，是否能够抵挡住这种攻击。

> 从婴儿的角度来看，母亲的多愁善感没什么好处。
>
> ——唐纳德·温尼考特

现实主义取向

温尼考特的观点中有一些是令人震惊的，他相信我们应该用现实主义的态度养育孩子，不要为了坚持诚实而思虑过多。这样无论身为孩子，还是长大以后，我们都能坦然面对不可避免的消极情感。温尼考特是一个现实主义者和实用主义者，他不相信所谓的“完美家庭”或者世界上用几句话就消除所有的前尘往事。他注重真实的环境和我们的心理状态，要求我们如是做，勇敢而诚实。他的观点完全没有走进任何学校的理念中，虽然它们影响深远，并且持续冲击着全世界的社会工作、教育、发展心理学和精神分析。■

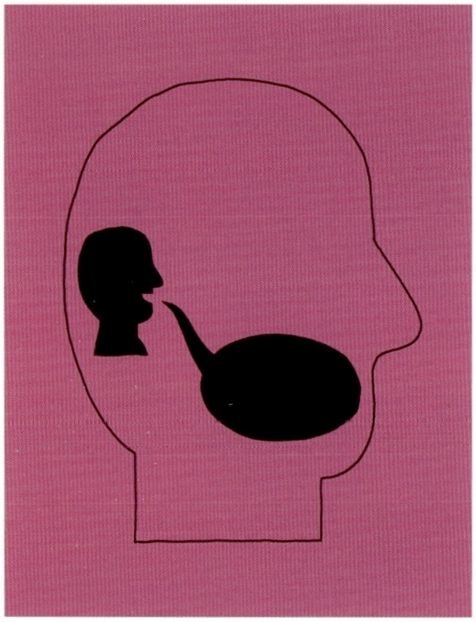

无意识是“他者”的言说

雅克·拉康（1901–1981年）

背景介绍

聚焦
精神分析

此前
1807年 德国哲学家黑格尔说，自我意识依赖于他人的存在。

1818年 德国哲学家叔本华称，没有观察的主体就没有客体，对客体的知觉受限于个人的视觉和经验。

1890年 威廉·詹姆斯在《心理学原理》中区分了作为知者的自我，或者说“I”，以及作为被知者的自我，或者说“me”。

此后
1943年 法国哲学家萨特说，我们对周围世界或“他者”的知觉会随着另一个人的出现而改变，我们将其对“他者”的观念吸收到自己的观念中。

“他者”是在我们自身边界之外的所有事物。

↓

我们通过“他者”的存在定义和重新定义自己。

↓

我们通过“他者”的语言理解世界。

↓

我们也将这些语言运用到我们内心最深处的思想中。

↓

无意识是“他者”的言说。

精神分析学家将无意识解释为我们想要排斥的所有记忆存储的场所，而且这些记忆不能够有意识地提取。有时候，无意识会以躲躲藏藏的方式向有意识的自我喊话：荣格认为无意识通过梦境、符号和原型表现自己，而弗洛伊德认为无意识通过动机行为和偶然的口误表达出来。各种精神分析学派达成一致的一件事情就是无意识的世界比有意识的自我要大得多。然而，在法国精神病学家雅克·拉康（Jacques Lacan）看来，无意识的语言不是自我的，而是“他人”的。

自我感

我们对自我的理解是想当然的——我们每个人都以独立的个体而存在，我们通过自己的眼睛看世界，我们和其他人以及外界之间有着明显的界限，并且假设

参见: 威廉·詹姆斯 38~45页, 西格蒙德·弗洛伊德 92~99页, 卡尔·荣格 102~107页, 唐纳德·赫布 163页。

我们的自我感是由我们对"他者"或外界的意识塑造的。然而，拉康说，"他者"的语言构成了我们最深层的思想。

我们的思维方式以及与环境互动的方式也各不相同。但是假如外界什么都没有，我们怎么能辨别出自己呢？那样我们可能无法形成自我感，因为没有轮廓可以参考。我们能够判断出我们是有别于周围世界的个体的唯一方法，就是我们区分自己与环境或他人的能力，这让我们变成主体的我（I）。因此拉康下结论说，我们每个人都只是"他我"，因为我们拥有"他者"的观念。

在拉康看来，"他者"是自我之外绝对存在的东西；它是我们出生的环境，是我们为了生存和繁衍必须去"释义"和理解的。婴儿必须学会将感觉组织成概念和类别以在世界中生存，并且逐渐获得对一系列意符——符号或代码——的觉察和理解。但是这些意符只能来自自我之外的外部世界，因此它们必由他人的语言构成，或者是拉康偏爱的"言说"。

我们只能通过语言来思考或表达我们的想法和情绪，而根据拉康的观点，我们拥有的唯一语言却是"他者"的。因此，被翻译成无意识思想的感觉和图像必须由"他者"的语言来构建，或者如拉康所说的，"无意识是'他者'的言说"。这种观点在精神分析实践中具有广泛的影响，使得对无意识的解释更加客观和开放。■

> 我总是在他人的范围之内。
>
> ——雅克·拉康

雅克·拉康

雅克·拉康出生在巴黎，毕业于耶稣会管理下的斯坦尼斯拉斯大学。他继续学习医学，并取得了精神科医师认证。第二次世界大战期间，拉康一直留在巴黎的一家军事医院工作。

战后，精神分析成为拉康工作的主要工具。然而，1953年他被国际精神分析学会除名，因为他离经叛道地使用短时治疗进行面谈。随后，拉康成立了法国精神分析学会。

拉康的作品传播到了哲学、艺术、文学和语言学领域，他每周都要举办研讨会，参会的人都是著名的思想家，如罗兰·巴特、克洛德·列维·斯特劳斯等。作为死忠的弗洛伊德主义者，拉康于1963年创立了巴黎弗洛伊德学派，于1981年改名为弗洛伊德事业学派。

主要作品

1966年 《文章》
1968年 《自我的语言》
1954–1980年 《研讨会》(27卷)

人的主要任务是让自己重生

埃里克·弗洛姆（1900–1980年）

背景介绍

聚焦

人本主义精神分析

此前

1258–1261年 苏菲教大师路米说对人类灵魂的渴望源于它与起源的分离。

20世纪50年代 罗洛·梅说“真正的宗教”是由对人生目标和意义的挑战构成的，在挑战过程中需要承担责任并做出选择。

此后

1950年 凯伦·霍妮说中立的自我被分成了理想自我和现实自我。

20世纪60年代 亚伯拉罕·马斯洛将创造力和他人的认可看作自我实现的特征。

20世纪70年代 弗里兹·皮尔斯说为了达到自我实现，我们必须发现自己。

寻找人生意义的能力是人类的区分性特征。根据德裔美国精神分析学家埃里克·弗洛姆（Erich Fromm）的观点，寻找人生意义的能力也决定了我们是沿着一条快乐且满足的道路前行还是在一条不满且纷乱的道路上颠簸。弗洛姆相信虽然人生本质上是痛苦的，但是我们能够通过赋予人生意义以及追求和建构真实自我而变得愿意忍受痛苦。人生的最终目标是达到弗洛姆所描述的“人生的最高品质是热爱生活”。

根据弗洛姆的观点，人生原本就充满了各种情感挫折，因为人生活在斗争的舞台上。人自始至终都在试图平衡他的个人本性——作为独立个体的存在——与人际交往的需要。人的内在自我有一部分只关注如何在其他人的王国里生存；人的一半为本性而活，一半为他人而活。然而我们看到的自己是脱离了本性的，而且是与他人隔绝的。更糟糕的是，我们是唯一有能力思考这种脱离和隔绝的事实的。理性的人类一生都在认识自己。

弗洛姆认为，我们与本性的脱离源自智力的增长，于是我们意识到我们的脱离。我们有能力超越本性。这种能力使我们繁衍生息，让我们拥有智力上的优越性，但是也让我们孤独地生存在这个世界中。理性让我们意识到

> **对一般人来说，最难受的莫过于在一个群体里却找不到认同感。**
>
> ——埃里克·弗洛姆

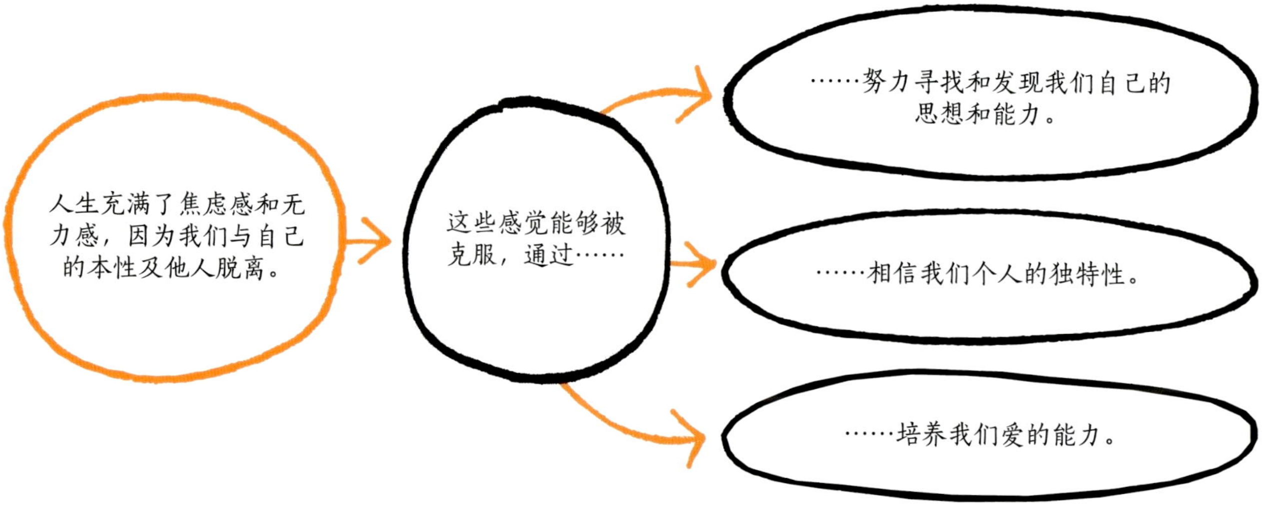

参见: 凯伦·霍妮 110页，弗里兹·皮尔斯 112~117页，卡尔·罗杰斯 130~137页，亚伯拉罕·马斯洛 138~139页，罗洛·梅 141页。

艺术家的创造力鼓励他们用全新的方式来诠释世界。世界上最享有盛誉的艺术家一般都是离经叛道的。

自己和所爱的人必死的命运。这种领悟造成了慢性的紧张感和无法忍受的孤独感，这是我们一直在试图克服的东西；人的内在状态是焦虑和绝望。不过弗洛姆坚称，希望是存在的，因为人能够通过寻找目标来克服孤独感和疏离感。

虽然我们努力想要成为自由的、独一无二的个体，但是我们仍然感到需要融入他人，并且为了试着平衡这些需要，我们可以简单地去服从一个群体或权威。弗洛姆说，这是一种误导；发现自我的独立感以及自己的个人观点和价值观系统是至关重要的，不应迎合惯例或权威。如果我们选择了对他人和集体负责，那么我们就疏远了自己，而我们的人生目的是通过相信我们个人的独特性、发现我们自己的思想和能力以及寻找我们和其他人的差别来定义自己。人的主要任务是让自己重生，这样才能从困惑、孤独和冷漠中解脱出来。

创造力与爱

弗洛姆相信，我们寻找整体感的唯一方法就是发现我们的个体感，追随自己的想法和感情以及创造性灵感能够让我们达成心愿，因为“创造力呼唤我们求实的勇气”。

另一种摆脱孤独感的方法是来自爱的能力。弗洛姆关于爱的观点与当时世界上盛行的观点大不相同。在弗洛姆看来，爱既不是一种情绪，也不依赖于寻找爱的对象，它是人际间一种富有创造性的能力，一个人必须真正成为另一个人的人格的一部分。他说：“它是一种态度，是一个人的使命，决定了人与整个世界的关系。”

对于人与人之间的爱，弗洛姆说，主要的原则是关心、责任感、尊重和了解——客观地了解彼此真正想要的和需要的。只有尊重我们和他人之间的独立性和独特性，爱才成为可能；这就是我们培养创造性的人际交往能力的方法。爱要求将其他人看作个体来尊重，它的基础是独立自主，而不是捆绑在一起的人格。在我们对交往和统一性的苛求中，我们试着去爱，但是我们的人际关系却时常处于失衡的状态。我们以为我们正在被爱，但是事实上，我们可能只是在寻找另一种形式的服从。我们说“我爱你”的真正意思是“在你身上我看到了我”“我将要成为你”或者“我将占有你”。在爱中，我们试图甩掉自己的独特性，或者从其他人身上偷走它。我们渴望“融为一体”，在他人身上看到我们自己，同时也人为地将我们的特质强加在其他人身上。

四种非生产型人格

承受型，别无选择，只能接受他们的角色，从来不为了改变或改善而抗争。

剥削型，具有攻击性和自我中心性，其做出的行为往往带有强迫性和欺骗性。

囤积型，为维护自己所拥有的东西而战，并且始终寻求得到更多。

交易型，什么都“卖”，尤其是自己的形象。

弗洛姆说，爱的唯一方法是随心所欲地爱，让他人做真正的自己；尊重他人的不同观点、爱好和信仰。爱不是去发现一个人适不适合另一个人，也不是寻求完美“配对”。爱是“在保持我们自我的独立性与完整性的条件下，与自身之外的某人或某事结合”。

许多人花费了大量的时间和金钱用于打造自己认为最值得被接纳的自我，极度渴望被爱和被需要。这是徒劳的，因为只有一个人拥有强烈的自我感，能够牢牢地确立自己对世界的理解，才有能力真正自由地爱他人。那些倾向于等待接受爱而不是给予爱的人将成为失败者；他们还会以其他的方式寻求建立“伸手接受”的关系，总是期盼着被给予什么——物质或非物质的——而不是去给予。这些人相信所有好东西都来自外界，他们永远觉得自己有需求，却从来得不到满足。

> “了解自己”是人类获得力量与幸福的基本要求。
>
> ——埃里克·弗洛姆

人格类型

弗洛姆将一些人格类型称为“非生产型”，因为这些类型会让人逃避真正的行为责任，阻碍生产和个人成长。四种主要的非生产型是承受型、剥削型、囤积型和交易型，每一种都有正负两面。第五种类型，恋尸型，是完全负面的；而第六种人格类型是生产型人格，是弗洛姆的理想型。在现实中，我们的人格一般是四种主要类型的混合体。

“承受”意味着活得很被动，默默承受着各种管控。这样的人是追随者而不是领导者；事情压制着他们，而不是他们做事情。这是一种受害者的立场，但是从积极的一面讲，可以得到很多的捐助和接纳。弗洛姆将这种类型比作历史上的农民阶级和外来劳工。

“剥削”意味着从别人那里索取来满足自己，剥削型的人获取他们所需要的东西并不是用赚取或创造的方式。他们极富自信并具有强烈的主动性。这种类型可看作上层社会的贵族，通过剥削广大人民群众的财富来填满自己的口袋。

“囤积者”总是在寻找地位高的朋友，并且根据价值大小来给他们排序。渴求权力和吝啬的他们是实用主义者，脑子里打着小算盘。从历史上说，他们是中产阶级或资产阶级，崛起于经济大萧条时期。

最后一种主要类型是“交易型”。这样的人执迷于自己的形象，以及如何成功地宣传和卖出自己。每一种选择都要进行评估，根据衣着、座驾等所反映出来的地位把自己“嫁入豪门”。往坏的方面说，他们是机会主义者，投机取巧、肤浅不堪；往好的方面说，他们富有激情、目标明确、精力充沛。这种类型最能代表现代社会，这个占有欲和自我意识不断膨胀的社会。

最消极的人格类型，即恋尸型，只寻求毁灭。恋尸型的人强烈地害怕人生无序和不可控的本质，热衷于谈论疾病和死亡，渴望建立“法律和秩序”。他们倾向于给他人强加固化的目标。在现代社会中，这样的人是悲观主义者，他们永远只看到半个空杯子，而不是半杯水。

希特勒对死亡和毁灭的执迷说明他是典型的弗洛姆所说的恋尸型人格，渴望拥有控制感并建立秩序。

> **人生原本就有着内在的动力，它趋向于成长、表达和生存。**
>
> ——埃里克·弗洛姆

弗洛姆提出的最后一种人格类型，是生产型，通过灵活性、学习和社交能力真诚地寻找人生合理的解决之道。为了成为世界中的一员并摆脱孤独感，生产型的人用理性和开放的心灵与世界互动，愿意接受新的事实，改变他们的想法。生产型的人能够真正爱上另一个人，不是把他当作战利品或避风港。弗洛姆称这样的勇者为“不戴面具的人”。

弗洛姆的工作具有独创的视角，吸收了心理学、社会学和政治学的思想，特别受到了卡尔·马克思的影响。他的作品有着主流的受众，影响了学术界以外的广大民众——主要因为他坚持思想自由。他被认为是人本主义心理学当之无愧的先驱。■

埃里克·弗洛姆

埃里克·弗洛姆的父母是纯正的犹太人，他是家中唯一的孩子，他在德国的法兰克福长大。作为一个有思想的年轻人，他起初受到了犹太法典《塔木德经》的影响，但是随后他开始对卡尔·马克思和社会主义理论以及弗洛伊德的精神分析感兴趣。为了理解他在第一次世界大战中所目睹的战争和敌意，他研究了法学和社会学（达到了博士水平），之后才接受精神分析训练。1933年纳粹在德国掌权之后，弗洛姆迁居瑞士，后来又搬到纽约，在那里他开始了精神分析实践并在哥伦比亚大学教书。

弗洛姆结过三次婚，20世纪30年代还与凯伦·霍妮有过一段浪漫的感情。1951年，他离开美国来到墨西哥教书，11年后回来成为纽约大学精神病学教授。79岁时，他在瑞士去世。

主要作品

1941年 《自由的恐惧》
1947年 《为自己的人》
1956年 《爱的艺术》

美好的人生是一种过程，而不是一种存在状态

卡尔·罗杰斯（1902–1987年）

背景介绍

聚焦

以人为本的治疗

此前

20世纪20年代 奥地利精神分析学家奥托·兰克提出，抛弃过气的思想、情绪和行为对心理成长和发展至关重要。

20世纪50年代 亚伯拉罕·马斯洛说，人不能被视为症状的集合，而应首先被视为人。

此后

20世纪60年代 弗里兹·皮尔斯关于外化他人的期望来找到真实自我的观点大行其道。

2004年 美国人本主义心理学家克拉克·莫斯塔卡斯提出人类的人生所独有的要素是希望、爱、自我、创造力、个性和可塑性。

从19世纪到20世纪早期，许多心理治疗取向的基本出发点都是心理疾病是需要被治疗的病态缺陷。例如，流行的精神分析理论将心理不健康的人称为“精神病”。心理疾病似乎被人用负面的眼光来看待，并且那时候大多数心理实践与理论对心理疾病的成因有着严格的结构化的定义和解释，并且用固定的方法去治疗。

美国心理学家卡尔·罗杰斯（Carl Rogers）以不同寻常的方式来看待心理健康，这种做法永远地开拓了心理治疗的方向。他认为那个时代的哲学观太过刻板和严格，而人类的经验在某种程度上讲是动态的，人性过于复杂，所以不能简单地进行分类。

实现心理健康

罗杰斯认为，将心理健康看作一种特定的固化的状态是荒谬的；良好的心理状态并非一下子到达的一系列台阶的尽头。心理健康不是像精神分析学家所说的那样，因为个体先前紧张的精神病状态是通过生物驱动力和冲动得到了满足而获得的；也不是像行为主义者主张的那样，在特殊设计的程序下培养和发展出来的一种内稳态或内平衡，以此来减轻外部世界对自我的干扰。

罗杰斯不相信处于缺陷状态的任何人需要为了达到更好的状态而被定格，他更偏向于将人类的经验、我们的心灵和环境看作活生生的和不断成长变化的。他提到“有机体的体验是不断前行的过程”——生命是即时即刻变化着的；生命存在于每刻的体验中。

在罗杰斯看来，健康的自我概念不是一成不变的，而是流动变化着的，有着无限的可能性。罗杰斯相信真实、自由、流畅的健康人类体验没有任何限制。人

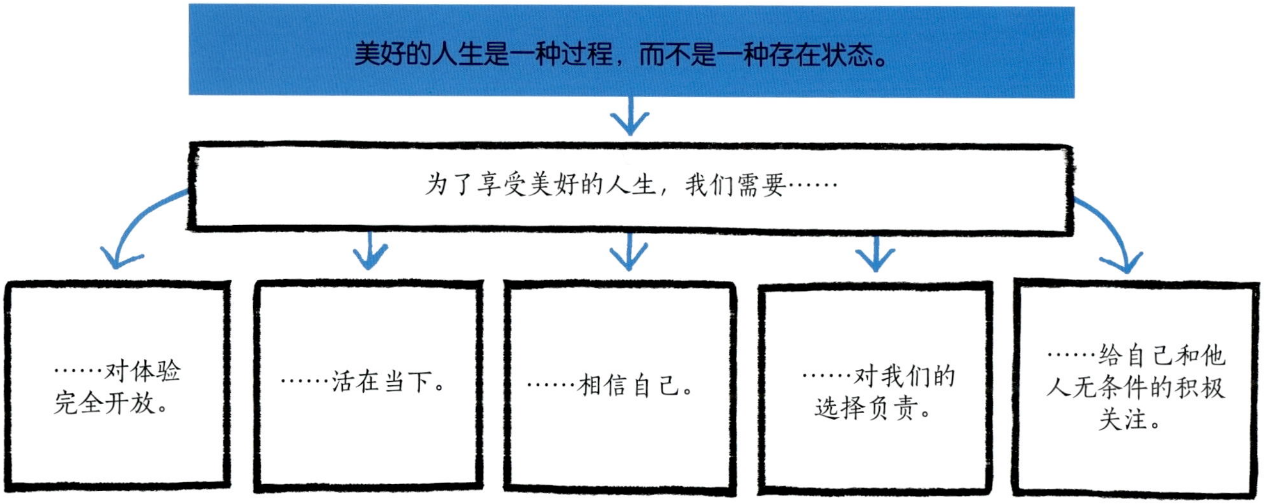

参见: 弗里兹•皮尔斯 112~117页, 埃里克•弗洛姆 124~129页, 亚伯拉罕•马斯洛 138~139页, 罗洛•梅 141页, 多萝西•朵约 154页, 马丁•塞利格曼 200~201页。

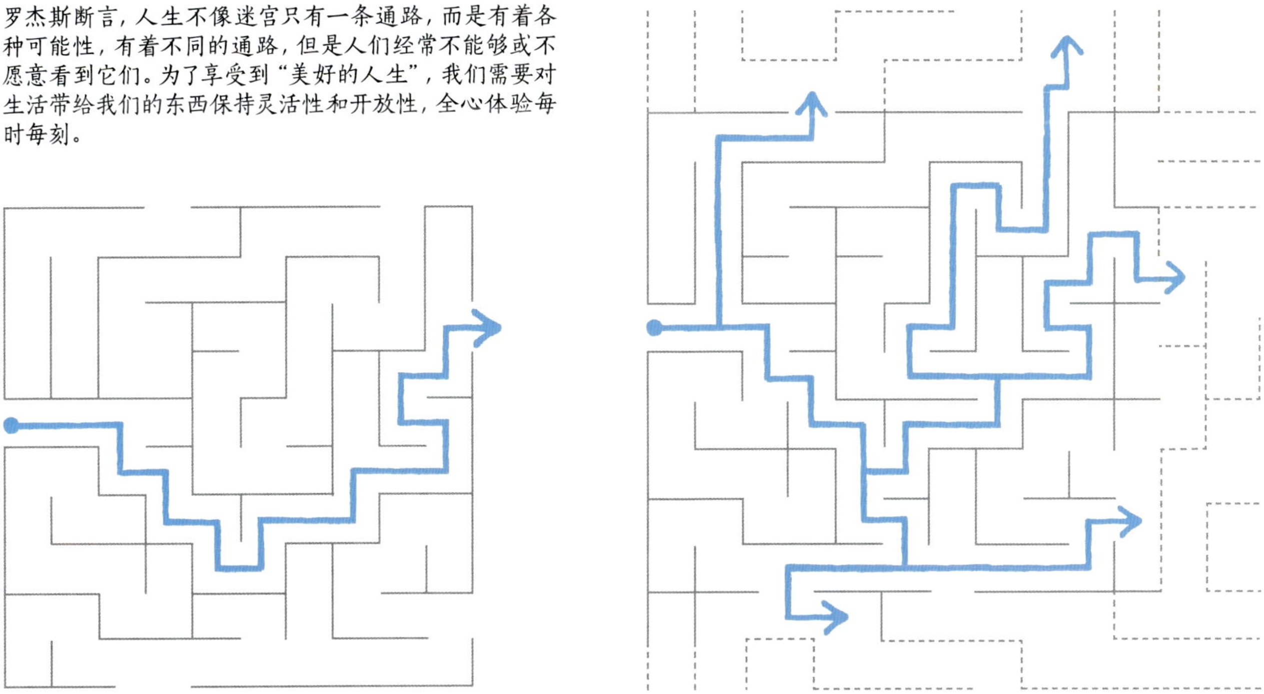

罗杰斯断言，人生不像迷宫只有一条通路，而是有着各种可能性，有着不同的通路，但是人们经常不能够或不愿意看到它们。为了享受到“美好的人生”，我们需要对生活带给我们的东西保持灵活性和开放性，全心体验每时每刻。

类并非如同为人本主义心理学家的马斯洛所说的，在奔往以“调整”和“实现”为终点的路上。罗杰斯称，存在的目的甚至不是为了达到任何终点，因为存在是一段至死没有终点、一直在成长和发现的过程中的旅程。

拥有“美好人生”

罗杰斯用“美好人生”来指代完全融入人生的溪流中的人的性格、态度和行为。其中一个关键的要素是完全活在当下的能力。因为自我和人格都处于人的经验之外，所以每时每刻保持开放并让经验塑造自我是至关重要的。个体生活在不断变化的环境中，但是这种变化过于频繁又趋于简单，所以人们否认这种易变性，并取而代之地架设了想当然的结构。然后，他们又试图打造自己以及对现实的看法来适应他们所创造的结构。这种存在的方法与罗杰斯所认为的流动、变化的自我结构，即我们存在的本质，是背道而驰的。

世界是什么样的，或者应该是什么样的，以及我们自己在其中所扮演什么角色，对这些问题的回答为我们的世界设定了限制，降低了我们活在当下并对经验开放的能力。罗杰斯相信，过上美好的人生并保持对经验的开放，我们就不会感到束手束脚。

> 下一刻我会是什么样子，我会做什么，随时间而变，并且不可预测。
>
> ——卡尔•罗杰斯

帮助发展中国家可能是对新经验保持开放的一种很好的方法，它可以挑战对世界的固有观念，发现更多的自我。

在罗杰斯看来，我们不应将我们的经验纳入自我感觉的成见中。如果我们秉持着事物应该是什么样子的，而不是接受它们真实的样子，我们就可能将自己的需要感知为“不协调”或不匹配的。

如果世界不是“我们想要的那样”，而我们又觉得无法改变自己的观点，那么披着“防御”外衣的冲突就产生了。罗杰斯解释说，防御是指无意识地运用策略来阻止问题刺激进入意识的倾向。我们或者否认（阻断）或者扭曲（重新解释）真实发生的事情，特别是为了维持我们先前的观点而拒绝接受现实。这样做之后，我们就否认了自己全部的潜在反应、感受和想法，我们也将大量观点看作错误的或不合适的。防御性的感受和想法源自现实与我们狭隘地人为解释经验的先前观念之间产生的冲突。为了真正践行罗杰斯所说的“有机体的体验是不断前行的过程”，我们需要完全对新的经验开放，丝毫不带防御性。

情绪谱

罗杰斯认为，调节我们的情绪谱可以让我们对人生的每个部分有更深层和丰富的体验。我们或许以为自己能够选择性地阻断情绪，抑制令人困扰或不舒服的情感，但是当我们压抑自己的情绪时，我们不可避免地会调低所有的情绪，阻止自己通达全部的本性。从另一个角度讲，如果我们允许自己更舒服地与情绪相处，包括那些我们认为消极的情绪，那么积极情感的流量会更大；似乎允许我们自己感受痛苦，也就允许我们更多地感受到

> **自我和人格从经验中来，而不是通过预置的自我结构来解释经验。**
>
> ——卡尔·罗杰斯

以固定的眼光看待世界通常会导致不幸福。我们就像“一个有着各种形状的洞的正方体”，总是因为我们的人生并非我们所期待的那样而感到受挫。罗杰斯认为我们应该抛弃预置的观念，看看世界本来的面目。

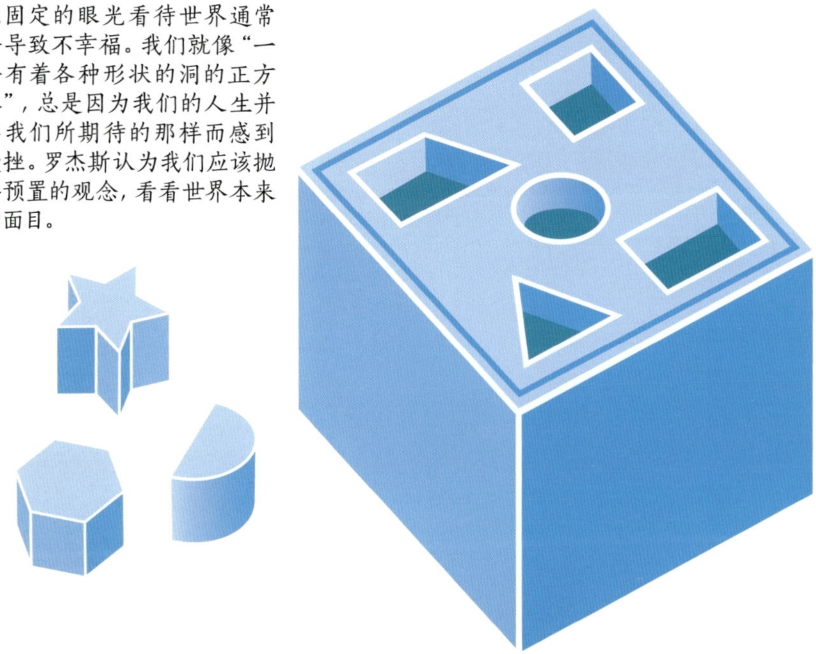

快乐。

罗杰斯说，如果我们总是对发生的每一件事保持开放，那么我们就拥有完全的行为能力，反过来我们就能够从经验中获得最大的满足。我们没必要为了防御而封锁自我的任何部分，所以我们能够全心体验每一件事物。一旦我们摆脱了心灵的预置结构，我们就能够让自己自由翱翔。我们不是组装经验以适应我们对世界的看法，而是要去“发现经验的结构”。

罗杰斯说，这种开放性不适合胆小鬼；它需要个体拥有一定的勇气。我们不需要害怕任何情感，他说，我们需要的只是迎接认知和经验的洪流。全面通达我们的经验后，我们每个人都更能够找到真正适合真实自我的道路——这就是罗杰斯所说的，我们将变成全功能个体。我们一直在成长，并且罗杰斯强调人们成长的方向——可以自由向任何方向发展——通常是最适合他们的方向。

无条件接纳

与心理治疗领域的先行者相比，罗杰斯相信人性本善；并且心理和情绪健康才是人类的根本。这些观念是积极看待病人和绝对无条件接纳的基础。罗杰斯要求他的病人学着同样对待自己和他人。这种观点的基础是同情心和对每个人的潜能的认可，这就是著名的“无条件积极关注”。罗杰斯认为所有人，不仅是他的病人，都需要以此方式看待自己、看待他人和环境。

无条件的自我接纳和无条件的接纳他人至关重要，如果做不到这样，人们就无法对经验开放。罗杰斯坚信我们中的许多人都有非常严格、苛刻的条条框框，只有满足它们，我们才会表示赞同和接纳。我们也以自我价值为基础并根据成就或外表来评价他人，并不接受人们本来的面目。

> **他人的观点和我们自己的观点都不如我们的经验真实。**
>
> ——卡尔·罗杰斯

在行动或情境上有条件的爱，例如要在学校取得A的成绩，或吃适当的食物，会让儿童感到自己没有价值和不被接受。

父母可能无意间教会孩子只有达到特定要求时才是值得爱的，例如当他们吃蔬菜或物理成绩拿A时才表扬和奖励他们，但是这使得他们不能开放地爱自己。罗杰斯称这些要求为“价值条件”，他认为这种要求人或事物符合我们武断期望的倾向会给我们极大的伤害。

罗杰斯说个体生来就是有价值的。接纳绝不应该是有条件的，无条件的积极关注是我们拥有“美好人生”的关键。

随着人们越来越接纳自己，他们也变得对他人越来越有耐心。接纳缓解了以错误观点来衡量我们的价值所产生的压力。我们能够开始认识到，我们每个人都是不断进步的；我们每个人都

> 人类有一种重要的价值，无论他被如何评价和定义，他都首先是一个人。
>
> ——卡尔·罗杰斯

在改变的进程中，就如同罗杰斯在他的著作《生而为人》中所说的那样：我们都处于一种永恒的“存在状态”。自我接纳程度越高，不健康的压力和批评越少，这样我们才能真正成为高效能的人。

相信自己

为了拥有“美好人生”，就要像罗杰斯认为的那样，学会相信自己。罗杰斯发现，随着一个人不断开放自我，他同时也提高了相信自己的能力，能够更加自如地凭本能行事。不需要压抑自己的任何部分，他就更有能力协调自我的每个部分。这使得他能够通达各种观点和感觉，反过来他也能更好地衡量所面临的选择，并真正意识到自己的潜能。他能更清楚地看到真实自我所期望的方向，并做出真正符合自己需要的选择。不再受应该做什么的支配，也不受社会或父母想要他做什么而扰，他可以更轻松地活在当下，并真正意识到自己真正想要的东西。现在，他能够相信自己，“不是因为他是绝对正确的，而是因为他可以完全承受自己每一个行动的后果，如果不令人满意也可以修正它们”，罗杰斯解释道。

拥有“美好人生”后，我们还能感到拥有自己的生命，并对自己有了责任感——这是罗杰斯哲学的另一个原则，来自存在主义观点。我们选择想什么、做什么是我们的责任；当我们真正确认自己想要什么、需要什么时，心中绝无怨恨，并且会一步步去实现。同时，我们也有更大的义务和倾向去开拓我们的人生。我们常会听说，某位医生痛恨医学，却因为父母说当医生受人尊敬和赞誉——来自父母和社会——而走上了这条职业道路。然而相对的，对辍学或挂科学生的评价明显低于自立自强努力赚钱请家教的学生。

他人影响我们对自己的要求和界定的方式是非常复杂的。当我们按照其他人而非自己的期望

卡尔·罗杰斯

卡尔·罗杰斯出生在美国伊利诺伊州奥克帕克的一个虔诚的新教徒家庭，在上大学之前他在家庭之外几乎没有什么朋友。起初，罗杰斯的专业是农业，在与他的青梅竹马海伦·艾略特结婚后，他于1924年参加了一个神学研讨会，随后便开始学习心理学。罗杰斯效力于俄亥俄、芝加哥和维斯康星的多所大学，提出了基于人本主义心理学的以人为中心的疗法。他还为劳军联合组织服务过，为第二次世界大战期间返回的官兵们治疗。1964年，美国人本主义学会为他颁发了“年度人本主义学家”奖，他将人生的最后十年都献给了世界和平。他于1987年获得了诺贝尔和平奖提名。

主要作品

1942年 《心理咨询与心理治疗》
1951年 《以来访者为中心的治疗》
1961年 《生而为人》

教孩子学骑自行车需要鼓励和支持，但是最后孩子必须勇敢地相信自己。罗杰斯将以人为本的治疗法以此类推。

行事时，我们可以将怨恨深深地埋藏在心里。如果我们的行动不受外界影响，我们就能够感到对自己的命运有更加真实和稳固的控制感，满意之感也油然而生。

以人为本的取向

罗杰斯的哲学成为一种被称为人本主义心理学的新取向的基石，这种取向是他在20世纪50年代与马斯洛和罗洛·梅共同开创的。它积极地看待人性，认为人基本上都是健康的并且有能力成长和认识到自己的潜能。这种取向与当时其他主要的心理治疗法截然不同，例如，精神分析和行为主义都关注于个体的病理学以及如何进行修复。

起初，罗杰斯称这种取向为“以来访者为本”，随后又改为“以人为本”，除了临床工作，对教育、育儿、商业和其他领域也都产生了巨大的影响。对于以人为中心的治疗法，罗杰斯描述其为“非指导性疗法”，治疗师是帮助来访者找到自己的答案的推动者，因为只有来访者才最了解自己。在以人为中心的疗法中，由来访者确认自己的问题以及治疗的方向。例如，来访者可能不希望治疗师死盯着他的童年，而是想要处理正在面对的工作上的问题，这时治疗师可以帮助他找到他真正想要扮演的角色。罗杰斯将这个过程描述为“支持性的，而非重塑性的”；来访者不一定非得回答治疗师的问题，但是必须学习如何变得更有自我意识和更相信自己，才能独立拥有“美好人生”。

罗杰斯的后续影响

罗杰斯是20世纪最有影响力的心理治疗师之一，他的以来访者为本、非指导性治疗法成为心理治疗发展的转折点。他推动了20世纪60年代哲学思想的碰撞，鼓励人与人之间开放性的交流。他的影响力从专业的心理咨询界延伸到教育学和社会工作等多个领域，是尝试通过更有效的交流解决人际冲突的先驱。■

> 美好人生意味着将自己全身心投入生命的洪流中。
>
> ——卡尔·罗杰斯

一个人能成为什么，就一定能成为什么

亚伯拉罕·马斯洛（1908–1970年）

背景介绍

聚焦

人本主义

此前

20世纪20年代 阿德勒称，在我们所有行为和经验背后只有一种推动力量，那就是追求完美。

1935年 亨利·莫里研制主观统觉测验，用于测量人格和动机。

此后

20世纪50年代 肯特·戈德斯坦将自我实现定义为有机体个人能力实现的倾向以及可能性，他还说自我实现的驱动力是决定个体一生的唯一驱动力。

1974年 弗里兹·皮尔斯说每一种有生命的事物都“只有一个内在目标，即实现自我”。

纵观有记载的历史，“我们为什么在这里”以及“我们人生的目的是什么”一直是个疑问。这些问题之下是“到底什么能让我们真正满意”以及如何找到它。精神分析学家可能会说，内在生物驱动力的实现就可以令人满意，而行为主义可能会强调满足食物、睡眠和性的生理需要的重要性，但是20世纪早期到中期心理治疗的思想新浪潮认为通向内心满足的路径要复杂得多。

这种新取向的主要支持者是亚伯拉罕·马斯洛（Abraham Maslow），他是心理学人本主义运动的奠基人之一。他通过对我们最重要的东西来检视人类的经验：爱、希望、真诚、精神、个性和存在。他的理论中最重要的方面是为了使意识状态高度发展并发挥最大潜能，个体必须发现和追求自己人生的真正意义。马斯洛称存在的终极状态为自我实现。

为了自我实现

马斯洛用高度结构化的方式解释了人类动机的轨迹——为了达到自我实现的目标，人类的需要分为若干层次。他著名的需要层次理论可以用一个金字塔来描绘，最底层是最基本的需要，向上的每一层都是其他基本需要。

马斯洛的需要层次可分为两个部分：最初级的四个层次为“匮乏需要”，这些需要不能得到满足的话就无法达成“成长需要”在智力层面上更大的满足。匮乏需要是简单而基本的；它们包括生存必需品（如食物、水和睡眠）、安全需要（渴求安全，远离危险）、爱和归属需要（我们需要他人的亲近和接纳）以及自尊需要（我们需要实现我们的人生并得到认可）。

在更高的层次上，成长需要

参见：阿尔弗雷德·阿德勒 100~101页，埃里克·弗洛姆 124~129页，卡尔·罗杰斯 130~137页，罗洛·梅 141页，马丁·塞利格曼 200~201页。

需要层次

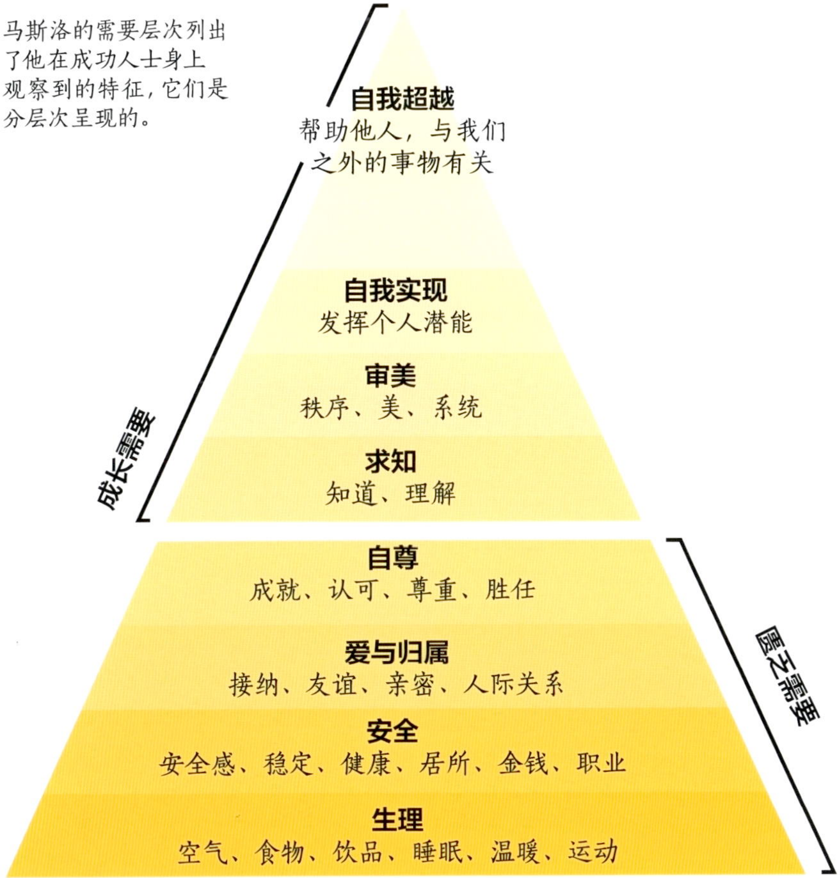

马斯洛的需要层次列出了他在成功人士身上观察到的特征，它们是分层次呈现的。

是指求知需要（知道和理解的需要）、审美需要（渴望秩序和美的需要）和终极的关于人生意义的两种需要，即精神和心理上的满足：自我实现和自我超越。自我实现是对自我满足的需求，而自我超越是超越自己的需要，与高于我们自身的事物有关或者帮助其他人发挥他们的潜能。

马斯洛还提出，我们每个人都有着适合自己的独一无二的个人目的，我们正在寻找和追求其中一些目的的实现。如果一个人所做的事情不合适，那么他所有其他的需要也无法满足，他会终生感到焦躁不安和不满足。我们每个人必须发现自己的潜能，找寻让自己满足的体验——“一个人能成为什么，就一定能成为什么”，马斯洛说。■

亚伯拉罕·马斯洛

亚伯拉罕·马斯洛生于纽约的布鲁克林区，是七个孩子中的老大。他的父母是从俄国移民到美国的犹太人。他们对马斯洛抱有很高的期望，强迫他学习法律，直到1928年马斯洛决定自己掌控人生，开始钻研心理学时才摆脱了父母的束缚。同年，他违抗父母之命迎娶了自己的表妹贝莎·古德曼，并生了两个孩子。

马斯洛转入威斯康星大学并在研究灵长类的著名行为心理学家哈洛手下工作。后来，马斯洛在哥伦比亚大学找到了一位导师，他就是精神分析学家、弗洛伊德的前同事阿德勒。

主要作品

1943年 《人类动机理论》
1954年 《动机与人格》
1962年 《存在心理学》

找到了痛苦的意义，就不再痛苦

维克多·弗兰克尔（1905–1997年）

背景介绍

聚焦

意义治疗

此前

公元前600–公元前500年 印度的释迦牟尼说，痛苦是由欲望产生的，减轻痛苦的方法就是减少欲望。

公元前458年 古希腊剧作家埃斯库罗斯提出了“智慧来源于痛苦”的观点。

此后

20世纪50年代 法国存在主义哲学家让-保罗·萨特说我们的人生没有什么上帝赋予的目的，我们必须自己去寻找。

2003年 塞利格曼说“圆满的人生”包含快乐、投入（心流体验）和意义。

2007年 美国心理学家丹·吉尔伯特解释说，人感到不幸福是因为他们“打开的方式不对”。

1942年，维也纳精神病学家维克多·弗兰克尔（Viktor Frankl）和他的妻儿被关入集中营时，他已经在专门研究自杀预防和抑郁治疗了。在那里，他度过了三年的时间，经受了无数恐惧和痛苦，最终成为当时集中营里唯一的幸存者。之后，弗兰克尔写就了《追寻人生的意义》，他在书中解释道，人类拥有两种心理力量，这两种力量让我们能够忍受痛苦和可能的毁灭情境并不断前行；它们是做决定的能力和思想的自由。弗兰克尔强调，我们不受环境或事件的支配，因为我们主导着自己成为什么样的人。根据我们对事件的解释，就算是痛苦也可以显得有所不同。

> 一个在这个世界上一无所有的人依然能够获得快乐。
>
> ——维克多·弗兰克尔

弗兰克尔引用了他的一个病人的例子，这个病人因为思念去世的妻子而痛苦不堪。弗兰克尔问他，如果当初是他先死去会怎么样，病人回答说，他的妻子将会非常痛苦。弗兰克尔指出，他实际上是在为他的妻子承担痛苦。当赋予痛苦以意义时，痛苦就变得能够忍受了；“找到了痛苦的意义，就不再痛苦了”。

弗兰克尔认为，从某种程度上说，意义是我们“发现的，而不是创造的”，我们必须自己发现它。我们通过生活，特别是爱、创造和我们选择看待事物的方式来寻找意义。■

参见： 罗洛·梅 141页，伯里斯·西鲁尔尼克 152~153页，马丁·塞利格曼 200~201页。

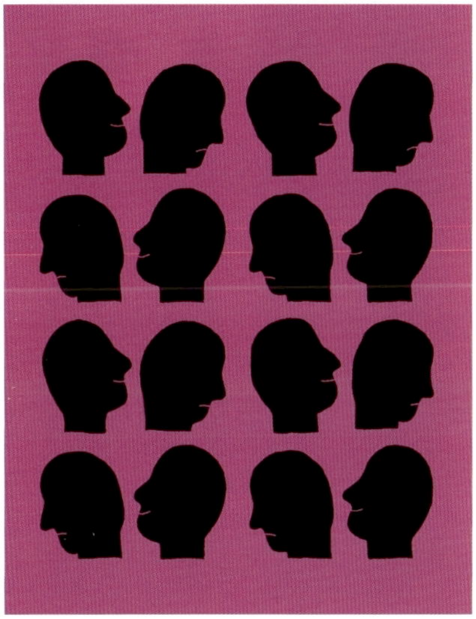

不经历痛苦，不生而为人

罗洛·梅（1909–1994年）

背景介绍

聚焦

存在主义心理治疗

此前

1841年 克尔凯郭尔称，人们误解了基督教的观念，并且滥用科学去错误地抵御内部存在的焦虑。

1942年 瑞士医生宾斯格万在《人类存在的现实及其基本形式》中将存在主义哲学与心理治疗结合起来。

1942年 人本主义心理学的先驱卡尔·罗杰斯出版《心理咨询与治疗》。

此后

1980年 欧文·亚隆在《存在主义心理治疗》中提出，人生有四件最为人们所关心的事情：死亡、自由、孤独和无意义。

在19世纪中叶，海德格尔、尼采和克尔凯郭尔等哲学家挑战社会教条并要求人们放开思想去完全理解人类的经验，这场运动现在被称为“存在主义”。自由意志、个人责任感和如何解释我们的经验等是存在主义学家最感兴趣的问题，他们想要知道人类存在的意义到底是什么。

心理学家罗洛·梅（Rollo May）的《焦虑的意义》（1950）第一次将这种以人为本的哲学取向引入心理学，因此罗洛·梅通常被后人成为存在主义心理学之父。

存在主义取向

罗洛·梅将人生看作人类经验的集合，痛苦是人生的普通成分，而非病态的标志。不言而喻，作为人类，我们倾向于追求让我们感到舒适的经验。我们享受着熟悉的环境，喜欢能让心理和生理感觉保持平衡和放松状态的经验。然而，这种倾向导致我们将经验标记为“好的”或“坏的”，依据仅仅是它们所带来的快乐或不适的水平。罗洛·梅说，这样做对我们是有百害而无一利的，因为如果我们把这些自己正在抵抗的东西视为人生的自然组成部分，那么我们的人生就会得到无限的成长和发展。

罗洛·梅提出了一种类似于佛教思想的方法，在人生中，我们要平等地接受所有形式的经验，而不是逃避或否认那些我们判断为不舒服或不愉快的经验。我们还需要接受“消极”感受，而不是逃避或压抑它们。他说，痛苦和悲伤并不是病态；它们是人生的本质和核心，它们非常重要，因为它们促使我们得到心灵的成长。■

参见：索伦·克尔凯郭尔 26~27页，阿尔弗雷德·阿德勒 100~101页，卡尔·罗杰斯 130~137页，亚伯拉罕·马斯洛 138~139页，维克多·弗兰克尔 140页，伯里斯·西鲁尔尼克 152~153页。

合理的信念产生健康的情绪结果

阿尔伯特·艾利斯（1913—2007年）

背景介绍

聚焦

理性情绪行为疗法

此前

1927年 阿尔弗雷德·阿德勒说，一个人的行为源于他的想法。

20世纪40年代 随着格式塔治疗的兴起，知觉在认识现实中的作用被重视起来。

1950年 凯伦·霍妮提出我们要逃离“应该的暴政”。

此后

20世纪60年代 艾伦·贝克说，抑郁是不现实地、消极地看待世界的结果。

1980年 美国精神病学家大卫·伯恩斯将过早下结论、全或无思维、总认为对、过度泛化和小题大做归位认知歪曲。

古希腊哲学家埃皮克提图在公元80年就宣称：“人不是被事物所扰，而是被他们对事物的看法所扰。”这一理念是理性情绪行为疗法（REBT）的基础，该疗法于1955年由阿尔伯特·艾利斯博士提出，他认为经验不是产生特定情绪反映的原因；个体的信念系统才是产生这些反应的源头。

20世纪40年代至50年代，艾利斯一直从事精神分析师的工作，他逐渐认识到他的许多病人对自己及家人有所成见，而他们的病症也参见：阿尔弗雷德·阿德勒 100~101页，凯伦·霍妮 110页，埃里克·弗洛姆 124~129页，卡尔·罗杰斯 130~137页，艾伦·贝克 174~177页，马丁·塞利格曼 200~201页。

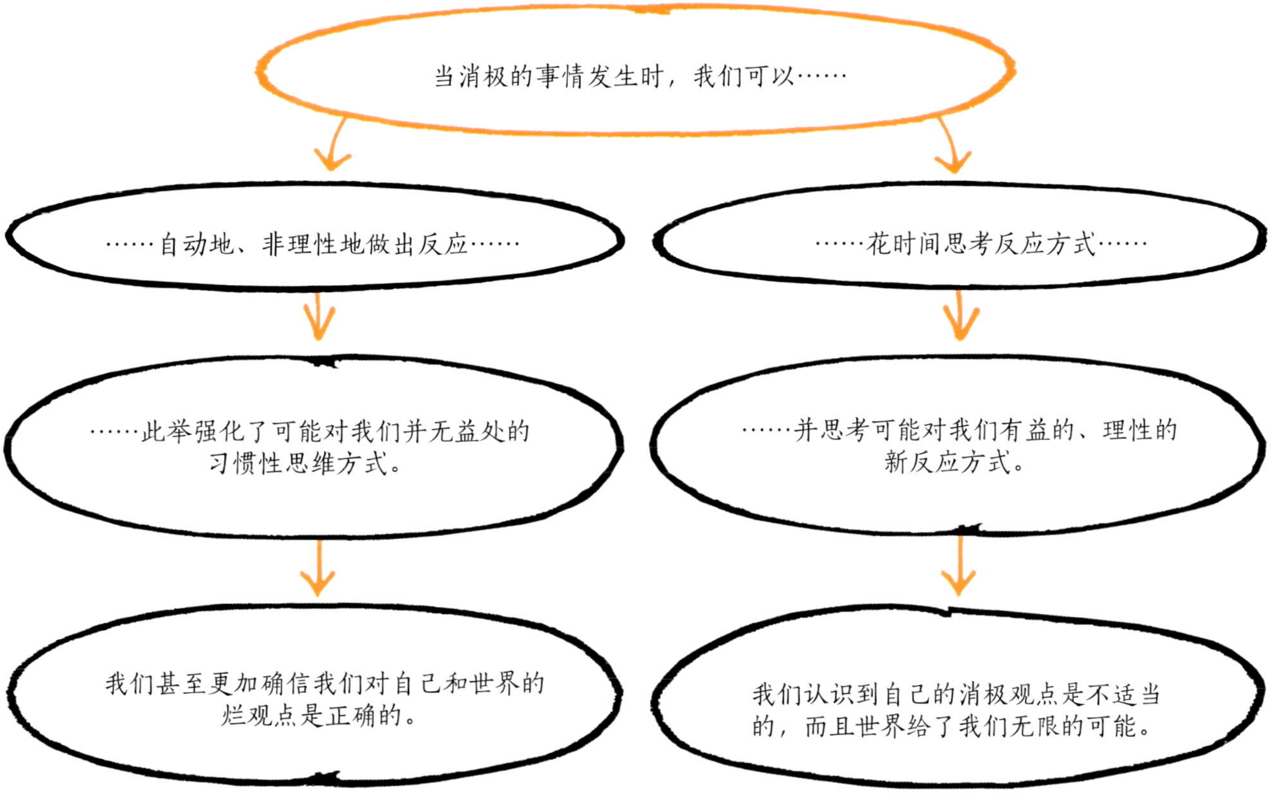

无法痊愈。似乎一个问题解决了，病人就会再摆出一个问题。艾利斯断定，问题的根源在于人们思考的方式（他们的认知），需要改变的正是这里。

非理性思维

艾利斯开始推介他的理性治疗方法，因为他相信大多数长期存在的情绪问题几乎都与非理性思维有关。他说最常见的不理智就是对事物下极端的结论，特别是消极事物。例如，如果一个具有非理性思维的男人丢了工作，对他来说那不仅仅是倒霉，而是天塌地裂。他相信因为自己被解雇了，所以自己就是一无是处的，并且他也不可能再找到其他的工作了。艾利斯说，非理性信念是毫无逻辑、充满极端性、破坏性而且是自我伤害的，因为它们会导致不健康的情绪后果。

理性思维能带来相反的结果。艾利斯认为理性思维对自我是有帮助的。理性思维的基础是忍耐力和承受痛苦的能力，并且不会假设灾难性的消极后果，它是植根于积极人类潜能的。这不是说对消极因素视而不见，只看好的、积极的事情——理性思维承认悲伤、内疚和受挫等情感的合理性。理性思维者也可能会丢工作；甚至丢工作完全是因为他自己的错误，但是他知道自己并不是毫无价值的。他可能会感到烦恼，但是他知道还有得到其他工作的可能。理性思维是和谐的，总是给乐观和可能性留出空间；它带来的是健康的情绪结果。

艾利斯的非理性思维的观点是受到霍妮的“应该的暴政”观点

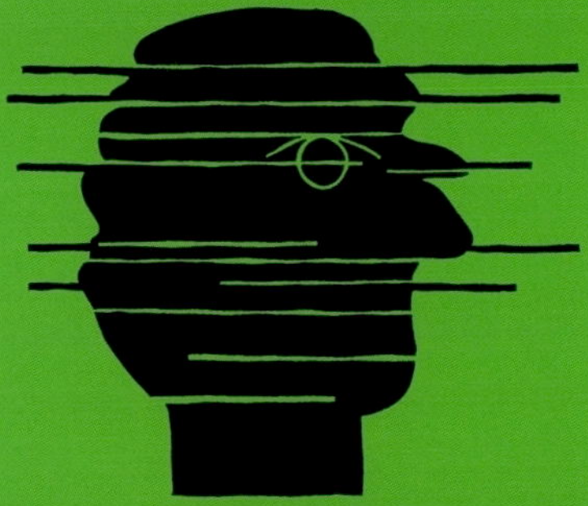

激发热情，内向探索，脱离体制

蒂莫西·利里（1920–1996年）

背景介绍

聚焦

实验心理学

此前

19世纪90年代 威廉·詹姆斯说，自我有四个层次：生物的、物质的、社会的和精神的。

1956年 亚伯拉罕·马斯洛强调“高峰体验”在自我实现过程中的重要性。

此后

20世纪60年代 英国精神病学家奥斯蒙德用“灵魂闪现”来形容服用致幻剂和迷幻药产生的情绪效应。

1962年 美国精神病学家和神学家沃尔特·潘科在“耶稣受难日实验”中测试了迷幻剂是否能够加深宗教体验。

1972年 美国心理学家罗伯特·奥恩斯坦在《意识心理学》中认为只有人类才能开启无意识。

美国心理学家蒂莫西·利里（Timothy Leary）是20世纪60年代反文化运动的代表人物，他最响亮的口号就是“激发热情，内向探索，脱离体制”。

然而，利里希望我们做这三件事的顺序却有所不同。他觉得社会受到了政治的污染，充斥着无聊乏味的社团，无法让人找到真正所需的深层意义。他认为我们应该做的第一件事是“脱离体制”，也就是说我们应该摆脱人造的枷锁，在思想和行动上依靠自己。不幸的是，“脱离体制”被误解为教唆人们放弃努力，这从来不是他的本意。

其次，利里告诉我们要“激发热情”，或者说深入我们的潜意识，并“找到回归自己身体的路径”。这不仅要求探索更深层的现实，而且要探索多层次的经验和意识。哈佛大学教授利里认为药物是做到这一点的方法之一，于是他开始做实验研究致幻剂LSD。

最后，为了“向内探索”，利里要求我们以新的视角回归社会，寻找能够反映我们的转变的全新行为模式，并且教会其他人我们新发现的方法。■

利里对20世纪60年代的致幻剂运动起到了巨大的影响，他号召通过对无意识的探索，发现我们真正的情绪和需要，创造一个更好、更令人满意的社会。

参见：威廉·詹姆斯 38~45页，亚伯拉罕·马斯洛 138~139页。

领悟可能会导致盲目

保罗·瓦兹拉威克（1921–2007年）

背景介绍

聚焦

短程治疗

此前

19世纪80年代 心理动力学治疗法出现了，它又称为领悟疗法，它关注一个人当前行为背后的无意识过程。

1938年 弗雷德里克·斯金纳提出了“激进”行为主义，否认思维、知觉或其他任何不可见的情绪活动能够触发特定的行为。

此后

1958年 美国精神病学家里奥波德·贝拉克建立了短程治疗诊所，治疗过程最多不超过五次面谈。

1974年 美国心理治疗师杰·哈利出版《不同寻常的治疗法》，介绍了米尔顿·艾瑞克森的短程治疗技术。

心理治疗经常严重依赖于病人对自己、过去和行为进行深层的理解。这种做法的思想基础是为了对抗情绪上的痛苦并改变行为，我们需要了解自身情绪模式根源何处。奥地利裔美国心理学家保罗·瓦兹拉威克（Paul Watzlawick）将这一过程称为“领悟”。例如，一个人在爱人离世之后终日陷入悲伤之中，他突然认识到这种深深的被抛弃感是来自他小时候母亲的不辞而别。但是，许多治疗师都认为领悟并不是对抗情绪痛苦所必需的，并且一些人，如瓦兹拉威克，觉得这还可能使病人的状况更加糟糕。

瓦兹拉威克的著名言论是，他无法想出一个人由于深刻理解自我而发生改变的例子。了解过去的事件有助于聚焦现在的问题这种观念的基础是线性的因果关系。瓦兹拉威克主张人类行为循环因果的观点，认为人类倾向于重复相同的行动。

瓦兹拉威克提出，领悟甚至会导致盲目，不仅看不到真正的问题而且看不到潜在的解决办法。他支持短程治疗取向，这种取向为了快速取得效果而直击特定的问题。但是他也感到，任何治疗想要成功，都必须为病人提供一种支持性的人际关系。■

> **任何人都会感到快乐，但是让自己感到不快乐是需要学习的。**
>
> ——保罗·瓦兹拉威克

参见：斯金纳 78~85页，伊丽莎白·洛夫特斯 202~207页，米尔顿·艾瑞克森 336页。

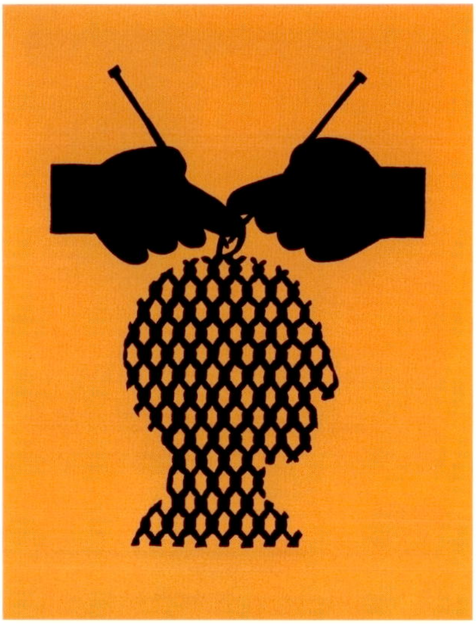

我们的过去不决定我们的命运

伯里斯·西鲁尔尼克（1937年–）

背景介绍

聚焦

积极心理学

此前

20世纪20年代 弗洛伊德说，早期创伤会给婴儿的大脑带来消极的影响，并且这种消极的影响可以超越任何遗传的、社会的或心理的复原因素。

1955–1995年 心理学家艾美·维尔纳的纵向研究追踪受创伤的儿童直至他们成年，发现三分之一的人有能力复原。

1988年 约翰·鲍尔比号召研究复原力。

此后

2007年 英国政府开始在学校推行英国复原力计划。

2012年 美国心理学会启动了对心理复原力的研究项目。

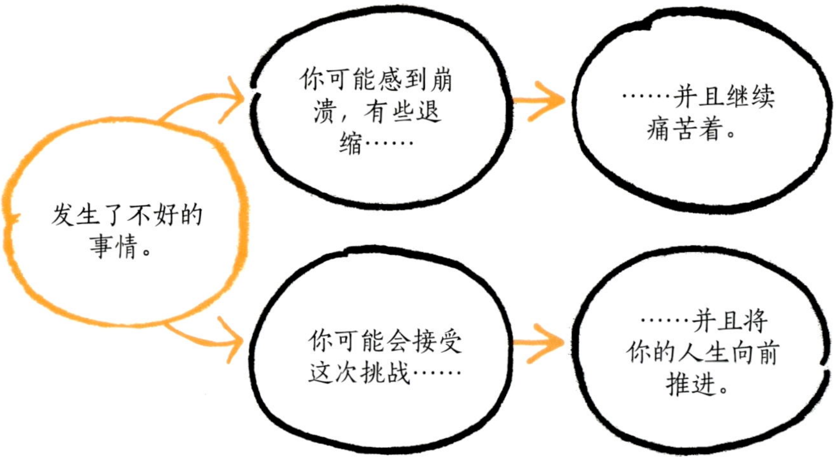

当灾难发生时，有的人不堪一击。他们无法启动应对机制，陷入深深的抑郁或消沉中，有时还会感到绝望并且一蹶不振。他们可能完全沉浸在灾难和痛苦的梦魇、镜头的回放和焦虑感的包围中。然而，有人的表现却完全不同。

伯里斯·西鲁尔尼克（Boris Cyrulnik）对这些反应因何不同而感兴趣。为了找到为什么有的人如此深受影响，而有的人却似乎能够“迅速振作”，于是他投身于心理复原力的研究。

西鲁尔尼克发现，复原力并不是一个人与生俱来的品质，但是却可以通过自然的过程建立起来。他说：“单独来讲，儿童是没有复原力的……复原力是一种交互作用，是一种关系。”我们通过发展人际关系来建立复原力。通过我们的言语和情感，我们一刻不停地在

参见：西格蒙德•弗洛伊德 92~99页，约翰•鲍尔比 274~277页，夏洛特•布勒 336页，乔治•凯利 337页，杰罗姆•卡根 339页。

海啸这样的灾难过后，心理学家亲自见证了具有复原力的社区的形成，它的特征是居民们下决心战胜困境。

与他人和环境的互动中编织自己。我们可能会觉得只要拆开一针，整个问题都会迎刃而解。事实上，“就算只有一针还连着，我们可能就要重新来过”。

积极情绪和幽默感是复原力的关键。西鲁尔尼克的研究显示，能够更好地应对生活中的困难或灾难的人也能够在艰难中找到意义，将之视为有用的和有启发的经验，甚至找到大笑的理由。具有复原力的人总是能够看到事物有可能转向好的未来，即便现实是残忍的。

迎接挑战

过去人们似乎觉得复原力强的人可能更加冷血，但是西鲁尔尼克相信，复原力强的人感受到的痛苦并不比其他人少；关键在于他们如何选择去对待。痛苦可能会持续，甚至会贯穿一生，但是对这些人来说，这是他们决心面对的挑战。挑战是为了战胜已经发生的事情，为了内心更加强大地阔步前行。如果儿童得到适当的支持，他们就有能力从创伤中完全恢复过来。西鲁尔尼克表示，人类的脑是具有可塑性的，只要条件允许就能够恢复。创伤儿童的大脑表现出脑室和皮质的萎缩，但是对于创伤后得到良好支持和关爱的儿童来说，MRI扫描发现大脑在一年之内就能够恢复正常。

西鲁尔尼克强调，重要的是不要给遭受创伤的孩子贴上标签，这样会无意中给他们明显无望的未来。创伤由两个部分组成：伤害和伤害的表征。通常，大多数儿童的创伤后伤害来自于成人对事件的羞辱性解释。他说，贴标签比经验本身更具有伤害性和侮辱性。■

> 复原力是一个人面对可怕的难题时的成长能力。
>
> ——伯里斯•西鲁尔尼克

伯里斯•西鲁尔尼克

伯里斯•西鲁尔尼克在第二次世界大战即将爆发之前，降生在法国波尔多的一个基督教家庭。1944年，维希政权控制了由德国占领的法国南部，他的家遭到了袭击，他的父母被带到了奥斯维辛集中营。在此之前，他的父母为了他的安全已经把他寄养到了别的地方，但是收留他的人却为了小小的奖赏而出卖了他。在等待转移到集中营的时候，他成功逃脱，并得到了一家农场的照料，在那工作到10岁。他在法国长大成人，身边没有任何亲人。西鲁尔尼克很大程度上靠着自学成才最终进入巴黎大学学习医学。他意识到他想要重新评价自己的人生，于是他开始学习精神分析，随后又学习了神经精神病学。他把他的职业生涯全部奉献给了创伤儿童研究。

主要作品

1992年 《意义的序曲》
2004年 《鬼的低语》
2009年 《复原力》

只有好人才会抑郁

多萝西·罗伊（1930年–）

背景介绍

聚焦

个人建构理论

此前

20世纪40年代 格式塔治疗法问世，提出了知觉影响意义的观点。

1955年 乔治·凯利出版《个人建构心理学》，阐述了每个人对于世界和世界上的人都有一系列建构的理论。

1960年 心理学家和统计学家汉密尔顿编制了汉密尔顿抑郁量表（HAM-D），这是临床上用来测量抑郁的工具。

此后

1980年 心理学家梅尔文·勒纳出版《公正世界的信念：基本的幻觉》，解释了为什么我们会错误地相信人们得到了他们应得的东西。

如果人们不再为生活中发生的事情而责备自己，那么抑郁的发生率就会急剧降低。这句话是多萝西·罗伊成功治疗心理问题的基础。一般情况下，我们从小就被教育世界是公平和理性的；如果我们好，那么好事就会发生在我们身上。但是如果我们好事情就好，那么反过来如果事情不好会说明我们怎样呢？所谓“公平世界”即好人得到奖赏，坏人受到惩罚，我们对“公平世界”的信念使我们在坏事发生时一味责备自己。

当我们以某种方式遭遇不好的事情时，我们会问：“为什么这件事会发生在我身上？”人们回顾过去想看看他们做了什么事导致了当下的处境，即便是遭遇了自然灾害仍是如此。当坏事情发生时，就会不理智地产生自责、内疚、无助和羞愧感，这些都可能导致抑郁。

罗伊解释说，我们创造和选择自己的信念。一旦理解了这一点，我们就能抛弃公平世界的观点，更加理性地思考消极的经验。我们可能遭受过父母的打骂、被老板炒鱿鱼甚至被卷进龙卷风，但这些事情的发生并非因为我们是扫帚星，也并非因为我们就应该被这样对待。为了从这些打击中恢复过来，我们需要停止把事情都揽到个人头上，要将事情外化，要认识到有时候坏事情只是凑巧发生而已。■

> **要想将自然的悲伤转化为抑郁，你所要做的就是用降临在你头上的灾难而使劲责备自己。**
>
> ——多萝西·罗伊

参见：弗里兹·皮尔斯 112~117页，卡尔·罗杰斯 130~137页，阿尔伯特·艾利斯 142~145页，梅尔文·勒纳 242~243页，乔治·凯利 337页。

陷入沉默的父亲们

盖伊·科尔诺（1951年–）

背景介绍

聚焦

男性心理学

此前

20世纪初 弗洛伊德学派的分析师描述了俄狄浦斯情结，即儿子与他们的父亲有着天生的竞争关系。

20世纪50年代 法国精神分析师拉康认为儿子视父亲为法律的体现。

此后

1991年 美国作家罗伯特·勃莱在《铁约翰：一本关于男人的书》中说，父亲无法给予他们的儿子成为男人所需要的东西，他们需要唤醒内心的“野性”。

20世纪90年代 美国作家道格拉斯·吉列和罗伯特·摩尔出版了五本书来探讨荣格的原型和男性心理。

在法国裔加拿大精神分析师盖伊·科尔诺（Guy Corneau）于1991年出版《缺席的父亲，迷失的儿子》之前，心理学界很少关注男人之间的情感交流。科尔诺的书探究了不同代男人之间亲密交流的困难。他记录了他在和自己的父亲进行情感交流时做过的尝试：伸出手，寻求支持，但是得到的只有沉默。

父亲和儿子之间的交流通常以沉默为特征。当儿子渴望认可和表扬时，父亲不情愿给出儿子所渴望的东西。

拒绝赞赏

科尔诺认为在男人身上发生的事情都是类似的，他们通常都无法给自己的儿子其所渴望的表扬、爱或认可。根据科尔诺的观点，当儿子体验到这种沉默时，他可能更加努力，也可能退缩，但是沉默仍然不可磨灭地印刻在他的心灵之中。这种现象可能源于男性本我的竞争性互动；一个男人对他的儿子表示赞赏可能某种程度上是对自己权力的退让。从儿子的角度来讲，如果太容易得到表扬，没有一丝犹豫，那么父亲就不再值得讨好了。在大多数社会形态中，似乎都有一种信念，那就是男人不能既强大又开放。

科尔诺说这种行为对男人没什么好处。他们拒绝了向儿子展现关爱的机会，并且儿子被迫在无爱中前行。■

参见：西格蒙德·弗洛伊德 92~99页，卡尔·荣格 102~107页，雅克·拉康 122~123页。

COGNITIVE PSYCHOLOGY

THE CALCULATING BRAIN

认知心理学
计算机般的脑

1885年

赫尔曼·艾宾浩斯的“无意义音节”实验为研究**认知过程**提供了方法。

1932年

弗雷德里克·巴特利特在《鬼的战争》一书中研究了**记忆的重构**。

1947年

布鲁纳和古德曼出版《知觉组织元素的价值与需要》，认为**主动的推理能够影响知觉**。

1949年

唐纳德·赫布解释说，学习基于**刺激和神经元**之间的连接。

1950年

阿兰·图灵出版《计算机与智力》，其中他将人类的脑描述称一台通过经验来学习的**“井然有序的机器”**。

1956年

乔治·米勒认为人类的脑一次只能记**住七个信息组块**。

1957年

莱昂·费斯廷格的认知失调理论认为人类趋向于保持**信念的一致性**。

1958年

唐纳德·布罗德本特出版《知觉与沟通》，提出了认知的**信息加工模型**。

20世纪上半叶，占据统治地位的两种心理学思潮是行为主义（关注于学习理论）和精神分析（关注于无意识和儿童早期发展）。前一个世纪的心理学家所关心的心理加工过程，如知觉、意识和记忆，大多被忽视了。

世事总有例外。英国心理学家巴特利特和俄国心理学家蔡加尼克在20世纪二三十年代都研究了记忆的过程，为此后认知心理学家的工作奠定了基础。在德国，沃尔夫冈·苛勒对问题解决和决策的研究可以算作格式塔心理学——德国一个关注知觉和知觉组织的思想学派——也可以算是认知心理学的先驱。

认知革命

最终打破平衡、使人们的研究兴趣从行为转移到心理加工过程的原因来自于心理学之外。通信和计算机技术的发展，以及第二次世界大战期间崛起的新领域——人工智能引发的无限可能——带来了认识人脑的新方法。心理加工过程，也称为“认知加工”或“认知”，是行为主义不愿也无法探查的，而现在心理学家有了研究的途径。同时，神经科学的进步有助于更深层地理解脑和神经系统的功能。这使得心理学家们，如著名的赫布，能够直接检查心理加工过程，而不是仅仅通过观察行为来推断。

最早将信息加工类比于心理学的其中一人是巴特利特在剑桥大学的学生布罗德本特，他受到20世纪四五十年代计算机专家图灵和通信专家科林·彻利的极大启发。但是，重要的转折发生在美国，在那里行为主义因其局限性而广受批判，于是20世纪50年代后期一场“认知革命”轰轰

20世纪60年代

托尔文发表了一系列关于记忆和提取过程的论文。

1967年

奈瑟尔创造了**"认知心理学"**这个词，并用作他的书名。

1967年

贝克在《抑郁症：起因与治疗》中提出了**认知行为疗法**（CBT）。

1971年

谢帕德和梅茨勒发表了关于人类能心理旋转3D物体的研究。

1978年

鲍尔在《情绪与记忆》中报告了他的实验，提出**记忆的提取**与心情有关。

1979年

洛夫特斯在《目击者证词》一书中揭示了**目击者的记忆作为证据的不可靠性**。

1992年

保罗·艾克曼在《情绪的面部表情》一书中提出，特定的**面部表情具有普遍性**和生物性。

2001年

在《记忆的七宗罪》中，夏克特详述了我们的**记忆会发生错误的方式**。

烈烈地爆发了。这场颠覆运动的先锋是美国人乔治·米勒和布鲁纳，他们在1960年共同创建了哈佛大学认知研究中心。

新方向

米勒和布鲁纳的开创性工作促成了心理学研究取向的转变。被行为主义者遗弃多年的领域，如记忆、知觉和情绪，都成了研究的核心。当布鲁纳将认知的概念融入现有的学习心理学和发展心理学理论时，米勒将信息加工模型应用于记忆，打开了人们的视野，使得记忆成为托尔文、洛夫特斯、夏克特和鲍尔等认知心理学家的重要研究领域。格式塔心理学也重燃火焰：谢帕德重新检验了关于知觉的观点，苛勒在问题解决和决策方面的研究成为卡尼曼和特沃斯基的理论基石。另外，认知心理学家，如鲍尔和艾克曼，第一次科学地研究了情绪。

当然，并非只有行为主义理论遭到了颠覆，弗洛伊德的精神分析理论及其追随者的日子也不好过。贝克发现认知心理学能够提供更有效的治疗方法，并且经得起客观检验。认知疗法备受推崇，随后结合行为治疗和冥想技术，很快成为一些障碍如抑郁和焦虑的标准治疗法，随后掀起的积极心理学运动，提倡关注心理幸福感，而不仅仅是治疗心理疾病。

21世纪初，认知心理学仍然是这个学科的主流，并且对神经科学、教育学和经济学都产生了不小的影响。它甚至还影响了天性和教养之争；基于近年来在遗传学和神经科学上的发现，进化心理学家如斯蒂文·平克提出，我们的思想和行动受制于我们的脑结构，它们和其他可遗传的特征一样，服从于自然选择的规律。■

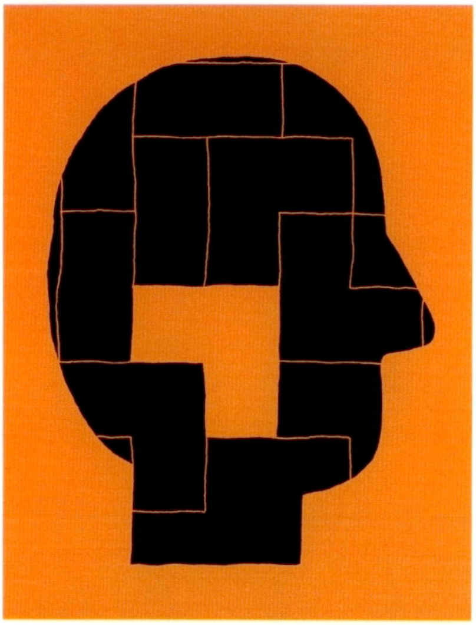

直觉是一种动态的模式

沃尔夫冈·苛勒（1887–1967年）

背景介绍

聚焦

格式塔心理学

此前

1890年 奥地利哲学家克里斯蒂安·冯·厄伦费尔在他的书《形状的特质》中提出了格式塔的概念。

1912年 韦特海默出版《运动知觉的实验研究》，成为格式塔心理学的重要里程碑。

此后

20世纪20年代 爱德华·托尔曼将格式塔与行为主义心理学结合在一起，形成了自己的目的行为主义（现称认知行为主义）。

1935年 德国格式塔心理学家卡尔·登克尔的《创造性思维心理学》介绍了关于问题解决和心理建构的实验研究。

如果一只黑猩猩想要通过尝试和犯错来解决一个问题，但是失败了……

……它会停下来想想这个问题，把周围的每个事物都考虑进去……

……直到它顿悟了解决问题的方法。

于是，未来它可以将这种方法应用到类似的问题上。

顿悟的学习模式是主动的，而不是被动的。

直觉是一种动态的模式。

19世纪后期，一群不同意当下流行思潮的德国心理学家发展出一种新的、科学的、整体性的取向，他们称之为格式塔。沃尔夫冈·苛勒（Wolfgang Köhler）、马克斯·韦特海默和库尔特·考夫卡共同掀起了这场新的运动，他们将格式塔解释为“模式”，应用于他们的理论中时，即指“组织化的整体”。

格式塔心理学（不等同于格式塔治疗，一种后期的发展）以知觉和学习这样的概念为起点，认为认知应该从整体考虑，在研究时不需要调查各种组成部分。

苛勒认为，心理学最大的分支

参见：伊万·巴甫洛夫 60~61页，爱德华·桑代克 62~65页，爱德华·托尔曼 72~73页，马克斯·韦特海默 335页。

苛勒研究的是猩猩如何解决问题。他发现在通过顿悟找到答案之前，它们确实能感知到若干可能的解决办法。

行为主义太过简单化了，并且忽视了知觉的动态本质。巴甫洛夫和桑代克认为动物在简单的刺激–反应条件作用下通过尝试和犯错来学习，但是苛勒相信它们有顿悟的能力和智力。从1913年到1920年，他在担任类人猿研究中心主任期间于特内里费岛进行了测试，在研究中他让黑猩猩应对各种各样的问题解决任务。

顿悟学习

苛勒观察到的现象深化了他的信念，也证明了格式塔可以解释问题解决和学习机制。当面对一个问题时，如得到很难够到的食物，黑猩猩起初屡试屡败，但是随后也会停一停，并且显然在做出下一次尝试之前进行环境评估。这通常会涉及工具的使用，如用摆放在一旁的木棍或木箱来够到食物。当接下来面对同样的问题时，它们立刻就能够应用同样的解决办法。苛勒得出结论，黑猩猩的行为表明，它们的尝试与试错过程是在大脑中进行的，而非现实中；它们起初随心所欲地去解决问题，并且只有在顿悟（“啊哈”的时刻）之后才能真正解出来。这与行为主义的观点是相悖的，行为主义认为学习是对刺激的条件性反应，并且通过奖励来强化。猩猩通过理解问题来学习，而非通过获得奖赏来学习。

这证明了苛勒的行为动态模式以及知觉的组织性，证明了学习不是对奖赏的被动反应。顿悟学习模式（格式塔）——失败、暂停、知觉、顿悟、尝试——是活跃而主动的；但是显然没有必要观察猩猩每次的尝试，因为不可能看到猩猩的知觉组织性。我们所谓的直觉，是对解决问题的自动化反应，受到顿悟学习过程的影响，其本身就是一种主动的、动态的模式。■

> “顿悟是指在考虑了环境中所有条件之后得出最终的解决方案。”
>
> ——沃尔夫冈·苛勒

沃尔夫冈·苛勒

沃尔夫冈·苛勒出生在爱沙尼亚，但是在他出生后家人很快搬回了原籍——德国。他在柏林完成博士学位之前，在多所大学学习过。1909年，他和考夫卡以及韦特海默一起在法兰克福研究院做了关于知觉的实验，奠定了格式塔心理学的基础。

1913年，苛勒成为普鲁士科学院特内里费岛研究站的主任，他因第一次世界大战而被困在那里，直到1920年。回到柏林后，他担任了心理学会主席，直到1935年，为了逃避纳粹的迫害他移居美国。他在美国的多所大学教过书，1959年还被选为美国心理学会主席。奈瑟尔称赞他“不但是一个德高望重的人，而且是一个天才的创造性思维者”。

主要作品

1917年 《猿的心理》
1929年 《格式塔心理学》
1938年 《在事实的世界里价值的位置》

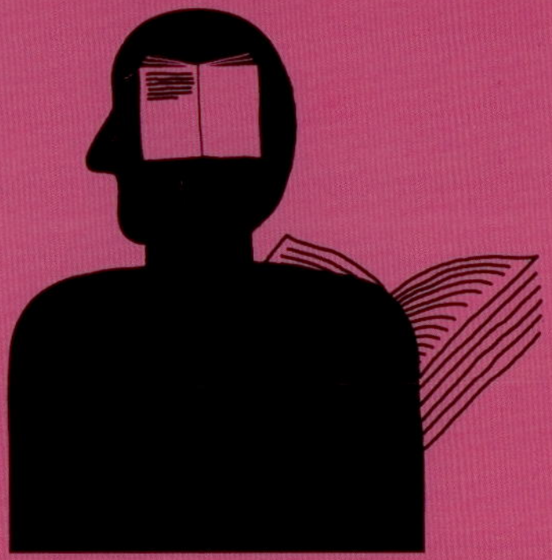

打断任务极大程度上加深了对任务的记忆

布鲁玛·蔡加尼克（1901–1988年）

背景介绍

聚焦

记忆研究

此前

1885年 赫尔曼·艾宾浩斯出版他的代表作《记忆：对实验心理学的一项贡献》。

1890年 威廉·詹姆斯在《心理学原理》中区分了初级（短时）记忆和次级（长时）记忆的不同。

此后

1956年 乔治·米勒的《神奇数字7±2》重新唤起了对记忆的研究兴趣。

1966年 杰罗姆·布鲁纳强调组织和分类在学习过程中的重要性。

1972年 安道尔·托尔文区分了情景记忆（特定的事件）和语义记忆（与事件或情境无关的现实信息）。

俄国心理学家布鲁玛·蔡加尼克（Bluma Zeigarnik）在柏林攻读博士学位的时候，她的导师库尔特·勒温说他发现相比已经结账的订单内容，服务员更能够记住没有结账的订单内容。于是，蔡加尼克想要知道未完成的任务是否处于记忆的另一种状态，因此能够比已完成的任务记得更牢。她设计了一种实验，在实验中给参与者简单的谜题或任务。其中有一半任务在进行中会被打断。此后，当问及他们记住了多少时，很明显他们记住了更多被打断任务的细节，无论它们最终是否被完成。蔡加尼克推论这可能是因为没完成的任务被记忆的方式不同，且更有效。

“蔡加尼克效应”最典型的例子是，相比已经结账的订单内容，服务员更能够记住没有结账的订单内容。

这个现象就是著名的“蔡加尼克效应”，它有着重要的启示。蔡加尼克建议，学生（特别是儿童）在学习的过程中如果能够经常休息一下，就能够记住更多。但是她的观点并没有得到世人的关注，直到20世纪50年代，记忆才再度成为研究的热点。从那时起，蔡加尼克的理论被认为是理解记忆的重要一步，并且在教育界、广告界以及媒体领域得到了实际的应用。■

参见：赫尔曼·艾宾浩斯 48~49页，杰罗姆·布鲁纳 164~165页，乔治·米勒 168~173页，安道尔·托尔文 186~191页，丹尼尔·夏克特 208~209页。

当婴儿听到脚步声时，一个细胞集合就会被激活

唐纳德·赫布（1904–1985年）

背景介绍

聚焦

神经心理学

此前

1890年 威廉·詹姆斯提出一种关于人脑神经网络的理论。

1911年 爱德华·桑代克的效果律表明刺激与反应之间的联结能够创造神经连接。

1917年 沃尔夫冈·苛勒对黑猩猩的研究表明顿悟学习比尝试–错误学习效果保持得更好。

1929年 卡尔·拉什利出版《脑机制与智力》。

此后

20世纪70年代 乔治·米勒创造了"认知神经科学"这个词。

20世纪80年代 神经科学家开始利用成像技术定位脑功能。

20世纪20年代，许多心理学家为了寻求学习和记忆问题的答案求助于神经科学。这些人中的佼佼者卡尔·拉什利指出了研究神经连接如何起作用的方法，但是是他的学生加拿大心理学家唐纳德·赫布（Donald Hebb）正式提出了解释联想学习发生机制的理论。

赫布认为，当神经细胞被同时并反复多次激活时，它们之间就建立了联系；突触或者说连接使它们之间的关系越来越紧密。重复的经验在人脑中形成了"细胞集合"，或者说一群相互联系的神经元——这种理论常被简称为"细胞们同时兴奋，同时传输"。类似的，不同的细胞集合之间也可能相互联系，形成"相位序列"，这就是我们的"思维过程"。

赫布发现，这些相互联系的过程在童年阶段的学习中尤为突出，新细胞集合和相位序列不断形成。在《行为组织学》（1949）一书中，他举了一个婴儿听脚步声的例子，脚步声刺激了婴儿大脑中大量的神经元；如果这种经验一直重复，一个细胞集合就会形成。接着，"当婴儿听到脚步声时，一个细胞集合就会兴奋；这时，他看到一张脸，并感觉到有手在面前挥舞，于是又激活了其他的集合，所以'脚步声集合'、'面孔集合'和'挥手集合'联系起来。从此以后，就算婴儿只听到脚步声，这三个集合也会全部兴奋起来"。然而，对成人来说，学习倾向于对激活的细胞集合和相位序列进行重新组合，而不是形成新的。

赫布的细胞集合理论是现代神经科学的基石，他对神经学习的解释仍然为世人所接受，并称之为赫布学习。■

参见：爱德华·桑代克 62~65页，卡尔·拉什利 76页，沃尔夫冈·苛勒 160~161页，乔治·米勒 168~173页，丹尼尔·夏克特 208~209页。

知道是一个过程，不是一个结果

杰罗姆·布鲁纳（1915年–）

背景介绍

聚焦

认知发展

此前

20世纪20年代 利维·维果斯基提出了他的理论，认为认知发展是社会和文化共同作用的过程。

1952年 让·皮亚杰出版《儿童智力的起源》，阐述了他的发展理论。

此后

20世纪60年代 基于布鲁纳理论的教学项目“人：一门学科”被美国、英国和澳大利亚的学校所采纳。

1977年 阿尔伯特·班杜拉出版《社会学习理论》，用行为与认知相结合的眼光看待发展。

我们通过主动的经验来学习。

指导一个人不仅是告诉他怎么做，而是鼓励他参与。

我们运用推理来获取知识，从信息中建构它们的意义。

这是信息加工的一种形式。

知道是一个过程，不是一个结果。

发展心理学领域在20世纪的大部分时间里都由让·皮亚杰（Jean Piaget）统领，他阐释了为了满足探索世界的天然好奇心，儿童的思维发展和成熟是如何按阶段发展的。维果斯基的理论被翻译成英文出现在皮亚杰时代之后，他也认为儿童通过经验来寻找意义，但是他将世界经验的含义扩大到文化和社会经验。他说，儿童主要通过与他人互动来学习。

此时正是20世纪60年代，“认知革命”如火如荼；心理加工过程越来越多地被比作大脑的“信息加工过程”。杰罗姆·布鲁纳是这

参见：让·皮亚杰 262~269页，利维·维果斯基 270页，阿尔伯特·班杜拉 286~291页。

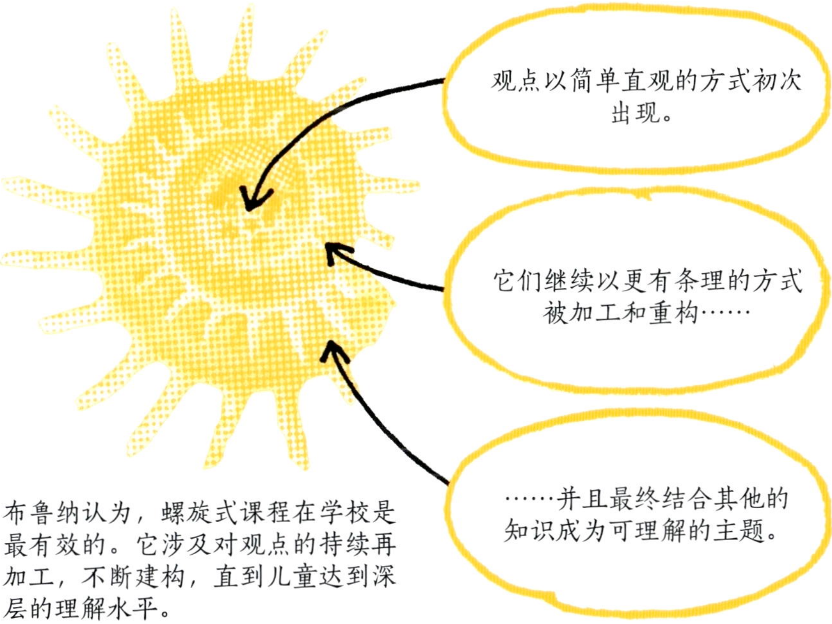

布鲁纳认为，螺旋式课程在学校是最有效的。它涉及对观点的持续再加工，不断建构，直到儿童达到深层的理解水平。

一新取向的领军人物，率先研究了我们的需要和动机如何影响知觉，他的结论是我们看到我们需要看到的。他感兴趣于认知如何发展，因此开始研究儿童的认知加工。

心理加工器

布鲁纳开始将认知模型应用于皮亚杰和维果斯基的观点，将研究的重点放在信息加工和意义建构的认知发展上，即我们获得和存储知识的方式。和皮亚杰一样，他相信获取知识是一个经验性的过程；但是和维果斯基一样，他将之看作一种社会功能，而非孤立的。他坚称没有任何帮助的学习是不可能发生的：某种形式的指导对儿童的发展至关重要，但是“指导一个人不等于将结果强灌入他的心灵之中，而是要教他参与到过程之中。”当我们获得知识时，我们需要主动地参与和推理，而不是被动地吸收信息，因为我们要赋予知识以意义。根据认知心理学的观点，推理即“加工信息”，所以知识的获取应该被视为一个过程，而不是结果或最后的产物。在布鲁纳看来，在此过程中我们需要鼓励和指引，这才是老师的角色。

在《教育的过程》（1960）一书中，布鲁纳提出了儿童应该主动参与教育过程的观点。这本书成为一个里程碑式的文本，改变了美国政府和学校教师的教育方针。■

杰罗姆·布鲁纳

杰罗姆·西摩·布鲁纳的父母从波兰移民到美国纽约，他出生时双目失明，但是2岁时接受了白内障手术后，他重见光明。他的父亲在他12岁时死于癌症，悲伤过度的母亲在他上学的日子里频繁搬家。他在北卡罗来纳州杜克大学学习心理学，随后又进入哈佛大学，并于1941年在那里和奥尔波特和拉什利一起获得了博士学位。

布鲁纳在第二次世界大战期间服务于美国军方，从事战略研究，之后又回到哈佛，与里奥·波斯特曼和乔治·米勒成为同事。1960年，他与米勒共同建立了哈佛大学的认知研究中心，并将其维持到1972年才关闭。此后，他来到牛津大学，任教十年后才回到美国。布鲁纳继续教书直到九十几岁。

主要作品

1960年 《教育的过程》
1966年 《认知发展研究》
1990年 《为意义而行动》

信念坚定的人很难被改变

莱昂·费斯廷格（1919–1989年）

背景介绍

聚焦

学习理论

此前

1933年 格式塔心理学家库尔特·勒温离开柏林实验心理学院，移民美国。

此后

1963年 斯坦利·米尔格拉姆发表了他关于服从权威的实验。

1971年 津巴多的斯坦福监狱研究展示了人是怎样顺应于被设定的角色的。

1972年 美国社会心理学家达利尔·贝姆提出了态度改变的自我觉知理论。

20世纪80年代 埃利奥特·阿伦森支持费斯廷格的理论，并对成人仪式进行了实验研究。

如果我们坚信的观点被相反的证据所颠覆……

↓

……我们会发现自己处于一种极其不舒服的“认知失调”状态。

↓

如果我们接受相反的观点，就会导致我们过去和现在的信念的更大分歧。

↓

所以我们会寻找新的支持我们原有信念的证据。

↓

信念坚定的人很难被改变。

参见： 库尔特·勒温 218~223页，所罗门·阿希 224~227页，埃利奥特·阿伦森 244~245页，斯坦利·米尔格拉姆 246~253页，菲利普·津巴多 254~255页，斯坦利·斯坎特 338页。

第二次世界大战结束时，社会心理学成为一个重要的研究领域，美国的领军者是勒温，他于1945年在麻省理工学院创立了群体动力学研究中心。

中心里有一位职员是勒温以前的学生，莱昂·费斯廷格（Leon Festinger）。他起初受到勒温在格式塔心理学方面的研究所影响，随后又对社会心理学产生了兴趣。在研究过程中，费斯廷格观察到人们一直在追求让他们的世界变得有序，而有序的关键就是保持一致性。为了实现这个目标，他们发展出了习俗和习惯，如安排规律的用餐时间、每天上班的公交车上选择喜爱的座位等。当这些习惯被打破时，人们就会感到万般不适。他发现，习惯性的思维模式或信念也同样如此。如果一个非常强硬的观点遇到了相反的证据，就会产生令人不适的内在不一致感；费斯廷格称之为“认知失调”。他推论出，克服这种不适感的唯一方法就是以某种方法令信念和证据保持一致。

不可动摇的信念

1954年，费斯廷格阅读当地一家报纸的报道时，看到了一个研究这种认知失调反应的机会。一个邪教组织声称从外星人那里获知12月21日世界将因一场巨大的洪水而毁灭，只有绝对虔诚的信徒才能登上飞碟逃脱。费斯廷格和他在明尼苏达大学的几个同事找到了这个团体中的人，在启示中的末日来临之前以及预言的事情没有发生之后，采访了他们。

费斯廷格、亨利·里肯和斯坦利·斯坎特在《当预言破灭时》中，描述了教徒们的反应，这就是著名的橡树园研究。我们也许会认为预言的失败和随之而来的认知失调可能会让信徒们放弃他们的信念，但事实却完全相反。随着预言日的临近，另一则信息传来，由于信徒们的虔诚，世界保住了。于是，信徒们更加死心塌地。费斯廷格预料到了这种情况，他认为，接受相反的证据会引起过去信念与现实之间更大的失调感。如果原始信念中牵扯到很多东西（声誉、工作、金钱），这种影响就会更加复杂。

费斯廷格得出结论，认知失调，或者说防止认知失调，让一个信念坚定的人即使面对反驳也不可能改变自己的观点；他对证据和理性的论证充耳不闻。正如费斯廷格所解释的：“你提出对他的反对意见，他却转身离去。给他摆事实讲道理，他却质疑你证据的来源。”■

莱昂·费斯廷格

莱昂·费斯廷格出生在纽约的布鲁克林，他的家人是从俄国移民而来的。1939年，他毕业于纽约城市学院，随后进入爱荷华大学学习，师从勒温，1942年拿到儿童心理学博士学位。在第二次世界大战即将结束的日子里，他一直为军队效力，1945年，他重新追随勒温，来到了麻省理工群体动力学研究中心。

在明尼苏达大学担任教授期间，他对预言世界末日的邪教进行了著名的橡树园研究。1955年，他转到斯坦福大学，继续研究社会心理学，但是20世纪60年代他改为研究知觉。此后，他在纽约新社会研究学院又对历史和考古学产生了兴趣。他死于肺癌，享年69岁。

主要作品

1956年 《当预言破灭时》
1957年 《认知失调理论》
1983年 《人类的遗产》

神奇的数字

7±2

乔治·米勒（1920年–）

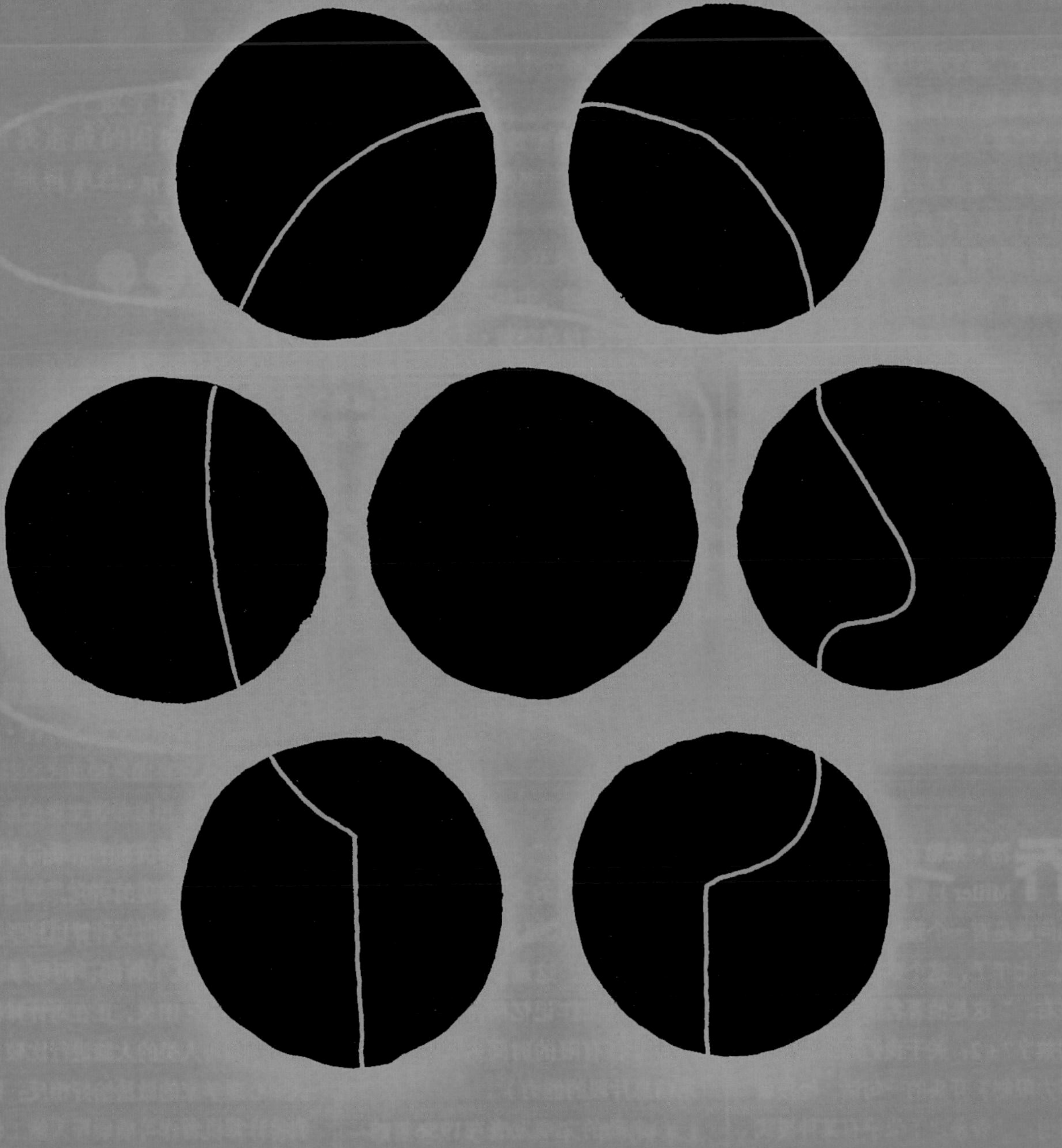

米勒称为“线性刺激”（目标之间只在一个方面有差异）；但令米勒感兴趣的是我们能够有效加工言语和语言信息的量，而词语是“非线性刺激”。他看到波拉克之后的研究用富有六种变化的音调（如音高、时长、音量、位置等）替换了简单的音调。令人惊讶的是，即便信息量明显增加了，可结果仍显示阈限在7±2的范围内。不同的是随着变量的增加，准确率有轻微的下降。米勒称，我们能够“同时对一些事物进行相对粗糙的判断”。这或许可以解释为什么我们能在不加工个体的声音或容貌的条件下，识别和分辨出像口语和人脸这样复杂的事物。

米勒将人脑看作一个通信系统：在达到个体的“信道容量”之前，当输入的信息增加时，传输至大脑的信息量也在增加。随后，米勒将信道容量的观点提升一个台阶，将其应用到了短时记忆模型中。威廉·詹姆斯率先提出短时记忆的概念，长期以来，它一直被看作是大脑的信息处理器，处于信息的感觉输入和长时记忆之间。艾宾浩斯和冯特甚至认为短时记忆的容量限制在7个项目左右（又是7）。米勒相信他所谓的工作记忆拥有和绝对判断以及注意广度相同的容量。

比特和组块

根据我们的信息加工能力，如果工作记忆的限制在7个元素左右，那么就存在一个瓶颈限制着输入长时记忆的量。但是米勒认为并非局限于数字7，神奇之处就在这里。先前实验中的非线性刺激可以看作是由大量“比特”组合而成的相关信息，只是作为单一的项目来处理而已。米勒相信，依照同样的原则，工作记忆可以将信息的“比特”组织成“组块”，以此克服限制绝对判断广度和短时记忆容量的瓶颈。然而，一个组块并非一个任意的集合，而是经过编码的有意义的单元。例如，一串21个字母可以表征为21个信息比特，但是如果能够把它们划分成一组三字词，就变成了7个组块。组块的创建有赖于我们在信息比特中寻找模式和关系的能力。对于其他语种的人来说，这7个词可能就是毫无意义的，也无法成为7个组块，而只能是21个比特。

> **记忆的过程或许可以简单地看作不断创建组块直到组块的数量少到我们能够全部记住为止。**
>
> ——乔治·米勒

米勒的理论得到了其他心理学家早期实验的支持。1954年，西

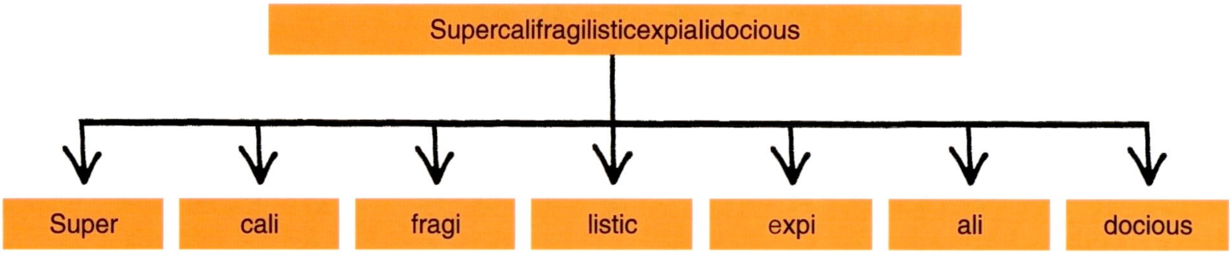

米勒的组块理论是说，通过将一长串数字或字母划分成可记忆的组块，我们就可以增加工作记忆所能加工的信息量。

二进制编码是将信息重新编码成更为紧凑的小单元的一种方式（通过多重数学运算）。米勒认为我们的组块过程与之类似。

德尼·史密斯做了一些实验，即记忆一系列二进制数字（对不熟悉二进制系统的人来说是毫无意义的1和0的组合）。史密斯将数列划分成组块，开始是两个数字一组，之后是三个、四个、五个数字一组，再后来对它们重新编码，即将二进制组块翻译成十进制的数字：01变成1，10变成2，等等。他发现，利用这样的方法能够记住和准确回忆出40个数字甚至更多，只要组块的数量在工作记忆的范围之内。

为了记住更多的信息，组块和编码显然是大有帮助的，但这不仅仅是一种记忆术。米勒指出，这种编码形式“是增加我们能够处理的信息量的绝佳武器”，它有效拉伸了信息瓶颈。

记忆研究

米勒在后期的研究中渐渐远离了记忆方向，但是他的理论推动其他人做更为细致的研究。唐纳德·布罗德本特认为工作记忆的真正本质可能要少于7，尼尔森·考恩随后的实验也支持这一观点，考恩发现根据组块的长度和复杂性以及被试的年龄，往往只有大约4个组块。

米勒论文的结论并没有像开头那样抬高这个数字的重要性。他说：“或许在这些7的背后有着更深层、更深刻的东西……我怀疑这只是一个惊人的巧合”。■

> 在我看来，人类的语言编码是思维过程的命脉。
>
> ——乔治·米勒

乔治·米勒

乔治·米勒出生在美国的西弗吉尼亚州，1941年从阿拉巴马大学毕业并获得了言语病理学硕士学位，后进入哈佛大学在斯坦利·史密斯·史蒂文斯的心理声学实验室攻读心理学博士，他的同学有布鲁纳和奥尔波特。第二次世界大战爆发后，该实验室被要求执行军方的任务，如无线电干扰。

1951年，米勒离开哈佛大学，来到麻省理工，1955年又回到哈佛大学，与诺姆·乔姆斯基成为同事。1960年，他成为哈佛大学认知研究中心的创立者之一。之后，他在纽约洛克菲勒大学和普林斯顿大学担任心理学教授。1991年，他获得了美国国家科学奖。

主要作品

1951年 《语言与沟通》

1956年 《神奇的数字：7±2》

1960年 《行为的计划与结构》（与尤金·格兰特和卡尔·普雷莱姆合著）

表面之下还有很多我们看不到的事实

艾伦·贝克（1921年–）

背景介绍

聚焦

认知疗法

此前

19世纪90年代 弗洛伊德提出精神分析取向的心理治疗法。

20世纪四五十年代 皮尔斯夫妇和古德曼发展出格式塔疗法——一种认知心理治疗法。

1955年 艾利斯提出理性情绪行为疗法（REBT），打破了心理治疗以精神分析为主的传统。

此后

1975年 马丁·塞利格曼在其著作《无助：抑郁、发展和死亡》中提出了“习得无助”行为。

20世纪80年代 贝克的理论观点与沃尔普的行为主义疗法融合后产生了新的认知行为疗法。

20世纪的心理学在确立了其独立研究领域的地位后，出现了两种主要思想流派：一种是在美国得到热烈追捧的、源自巴甫洛夫实验的行为主义，其掌控了实验心理学领域；另一种则是弗洛伊德及其追随者秉承的精神分析疗法，其占据了临床心理学市场。这二者截然不同。行为主义者对早期心理学界内省的、哲学性的方法不屑一顾，更愿意以更为科学的、基于实证的角度来看待来访者。秉承精神分析疗法的心理学工作者更多

参见：约瑟夫·沃尔普 86~87页，西格蒙德·弗洛伊德 92~99页，弗里兹·皮尔斯 112~117页，阿尔伯特·艾利斯 142~145页，马丁·塞利格曼 200~201页，保罗·萨科夫斯基斯 212~213页。

精神分析疗法强调通过深入研究患者的无意识来解决其当前的问题。

认知疗法强调研究个体对其经验的感知。

关于疗法是否有效主要参考个体的自述，研究或实证并不在考量之列。

有大量实证支持认知疗法的有效性。

疗法效果的关键并不在于无意识领域，而在于患者本身对问题的感知。

表面之下还有很多我们看不到的事实。

采用的是纯理论的、内省的方法，而不是像行为主义者那样通过证据、通过实证寻求解决之道。

认知革命

20世纪中期，心理治疗的两大派别都遭到了批评。尽管在实验领域中，行为主义疗法逐渐被认知疗法所取代，但在临床方面，精神分析疗法的地位依然无可动摇。虽然精神分析疗法进化出了多种形态，但是精神分析、对无意识的探索依然是这些疗法的根本观点。那时，有些心理学家开始质疑这种疗法的效果，贝克便是其中之一。

贝克于1953年取得精神病医师资格，当时实验心理学主要聚焦于对大脑机能的研究，这意味着"认知革命"的黎明即将到来。然而，在实际操作层面上，秉承认知疗法的心理学工作者基本上采用的是和行为主义疗法差不多的技术。如果硬要说区别的话，认知疗法在实证方面更为严谨。贝克也不例外。他所接受的训练和实践过程都围绕着精神分析疗法，但他却对精

艾伦·贝克

艾伦·贝克（Aaron Beck）出生于美国罗德岛州的普罗维登斯，是俄罗斯的犹太移民的后裔。儿时他喜欢运动和户外活动，8岁时罹患了一场大病，之后他变得内向并开始勤奋读书。那时，他还对所有医学药理的东西心生恐惧，为了克服这一点，他决定做一名医生，最终他于1946年取得了耶鲁大学的医学博士学位。在1953年获得了精神科医生执业资格之后，贝克前往罗德岛医院工作。随着精神分析疗法在临床界的衰落，他提出了认知疗法，并成立了贝克认知疗法研究院，这个研究院现在由他的女儿朱迪·贝克负责。

主要作品

1972年 《抑郁症：成因与治疗》
1975年 《情绪障碍与认知疗法》
1980年 《抑郁症：临床、实践及理论》
1999年 《憎恨的囚徒：愤怒、敌意以及暴力的认知基础》

> 在我看来，精神分析是一种以信念为基础的疗法。
>
> ——艾伦·贝克

神分析疗法的有效性产生了怀疑。除了个别案例中看似被夸大的逸闻式报告外，他几乎找不到任何有力的证据来证明这种疗法的成功率。根据他的经验，仅有一小部分患者通过精神分析疗法获得了显著的改善，而治疗师的普遍感受是，有些患者好转了，有些却恶化了，还有些人没什么改变，这些人群的数量很平均。

值得关注的是，很多精神分析人士对客观的科学检验体系十分抗拒。与实验心理学和药理学相比，精神分析疗法在很大程度上以信仰为基础，咨询师不同，咨询效果就会不同。治疗的效果很大程度上取决于咨询师的个人魅力。

贝克认为，“精神分析的奥秘在于其压倒性……这有点像福音运动”。许多精神分析派将他人对其理论的批判视为一种个人攻击，贝克很快发现，任何对精神分析提出质疑的人都会招来精神分析人士的抨击。有一次，他在申请加入美国精神分析协会时遭到拒绝，理由是他“要求进行科学研究，这表明他进行了错误的分析。”其他指出精神分析理论缺陷的人也有类似经历，有些精神分析学派人士认为，这些人的“错误”是因为他们对自己的分析不足。这种循环论证的说法，再联系上提出这些说法的治疗师的人格，都使得贝克对精神分析理论产生了进一步的怀疑。加之他作为一个从业心理学家的个人经验，他决定对精神分析疗法进行严格的检验，以找到改善的途径。他进行了一系列的设计评估精神分析对抑郁症（来访者寻求心理治疗的常见原因之一）的治疗方法和效果。贝克发现，结果并不像人们预期的那样——可以通过对来访者无意识情绪和驱动力的处理而达到治疗抑郁症的效果，贝克的结论指向了一个完全不同的解释。

改变认知

贝克的病人在描述其抑郁症时，会叙述一些不知不觉进入意识中的有关他们自己、未来、社会的消极观点。这被贝克称为“自动化思维”的观点使贝克相信，来访者对其经历的感知（他们的认知）不仅是抑郁的一种症状，还是寻找治疗方法的关键所在。贝克得出这一观点的时期（20世纪60年代）正是实验心理学蓬勃发展的时期，通过研究大脑加工过程的实验心理学进一步帮助认知心理学确立了其统治地位。

当贝克将认知模型带入治疗过程中时，他发现，帮助来访者感知并评估自己的知觉（是现实的还是扭曲的）是帮助其战胜抑郁症的第一步。这种方法显然和传统的精神分析方法（探讨个体潜在的内驱力、情绪和压抑等因素）大相径庭。贝克的“认知疗法”认为传统精神分析的方法没有必要，甚至会起到反作用。来访者的认知应被重视，因为贝克认为“表面之下还有很多我们看不到的事实”，即抑郁在知觉方面的体现（消极的“自动化思维”）可以为治疗提供方向。如果来访者能够审视自己的“自动化思维”并将其与相同情景下的客观而理性的思维加以比较，那么他

一面扭曲的镜子将会让我们看到丑陋可怕的世界。抑郁也会导致人们产生消极观点，使人们感到更加无助。

> 通过修正错误的信念，我们可以降低自己的过度反应。
>
> ——艾伦·贝克

人们对同一情景的不同认知源于个体的性格或心境。贝克的认知疗法可以帮助来访者质疑其（错误）认知，从而帮助其建立更为积极的认知。

将会意识到自己的认知有多么扭曲。例如，一个得到提拔的来访者可能会表达这样的消极想法：“我无法胜任新工作，我将会失败”，这便是导致个体焦虑和不快的情景知觉。理性的观点应该将提拔视为一种奖励，甚至是一种挑战。并非情景导致个体的抑郁，而是个体对情景的知觉导致的抑郁。认知疗法将帮助来访者认识到自己的认知偏差，并找到看待这一情景的更加符合实际的、更加开放的视角。

实验证据

对贝克的大部分来访者而言，认知疗法都有积极的治疗效果。此外，贝克还用科学的方法来支持自己的发现。他为来访者设计了特殊的测量评估工具，这样可以密切监控来访者的进展。结果表明，和传统的精神分析疗法相比，认知疗法让病人感觉更好、好得更快。重要的是，他没有和很多精神分析学者一样成为一个类似“宗教权威的角色”，他尽力向世人证明，治疗的关键在于疗法，而非治疗师。

贝克不是唯一，也不是第一个对传统精神分析疗法提出挑战的人，但他选用认知模型的做法却是一种革新。在对精神分析疗法提出挑战的过程中，他深受艾利斯（20世纪50年代中期理性情绪行为疗法创始人）的影响，同时，他也受到了当时其他国家的行为主义学家的影响，如南非的沃尔普和阿诺德·拉扎勒斯。尽管采用的疗法不同，但是这些疗法和贝克的理论都有共同之处：遵循严格的科学方法论，同时否认无意识导致心理或情绪障碍的这一说法。

当认知疗法确立其地位之后，它开始被越来越多地用于治疗抑郁症。后来，贝克发现认知疗法还有其他的用途，比如治疗人格障碍和精神分裂症。贝克对新思想（只要能证明其有效性）总是呈现开放态度，他还积极地将行为主义疗法的要素纳入到自己的治疗方法中，同时还吸收了20世纪80年代许多心理治疗师的方法。这才导致现在的认知疗法呈现了百花齐放的现状。

贝克对心理治疗的影响不容忽视，他既为临床心理学引入了认知疗法，还坚持用科学的态度不断进行检验，又将精神分析疗法的弱点暴露在了阳光之下。他还设计出多个评估抑郁症性质及其严重程度的量表，很多量表至今被广泛使用，如贝克抑郁自评问卷（BDI）、贝克绝望自评量表（BHS）、贝克自杀意念量表（BSS）和贝克焦虑量表（BAI）。■

> 不要盲目相信我，试着检验我。
>
> ——艾伦·贝克

我们每次只能听到一个声音

唐纳德·布罗德本特（1926–1993年）

背景介绍

聚焦

注意理论

此前

17世纪40年代 笛卡儿指出，人是一种拥有思维和灵魂的机器。

20世纪40年代 英国心理学家、应用心理学中心主席肯尼思·克雷克利用流程图比较了人类和人工智能对信息的加工过程。

此后

1959年 乔治·米勒的研究显示，短期记忆最高可以储存7个信息组块。

1964年 英国心理学家安妮·特雷斯曼认为，那些不重要的信息在过滤阶段并没有被消除，而是出现了衰减（就好像喇叭的音量被调小了一样），所以这些信息是被意识所“屏蔽”了。

在第二次世界大战之前，英国的心理学还远远落后于美国和欧洲其他国家。英国心理学工作者当时主要推崇的行为主义和心理治疗理论已然过时了。当时英国为数不多的大学心理系采用的基本都是自然科学的研究方法，即强调实际操作而非理论假设。在这个前途渺茫的科研环境中，唐纳德·布罗德本特（Donald Broadbent）依然成为早期最有影响力的认知心理学家之一。他在战后离开了英国空军，并在那时决定学习心理学。当时注重实际的研究方法令布罗德本特如鱼得水，他可以很好地利用自己在战时担任飞行员和航空工程师的经历。

实用心理学

布罗德本特17岁时加入了英国皇家空军，还曾被送往美国接受训练。这是他第一次接触心理学，相关知识开始使他从另一个角度看待飞行员遇到的一些问题。他认为这些问题从心理学的角度来看可能有着其他的原因和答案，而不仅仅是简单的机械问题。于是，在离开空军之后，他前往剑桥大学学习心理学。

布罗德本特在剑桥的导师是巴特利特，巴特利特是纯粹的科学家，也是英国第一位实验心理学教授，二人志趣相投。巴特利特认为当研究者为实际问题寻找解决方法时，时常能够得出最为重要的理论发现。布罗德本特十分赞同这一观点，这也促使他自1944年应用心理中心（APU）建立后一直追随着巴特利特。正是在这个时期，布罗德本特获得了他最具开创性的研究成果。他放弃了当时心理学最盛行的行为主义方法，转而关注自己在空军就职时遇到的实际问题。例如，飞行员有时会弄混外形类似的控制装置，比如一些飞机的滑轮升降杆和控制阻力板的操作杆外形十分接

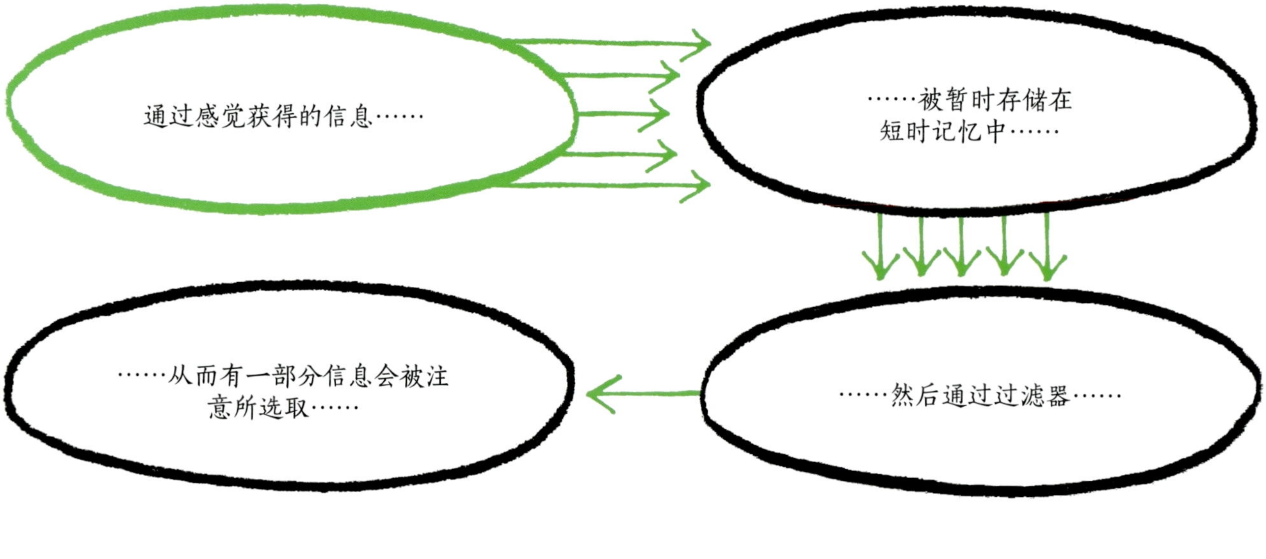

参见：勒内·笛卡儿 20~21页，乔治·米勒 168~173页，丹尼尔·夏克特 208~209页，弗雷德里克·巴特利特 335页。

第二次世界大战时的飞机的操作板着实令人眼花缭乱，布罗德本特感兴趣的是飞行员如何对这些操作键功能进行加工，同时他也希望改变这种操作板的设计，从而改善这种复杂的操作板系统。

近，二者都在飞行员座位旁边，时常导致飞行员的误操作，进而引发事故。布罗德本特认为，如果在设计飞机时能够将飞行员的能力和局限性加以考虑，那么这种偶然事件就可以避免，而不是在飞行时让人措手不及。

布罗德本特希望利用心理学更好地了解影响飞行员胜任力的因素。飞行员需要不断接收新信息，然后对信息进行选择，最终做出决定。布罗德本特发现，当面临的信息过多时飞行员时常会出错。布罗德本特的思想受到了当时计算机发展以及 "人工智能"的影响。应用心理中心第一任主席肯尼思·克雷克为研究中心留下了对人类和人工智能的信息加工过程进行比较的重要手稿和流程图，布罗德本特对此进行了认真的研究。

同时，像数学家图灵这样的密码破译者也已经开始将信息加工过程纳入研究范畴中，战后，他还将这些观点应用到"思维机"理论中。将人类大脑的加工过程与机器进行比较是非常重要的类推法，但是真正将这种比较向前推进的人是布罗德本特，他认为人类的大脑就是一种信息加工机器。这一论点使认知心理学真正从行为主义中脱离出来，认知心理学研究的是大脑的加工过程，而非这种加工过程在行为上的反应。

为了了解人类的注意是如何工作的，布罗德本特需要设计出能

唐纳德·布罗德本特

唐纳德·布罗德本特出生在英格兰的伯明翰，但他自认为是威尔士人，因为父母离婚后，他的青少年时代是在威尔士度过的。17岁那年，他赢得了久负盛誉的温彻斯特公学的奖学金，随后加入了英国皇家空军，成为一名飞行员并开始研究航空工程学。

1947年从皇家空军退伍后，他来到剑桥追随巴特利特学习心理学，不久后加入了新成立的应用心理中心，并于1958年当选主席。他有过两次婚姻，是个腼腆而心胸宽广的人，他深信他的研究是无可比拟的，并应该得到切实的应用。1974年，他获封英国二等勋位爵士，受聘于牛津的沃尔森学院，他一直留在那里直至1991年退休。两年后，他死于心脏病发作，享年66岁。

主要作品

1958年 《知觉与沟通》
1971年 《决策与压力》
1993年 《模拟人类智能》

够支持其论点的实验。工程学背景意味着只有找到能够支持理论的证据他才能满意。同时，他还希望自己的研究能够具备实践价值，应用心理中心设立的本意也是如此。对布罗德本特而言，实际运用并不能只限于心理治疗，而应该为整个社会服务。他时刻谨记自己的研究是公费资助的，其研究结果更应该具备社会价值。

> **我们的意识可以被视为一台可以同时接受多频道信号的收音机。**
>
> ——唐纳德·布罗德本特

一次一个声音

布罗德本特最重要的实验是他对空中交通管制系统的实验。地面控制人员时常要同时处理多重信息，他们需要通过无线电设备和耳机接收来自不同飞机起落的信息，并且要在接收信息后迅速做出决定，布罗德本特注意到他们一次只能有效地处理一个信息。他所感兴趣的是大脑如何在不同信息源中选择最为重要的那个。他认为大脑一定存在某种机制使得它可以对信息进行加工并做出这样的选择。

布罗德本特设计的实验，就是著名的双耳分听实验，它聚焦于选择性注意的早期，即大脑从众多感官信息中过滤无关信息的过程。在了解空中交通管制系统之后，他选择让被试从耳机中接收听觉信息的实验方法。他设计的实验让被试同时接收两种不同的听觉信息（左耳一种、右耳一种）之后测试被试对这些信息的记忆效果。

和布罗德本特预期的一样，被试无法同时加工来自两个通道（双耳）的信息。他预测的“我们一次只能听到一种声音”得到了证实，但之后的问题是，被试如何选择要关注的信息，又如何舍弃剩余的信息呢？

回想自己早期作为工程师时接受的训练，他提出了一种机械模型来解释大脑在这个过程中可能进行的加工。他认为，当我们接收多个通道的信息时，如果大脑无法持续加工这些信息，那么这些信息将遇到“瓶颈”，这时必然存在某种“过滤器”帮助大脑只接受一个通道的信息。他解释这一观点的方法非常形象：有一个Y形通道，上方的两个通道同时传输过来两个乒乓球，在通道汇合处，有个盖板阻止其中一个乒乓球的前进，这使得另外一个乒乓球可以顺着通道继续前进。

但是还有一个问题：这个过滤器在信息输入的哪个阶段起作用？对早期双耳分听任务进行变化后，布罗德本特又设计了一系列的实验，最终他确信所有感官信息将以某种方式被完整地存储下来，

空中交通管制员需要同时处理大量的信息。通过在听觉实验中再现这一问题，布罗德本特描述了人类注意的过程。

他称之为短时记忆。正是在这个阶段，过滤器开始发挥作用。他对“信息是在何时被如何选择”的描述便是后来众所周知的“布罗德本特过滤器模型”。他为实验心理学领域带来了一种全新的研究方法，不仅因为他将理论与实践结合在一起，还因为他的新观点：将大脑视为一种信息加工器。

鸡尾酒会现象

布罗德本特并不是唯一关注人类选择性注意问题的研究者。英国的科学家科林·彻利是20世纪50年代关注这一问题的另一学者。彻利主要研究的是人际交往领域而非心理学，他提出了“鸡尾酒会现象”：在一个人声嘈杂的聚会上，在多种交谈的声音中，我们选择注意哪些声音，又忽略哪些？我们又是如何确保自己的注意力关注在谈话“A”上，而不被“B”、“C”所扰？

> **大脑会在不考虑其正确与否的情况下只选择两种声音的其中一个做出反应，而另外一个则会被忽略。**
>
> ——唐纳德·布罗德本特

为了回答这些问题，布罗德本特将注意力放在了其模型中的过滤器的性质上。过滤器如何过滤信息？又如何让不被过滤的信息通过？经过一系列精确的实验，他发现过滤器的选择依据并非信息的内容（如交谈的内容），而是信息的物理特征，如声音的音量或清晰度。这就意味着尽管信息被暂时存储在短时记忆中，但只有经过过滤器过滤后，它的意义才可能被大脑加工并被人们理解。这一发现对于空中交通管制系统十分重要，比如控制员可能会对无关的或者不准确的信息进行加工，而不是根据其意义和重要性进行处理。布罗德本特和彻利一起进行了很多双耳分听实验来检验过滤器的加工过程。他们发现人的预期也会影响信息的过滤过程。在其中一个实验中，他们要求被试同时在左右耳收听不同的数字序列。有的被试会被告知他们之后需要先回答哪只耳朵（信息通道）听到的数字，有的被试则不会收到任何提示。实验结果显示，当人们知道自己要先回答出哪个耳朵听到的信息时，他们就会把注意力放在这只耳朵上，而另外一只耳朵听到的信息往往难以被提取出来。在所有的被试中，被试被要求记住的信息或是被试自主选择先记住的信息往往会比之后的信息得到更为准确的加工，人们认为这是因为那些被忽略的信息在得到提取之前就已经在短时记忆中消失了。1957年，布罗德本特写下了这样的文字：“我们一次只能听到一个声音，而我们最先听到的一定是我们记得最牢的。”

模型的修正

1958年，布罗德本特将自己的研究结果写成《知觉与沟通》一书，这本书很好地总结了他对注意、理解以及记忆的研究结果。这本书的出版时机非常重要，因为当时的美国开始出现了对行为主义理论的质疑，这本书恰好顺应了当时的潮流，并成为新认知心理学发展的里程碑。因此，布罗德本特被同行认为是英国的第一位心理学大师（即使这一观点可能并未得到大众的认可），他在同年被任命为应用心理中心的负责人，接替了巴特利特的工作。

然而，布罗德本特并没有停留于此，他以负责人的身份继续对注意进行研究，并扩大了研究范畴，不断完善自己的理论模型。他以过滤器模型为出发点，重新回到了对鸡尾酒会现象的研究上，他将注意力放在了彻利提到的有关大脑选择信息的性质的问题上。当谈话涉及对个体具有特殊意义的信息（比如这个人的姓名）时，个体的注意力就会被拉到这个谈话上，而个体之前所关注的信息将被忽略。

在应用心理中心进行的双耳分听实验证实了彻利的发现：个体对信息的选择不仅基于信息的物理性质，还会受到信息的意义、该信息得到的反馈、个体之前的经历以及个体当时的预期等因素的影响。例如，警报声很容易从众多声音中脱颖而出被个体捕捉到。这意味着信息在被注意选择之前就已经被加工了。

布罗德本特意识到他的过滤器理论需要进行修正，但是这一点不但没有令他感到气馁，反而让他

鸡尾酒会上的人们可能会把注意力放在某段谈话上，但是如果其他交谈中涉及对某个个体而言的重要信息时，个体就会感知到（注意力也会转向）新的谈话内容。

> 对心理学理论的检验和道德审视都应放到具体的实际运用的范畴中。
>
> ——唐纳德·布罗德本特

布罗德本特认为应用心理学可以提高复杂的工业过程的效率，他一直致力于从事真正有用的研究。

兴奋不已。作为一名科学家，他感觉所有的科学理论可能只能盛行一时，尽管当前的证据可能支持某个理论，但是当新的证据出现时，这个理论就会受到质疑。这也正是科学进步的必然。

应用心理中心的工作主要围绕着布罗德本特对注意的研究展开，这为拓宽研究的实践领域创造了条件。布罗德本特通过不懈的努力以确保自己的研究具备实践价值，他验证了环境中噪声、温度以及压力因素对个体注意力的影响，他还在研究中对其理论观点进行不断验证和完善。在研究过程中，他获得了政府的资助，也得到了众多企业的尊重，他的理论在实际中的运用使很多企业受益。这也引发了该领域的更多相关的研究，如不同个体之间的注意力差异等，而他的注意实验中的问题促使他的理论被不断修正而趋于完善。1971年，他出版了第二部著作《决策与压力》，这本书从细节上充实了过滤器理论，并和前一本书一样成为认知心理学领域的经典教材之一。

认知取向

布罗德本特的书并没有被大众完全接受，却在科学家中久负盛名。随着计算机技术的兴起，他越来越热衷于人脑和电子机械的比较。他提出的人脑对信息加工的不同阶段（信息的获取、存储、提取及使用）的模型和当时人工智能的研究相一致。布罗德本特为人机交互领域做出了贡献，这对认知科学的发展起到了重大的作用。他的研究还确立了应用心理学的地位，同时也拓展了应用心理学在实践中的作用。作为认知心理学的关键人物，他对注意的研究为新的研究领域的开拓奠定了基础，而这个领域至今都在为研究人员提供丰富的理论和方向。■

> 他的研究将目光放在社会及相关问题上，而非仅满足于故步自封在象牙塔中。
>
> ——费格斯·克雷克
> 阿兰·巴德利

时光之水可以倒流

安道尔·托尔文（1927年–）

背景介绍

聚焦

记忆研究

此前

1878年 艾宾浩斯进行了历史上第一个针对人类记忆的科学研究。

1927年 布鲁玛·蔡加尼克描述了这样一个现象：打断任务极大程度上加深了对任务的记忆。

20世纪60年代 杰罗姆·布鲁纳指出了在学习过程中组织和编码的重要性。

此后

1979年 伊丽莎白·洛夫特斯在其著作《目击者证词》中探讨了有关记忆扭曲的问题。

1981年 约翰·鲍尔比将记忆中的事件和情绪联系到了一起。

2001年 丹尼尔·夏克特出版了《记忆的七宗罪：大脑是如何记忆和遗忘的》。

由事件和经历组成的情景记忆往往储存在长时记忆中。

这与语义性记忆截然不同，语义性记忆是指我们长时记忆中对知识和事实的记忆。

与特定时间和地点相关的记忆可以被与这些时间和地点相关的信息所触发。

与某首歌曲或某种气味等相关的感官记忆同样可以被歌曲或气味的信息所触发，我们几乎可以回忆出这个事件的全部信息。

人类可以通过这样的方式"回到过去的时光"……

……就好像时光之水可以倒流一样。

记忆是19世纪心理学家的最早研究的领域之一，因为它和意识紧密相连，这种联结也为哲学和心理学之间搭建了桥梁。艾宾浩斯十分重视利用科学的方法研究记忆与学习之间的关系，但是之后的心理学工作者将注意力转向了学习行为，聚焦于"条件作用"。20世纪二三十年代，除了一些零散的研究外，蔡加尼克和巴特利特的研究相对比较著名，在第二次世界大战之后、认知革命出现之前，记忆这个主题几乎已经被人们所遗忘。认知革命之后，认知心理学家开始探索大脑对信息的处理，最终形成了信息存储的模型：信息的存储被视为一个过程，信息从短时记忆或工作记忆转化为长时记忆的过程。

在安道尔·托尔文（Endel Tulving）1957年获得博士学位之时，记忆又一次成为了研究的核心。由于缺乏设备，托尔文不得已放弃了自己对视觉的研究，转而将注意力放在了记忆上。由于资金不足，他的研究受到了限制，实验材料也局限在笔、纸和索引卡上。

自由回忆法

托尔文采用了一种非传统的研究方式从被试身上获得信息，这也导致他遭受了同行的批评，也使他的研究结论的发表难上加难。然而自行其是的个性依然使他做出了很多创新性研究。20世纪70年代早期曾出现过以整班学生为被试的实验模型，这一模型为托尔文后来

参见：赫尔曼·艾宾浩斯 48~49页，布鲁玛·蔡加尼克 162页，乔治·米勒 168~173页，高尔顿·鲍尔 194~195页，伊丽莎白·洛夫特斯 202~207页，丹尼尔·夏克特 208~209页，罗杰·布朗 237页，弗雷德里克·巴特利特 335页。

的实验提供了基础。他向一个班的学生念一张写有20个日常单词的清单，之后要求学生们根据自己的回忆尽可能多地默写出这些单词，顺序不限。和他的预期一致，大部分学生都能回忆出一半以上的单词。之后，他会以学生没有回忆出来的单词为线索对学生进行发问，例如“单词中是否有一个关于颜色的词语？”，这时学生往往能够回忆出这个单词。

托尔文利用“自由回忆”的方法设计了一系列的实验，结果他发现，人们会将不同词语按照其意义类别进行分组；这种分组的过程完成得越好，回忆的效果也就越好。如果给被试提供的某个词的线索和被试对其进行“分组”的线索（如动物）一致，那么被试也能够回忆出这个词。托尔文从而得出结论：尽管被试能够回忆出清单上的所有单词，但是那些经过个体分组的单词更容易被回忆出来，尤其当给予被试适当的线索时更是如此。

记忆的类型

之前的心理学家更多关注的是信息的存储过程及信息存储失败的过程，而托尔文则对两个不同的过程（信息的存储和提取）进行了区分，他还向大家展示了二者之间的联系。经过研究，托尔文惊讶地发现，记忆似乎存在不同类型。之前人们已经发现了长时记忆和短时记忆之间的区别，但是托尔文认为长时记忆也有不同的类型。他发现那些以知识（事实和数据）为基础的记忆和以经验（事件和对话）为基础的记忆之间存有差异。他提出将长时记忆区分为两种类型，一种是以事实性资料为主的语义记忆，另一种是以储存个人经历为主的情景记忆。

托尔文的实验显示，例如单词清单这样的语义信息，可以帮助个体更为有效地进行回忆，在情景记忆中也存在类似的情况，不过语义记忆是将信息进行有意义的分类之后进行存储，情景记忆则是将信息与其发生的特定的时间和环境联系到一起再进行存储。例如，在某个生日晚会上有两个人进行了一场特殊的谈话，那么对谈话内容的记忆将会和这个场景的信息混合在一

在托尔文的自由回忆实验中，他要求被试回忆出一张随机列有不同单词的清单，而当给予被试关于某词汇的分类线索时，这个“被遗忘”的单词往往又能被个体回忆出来。这些单词还是被存储到了记忆中，只不过暂时难以提取出来罢了。

像婚礼这样的情绪高唤起事件将会触发个体的情景记忆。而这些存储的方式可以确保个体像“时光旅行”那样重新体验这一事件。

> 回忆是大脑的时光旅行。
> ——安道尔·托尔文

起储存到记忆中。比如，“城市”这个分类信息可以帮助我们根据这个线索提取出“北京”这个语义记忆，而“40岁生日”能帮助我们依据这个信息提取出自己在生日宴会上所说的话。这种记忆与它发生的时间和环境的联系越紧密，我们就越容易通过时间和环境的线索将这个记忆提取出来。“闪光灯记忆”这种对重大事件（如“911恐怖袭击”事件）的记忆就是一个极端的例子。

托尔文将情景记忆描述为“大脑的时光旅行”，也就是说这种记忆是一种对过去的故地重游。他在后来的研究中指出，情景记忆是个体对某个特别的时光的记忆。这种记忆不仅可以帮助我们回忆发生过些什么，同时也可以帮助我们了解可能会发生什么。这种独特的能力使得我们能够思考自己的生活，担忧未来并做出规划统筹。也正是这种能力使得人类能够“充分利用自己对时空上的持续性的感知”，帮助我们将自然世界转化为众多文明。通过这一能力，“时光之水才得以倒流”。

信息的编码

托尔文认识到，无论是情景记忆还是语义记忆，对信息的组织都是有效回忆的关键所在，大脑对信息的组织使得特定的事件或事实与特定的项目联系到一起，就好像不同群组的鸽子被分到不同的鸽巢一样。而对特定信息的回忆如果能够指向特定的“鸽巢”——大脑了解要找到特定信息，应该“往哪里去”，大脑就会不断缩小搜索的范畴，回忆的难度将大大降低。

安道尔·托尔文

安道尔·托尔文出生于爱沙尼亚，他的父亲是一名法官。儿时他一直在私立学校读书，尽管他是一名模范生，但是其实和学科知识相比，他更喜爱运动。在1944年，他和兄弟逃往德国并在那里完成了学业，他们一直没能和双亲碰面，直到九年后斯大林去世。

第二次世界大战之后，托尔文作为一名翻译为美国军方服务，在1949年移民至加拿大之前，他还有过短暂的医学院的求学经历。1953年，他在多伦多大学的心理学系毕业，并于1954年拿到了硕士学位。之后，他去哈佛就读并在那里拿到了博士学位，他的博士学位论文便是关于视知觉的。1956年，托尔文回到了多伦多大学，他在那里一直执教至今。

主要作品

1972年 《记忆的组织》
1983年 《情景记忆的要素》
1999年 《记忆、意识和大脑》

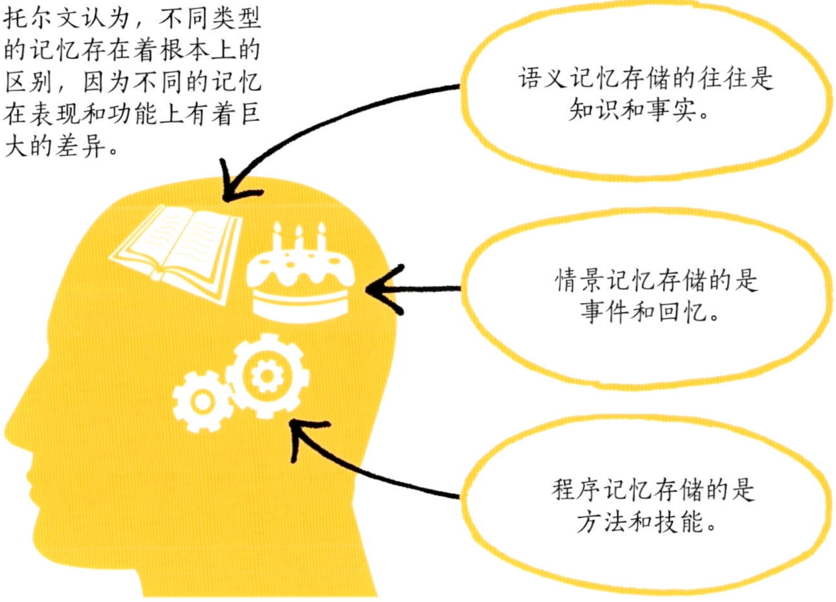

托尔文认为这意味着大脑对每个进入长时记忆的信息都会进行编码，从而确保可以通过一个较为常见的提取线索定位到某个特定的记忆。这种可以促进个体情景记忆的线索往往是感官线索，一种特定的声音（比如一个音乐片段）或一种气味都可以触发相关的完整记忆。

托尔文有关“编码特异性原则”的理论特别适用于情景记忆。大脑对过去某个特定事件的记忆是根据其发生的时间、和当时发生的其他事件一起进行编码的。托尔文发现，提取某个特定情景记忆的最有效线索是和这个记忆同时被编码的、与这个记忆重叠最多的内容。对于提取情景记忆而言，这种提取的线索十分重要，但是却并不充分，因为即使这个记忆存储在长时记忆中，有时线索和记忆之间的关系也没有密切到达到可以令个体能够回忆出来的程度。

和之前的记忆理论不同，托尔文的编码原则区分了“可以被提取的记忆”和“容易被提取的记忆”之间的差别。当个体无法回忆出某个信息片段时，并不意味着这个记忆“被遗忘了”或是在长时记忆中消失了；这个记忆其实依然存储在大脑中，依然可以被提取出来，关键在于提取途径上。

记忆的大脑扫描

托尔文对于记忆的存储和提取的研究为心理学研究开拓了一个全新的领域。20世纪70年代，他出版了一系列关于其研究结论的书籍，他的结论得到了很多认知心理学家的支持，这些认知心理学家利用刚刚兴起的脑成像技术在神经科学领域为他的理论寻找到了证据。在神经科学领域的科学家的帮助下，托尔文寻找到了大脑进行编码和提取的不同区域，他发现，情景记忆与大脑的内侧颞叶、尤其是海马存在很密切的关系。

他所采用的非传统的、非学术性的方法使他得出了极具创新性的见解，从而也为其他心理学工作者提供了灵感，这其中就包括了他的一些学生，如丹尼尔·夏克特。托尔文对记忆的存储和提取功能的关注为人们找到了一条理解记忆的新思路，但或许对语义记忆和情景记忆的区分才是他最具突破性的贡献。后来的心理学工作者不断为丰富这个模型而继续努力，比如程序记忆（如何做事情的记忆）、外显记忆（在意识范畴内的记忆）以及内隐记忆（我们没有意识到、但是却会对我们造成持续影响的记忆）。这些概念至今依然在认知心理学家的研究范围之内。■

> 我们所知道的记忆行为与内在神经结构的关系并不明了。这才是真正的科学。
>
> ——安道尔·托尔文

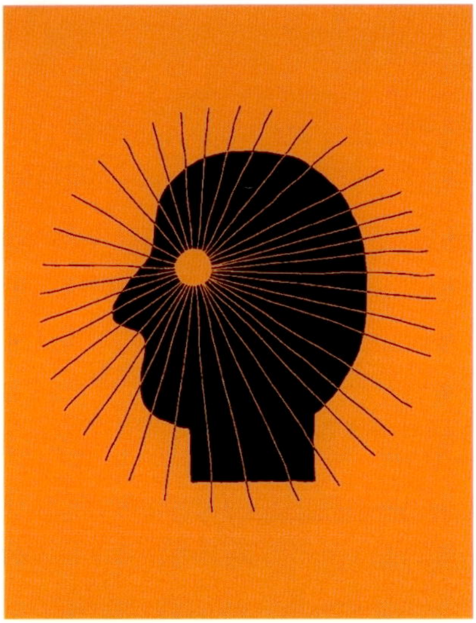

知觉是受外部信息引导的一种想象

罗杰·谢帕德（1929年–）

背景介绍

聚焦

知觉

此前

1637年 笛卡儿在《方法论》中指出，尽管我们的感觉会欺骗人，但是我们是天生能够思考的个体。

20世纪20年代 格式塔理论学派开始对视觉进行研究，他们发现人们倾向于将事物的不同组成部分视为一个统一的整体。

1958年 唐纳德·布罗德本特在《知觉与沟通》一书中明确提出了对知觉的认知心理学研究方法。

此后

1986年 美国的实验心理学家米歇尔·库伯维出版了《心理学视角与文艺复兴艺术》。

大脑如何利用外部世界的信息？这是哲学家和心理学家关注的重要问题。我们究竟如何利用自己感官获得的信息？20世纪70年代早期，认知与数学心理学家罗杰·谢帕德（Roger Shepard）提出了有关大脑如何处理“感官信息”的全新理论。

谢帕德认为，我们的大脑不仅加工感官信息，还会根据这些信息进行推论，依据是我们能构造出内在的物质世界的模型，其中物体将会以三维形式呈现。为了证明这一点，他设计了一个实验，要求被试判断看到的一对方格体（每个方格体旋转到不同角度）是否相同。结果表明，我们会执行谢帕德所谓的“心理旋转”：我们能够在意识中将方格体旋转以进行比较。

谢帕德使用了一系列视觉（和听觉）的错觉证明了我们的大脑在解释感官信息的过程中，会同时利用外部世界的信息及我们的想象进行加工。谢帕德认为“知觉是受外部信息引导的一种想象”，他将梦和幻觉描述为一种“内部模拟的知觉”。谢帕德的研究为识别大脑隐性的加工过程和信息的呈现过程提供了一种革命性的方法。他在视觉、听觉、想象和表征等方面的贡献影响了一代又一代的心理学工作者。■

错觉会令观察者感到困惑。这说明我们不只是在感知世界，同时我们还在尝试让感知到的信息与自己的内部理解相一致。

参见：勒内·笛卡儿 20~21页，沃尔夫冈·苛勒 160~161页，杰罗姆·布鲁纳 164~165页，唐纳德·布罗德本特 178~185页，马克斯·韦特海默 335页。

我们一直在不停地寻找事物间的因果关系

丹尼尔·卡尼曼（1934年–）

背景介绍

聚焦

预期理论

此前

1738年 瑞士数学家丹尼尔·伯努利（生于荷兰）提出了预期效应假设，用以解释人们在面对风险情境时的决策偏好问题。

1917年 沃尔夫冈·苛勒出版《人猿的智力》，书中阐述了他对黑猩猩的问题解决过程的研究。

20世纪40年代 爱德华·托尔曼有关动物行为的研究为动机以及决定过程的研究打开了新的领域。

此后

1980年 美国经济学家理查德·塞勒出版了第一篇关于行为经济学的论文《消费者选择的实证理论》。

一直以来，对风险的感知以及相关的决策方式的研究都被认为是概率或统计问题，而非心理学问题。然而，强调大脑加工过程的认知心理学把知觉及判断的概念引入问题解决的研究领域中，并得出很多令人惊讶的结论。以色列裔美国经济学家丹尼尔·卡尼曼（Daniel Kahneman）以及阿莫斯·特沃斯基重新探讨了人们在面临不确定因素的情况下进行决策的过程，他们将其发现发表在《在不确定基础上的判断：直观推断和偏见》（1974）中。他们发现，大家的普遍认知（在做决定的过程中人们更多考虑概率和统计因素）在实际生活中却站不住脚。相反，人们在决定的过程中会更多地凭借自己的经验——个体经历或是小样本事件。因为人们总是会依据大脑的直觉做决定（而不是去计算可能的概率），因此人们的判断常会出错。

> **在发现轮盘多次均停留在红色之后，大部分人都会错误地相信下一次更可能是黑色。**
>
> ——丹尼尔·卡尼曼
> 阿莫斯·特沃斯基

卡尼曼和特沃斯基发现人们这种基于经验解决问题的过程存在普遍的问题：我们倾向于高估小概率事件（比如空难）的可能性，却低估高概率事件（比如醉酒驾车出车祸）的可能性。

这些发现为卡尼曼和特沃斯基的结论奠定了基础，他们在1979年提出了自己的假设，开创了行为经济学这一新的心理学领域。■

参见：爱德华·托尔曼 72~73页，沃尔夫冈·苛勒 160~161页。

事件和情绪是一起被储存进记忆的

高尔顿·鲍尔（1932年–）

背景介绍

聚焦

记忆研究

此前

1927年 布鲁玛·蔡加尼克提出“蔡氏效应”，即打断任务极大程度上加深了人们对任务的记忆。

1956年 乔治·米勒的著作《神奇的数字7±2》为短时记忆提供了一种新的认知模型。

1972年 托尔文区分出了两种记忆：语义记忆和情景记忆。

此后

1977年 罗杰·布朗创造了“闪光灯记忆”一词，以描述高情绪唤起事件与个体记忆的关系。

2001年 丹尼尔·夏克特出版了《记忆的七宗罪》，对人们记忆失败的可能性进行了分类。

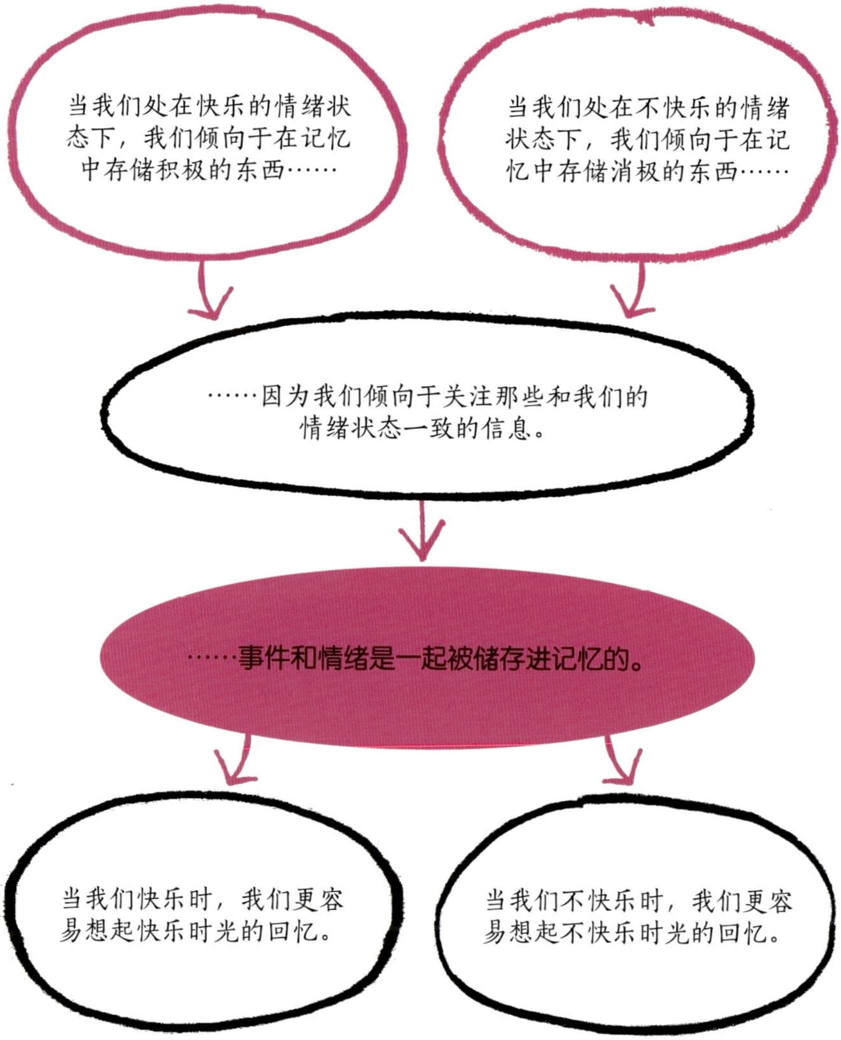

参见: 布鲁玛•蔡加尼克 162页, 乔治•米勒 168~173页, 安道尔•托尔文 186~191页, 保罗•艾克曼 196~197页, 丹尼尔•夏克特 208~209页, 罗杰•布朗 237页。

20世纪50年代，记忆研究热潮再次席卷而来。对于短时记忆和长时记忆，人们提出了更加丰富的模型，以解释人们如何选择、组织、存储及提取信息。同时，关于记忆内容是如何被遗忘或是扭曲的问题也得到了人们的关注。

记忆和情绪

到了20世纪70年代，学习理论和记忆理论研究的焦点逐渐转移到为什么某些记忆会更加准确的问题上。高尔顿•鲍尔（Gordon Bower）当时是该领域的领军人物之一，他发现情绪会对人们的记忆造成影响。鲍尔进行了一系列的研究，观察不同情绪状态下的人们对同一单词清单的学习效果和之后的回忆效果，还观察了这些被试在情绪状态改变后的回忆效果，他提出了“基于情绪的提取效应”：一个人在不快乐状态下学习的内容，在之后他不快乐时的回忆效果会更好。鲍尔得出结论：我们会将自己的情绪状态和周遭发生的一切联系起来，我们的情绪和这些信息将一起被存储进记忆中。如果我们回忆时的情绪状态和我们在学习该信息时的情绪状态一致，我们的回忆效果将更好。

鲍尔还发现，情绪在大脑存储信息的过程中也有作用。当我们快乐时，我们会存储积极的事情；当我们伤心时，我们更容易关注和记住消极的事情。例如，同样阅读一个悲伤的故事，不快乐状态下的人和快乐状态下的人相比，前者对细节的记忆效果更好。他称之为“情绪一致性处理”，他认为情景记忆不仅是对词语或事实的记忆，还有对事件的记忆——和情绪的联系更为紧密。事件和情绪是一起被储存进记忆的，我们记得最牢的是那些与自己情绪状态相一致的事件，无论是在事件发生时还是后来回忆时。这些发现促使鲍尔进行了更深入的研究，他要求被试观看自己和他人互动的录影带并观察他们的情绪反应。结果发现，被试的记忆以及对过去行为的判断会因为被试观看录影带时的情绪而有所变化。这个研究使鲍尔关于记忆和情绪的理论得到了进一步完善，同时，促使研究者开始探讨情绪在我们生活中所扮演的角色问题。■

鲍尔认为，快乐时，我们更容易回忆出田园诗般的快乐假日。而不快的记忆此时更可能被遗忘，或是等着在我们不快乐时出现。

高尔顿•鲍尔

高尔顿•鲍尔在美国的俄亥俄州长大。在高中时，他迷恋棒球和爵士乐，对学习的兴趣并不高，直到他被老师引荐参加了弗洛伊德的研究。之后，他前往凯斯西储大学学习心理学并在那里毕业，之后他到耶鲁大学深造，进行有关学习理论的研究，并于1959年拿到博士学位。自耶鲁毕业之后，鲍尔前往加利福尼亚的斯坦福大学。斯坦福大学心理系当时蜚声国际，他在那里执教直到2005年退休。在那里，他为认知科学领域的发展做出了贡献，2005年，鲍尔因他在数学和认知心理学领域的贡献获得了美国国家科学奖章。

主要作品

1966年、1975年 《学习理论》（与欧内斯特•希尔加德合著）
1981年 《情绪和记忆》
1991年 《学习与动机心理学》（27卷）

> 处在快乐状态下的人们对快乐事件的学习效果更好，愤怒状态下的人们对容易激发愤怒的事件的学习效果更好。
>
> ——高尔顿•鲍尔

情绪是一列脱轨的火车

保罗·艾克曼（1934年–）

背景介绍

聚焦

情绪心理学

此前

20世纪60年代　美国人类学家玛格丽特·米德对与世隔绝的部落进行研究后发现，人们的面部表情具有文化特异性。

20世纪60年代　美国心理学家希尔文·汤姆金斯（艾克曼的导师）提出了“情绪的情感理论”，与弗洛伊德的性、恐惧以及生本能等基本内驱力的概念有着很大的差别。

20世纪70年代　高尔顿·鲍尔探讨并解释了情绪和记忆之间的关系。

此后

21世纪　保罗·艾克曼有关面部表情和欺骗的研究开始被纳入公共交通系统的保安体系中。

在心理治疗刚刚兴起时，情绪尤其是情绪障碍是治疗师时常遇到的问题，但是情绪和情绪障碍更多被视为需要得到治疗的症状，而不是被作为独立的问题来研究。保罗·艾克曼（Paul Ekman）第一个认识到，情绪应该和思维过程、内驱力以及行为一样获得人们更多的关注，之后他开始研究人类的非言语行为以及面部表情。

当艾克曼在20世纪70年代开始自己的研究时，人们的普遍假设是，我们通过社会交往学习如何表达自己的情绪，而这种表达会因不同的文化背景而有所不同。艾克曼游历了世界的很多地方，他首先拍摄了“发达国家”（如日本和巴西）人们的照片，之后他又拍摄了很多连电视和收音机都没有的偏远地区（如巴布亚新几内亚的丛林）的人们。他发现部落里的人们能够和发达国家的人们一样理解面部表情的含义，这也就意味着面

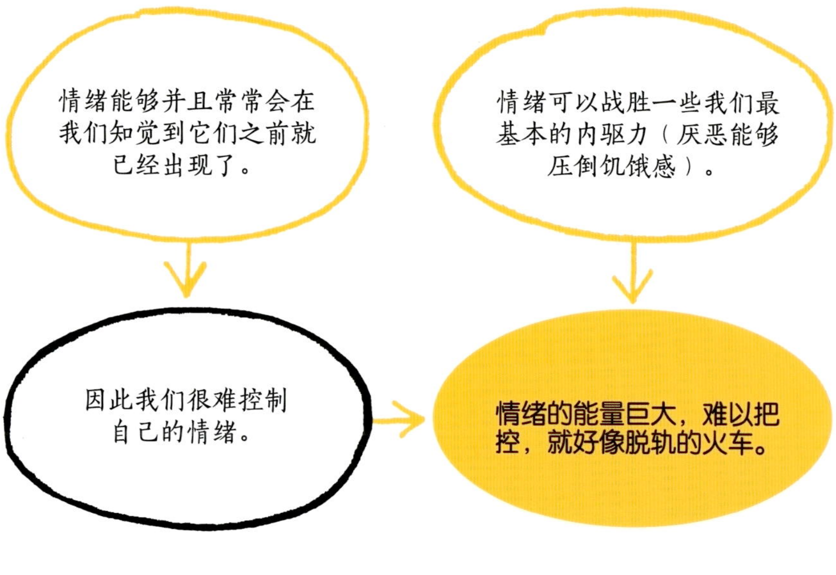

参见：威廉·詹姆斯 38~45页，西格蒙德·弗洛伊德 92~99页，高尔顿·鲍尔 194~195页，尼科·弗莱吉达 324~325页，夏洛特·布勒 336页，雷内·迪阿特凯内 338页，斯坦利·斯坎特 338页。

六种基本情绪

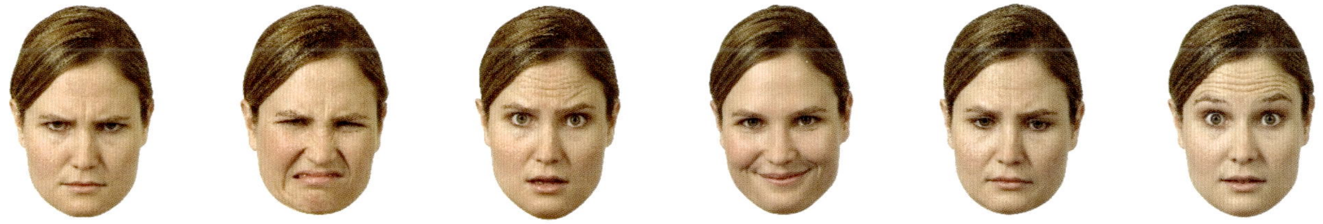

愤怒　厌恶　恐惧　快乐　悲伤　惊讶

部表情是人类进化过程的普遍产物。

基本情绪

艾克曼提出了人类的六种基本情绪：愤怒、厌恶、恐惧、快乐、悲伤和惊讶，因为这些情绪普遍存在，所以艾克曼认为这些情绪对心理结构一定有着非常重要的作用。他指出面部表情和这些情绪之间的联系是不自觉的——我们会对那些引发这些情绪反应的源头做出自动反应，而且在做出这些反应的时候，我们的意识通常还没来得及反映出它们生成的原因。艾克曼推论，面部表情能够反映出我们的内在情绪状态，而且，这些不自觉的情绪反应的能量远比之前心理学家认为的要强大得多。

在《情绪的解析》一书中，艾克曼指出，情绪的能量远高于弗洛伊德理论中的性、饥饿甚至生本能等驱动力的能量。例如，尴尬或恐惧可以压制性驱力，这往往导致人们的性生活因为尴尬或恐惧而出现问题。极度的不快乐往往可以压制人的生本能。情绪的这种如“脱轨火车”般的能量使艾克曼相信，进一步了解情绪能够帮助我们找到解决部分心理障碍的方法。我们可能无法控制自己的情绪，但是我们可以改变引发我们情绪的事件，我们也可以改变情绪所引发的行为。

除了情绪方面的研究，艾克曼还开创性地研究了人们的欺骗行为以及人们怎样隐藏自己的感受。他鉴别出一些小的“泄密”信号，并称其为“微表情”——个体在有意或无意隐瞒时能够被看穿的漏洞。这个研究对于反恐事业起到了巨大的作用。■

保罗·艾克曼

保罗·艾克曼出生在美国新泽西州的纽瓦克，他在那里度过了童年时光。第二次世界大战爆发后，他的家人搬到华盛顿州、俄勒冈州，最后到达了南加州。15岁时，艾克曼就进入了芝加哥大学，在那里他对弗洛伊德及心理治疗产生了浓厚的兴趣，之后他在阿德菲大学继续深造并取得了临床心理学的博士学位。在美军短暂工作一段时间后，他前往旧金山的加利福尼亚大学，在那里他开始了有关面部表情和非言语行为的研究。他首先关注人们如何在面部表情上隐藏自己的情绪，之后又更加深入地探索了情绪心理学中尚未被研究者开发的领域。他于1972年被任命为旧金山加州大学的心理学教授，直至2004年退休。

主要作品

1985年　《说谎》
2003年　《情绪的解析》
2008年　《情绪知觉》

入迷让人进入另一种现实

米哈里·契克森米哈赖（1934年–）

背景介绍

聚焦

积极心理学

此前

1943年 亚伯拉罕·马斯洛的《人类动机理论》为人本主义心理学奠定了基础。

1951年 卡尔·罗杰斯出版了《来访者为中心疗法》，提出了人本主义心理疗法。

20世纪60年代 艾伦·贝克提出了替代精神分析疗法的认知疗法。

20世纪90年代 马丁·塞利格曼将研究的焦点从习得性无助以及抑郁症转向了积极心理学。

此后

1997年 契克森米哈赖和威廉·达蒙、霍华德·加德纳共同致力于研究优质工作项目，并在之后出版了《优质工作：当卓越和道德遭遇》，并于2002年发表了《优质工作：领导、心流以及创造意义》。

在认知革命发生时，临床心理学领域又崛起了一个新的运动，该运动不再只从障碍的角度去看待来访者，而是从更为人本主义的视角将来访者视为一个整体。如弗洛姆、马斯洛以及罗杰斯等心理学家开始不再只关注如何减轻抑郁给个体带来的痛苦，而是转而探讨哪些要素能够让个体过上幸福快乐的生活。基于这样的观点，“积极心理学”运动开始逐渐崛起，该运动更为关注如何帮助个体寻找幸福快乐的途径。

新心理学潮流的核心概念便

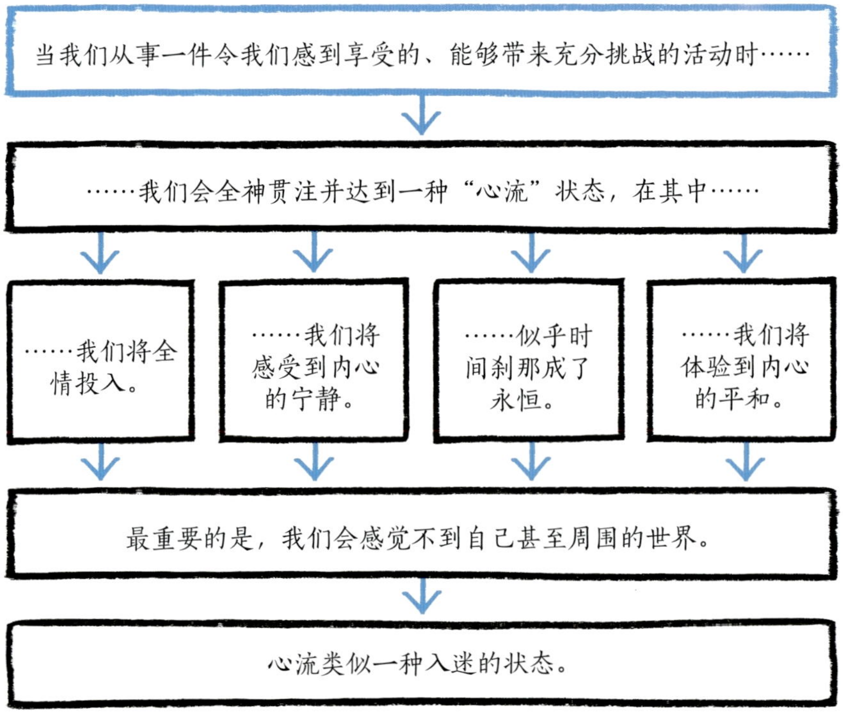

参见：埃里克·弗洛姆 124~129页，卡尔·罗杰斯 130~137页，亚伯拉罕·马斯洛 138~139页，艾伦·贝克 174~177页，马丁·塞利格曼 200~201页，乔·卡巴金 210页。

一个好的爵士乐家在演奏时会进入一种几乎恍惚的状态。个体将会被心流的这种入迷状态所吞没，他将会全身心投入到演奏和音乐当中。

是心流，心流由米哈里·契克森米哈赖（Mihaly Csikszentmihalyi）于20世纪70年代提出。他在1990年出版的著作《心流：心理的最佳体验》中对这个概念进行了充分的阐释。这一观点来源于他和很多认为生活（无论是工作还是休闲爱好）颇有意义的人的面谈。这其中不仅包含艺术家这样的创新型专业人士，还包含了各行各业的人，如外科医生和企业领导，还有那些在运动或游戏方面得到快乐和满足的人。

契克森米哈赖发现，这些人在描述自己完全投入喜爱并擅长的活动时都出现了一种类似的感觉，说自己体会到了一种忘我感，身在其中，所有的一切都是那么自然而然——心流状态。他说，这种状态始于“我们的注意力聚焦在那个清晰的目标上”。之后，我们会专心致志、全神贯注、乐在其中。我们知道必须做什么，也能够通过即时的反馈知道我们做得如何。音乐家知道自己演奏出的乐曲就应该是这样，网球运动员知道网球会达到预期的落点。

入迷的状态

那些经历心流状态的人描述自己在当时产生了永恒、平和以及宁静之感，契克森米哈赖将这种状态形容为入迷状态（一种“忘我”的状态）。享受心流关键在于出离日常生活的现实，脱离日常生活中的烦恼忧虑。契克森米哈赖觉得心流是个体能享受快乐的关键和充实生活的核心。

如何达到心流状态呢？契克森米哈赖研究了那些能够经常进入这种状态的人们，他发现当一件工作的挑战性与个体的能力相符时，也就是说该任务要在个体的能力范畴之内，需要个体全身心投入其中，同时还要对个体的能力加以提升时，个体将更容易进入心流状态。只有在个体的能力和任务的难度达到一个适合的平衡状态时，心流状态才会出现。如果任务超出个体的能力，只能引发焦虑；如果任务过于简单，将会导致个体产生厌烦或无聊的感觉。

契克森米哈赖有关心流的概念得到了其他积极心理学派人士的认可，并且成为乐观主义理论的组成部分。契克森米哈赖将心流视为各种活动的重要元素，并且认为心流是让一件工作变得富有意义的关键。■

米哈里·契克森米哈赖

米哈里·契克森米哈赖出生在南斯拉夫的阜姆港（今克罗地亚的里耶卡），那时他的父亲被任命为匈牙利的外交官。1948年，他和家人一起流亡到罗马。青少年时，契克森米哈赖参加了由荣格在瑞士召集的一个研讨会，由此激发了他学习心理学的兴趣。在奖学金的帮助下，他前往美国的芝加哥大学求学并于1959年毕业，于1965年获得了博士学位。在读书时，他与作家伊莎贝拉·色楞格缔结下姻缘，并在1968年成为美国公民。在1969年至2000年间，契克森米哈赖留在了芝加哥大学，研究其心流理论同时承担相应的教学工作。之后，他被任命为加利福尼亚克莱蒙研究生大学心理系的教授及负责人。

主要作品

1975年 《超越无聊和焦虑》
1990年 《心流：心理的最佳体验》
1994年 《自我的进化》
1996年 《创造力》

幸福的人都是高度社会化的

马丁·塞利格曼（1942年–）

背景介绍

聚焦

积极心理学

此前

20世纪50年代 卡尔·罗杰斯提出了有关“以来访者为中心”的概念和实践疗法。

1954年 亚伯拉罕·马斯洛第一次在其著作《动机与人格》使用了“积极心理学”这个词语。

此后

1990年 契克森米哈赖根据自己对幸福与从事有意义的、吸引人的活动之间关系的研究，出版了《心流：心理的最佳体验》。

1994年 乔·卡巴金的著作《当下，繁花盛开》提出了人们用以应对压力、焦虑、痛苦以及疾病的正念冥想。

有三种幸福的生活。

好生活——追求个人成长并能达到“心流”状态。

有意义的生活——无私地为他人或更崇高的事业而服务。

愉快的生活——积极与人交往并享受这个过程。

这些都能给个体带来持久的幸福感，但这种幸福感离不开社会交往。

社交关系不一定能给个体带来幸福，但它却是幸福感产生的必要条件。

第二次世界大战之后，实验心理学主要关注的是大脑的认知过程，此时临床心理学依然在继续研究如何处理抑郁和焦虑等问题。新的认知疗法仍然把焦点集中在如何缓解人们的痛苦上，而不关注如何激发、创造幸福的生活。

20世纪90年代，马丁·塞利格曼（Martin Seligman）有关“习得性无助”的理论（个体因抑郁等问题而陷入悲观的漩涡中）引发了诸多成功疗法的出现。他认为，心理学为人们提供了很多很好的东西，但他相信心理学能提供的远不

参见：埃里克·弗洛姆 124~129页，卡尔·罗杰斯 130~137页，亚伯拉罕·马斯洛 138~139页，艾伦·贝克 174~177页，米哈里·契克森米哈赖 198~199页，乔·卡巴金 210页。

> **良好的社会关系同食物和温度一样，对人类的情绪至关重要，这一点全世界都通用。**
>
> ——马丁·塞利格曼

止这些。他认为心理治疗应该“在关注个体弱点的同时关注个体的优势，在尝试对个体的生活进行修复的过程中也应该关注如何为生活赋予更好的意义”。基于其哲学背景，他将“积极心理学”的目标与亚里士多德所谓寻求“因理性而积极生活所带来的幸福”联系到一起。和这位哲学大师一样，塞利格曼认为关键不在于缓解或除去那些令我们不开心的事物，而是要积极促进能够让我们幸福快乐的事物的出现——当然首先要发现这些快乐是什么。

“幸福”的生活

塞利格曼注意到那些快乐而充实的人们往往拥有一定的社交圈，他们也十分享受他人的陪伴。这些人似乎正在过着“愉快的生活”——他所定义的三种幸福生活的一种，另外两种分别是“好生活”和“有意义的生活”。“愉快的生活”或尽力追寻愉快的生活往往会给个体带来快乐，但是塞利格曼发现这种快乐一般持续的时间并不长久。享有“好生活”的人或是在人际关系、工作以及娱乐中都十分成功的人，往往会拥有更为深入、持久的快乐。类似的，“有意义的生活”，或无私为他人或更为崇高的事业而服务的生活，也能给个体带来满足感和自我实现感。

塞利格曼还发现“好生活”和“有意义的生活”中往往包含一个关键因素，即他的同事契克森米哈赖所谓的“心流”或高度的精神投入。而“愉快的生活”中显然不包含这一因素，但塞利格曼还发现那些“极其幸福的人们”同样也是高度社会化的人们。因此他认为，“享受社交、享受他人的陪伴可能无法令个体产生智力或情绪上的满足感，却是能让个体拥有真正幸福的关键。”“好生活”和“有意义的生活”可以给我们带来幸福，“愉快的生活”一样可以提高幸福感。■

享受社交、享受他人的陪伴可能无法令个体产生智力或情绪上的满足感，但是塞利格曼发现，这却是让个体拥有真正幸福的关键。

马丁·塞利格曼

马丁·塞利格曼出生在纽约的奥尔巴尼，他于1964年在普林斯顿大学获得了哲学学位。之后他便把注意力转向心理学，并于1967年在宾夕法尼亚大学获得了博士学位。在之后的三年中，他一直在康奈尔大学执教，并于1970年重回宾夕法尼亚大学。1976年被聘为教授之后，塞利格曼便留在了宾夕法尼亚大学执教。

塞利格曼在20世纪70年代对抑郁症的研究提出了有关“习得性无助”理论，并提出了应对（与习得性无助相关的）广泛性悲观状态的方法。但是关于女儿的一件事让他看到了自己内在的消极倾向，他相信如果自己能将注意力转向自己积极的优势而不是消极的弱点，那么他将感到充实和快乐。作为现代积极心理学创始人之一，塞利格曼推动了宾夕法尼亚大学积极心理学中心的创建。

主要作品

1975年 《无助》
1991年 《活出乐观的自己》
2002年 《真实的幸福》

我们一心相信的东西并不一定是真实的

伊丽莎白·洛夫特斯（1944年–）

背景介绍

聚焦

记忆研究

此前

1896年 弗洛伊德提出了被压抑的记忆。

1932年 弗雷德里克·巴特利特在《记忆》一书中指出，人的记忆受到主观的加工、遗漏和扭曲。

1947年 高尔顿·奥尔波特和里奥·波斯特曼设计了系列实验，证实人们会在无意识的情况下发生不同类型的误报。

此后

1988年 埃伦·巴斯和劳拉·戴维斯为性虐待受害者出版了自助书籍《治疗的勇气》，该书对20世纪90年代的记忆恢复治疗产生了巨大的影响。

2001年 在著作《记忆的七宗罪》中，丹尼尔·夏克特描述了我们的记忆可能出现的七种错误。

19世纪末，弗洛伊德称，人的大脑有一种防御机制，可以利用“压抑”这种无意识机制来阻挡那些会令个体痛苦、无法接纳的冲动和想法，并将它们埋藏到知觉的深处。弗洛伊德后来修正了这一观点，改为欲望和情绪的压抑理论。然而，他的观点，即人们对创伤性事件的记忆会被个体无意识地压抑和存储，得到了很多心理学家的支持。

21世纪兴起了各类心理疗法，它们都将注意力放在了被压抑的记忆上，而提取被压抑的记忆的可能性又与精神分析有着千丝万缕的联系，以至于好莱坞都开始探索这一主题。第二次世界大战后，行为主义开始逐渐衰退，而认知革命则为大脑记忆过程中的信息加工提出了新的模型，记忆成为实验心理学家感兴趣的又一主题。在伊丽莎白·洛夫特斯（Elizabeth Loftus）开始对长时记忆进行研究之前，长时记忆这个主题已经流行多年了。20世纪80年代，有不少著名的儿童受虐案登上了法庭并引起了公众的注意，有关记忆的压抑和恢复问题也就成了热门话题。

> 人类的记忆功能并不像录像机、摄像机那么精确。
>
> ——伊丽莎白·洛夫特斯

受暗示影响的记忆

在研究过程中，洛夫特斯开始怀疑有关恢复被压抑的记忆的观点。之前巴特利特、奥尔波特和里奥·波斯特曼的研究已经证实，即使在大脑正常工作的状态下，我们可能也无法成功地提取之前储存的记忆，洛夫特斯认为我们自然也无法成功提取被我们压抑的、创伤性

伊丽莎白·洛夫特斯

伊丽莎白·洛夫特斯1944年出生于美国洛杉矶。她本想成为一名高中数学教师，并在加利福尼亚大学获得了自己的第一个学位。然而，当在加利福尼亚大学洛杉矶分校就读时，她开始学习心理学并于1970年在斯坦福大学获得了博士学位。在斯坦福大学，她开始对长时记忆产生了兴趣，并在那里遇到并嫁给了她的心理系同学杰弗里·洛夫特斯，但之后他们还是离婚了。在之后的29年中，她一直在西雅图的华盛顿大学教书并成为了心理学教授和法学副教授。2002年，她被授予加利福尼亚大学特聘教授的称号，并在“21世纪最重要心理学家排行榜”上成为排名最靠前的女性。

主要作品

1979年 《目击者证词》

1991年 《辩方证人》（与凯萨琳·柯茜合著）

1994年 《当心！你的记忆会犯罪》（与凯萨琳·柯茜合著）

参见: 西格蒙德•弗洛伊德 92~99页, 布鲁玛•蔡加尼克 162页, 乔治•米勒 168~173页, 安道尔•托尔文 186~191页, 高尔顿•鲍尔 194~195页, 丹尼尔•夏克特 208~209页, 罗杰•布朗 237页, 弗雷德里克•巴特利特 335页。

的记忆——我们更可能用情绪的色彩去渲染自己的这些记忆。

20世纪70年代早期，洛夫特斯开始研究不可靠的记忆，她设计了一系列简单的实验来测试目击者证词的准确性。她先给被试播放一段交通事故的片段，然后询问他们看到了什么。洛夫特斯发现提问的措辞会对人们的回答产生重大的影响。例如，当要求被试估计影片中汽车的速度时，答案五花八门，而被试的回答往往取决于提问者描述撞车时的词语，比如“相撞”、“冲撞”或者“撞碎”等。之后，被试还会被询问事故发生后现场是否有碎玻璃，被试的回答依然会受到前面问汽车速度时提问者描述的词语的影响。在之后不同版本的实验中，他们给予被试有关事故细节的虚假信息（比如现场的路标方向等），而这一样会对很多被试的回忆结果造成影响。

对司法领域的影响

在洛夫特斯看来，记忆会被事后他人对事件提出的问题或暗示所扭曲。错误信息可以将回忆植入目击者的大脑中。她在1979年出版的《目击者证词》一书很好地描述了她的实验，她非常清楚这种“误报效应”的影响，不仅因为这会危及已有的记忆模型的地位，同时还会对司法过程造成影响。她明白这将引发巨大的争议，于是她在书中

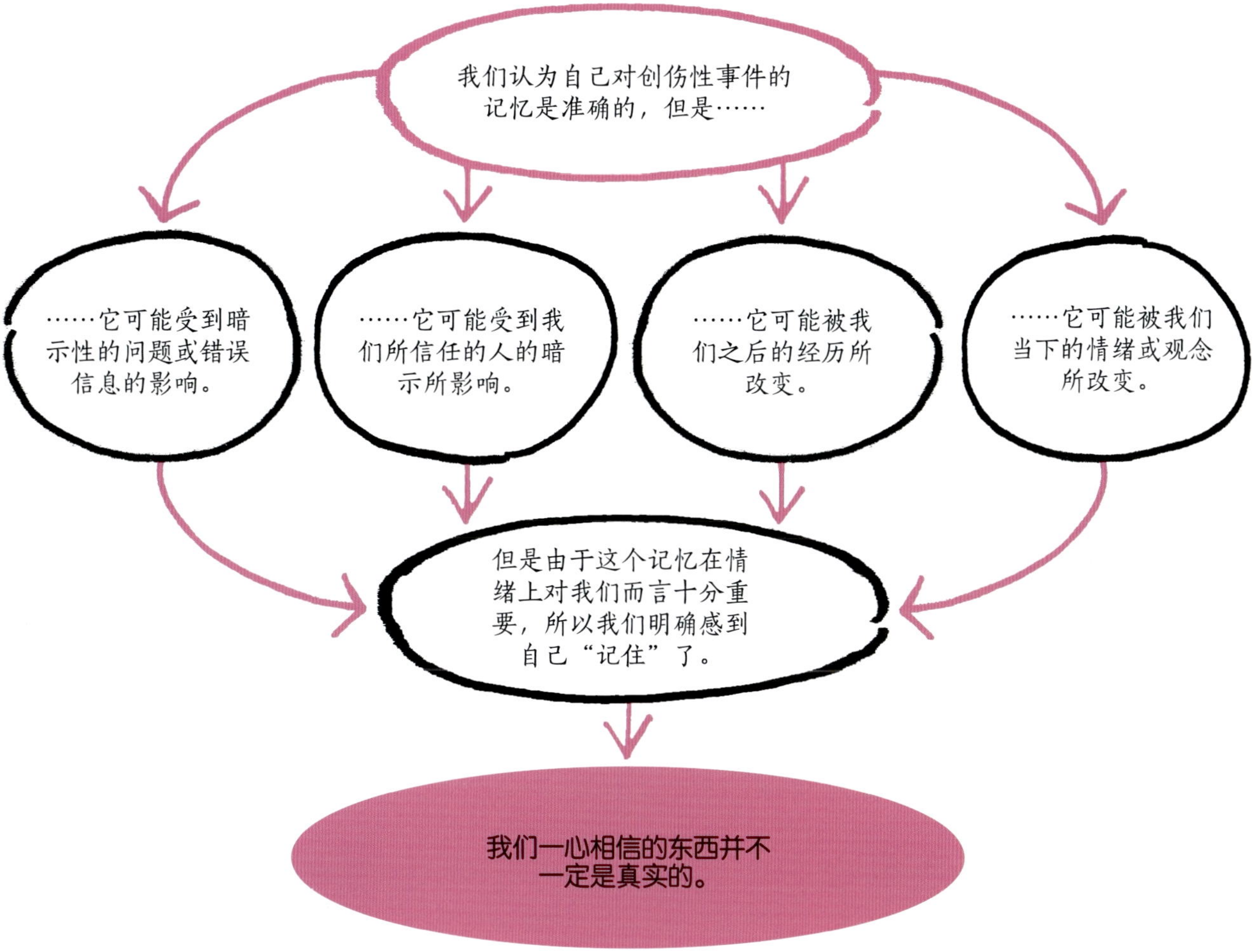

在1974年的实验中，洛夫特斯给被试观看了一起交通事故的片段，然后再分别使用“相撞”、“冲撞”或者“撞碎”的词语来形容车辆事故，她要求被试估计影片中的车速，她选择的词语影响了被试的判断。

提到：“目击证人辩词的不可靠性会成为刑事司法和民事诉讼部门面临的最为严重的问题之一。”

虚假记忆综合征

洛夫特斯很快投入有关审判心理学的研究中，在20世纪80年代接二连三出现的虐童案中，她成了鉴定证人。她发现关于某事件的记忆不仅可以被事件发生后暗示性的问题及错误的细节信息所扭曲，甚至可能是完全错误的。在她参与的众多案件中，乔治·富兰克林的个案完美地阐释了“虚假记忆综合征”。1990年，富兰克林被女儿指认曾谋杀一名儿童——女儿的好友。在这起所谓谋杀案发生的二十年后，目击证人的证词对于罪名的审判起到了关键的作用。但洛夫特斯发现富兰克林女儿的证词存在诸多前后矛盾的地方，而且很多证据都显示她的记忆存在错误或不可靠之处，但是陪审团依然判富兰克林罪名成立。

1995年，富兰克林沉冤得雪，因为法院最终没能让最关键的证据起作用，即女儿在催眠中回忆出的内容。洛夫特斯认为富兰克林女儿对自己父亲实施谋杀的记忆深信不疑，但是记忆本身却是错误的。洛夫特斯认为富兰克林女儿之所以会产生这样的虚假记忆是因为她曾经目睹父亲做过其他残忍的事情，而她的所谓谋杀的记忆是“其中一个残忍的场景与另一个记忆重叠”导致的结果。洛夫特斯在法庭上进行了成功的辩论，她指出在催眠过程中存在很多被暗示的蛛丝马迹，激发了女儿可怕的记忆，最终愤怒和悲伤创造出了一个完全错误的“被压抑的记忆”。

保罗·英格拉姆的个案同样证实了对个体灌输错误记忆的可能（洛夫特斯并没有参与其中）。英格拉姆于1988年因涉嫌性侵犯自己的女儿而被逮捕，英格拉姆起初否认指控，但是在经过几个月的审讯后他供认出自己曾犯下一系列的诸如强奸甚至谋杀的罪行。参与本案的心理学家理查德·奥夫世易对此表示怀疑，于是他向英格拉姆暗示让他招供出了另外一起性犯罪——一起虚假的犯罪，但是英格拉姆不仅供认不讳，而且之后居然还“回忆”出了犯罪的细节，因此证明了他的清白。

商场走失

然而，有关向个体灌输错误记忆的证据还是显得力度不足，还不足以形成定论；洛夫特斯的观点后来遭受到了激烈的抨击。于是她决定搜集更强有力的证据，因此她设计了一个旨在植入错误记忆的实验，即1995年的“商场走失”实验。

洛夫特斯给被试呈现了他们儿时的四个故事，其中有些情节是个体显然记得的，而其他一些则是通过其家庭成员的补充捏造的。事实上，这四个故事只有三个是真实的，另外一个曾在商场里走失的回忆则是实验者设计出来的虚假记忆。这个编造的记忆中含有诸多从被试亲戚那里搜集来的细节，比如商场特征的描述等。在第一周，她首先给被试呈现这四个“记忆”，在两周之后，她再次约见被试并要求被试对这四个“记忆”的印象进行打分。在这两次会谈中，有25%的被试声称自己对在商场走失的回忆有印象。在实验之后，洛夫特斯向被试说明了整个实验并告诉被试他们接触的这四个回忆中有一个是错误的，然后她要求被试指出捏造的那个。在24名被试中，有19个被试指出商场走失的回忆是错误的，但是依然有5个被试已经完全相信自己曾经历过商场走失这样的“创伤程度不高的事件”。

洛夫特斯向我们说明了错误的记忆如何从日常的、真实的情景中衍生而出。出于伦理的原因，洛夫特斯无法检测被试对于虚假的但极富创伤性的事件（比如儿时遭受虐待）的坚信程度和“回忆”的生动程度，但是她认为事实跟她的假设相差不会太大。就好像越是令人觉得痛苦的梦境就越容易被我们记住，也越容易与现实混淆一样，因此她认为“我们一心相信的东西并不一定是真实的”。

然而，1986年心理学家约翰·尤里和朱迪丝·柯特薛尔研究了个体在创伤性情景后的记忆效果，结果与洛夫特斯的预期有所不同。他们发现那些目击枪杀现场的人们对事件的记忆十分准确，即使在六个月之后，即使研究者尝试用误导性的问题也无法对其记忆进行干扰。

对心理治疗的质疑

洛夫特斯指出自己的观点并不是否认虐待的发生，她也无法证明是否存在被压抑的记忆，她只是强调这种恢复的记忆并不可靠，她还坚持说，法庭如果要判决必须找到除了记忆外的其他证据。她还质疑人们在尝试恢复记忆时使用的不同方法（比如精神分析所采用的催眠、梦的解析以及退行等）的效果。因此，人们越来越相信“治疗过程中的暗示会植入错误记忆”。20世纪90年代，美国有不少患者声称自己是这种“虚假记忆综合征”的受害者并因此向自己的治疗师提出诉讼。显然，这种关于压抑记忆的观点对一些心理治疗师造成了不利的影响和冲击，因此研究记忆的心理学家对此褒贬不一。司法界对此的反应也不一致，但是在20世纪90年代虐童案件的热潮消退后，很多司法机构都吸纳了洛夫特斯对于目击证人证词可靠性的理论，并形成了具有针对性的方针和原则。

今天，洛夫特斯被认为是错误记忆方面的权威。她的理论已经成为主流心理学的一个分支，并引发了针对记忆的不可靠性的诸多研究，详见丹尼尔·夏克特的著作《记忆的七宗罪》。■

> **实验和现实生活一样，人们有可能会相信根本从未发生过的事情。**
>
> ——伊丽莎白·洛夫特斯

洛夫特斯发现，在陪审团裁决的时候，不管目击证人的证词是否可靠，无论其他证据怎样，陪审员都更倾向于取信证词。

> **你敢保证你说的是真实的？全部都是真实的？还是说只是你认为它们是真实的？**
>
> ——伊丽莎白·洛夫特斯

记忆的七宗罪

丹尼尔·夏克特（1952年–）

背景介绍

聚焦

记忆研究

此前

1885年 赫尔曼·艾宾浩斯提出了记忆的“遗忘曲线”。

1932年 弗雷德里克·巴特利特在其著作《记忆》中列出了记忆出现错误的七种可能。

1956年 乔治·米勒出版了他的研究论文《神奇的数字7±2》。

1972年 安道尔·托尔文区分出了两种记忆：语义记忆和情景记忆。

此后

1995年 伊丽莎白·洛夫特斯在《错误记忆的形成》一书中探讨了追溯性记忆的问题。

2005年 美国心理学家苏珊·克兰西研究了众多人对于“外星人绑架”的记忆。

丹尼尔·夏克特认为遗忘是人类记忆的重要功能，因为它可以确保我们的记忆有效工作。我们的有些经历和学习到的信息可能需要被记住，但还有一些无关的信息也会被我们记住并会占据记忆的重要存储空间，这些记忆应该被清除。因此，认知心理学时常用键盘上的“delete”键类比人类的遗忘。

然而，有时这个选择的过程却会出现问题。被我们认为有用并被存储以备将来所用的信息从记忆中消失；相反，那些无用的、我们不想要的、本应该被清除的信息却被保留下来。存储并不是记忆系统中唯一存在潜在问题的环节。提取的过程也一样，提取时也常常会出现信息混淆，导致记忆出现扭曲。

夏克特列举了七种记忆可能出现的问题：健忘、无心、阻断、错认、暗示、偏见、持久。他借用了《七宗罪》和米勒的《神奇的数字7±2》的说法，将它们定义为“记忆的七宗罪”。其中，前三宗罪被夏克特称为“不作为之罪”，即遗忘；后四宗罪被称为“作为之罪”，即记得。每种罪都会导致回忆出现不同类型的错误。

第一宗罪健忘是指记忆随时间退化，尤其是情景记忆（对时间的记忆）。我们对近期发生的事情的记忆效果要好于久远的事情；每次回忆事件时（提取记忆），大脑就会对事件进行再加工，从而每次就会对记忆产生些微小的影响。

无心有很多例子，就好像你忘了约会地点或是忘记把钥匙放在哪里。这不是回忆出现了错误而是

> **我们并不需要将所有经历都事无巨细地记录下来的记忆，因为那样我们会被繁冗的无关信息压垮。**
>
> ——丹尼尔·夏克特

参见: 赫尔曼•艾宾浩斯 48~49页, 布鲁玛•蔡加尼克 162页, 乔治•米勒 168~173页, 安道尔•托尔文 186~191页, 高尔顿•鲍尔 194~195页, 伊丽莎白•洛夫特斯 202~207页, 弗雷德里克•巴特利特 335页。

储存过程中出现了问题。有时我们并未对当下所做的事情给予足够关注（就好比放下钥匙），于是大脑便将这件事作为无关信息处理了，没有为后来再次提取做好准备。与此相反的是记忆的另一宗罪“阻断”，指的是被存储的记忆无法被提取，这时常是因为另一个记忆阻碍了这个记忆的提取。例如舌尖现象，我们时常觉得某个词就在嘴边，我们能够清晰地感觉到，却没有办法把它说出口。

作为之罪

作为之罪要更为复杂，却也十分常见。例如错认，我们回忆出的信息没有问题，但是我们回忆出的信息源却是错的。错认的效果和暗示很接近，暗示指的是回忆受到了回忆方式的影响，例如个体的回忆会受到诱导性的问题影响。偏见之罪同样是指回忆的扭曲，也就是说个体回忆信息时的观点和感受会影响个体的回忆。

最后是持久之罪，这指的是记忆效果过于优良导致的问题。也就是大脑所存储的令人烦扰和苦恼的信息会不时干扰个体，且会在记忆中持久地保存下来。有时没什么影响，有时则会引发巨大的问题。然而，夏克特坚持认为这宗罪并不是缺点，只是我们为记忆系统大部分情况下的良好运转而付出的代价。■

记忆的七宗罪

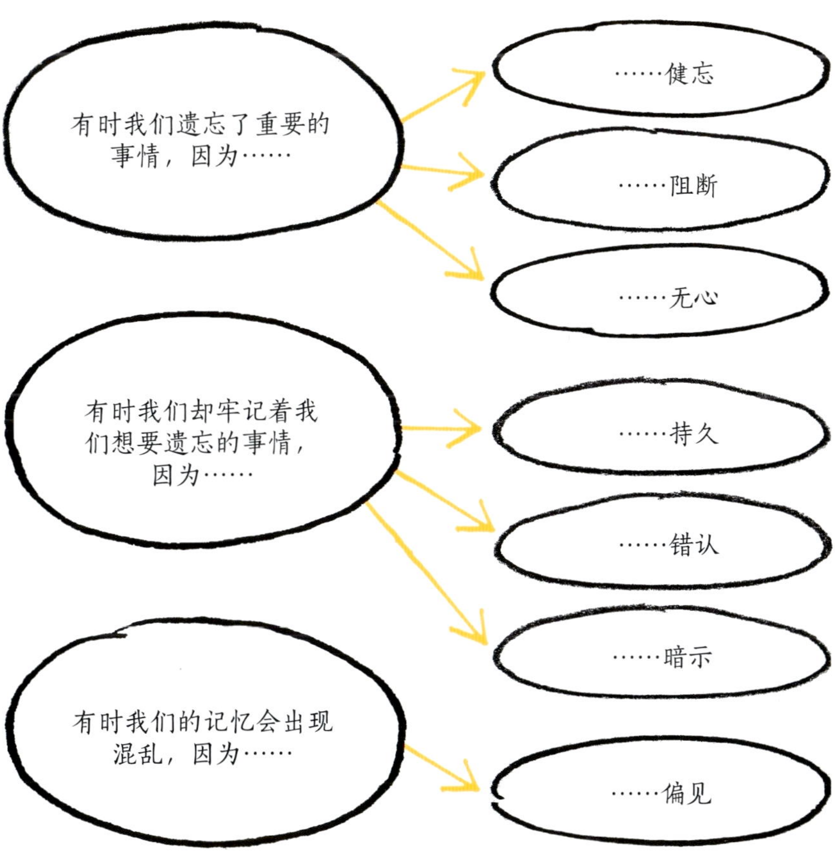

丹尼尔·夏克特

丹尼尔·夏克特于1952年出生在纽约。高中的课程激发了他学习心理学的兴趣，于是他高中毕业后便前往北卡罗来纳大学学习心理学。毕业后的两年，他在达拉谟退伍军人医院研究知觉和记忆，他主要负责观察和测试存在功能性记忆障碍的患者。然后他在加拿大的多伦多大学开始了研究生阶段的学习，当时负责指导他的是托尔文——因提出语义记忆和情景记忆而被堆上风口浪尖的人物。

1981年，夏克特和图灵、莫里斯·莫斯科维奇以及在多伦多建立了研究记忆障碍的研究所。十年后，他成为哈佛大学的心理学教授，并在那里建立了夏克特记忆实验室。

主要作品

1982年 《英格拉姆背后的陌生人》
1996年 《记忆探秘》
2001年 《记忆的七宗罪》

个体并非只是其想法的集合那么简单

乔·卡巴金（1944年–）

背景介绍

聚焦

正念疗法

此前

公元前500年 乔达摩悉达多（即佛）指出人需要进行八正道的正念过程来摆脱痛苦。

20世纪60年代 越南的佛教僧侣一行禅师将正念冥想法推广到美国。

此后

20世纪90年代 正念认知疗法（MBCT）被津戴尔·塞戈尔、马克·威廉姆斯和约翰·蒂斯代尔等人用来治疗抑郁，而其基础便是卡巴金的正念减压疗法（MBSR）。

1993年 辩证行为疗法对那些因过于混乱而无法达到心境的必要状态的人采用了无冥想的正念技术。

第二次世界大战后，美国和欧洲兴起了研究东方哲学的热潮，使得冥想等观念进入了欧美的主流文化。正念疗法在医学方面的价值吸引了美国生物学和心理学家乔·卡巴金（Jon Kabat-Zinn）的兴趣，他提出了正念减压疗法（MBSR），即将冥想纳入认知心理学的架构之中。

在佛教冥想促进下，正念应用于实践距今已有2000多年的历史了，但正念对心理和生理健康方面的作用并未得到临床上的证实，这一状况直到20世纪90年代早期才有所改变。

正念技术的实践

卡巴金方法的核心便是“正念”。在这种形式的冥想中，客体需要独立地、去中心化地、不带判断地审视自己的想法和心理过程（同时也包含身体或生理过程）；“停留在自己内心，看看意识在发生怎样的变化，不去追求也不去拒绝，只让一切顺其自然。”

在正念冥想中，要学着平静地体察自己的想法，不去尝试认同它们，要学着将它们视为有独立生命的个体。例如，我们对失败的想法应被简单地看作一个意识层面的事件，而不应通往“我是一个失败者”的结论。通过实践，我们会把意识和身体视为一个整体。卡巴金指出，每个人都不仅是一副躯体，也不仅是头脑中诸多想法的集合。■

参见： 约瑟夫·沃尔普 86~87页，弗里兹·皮尔斯 112~117页，埃里克·弗洛姆 124~129页，艾伦·贝克 174~177页，尼尔·米勒 337页，约翰·蒂斯代尔 339页。

人们担心生物学会揭穿我们神圣的外衣

斯蒂文·平克（1954年–）

背景介绍

聚焦

进化心理学

此前

1859年 生物学家达尔文指出，情绪、知觉以及认知都是人类进化适应的结果。

20世纪60年代 诺姆·乔姆斯基指出语言是人类的天赋。

1969年 约翰·鲍尔比指出，新生儿对母亲的依恋源自基因遗传。

1976年 英国生物学家理查德·道金斯在其著作《自私的基因》中指出个体经过与他人的长期互动后发展出自己的行为倾向。

此后

2000年 在《求偶思维》一书中，美国进化心理学家杰弗里·米勒指出人类的智力是性选择的结果。

我们的行为多少是先天，多少是后天环境塑造的？相关争论可以追溯到几千年前。一些认知心理学家声称，我们的心理特征不仅来自遗传，我们的生理特征也是自然选择的结果。他们指出，人的意识是大脑的产物，而大脑则是基因塑造的。

这种新的进化心理学的观点遭到了强烈的抨击，但是加拿大心理学家斯蒂文·平克（Steven Pinker）却是其坚定的拥护者。他指出，我们之所以不愿接纳此观点是因为我们存在四个方面的担心。第一个担心是不平等：如果心灵是一张“白板”，那么当我们出生时，其实都是平等的。但是如果我们的心灵特质来源于遗传，那么有些人就会有天生的优势；第二个担心是：如果某些缺陷是与生俱来的，那么这些缺陷自然不易改变，那么帮助弱势群体的社会改革就注定是徒劳一场；第三个担心是：如果我们的行为由基因决定，我们可以推卸责任，将我们的不端行为归咎为基因组成。平克指出最后的一点也是最基本的一点，那就是我们担心如果我们接受进化心理学，那就意味着我们“美好的感情”（观念、动机和情绪）将被简化为进化的结果，那时生物学将会揭穿我们神圣的外衣。■

> 所谓的白板理论……并不能解释种族主义、性别歧视及其他阶级偏见的产生。
>
> ——斯蒂文·平克

参见：弗朗西斯·高尔顿 28~29页，康拉德·洛伦兹 77页，约翰·鲍尔比 274~277页，诺姆·乔姆斯基 294~297页。

强迫性的行为仪式是个体试图控制闯入性思维的尝试

保罗·萨科夫斯基斯（1950年–）

背景介绍

聚焦

认知行为疗法

此前

20世纪50年代 约瑟夫·沃尔普将行为主义中系统脱敏这样的技术应用到临床心理学中。

1952年 行为主义及人格理论学家汉斯·艾森克提出精神分析疗法对个体没有好处的说法引发了巨大的争议。

1955年 阿尔伯特·艾利斯提出了可以替代传统精神分析疗法的理性情绪行为疗法（REBT）。

20世纪60年代 贝克对精神分析疗法的有效性提出了质疑，之后他投身到认知疗法的研究中。

此后

21世纪 认知行为疗法成为治疗焦虑、惊恐发作等障碍的标准疗法。

20世纪下半叶，临床心理学领域出现了巨大的变化。很多心理学家开始怀疑精神分析的科学性。到了20世纪60年代，精神分析疗法被行为主义疗法和贝克提出的认知疗法所取代。在20世纪80年代，不同类型的认知行为疗法均得到了发展，其中的先锋人物便是英国的保罗·萨科夫斯基斯（Paul Salkovskis）。他发现认知行为疗法（CBT）对于治疗强迫症（OCD）尤其有效；无论是从压抑的记忆还是从创伤性事件来追寻其成因，精神分析都没能为强迫症找到合理的解释。萨科夫斯基斯利用认知心理疗法解释了其中问题所在，并提出了认知行为疗法。

不停洗手这样的强迫性行为可能是个体为控制侵入性想法的一种尝试。莎士比亚的作品《麦克白夫人》中的麦克白夫人就是为了摆脱内疚而不断洗手。

强迫性思维

萨科夫斯基斯指出，强迫症的基础在于我们总会不时产生令人讨厌的侵入性思维，比如有可怕的事情要发生或是我们会受伤、遭遇不幸等。大部分情况下，我们可以摆脱这些思维继续生活，但有时却难以摆脱。在极端的情况下，这些思维会变得难以抗拒并带来威胁感和紧迫感。那些容易出现这种强迫性思维的人往往难以对这些思维进行理性评估，他们不仅会高估其伤害值，也会低估自己对这些思维的控制能力。例如，个体担心会患上某种恶性疾病，那么这就可能会导致个体强迫性地洗手或打扫房间等

参见：约瑟夫·沃尔普 86~87页，弗里兹·皮尔斯 112~117页，阿尔伯特·艾利斯 142~145页，艾伦·贝克 174~177页。

每个人都会有一些令人讨厌的侵入性想法。

↓

但是有些人却无力摆脱它们，这些想法最终将变得具有强迫性，令个体难堪重负。

↓

人们往往会过高估计这些想法带来的威胁。

人们会觉得有责任处理这些强迫性行为可能带来的伤害。

↓

因此他们最终会觉得自己不得不做些什么来阻止这些伤害和危险，并控制这些想法。

↓

强迫性的行为仪式是个体试图控制侵入性思维的尝试。

行为。即使个体采取的行动和他预估的危险不成比例，他还是会觉得自己有责任做些什么。这种强迫性的行为最终可能会导致固定的行为仪式——个体会为控制自己感知到的威胁而不断地重复某个行为。

认知行为疗法结合了认知疗法和行为疗法的技术，旨在同时在症状和成因上对强迫症进行控制。开始时，治疗师会利用认知疗法帮助患者认识到自己的强迫性思维，帮助患者正确评估他所认为的威胁，最关键的是要帮助患者意识到自己有多大的责任去实施预防性的行为。这种疗法可以缓解个体的焦虑。此外，如系统脱敏（逐步让个体暴露在其预知的威胁下）等行为疗法可以帮助患者控制自己的强迫性行为。萨科夫斯基斯使用认知行为疗法成功地治疗了焦虑、惊恐发作以及恐惧症等问题。■

保罗·萨科夫斯基斯

保罗·萨科夫斯基斯于1979年毕业于伦敦的精神病学研究所，1985年他前往牛津大学执教并开始研究恐惧症。他感兴趣的是如何将认知理论应用到治疗实践中，因此他开始了高级研究员的生涯，不久后成为认知心理学教授。在牛津大学，他的工作重心转移到利用认知行为疗法治疗强迫症上。2000年，他被任命为精神病学研究所的临床心理学和应用科学教授以及创伤和焦虑症研究中心主任。2010年后，萨科夫斯基斯的工作地点转到了英国的巴斯大学，他在那里建立了认知行为研究所和治疗中心。

主要作品

1998年 《恐惧症》

1999年 《强迫症的解读与治疗》

2000年 《导致伤害和允许伤害》（与安·沃合著）

SOCIAL PSYCHOLOGY
BEING IN A WORLD OF OTHERS

社会心理学
与他人共处
一个世界

要想彻底了解一个系统，你必须试着改变它

库尔特·勒温（1890—1947年）

背景介绍

聚焦

场理论

此前

20世纪早期 弗洛伊德与其他心理学家曾就“人类的行为是否是过去经历的结果”这一话题展开争论。

1910年 沃尔夫冈·苛勒及其他格式塔学派的心理学家认为，我们必须以整体的角度来理解人，不仅包括个体的不同组成部分，也包含个体与其环境的交互作用。

此后

1958年 在《计划性变革的动力学原理》中，罗纳德·利比特、珍妮·沃森和布鲁斯·韦斯特利提出了七阶段的改变理论，不过该理论强调的是变革推动者的改变，而非变革本身。

行为主义学者认为环境是影响行为的唯一因素。但是在20世纪20年代，库尔特·勒温（Kurt Lewin）却指出，行为受到个体和环境双重因素的影响。他的革命性观点促进了群体动力学的出现，这些研究对现代社会有着无法估量的价值。

勒温在对人类行为进行研究之后提出了场理论，他探讨了影响特定情境的各种力量和因素。勒温的“场”指的是某个特定的时间点上个体的心理环境或是个体所处的人际环境。他指出，在任何一个场中都会存在两种相反的力：一种是助力，可以帮助人们达成自己的目标；一种是阻力，会阻碍个体实现目标。

勒温的改变模型

场理论为勒温的改变模型奠定了基础，该改变模型为个体或组织的改变提供了非常重要的方向。该模型指出，为了成功地实施变革，个人或组织领导必须将不同的影响因素（个体的思想和环境中的其他因素）考虑其中。

> **如果一个个体可以意识到自己的命运和其所在集体的命运息息相关时，他将会更愿意承担为集体谋福利的责任。**
>
> ——库尔特·勒温

在解释其模型时，勒温强调环境的整体性，这其中包含个体以及环境中所有相关的细节因素，如果我们只关注某个方面的信息，那么我们对环境的感知必然会出现偏差。为了改变一个环境，你不仅要对其有深入、全盘的理解，还需要在改变的过程中不断深化这种理解，所以说“要

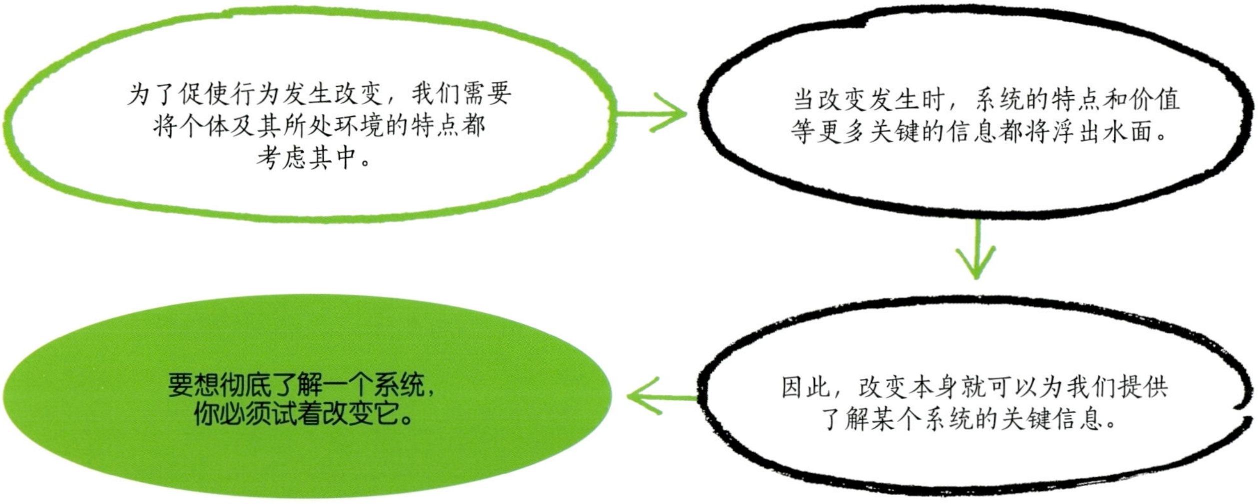

参见：西格蒙德•弗洛伊德 92~99页，沃尔夫冈•苛勒 160~161页，莱昂•费斯廷格 166~167页，马克斯•韦特海默 335页，埃尔顿•梅奥 335页。

如果要对一个组织进行成功的改变，那么需要对这个组织中的人以及环境进行针对性的诊断，同时还要对他们彼此之间的相互影响有深刻的了解。

想彻底了解一个系统，你必须试着改变它"。

勒温的模型描述了个人或组织转变的三个阶段。第一阶段（他称之为"解冻"）指的是意识到改变的必然性，逐渐消除旧的想法和做法，从而为改变做好准备；改变发生在第二阶段，旧的思维模式或系统崩溃，这个阶段往往会带来混乱和痛苦；第三个阶段也是最后的"再冻结"阶段，在这个阶段，新的思维模式将被固化下来，而新的框架将给成员带来舒适和稳定感。这是个困难的过程，因为其中包括忘却和学习，包括思维、感受、观点以及知觉的重建过程，这无疑是个艰难且痛苦的过程。

> 我们都需要彼此。这种相互依赖是对个体以及组织机能提出的最大挑战。
>
> ——库尔特•勒温

解冻信念

解冻阶段可能是这一过程中最复杂的阶段，因为人们天生就不愿意改变自己固有的思维模式和常规。这个过程需要进行精心的准备，很多组织之所以努力进行变革却以失败告终，是因为其成员没有做好充分准备，反而更加抗拒改变；即使新系统形成，其成员也不愿积极促进新系统的运作。这些准备可能包括：告诉成员改变可以给他们的未来带来什么；与成员就改变进行积极有效的沟通；促使成员感受到改变的紧迫性和必然性；为成员提供支持；让他们有机会能积极参与到改变的过程中。

从个体的角度出发，人们可能在这个阶段出现抵制情绪，因为他们不愿意离开"舒适区"，他们不愿意接受学习新技能的挑战，也不愿意接受新的思想信念。如果能够帮助个体意识到这种改变的必然性、正确性，意识到这种改变可以带来更好的结果；如果能够给予个体足够的支持，使之产生心理上的安全感，那么这种阻抗就能够被克服。

在第二次世界大战期间，勒温通过系列实验说服了一些美国的家庭主妇将动物内脏作为食物。他在实验中证实，在解冻阶段为个体营造安全的心理环境（并让个体积极投入改变的过程中）可以为个体带来积极的影响。一直以来，动物内脏在美国一直被认为是低收入家庭的食物，但美国政府希望确保在食物短缺时期，那些有营养的食物（特别是动物的肾脏、肝脏、心脏这些高蛋白食物）不会被浪费。美国农业部希望勒温帮忙说服家庭主妇让这些动物内脏进入她们的家庭食谱。在和一些家庭主妇进行面谈之后，勒温意识到其中既有支持力量，又有阻碍力量。改

> 主动状态下的学习远比被动状态下的学习更为有效。
>
> ——库尔特·勒温

变家庭主妇的观点的支持力量或诱因是：动物器官具有很高的营养价值。阻碍力量或障碍是：家庭主妇们认为动物内脏不适合自己的家庭，或者她们认为动物内脏味道不怎么样。

勒温设计实验对两组家庭主妇进行比较，以探索触发改变的最佳方式。第一组家庭主妇被反复告知，吃内脏对身体有益；第二组的家庭主妇参加了一个小型的团体，探讨如果和她们一样的家庭主妇能够接受如肝脏、肾脏、心脏这样的动物内脏作为食物，那么食物短缺问题将得到怎样的缓解。第二组中，大约三分之一的家庭主妇接受了以动物内脏为主要食物的晚餐。勒温认为如果提高人们对改变的卷入水平，那么他们的行为和态度改变的可能性也将得以提高。后来，第一组所采用的反复劝说法被证实无效，但是在第二组，勒温创建了一个安全的环境，家庭主妇可以在这个环境中安然地表达自己的担心和意见。通过探讨自己的想法以及食物短缺的现实问题，家庭主妇们改变了“动物内脏不能食用”的观点，并且产生了新的观点：购买、食用动物内脏是可以接受的。

发生改变

在勒温的第二阶段（改变阶段），人们往往需要面对适应新系统这个麻烦而艰巨的任务。他们必须放弃自己熟悉的日常生活，重新学习和掌握新技能（这本身就可能引发不确定感和对失败的恐惧）。在一个组织中，新系统往往由其领导阶层进行界定，这时常涉及技术、结构、过程或文化等多个方面。在这个阶段，为员工提供足够的支持、确保消除改变道路上的障碍是十分重要的。

对于个人改变而言，他人给予的信念系统是无用的，个体必须自己发现并接纳新观念。当旧观念已经被证明是错的或无效的时，我们本身就倾向于用新的观念取代旧的，以填补解冻旧信念后留下的空虚感。为了完成这个过程，我们往往会综合运用多种方法：依靠我们的本能直觉、学习榜样、寻找可用的信息。我们这样做的目的在于让自己获得充分的信息以解决问题。当我们达成这样的认识之后，我们就已经接纳、确立起了一种新的思维模式。

在对家庭主妇的实验中，勒温为家庭主妇提供了一些新的信息，他告诉家庭主妇动物内脏的美味以及营养价值（由此替代家庭主妇们原有的观点：动物内脏是动物身上的劣等肉），并且让她们意识到战争时期的食物短缺问题，因此让家人食用动物内脏绝对没有任何不好意思的（由此替代家庭主妇们在战争开始前的观点：如果食用动物内脏就等于沦落成了社会的底层人物）。

再冻结阶段

在组织变革发生之后，这种变化必须被纳入该组织的文化中（冻结），以便让这种改变被长期贯彻执行。在改变过程中形成的新的思维过程、实践以及行为必须被固化成为组织的惯例和常规。组织可以通过宣扬改变给团体带来的好处、提升个体对改变的积极感受（比如可以奖励那些学习新技能的员工）来让改变的地位更加稳固。例如，20世纪90年代，美国大陆航空公司曾被迫申请破产。为了能够维持业绩，航空公司的管理层实施了巨大的变革：他们将集团的焦点从削减

提高人们的内在动力，如告知上网可以和遍布全球的亲友联系，而且这种联系不仅迅速而且免费，那么他们学习新技能、抛弃旧技能的过程将更加轻松。

第二次世界大战期间，家庭主妇改变了很多她们之前秉持的观点，从吃什么穿什么到自己是否有能力去做“男人们做的事儿”。

成本转到推出迎合高端用户的高质量产品上。他们决定大陆航空公司如果能够攀上美国国家交通部航空公司排行榜的前五名，那么就对那些贯彻实施新策略的员工给予65美金的奖励。他们使用勒温的改变模型来对航空公司进行了变革，从而使美国大陆航空公司从最糟糕的公司一跃成为年度最佳航空公司。

对于个体而言，再冻结阶段意味着新的观点或行为将会被个体通过尝试错误过程加以检验，而检验的结果无非两个：一是改变得到了强化，二是个体要对新的改变进行再一次尝试。例如，当家庭主妇们连续一周使用动物内脏作为家庭成员的晚餐后，家庭主妇将会通过观察家人是否喜欢这样的晚餐，或是家庭成员在吃了这样的晚餐后健康水平是否有所下降，家人是否因为晚餐的改变而有微词等方式来检验动物内脏作为晚餐的可行性。

如果这些答案的结果令人满意，那么这个家庭主妇将会继续将动物内脏带上家庭餐桌。然而，如果她的孩子在吃了这样的晚餐后健康水平似乎有所下降，或是其他主妇批评她对食材的选择，那么她就有可能放弃使用动物内脏，而去寻找其他食材。这样，她就将开始又一轮的解冻、改变、再冻结的过程。

勒温在社会学领域所做的先驱性实验使他成为公认的社会心理学创始人。他是第一个研究群体动力学的心理学家，也是第一个以系统方法探索组织发展过程的心理学家。他严谨地将社会学理论运用到了社会变革的实践之中，他的成果对实验心理学和社会心理学领域都产生了广泛的影响。■

> 对于一个好的理论而言，再也没有比实践效果更能说明其价值的了。
>
> ——库尔特·勒温

库尔特·勒温

德裔美籍心理学家库尔特·勒温1890年在波兰的摩克尔诺（后划归普鲁士）出生，他出生于一个中产阶级的犹太家庭。1905年，他随家人搬迁到了柏林，先是在德国弗莱堡大学学习医学，之后又前往慕尼黑大学学习生物学。第一次世界大战期间，他曾前往德军服役，受伤之后又回到了柏林攻读博士学位。在1921年到1933年期间，他在柏林的心理学院供职，由于受到驱逐犹太人运动的影响，他不得不前往美国寻求庇护。之后他便在美国的康奈尔大学工作，然后又到爱荷华州大学担任教授。1944年，他成为麻省理工学院群体动力学研究中心的负责人，但是仅仅三年之后，他便因为突发心脏病溘然长逝。

主要作品

1935年 《人格的动力学理论》
1948年 《社会冲突的解决》
1951年 《社会学中的场理论》

从众的力量有多大

所罗门·阿希（1907—1996年）

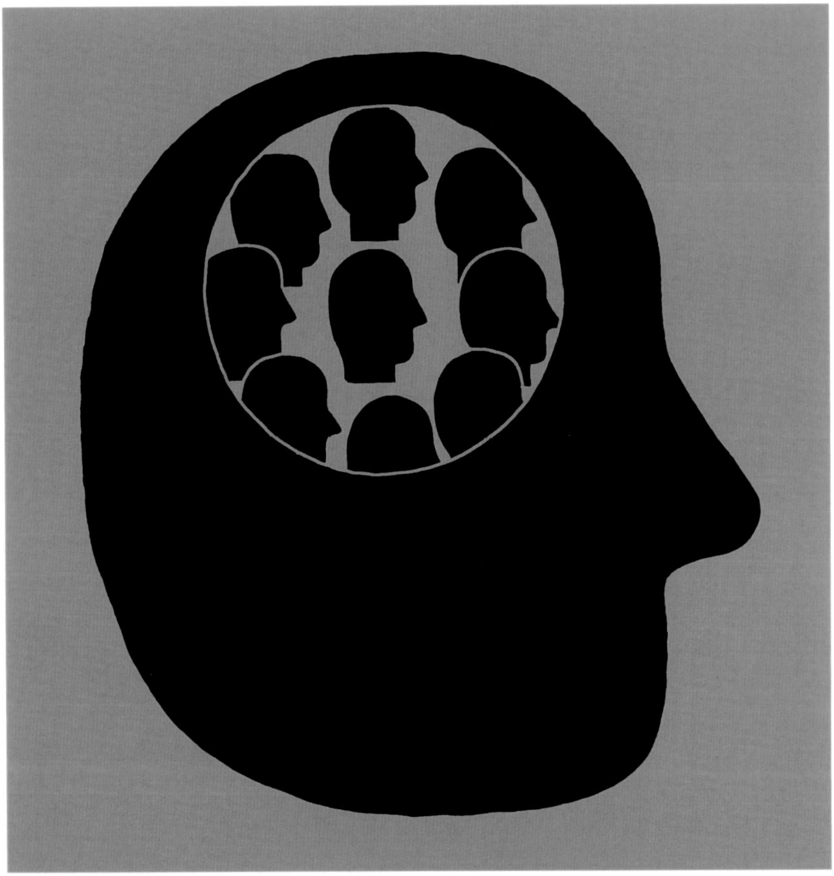

背景介绍

聚焦

从众

此前

19世纪80年代 法国医生希波吕忒·伯恩海姆利用催眠方法证实了“易受暗示性”的存在。

1935年 穆扎费尔·谢里夫的从众实验促使阿希发展出了阿希从众范式。

此后

1963年 斯坦利·米尔格拉姆的服从实验表明，个体会服从权威人物，甚至当权威观点与自己原本的道德观相悖时，个体也不会有道德冲突感。

1976年 塞尔日·莫斯科维奇指出，若能坚持，少数派也能造成巨大的影响。

1979年 丹麦心理学家克纳·拉森指出，从众行为会受到个体所在的文化氛围的影响。

社会心理学家所罗门·阿希（Solomon Asch）的实验对每个人都是独立自主的个体的想法提出了挑战，他的实验证实我们都有从众倾向，即当人们面对自己的观点与多数人的观点相悖时，无论之前多么承诺自己会说实话，他还是可能因从众转而支持他人的观点。阿希在其1955年的论文《社会压力与个体观点》中详细描述了自己的发现，他在其中探讨了塑造个体信念、判断和行为的社会影响。阿希希望能够了解群体压力对个体决策过程的影响，以及个体周围的社会力量对个体态度的影响程度。

参见：塞尔日·莫斯科维奇 238~239页，斯坦利·米尔格拉姆 246~253页，菲利普·津巴多 254~255页，马克斯·韦特海默 335页，穆扎费尔·谢里夫 337页。

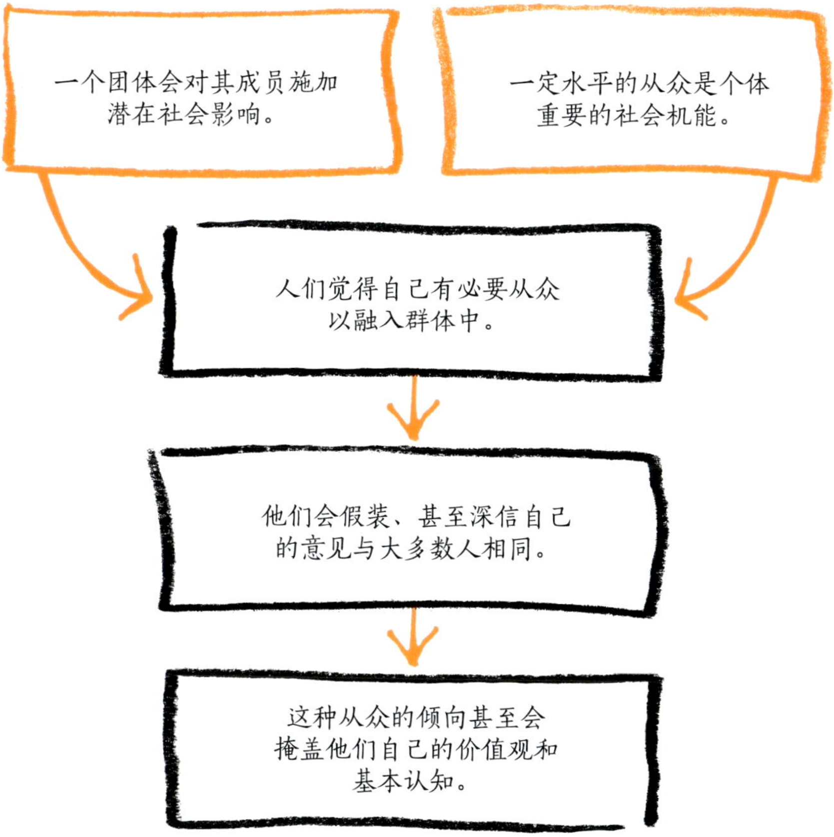

土耳其心理学家穆扎费尔·谢里夫在1935年实施了一系列实验尝试回答这些问题，他采用了“游动错觉”的视错觉实验，他要求被试判断一个光点的运动量，该光点出现在一个全黑的背景上，没有任何参照点，虽然它实际上是静止的，但看上去像是在运动。他告诉被试光点会运动，然后要求被试判断这个光点的位移。处于群体中的被试的判断结果往往会与群体的结果趋于一致，这说明在情况不明的条件下，个体会将他人的判断结果作为自己的参考。尽管谢里夫认为自己证实了从众现象的存在，但是阿希却声称这个实验无法得出任何结论（因为该任务没有正确或错误的答案）。阿希认为，只有在答案明确的任务中，个体认可群体一致给出的错误答案，这样才能说明从众效应的存在。于是，他设计出了著名的阿希从众范式的简单知觉实验。

阿希从众范式

阿希从众范式实验的被试为123名男性，每名被试都会被安排到一个由5~7名“假被试”（即知道实验真实目的却装作是普通被

所罗门·阿希

所罗门·阿希是社会心理学领域的先驱人物。他1907年出生在华沙（当时是沙皇帝国领土）的一个犹太家庭中。13岁那年，他移居到美国并开始研究心理学。1932年他在哥伦比亚大学获得了博士学位，在那里他深受韦特海默的影响。

1947年，他成为斯沃斯莫尔大学的教授，在那里，他与苛勒成了工作上的密友。他是哈佛大学和麻省理工学院的客座教授，他在前往宾夕法尼亚大学之前还曾在哈佛大学指导米尔格拉姆获得博士学位。

阿希一生获得了众多嘉奖和荣誉，其中包括美国心理学会颁发的杰出科学贡献奖。阿希在88岁那年逝世。

主要作品

1951年 《群体压力对个体判断的影响》
1952年 《社会心理学》
1955年 《社会压力和个体观点》
1956年 《有关独立和从众的研究》

试的人）组成的小团体中。接着主试会给被试看一张印有一条线段的卡片和另一张有三条长短不一的线段（线段A、B和C）的卡片，之后要求被试回答线段A、B和C哪一条与第一张卡片上的线段等长。阿希总是让被试在最后一个或者倒数第二个回答。在18轮测试中，假的被试会在前六轮给出正确答案，但是之后的12轮均会给出同一个错误答案。这样做的目的在于检验被试是否会给出正确答案，或者说检验被试是否会在假被试给出同样的（但是错误的）答案时让自己的回答与假被试一致。开始时，阿希以为只有少部分被试会从众答出错误答案。毕竟，这个实验任务十分简单，而且答案也是显而易见的；在针对飞行员进行的类似的线段判断研究中，在没有任何迫使被试做出错误答案的压力情境下，所有被试在720轮测试中只出现了三次错误。但实际的研究结果却令人大跌眼镜。当周围的人一致性地给出错误的答案时，被试给出的答案中大约有32%是错误的；有75%的被试至少给出过一次错误答案。在后来的假被试给出的12次错误答案中，有一位被试11次都给出了和假被试一样的答案。因为该实验任务简单而明确，因此这些数据充分说明了被试的高从众率。然而，没有任何一个被试完全跟随了假被试的12个错误答案，并且在50个被试中，有13名被试（26%）从未给出从众性的错误答案。

实验结果显示，被试本身的判断具有前后一致性。那些开始时没有随波逐流而给出自己独立的、正确答案的被试，即使后来再进行多次测试，他也不会盲目听从大多数人的答案；而那些开始时就从众的人，之后似乎也很难打破这一模式。

> **所有屈从于他人的被试都会低估自己给出错误答案的比率。**
>
> ——所罗门·阿希

在阿希的从众范式实验中，主试者会给被试进行号称“视觉感知的心理实验”。被试需要判断一张卡片上的三条线段哪一条和另外一张卡片上的线段长度一样。每个问题称之为一个“测试”，每个被试需要接受18个测试。

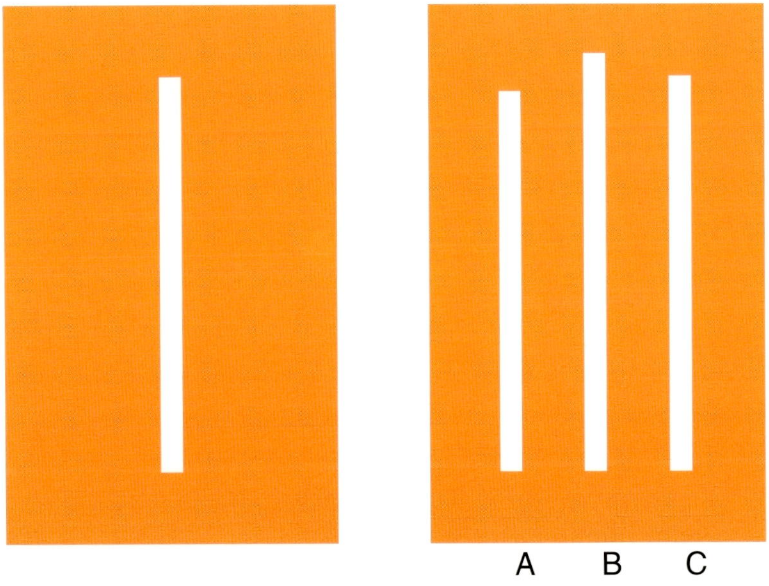

解释

为了能更深入地理解自己的实验结果，阿希和被试进行了面谈，以期能够找到被试给出错误答案的原因。有些被试说他们希望能够按照（自己推测的）实验者的意图做出反应，从而避免给实验结果造成影响。还有一些被试则认为自己可能因为眼睛疲劳或是因为坐在了容易产生错觉的位置。还有一些被试拒绝承认他知道自己给出的是错误答案。最终，有一些承认自己给出了错误答案，他们补充说自己这样做只是为了不会显得愚蠢或是与众不同：他们希望自己能够融入小团体中。阿希还和那些一直给出正确且与众不同的答案的被试进行了面谈，他发现这些被试知道他人的答案与自己不同，但他们能够让自己给出自认为正确的答案，并能够从给出这种与众不同的答案的焦虑感中恢复过来。

阿希改变了实验变量，他希望了解不同人数的群体对个体从众行为的影响。他发现，当只有一名假被试时，被试基本不会受其影响；两名假被试则会产生些许影响；但是三名或是更多的假被试则会使个体产生稳定的从众倾向。假被试给出的一致答案是更强有力的变量，即使只有一个假被试给出了除错误答案的另一答案，真被试也会给出独立（且正确）的答案。这一发现表明，在团体中，哪怕是非常少数的人给出不同意见，也能产生巨大的影响。此外，阿希还发现如果他允许被试私下给出答案（把答案写在一张纸上交给主试者），那么从众行为的数量将会显著降低，即使假被试依然大声地给出同一个错误答案，被试的反应也不会受到影响。

20世纪50年代，美国参议员约瑟夫·麦卡锡发起了一场迫害运动，当时造成了大规模的恐慌，并且因此导致人们在政治和社会方面的高服从性。

文化规范

一些心理学家认为阿希的实验结果反映出20世纪50年代麦卡锡主义盛行时的文化氛围。那时，如果有人的观点与主流文化相悖，那么他将被视为反美分子而被监禁。之后的研究发现了其他影响从众的因素，如20世纪70年代早期（当时美国盛行自由、进步的思想）的一项研究发现人们的从众率并不高。然而，20世纪70年代后期的一项研究则反映出了较高的从众率。

不同文化下的从众率也有所不同。研究人员发现，在崇尚个人主义文化、强调个人选择和个人成就的美国、英国和其他西欧国家，研究就得出了较低的从众率；而在崇尚集体主义、强调个体对团体的归属感的日本、斐济和非洲国家，研究就得出了较高的从众率。

心理学家批评阿希的实验方法，他们认为阿希的实验反映的是“精简版”的群体行为，这种方法无法体现不同群体成员之间的互动；另外，阿希的实验将焦点更多地放在群体中的个人身上，却忽视了群体的动力学因素。还有一些人怀疑阿希夸大了大多数人对少数人的影响。特别是塞尔日·莫斯科维奇，他不认可阿希的分析和解释，他认为积极的少数派也能够对大多数人造成影响，并因此带来改变。莫斯科维奇进行了自己的研究，以证实“若能坚持，少数人也能造成巨大的影响”这一观点。

尽管阿希承认，在社交生活中我们有时需要与他人保持一致，但是他同时强调，只有当每个个体奉献自己独立的观点和经验时，这种一致性才会收获最高价值。共识不应出自恐惧或从众；事实上，他发现当涉及社会价值观和教育质量等问题时，高智商的人们也会有很高的从众倾向。

> **食人族的成员都将吃人肉看作正确且平常的事情。**
>
> ——所罗门·阿希

阿希的结论反映出社会对于个体信念和行为的影响力（也是一种危险）。如果一个群体形成了某种常规，那么社会压力将会确保其成员因从众而默认、遵守这种常规。在阿希实验的启发下，米尔格拉姆做了有关服从的实验，他发现在从众的压力下，正常人也会变得十分残忍。

然而，在阿希实验中的大多数被试（即使是那些从众的被试）都表明自己十分认可独立意志的价值和重要性，这让阿希仍然对人性充满乐观的期待。■

生活就是一个戏剧化的表演过程

欧文·戈夫曼（1922–1982年）

社会交往和戏剧类似。

社会交往中的人们就像演员，尝试通过对剧本、场景、行头、演技和道具的选择创造出最好的自己。

公共场合下的我们就有如身处在“台前”，而我们的私生活就好比是“幕后”。

总会有一个观众在欣赏我们的“台前表演”。

生活就是一个戏剧化的表演过程。

背景介绍

聚焦

印象管理

此前

1890年 威廉·詹姆斯首次将个体区分为私人化的主体自我和公众化的客体自我。

1902年 美国社会学家查尔斯·库利提出了“镜中我”理论，指出个体对自己的认识是其他人对自己看法的反映。

此后

1990年 美国心理学家马克·利瑞和罗宾·科瓦斯基提出了个体通过印象管理提高心理健康水平的三种方式：归属感、自我提升和自我理解。

1995年 心理学家萨拉·汉普森指出，我们的行为取决于我们跟怎样的人在一起，不同的人将给我们的人格带来不同的影响。

欧文·戈夫曼（Erving Goffman）提出印象管理的理论，该理论描述了人创建、维护和提高其社会身份的过程。戈夫曼指出，社会交往的一个重要方面就是我们尝试（有意或无意）操纵和控制我们留给他人的印象。当我们与别人交流时，我们会呈现出一个公共状态下的自我形象。在某些情况下，我们可能会试图做点什么影响某个特定的人（如面试官）对自己的印象；而有时，我们可能只是努力保持良好的自我形象。

1959年，在其著作《日常生活中自我的表现》中，戈夫曼将印象管理和戏剧进行类比，他认为我

参见：威廉·詹姆斯 38~45页，威廉·葛拉瑟 240~241页，斯坦利·米尔格拉姆 246~253页，大卫·麦克利兰 322~323页，沃尔特·米歇尔 326~327页。

们在现实生活中的表现类似于戏剧演员在舞台上的表演。对于每一段社会交往而言，个体既是对自我的真实表达，同时又是为了对“观众”施加特定的影响。

事实上，戈夫曼认为人格是个体在日常生活中不同角色相叠加的结果，也就是说个体真实的自我不是个体内在的、隐私的部分，而是一种个体在公开场合表达自己的戏剧效果。戈夫曼认为：“生活就是一个戏剧化的表演过程。”如果要给他人创造一个良好的印象，就需要个体选择合适的剧本、场景、行头、演技和道具，同时，个体还需要具备和他人一致的认识：在台前（公开场合）应有怎样的表现，在幕后（私人领域）又应有怎样的表现。

演技

戈夫曼认为，在现实生活中，每个人都有能力选择自己的舞台、道具和服饰。社交领域的演员和舞台上的演员的主要目标是一致的：都是通过与其他演员的互动来维持与他人的一致性。要实现这一点，情景中的每个人都需要对“场景的定义”以及不同互动/表演的特点、预期、不足等有统一的认识；此外，他们还需要给彼此传递恰当的反馈信号，从而让自己融入社交场景中。

为了有恰当的表现，人们对该情境中自己的身份、社会背景以及他人对自己行为的预期都必须与他人保持一致。例如，参加精英晚会的名流都心照不宣地认为自己就属于“精英晚会的名流”；他们每个人都将接纳自己在这一情境下的角色，并且也鼓励他人（其他演员、观察者或观众群体）接纳自己对角色的定义。然而，如果个体发现该情境似乎并非名流晚会，比如，晚会的食物只有比萨，或者出席晚会还有一些并非名流的人物，那么人们就会假装一切如常，然后表现出适合该晚会的状态从而避免尴尬。

据说戈夫曼十分乐于挑战餐馆、阅览室、电影院购票队伍等场景中人们对这些规则的认知极限。■

宾馆的工作人员与他人在公共场合互动时，他们就相当于在“台前”。当他们不当值时，他们就回到了“幕后”，他们的行为会有所改变，变得不那么规范、正式。

欧文·戈夫曼

欧文·戈夫曼是加拿大社会学家和作家，他出生在加拿大的艾伯塔省。他的祖先是乌克兰的犹太人，后移居到加拿大。戈夫曼在多伦多大学获得了社会学和人类学的学士学位，之后在芝加哥大学获得了社会学的硕士和博士学位。1962年，他成为加利福尼亚大学的教授。截至1969年，他已经发表了七部著作。1964年，他的第一任妻子自杀身亡，戈夫曼在他1969年的论文《精神错乱》中描述了自己当时的经历。1981年，他再婚。1982年他成为了美国社会学会主席（尽管别人认为他有点特立独行）。几个月之后，他便因为胃癌离开了人世。

主要作品

1959年 《日常生活中自我的表现》
1961年 《疯人院》
1971年 《公共场合下的人际关系》
1974年 《框架分析》

你越常看到一样东西，就会越喜欢它

罗伯特·扎荣茨（1923–2008年）

背景介绍

聚焦

熟悉度

此前

1876年 德国实验心理学家古斯塔夫·费希纳指出，人们对艺术作品的熟悉度越高，被唤起的积极情绪也会更多，但是“过度饱和”则会引发个体的反感。

1910年 爱德华·铁钦纳提出单纯曝光效应，他将其描述为“个体在面对熟悉事物时产生的‘温暖感’”。

此后

1971年 心理学家发现和熟悉的线条图及图案相比，成年人和儿童更喜欢不熟悉的线条图及图案。

1989年 罗伯特·伯恩斯坦发现当不熟悉的刺激短暂呈现时，曝光效应最强。

个体反复接触一个刺激将导致个体对该刺激的熟悉度上升。

熟悉度将会引发个体对该刺激的态度改变……

这种改变将体现为个体对该刺激的偏爱或喜爱程度的提高。

这种偏爱往往发生在情绪和潜意识层面，个体甚至可能都意识不到。

你越常看到一样东西，就会越喜欢它。

直到20世纪中叶，社会科学家还将个体行为归于环境因素的结果。然而，波兰心理学家罗伯特·扎荣茨（Robert Zaionc）认为，要更加深入了解个体的行为，就需要将个体意识的功能考虑其中。扎荣茨研究的重点在于探索感受和思维之间的关系，即情绪与认知之间的交互作用，他的大部分精力都用在了探索不同因素对个体行为的影响效果上。为此，他在1968年进行了开创性的实验，并因此提出了所谓的“单纯曝光效应”，这可以说是他对社会心理学做出的最著名的贡献。

熟悉性实验

扎荣茨指出，单纯曝光简单地说就是让某个刺激进入个体的知觉中（无论是在意识层面还是潜意识层面）。之前，心理学家铁钦纳曾记录过单纯曝光效应，在1910年，他将单纯曝光效应描述为“个体在面对熟悉事物时产生的‘温暖感’”。然而铁钦纳的假设在当时并不被人们所接纳，这一观点也就逐渐被埋没了。扎荣茨对这一效应的兴趣源于一篇新闻，这篇新闻描述了1967年俄勒冈州的一个奇妙的实验。该文章说有个神秘的学生在上课的两个月中一直将自己的书包放在一个黑色的袋子中，教授认识这个学生，但是班级里的其他学生却不认识他。教授随后观察了其他学生对这个奇怪的学生的反应。开始时，其他学生对这名奇怪的学生怀有敌意，但是随着时间的推移，他们的态度开始软化，后来开始对他表示友好，甚至开始保护他。该

参见：莱昂·费斯廷格 166~167页，爱德华·铁钦纳 334页，斯坦利·斯坎特 338页。

扎荣茨1968年的实验证实了单纯曝光效应的存在，他在实验中给予被试不同符号的卡片，每张卡片出现的频率是不固定的；如果被试看到一个符号的次数越多，那么被试就会更多地表达出对该符号的喜爱。

教授指出其他学生的态度逐渐“从怀有敌意转化成为好奇，最终变成友好”。

扎荣茨于1968年在《人格与社会心理学》杂志上发表了他开创性的论文《单纯曝光效应对态度的影响》。他在论文中描述了自己的一系列实验，其中，主试会给被试呈现随机的图像，如几何形状、中国字、绘画和人的面部照片等，这些图像呈现的速度非常快，以至于被试根本无法分辨哪个图片被重复呈现过。之后主试会询问被试更喜欢哪个图片，被试会选择那些他们看到次数最多的图片，尽管被试自己可能并不知道这个图片是呈现次数最多的。扎荣茨发现熟悉度似乎会带来态度上的改变，个体会对那个熟悉的刺激表达出喜爱之情或是某种其他的偏好。而这种态度的改变会随着刺激物曝光次数的增加而增强：某样东西在你面前出现的次数越多，你越会喜爱它。简单地说就是“你越常看到一样东西，就会越喜欢它”。

扎荣茨实验结论得出后，又有一些研究人员研究了单纯曝光效应，他们发现即使只使用声音刺激，这一效应依然存在。1974年，社会心理学家赖杰基使用鸡蛋作为测试对象，他在这些鸡蛋孵化之前，对不同组的鸡蛋施加不同频率的声音刺激，在鸡蛋孵化之后，他又会对两组孵化出来的小鸡再次施加这些声音刺激。这些小鸡无一例外地都喜好自己出生前听到的声音。

偏好是非理性的

扎荣茨的发现表明，这种对熟悉物的偏爱只是由于个体之前曾接触过该物体，而这种喜好并不受个体的信仰或态度的影响。即使这种接触只发生在个体的潜意识层面时（被试完全不知道自己面对着某个刺激）也依然如此。这一发现促使扎荣茨认为“喜好不需要任何的推理过程”，这就意味着我们的偏好并不是理性判断的结果，这与我们大多数人的观点完全相反。

扎荣茨在他1980年的论文《感觉和思维》中指出，感觉和思维其实是彼此独立的。在个体面对某个刺激时会产生复杂的反应，在这个过程中个体的感觉先于思维，但是事实上，感觉还是对个体的观点和决定最有影响力的因素。这篇论文引发了广泛的争论，并且还间接将情绪研究重新推上了西方心理学研究的前沿地位，部分原因是该理论对研究人类的决策过程有着重要的意义。它意味着引导我们决策过程的并不是逻辑或推理，这和我们之前的观点大相径庭；事实上，在从认知层面对我们的选择进行考量之前，我们已经基于情绪和本能快

> **新颖时常与不确定和冲突联系在一起，而这种不确定和冲突容易引发消极的结果。**
>
> ——罗伯特·扎荣茨

> 广告业时常会利用单纯曝光原理。
> ——罗伯特·扎荣茨

品牌的反复曝光时常会激发人们对该品牌的喜好。即使这种曝光过程并未涉及任何实质信息，也不需要个体对其做出任何决策过程，影响依然成立。

速做出了决策——我们的判断过程跨越了信息加工这个环节。如果这个观点属实，那么这就意味着我们的逻辑推理只是为了证实、解释我们已经做出的决定而已，逻辑推理过程并不是我们做决策时的第一步骤。

扎荣茨总结道："我们的情感似乎总是伴随着想法一起出现，但实际我们的认知根本无法脱离感觉而存在"。我们无法在没有感觉的情况下进行思考；就像扎荣茨所说的，我们不可能只看到一座房子，而是会看到一座"漂亮的房子"或是"糟糕的房子"。我们的每一个知觉中都掺杂着情绪和感受的影响。而这种情绪对认知的影响还体现在记忆上，扎荣茨指出，就像巴特利特在《记忆》一书中提到的："当要求被试对某物进行记忆时，通常情况下，个体脑海中首先浮现的是对该物体的感受。"

> 我们称之为"感受"的体验时常与我们全部的认知感受相伴产生。
> ——罗伯特·扎荣茨

人际吸引

单纯曝光效应的作用逐渐被延伸到实验室之外，并拓展到了人际吸引的领域，比如"接近效应"——我们总会倾向于和我们经常见到的人成为朋友或恋人。对此现象有一种进化论方面的解释：当动物第一次面对其他陌生动物时，它的第一反应是恐惧和攻击，但是在重复接触该动物后（在此期间动物将会意识到自己预期的威胁并没有发生），它的消极行为反应将明显降低。扎荣茨进一步在人类被试中检验了这一点，他发现当人们在想象一群陌生人时会产生非常消极的观点，会对这群人的特点进行消极归因，而实际上这一归因毫无证据，因为这些人对个体而言是陌生人。然而，当面对的是形状或符号时，反复接触这些刺激反而会增加个体的信任感和好感。

另外一种对于"接近效应"的解释则纳入了更多人际吸引方面的因素，比如熟悉度、观点的一致性、身体上的吸引力以及好感的交互等。人与人之间频繁的交往不仅会增加彼此的熟悉度，还会提高对彼此相似性的认知，因此会让交往中的双方对彼此产生积极的感受并最终相互吸引。

单纯曝光效应和广告

广告是单纯曝光效应发挥重要作用的又一领域，尽管单纯曝光效应的作用还不十分明显。研究结果表明，某个品牌或公司名称在人群中的不断曝光会大大提高其产品的销售额，但是这种假设显然有些过于简单化了，因为这个假设并没有考虑重复曝光可能引发的其他效果。

有一项研究使用了横幅广告测试这种广告的频繁出现对大学生的影响。在研究中，被试将从电脑屏幕上阅读一篇文章，而有关某品牌的横幅广告会一直闪现在屏幕上端。结果表明，那些屏幕上频繁闪现品牌的被试和那些屏幕上不怎么频繁闪现甚至根本没有该品牌的被试相比，前者对该品牌的喜爱度更高。然而，另一项研究发现，对品牌的熟悉度也可能导致爱恨交织的态度。这可能是由于人们对自己熟悉的品牌会有好的联想，也会有坏的联想，而该品牌的频繁出现可能会同时引发这两种联想，因此让被试难以评定自己的喜好。因此，“为提升熟悉度而重复做广告是否会增加销售额”这一观点依然没有定论。

熟悉的面孔

扎荣茨发现曝光不仅会影响人们的感受，甚至还能让一个人的外表随时间而产生变化。扎荣茨和同事们进行了一项研究，他们想要知道配偶在一起生活25年后，彼此的面孔是否会越来越相似。他们比较了一些配偶在新婚第一年的合影和一起生活25年后的合影，结果发现在长时间生活在一起之后，夫妻的确会越来越相像。在排除了其他可能的解释后，他们认为这一现象产生的最可能的原因便是移情。在共同生活中，夫妻双方将对对方产生移情作用，因为人类的情绪和其面部表情联系在一起，因此在移情的过程中，夫妻可能会模仿对方的面部表情，因此会导致夫妻双方随时间出现相似的脸部皱纹。

扎荣茨因他社会行为的研究而闻名，他的研究引导了当代社会心理学的发展。他利用自己对思维和感受的研究进一步探索了诸如种族歧视、种族灭绝、恐怖主义等问题，他希望能够利用自己的研究来阻止战争，并帮助人们从苦难中解脱出来。■

夫妻长久生活之后会通过模仿对方的面部表情来达到移情的目的，而这会使得夫妻双方产生类似的面部线条，因而夫妻会越来越相像。

罗伯特·扎荣茨

罗伯特·扎荣茨出生在波兰罗兹。他16岁时纳粹入侵波兰，于是他和家人逃到华沙。两周后，他们居住的地方遭到轰炸，他父母不幸去世。扎荣茨在医院治疗了六个月，之后被纳粹士兵送到德国的劳改营。他与其他两个囚犯试图逃走，但是走了320公里（200英里）再次被抓住并遭到监禁。他最后一次越狱成功逃到了英国。第二次世界大战后，扎荣茨搬到了美国，在密歇根大学他获得心理学博士学位并成为了一名杰出的心理学家。之后他一直留在那里工作，直到1994年退休。退休时，他被聘任为斯坦福大学的名誉教授。扎荣茨在85岁时死于胰腺癌。

主要作品

1968年 《单纯曝光效应对态度的影响》

1975年 《出生顺序与智力发展》

1980年 《感觉和思维》

谁喜欢女强人？

珍妮特·泰勒·斯宾塞（1923年–）

背景介绍

聚焦

性别研究

此前

1961年 阿尔伯特·班杜拉提出了社会学习理论，即男孩和女孩之所以存在行为上的差异是因为人们对待男孩和女孩的方式不同。

1970年 罗伯特·海姆里奇和埃利奥特·阿伦森发表了他们的研究结果，即男性对有能力的男性评价要高于能力不足的男性。

此后

1992年 美国心理学家爱丽丝·伊格雷发现如果某个女性担任的是传统男性角色的领导地位，那么人们更加倾向于对其进行消极评价。

2003年 西蒙·巴伦科恩指出女性的大脑天生具备移情的能力，而男性的大脑则天生擅长进行系统理解。

在20世纪70年代妇女解放运动之前，珍妮特·泰勒·斯宾塞（Janet Taylor Spence）的研究主要集中在焦虑问题上。然而，在她了解了她的两个同事的研究，即男性的能力以及其受欢迎程度的研究之后，她开始将研究的焦点转向了性别问题。她发现同事的研究并没有将女性纳入其中，于是她决定以女性为被试进行类似的研究。这就有了她在1972年发表的论文《谁喜欢女强人？》。

斯宾塞和海姆里奇一起探讨了男性和女性是否对能力较强的女性更有好感的问题。两位心理学家猜测，只有那些秉承男女平等的个体才会更喜欢能力较强的女性。为了检验他们的假设，他们设计了《女性态度量表》来了解被试对女性的权利和角色等的看法，问卷涉及教育、婚姻、职业生涯、习惯、社交、智能以及经济自由等相关问题。结果出乎意料，和研究者的预期完全相反，被试不但喜欢更有能力的女性，甚至对那些在传统男性擅长领域表现出色的女性给出了最高的评价。

这一里程碑式的研究为性别研究成为社会心理学领域的独立分支起到了重要的影响作用。■

> **即使是保守的被试……对那些在传统男性领域独占鳌头的女性也会给予最高的评分。**
>
> ——珍妮特·泰勒·斯宾塞

参见：西格蒙德·弗洛伊德 92~99页，盖伊·科尔诺 155页，埃莉诺·迈克比 284~285页，阿尔伯特·班杜拉 286~287页，西蒙·巴伦科恩 298~299页。

闪光灯记忆会被高情绪唤醒的事件所激发

罗杰·布朗（1925–1997年）

背景介绍

聚焦

记忆研究

此前

1890年 威廉·詹姆斯区分出了两种记忆：短时记忆（初级记忆）和长时记忆（次级记忆）。

1932年 弗雷德里克·巴特利特的研究结果显示，人们的回忆不仅是对记忆的提取，也是对过去发生的事件积极重构的过程。

此后

1982年 美国心理学家乌瑞克·奈瑟尔指出闪光灯记忆并没有独特的生理机制；而且由于个体事后会将事件在大脑中进行多次“排演”，因此该记忆有失真的可能。

1987年 美国心理学家戴维·鲁宾在《自传式记忆》一书中指出，我们会对自己经历中里程碑式的事件记忆深刻。

20世纪70年代后期，哈佛大学教授罗杰·布朗（Roger Brown）与他人合作撰写了一篇名为《闪光灯记忆》的论文，该研究成为记忆现象领域的一个经典研究。布朗和他的同事詹姆斯·库里克创造了“闪光灯记忆”这一术语，用以描述一种特别的自传式记忆，即个体由于周围环境中发生的重大事件而产生的非常生动的记忆，这些记忆的细节丰富并且保持时间很长。

文中指出，具有文化色彩的重大事件或是对个体而言的重要事件，比如肯尼迪和马丁·路德·金遇刺，会激发个体特殊的记忆机制（“即时印刻”机制），并会在记忆里创建一个永久性记录，从而保留我们第一次听到该事件时的环境信息以及该事件的细节信息。这和照相机闪光灯的效果类似，当我们听到令自己震惊的消息时，我们会将当时的情况“拍下来”，包括听到事件的时间、我们当时和谁在一起、正在做什么等，比如当我们听说“9·11”事件时的情景。布朗和库里克提出，这些记忆生动、准确并且经久不衰。然而，像奈瑟尔这样的研究者则不认同所谓的特殊机制理论，他们认为个体记忆的经久不衰是由于个体事后会对事件在大脑中进行多次回顾或“排演”（无论是个体层面还是社会层面，都会有让个体多次回顾的可能），因此该记忆会不停得到强化而无法消逝。■

1963年肯尼迪遇刺事件举世震惊，并且也是美国文化中的重要事件。布朗解释说这种类型的事件会促使“闪光灯记忆”的形成。

参见：威廉·詹姆斯 38~45页，杰罗姆·布鲁纳 164~165页，安道尔·托尔文 186~191页，弗雷德里克·巴特利特 335页，乌瑞克·奈瑟尔 339页。

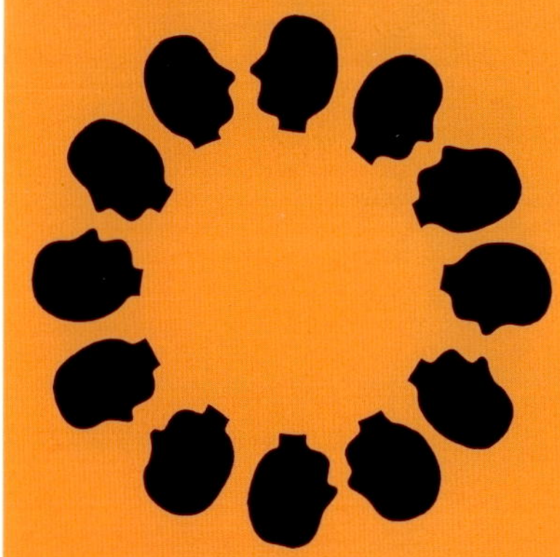

不是为了获得知识，而是为了成为知情人

塞尔日·莫斯科维奇（1925年–）

背景介绍

聚焦

社会建构理论

此前

1807年　德国哲学家黑格尔指出我们的观念和价值观是时代思潮或是时代精神的产物，是在调和相反的观念中不断变化的。

1927年　德国物理学家维尔纳·海森堡提出了“不确定原理”，即观察者自身的特点会对观察的结果造成影响。

1973年　美国心理学家肯尼斯·格根撰写了《作为历史的社会心理学》一书，标志着社会建构主义的出现。

此后

1978年　利维·维果斯基在其“最近发展区”理论中强调学习者所处社会文化历史背景在其认知过程中的重要作用。

我们偶然间听到令我们好奇的东西。

这与我们之前的经验或知识融合到一起。

我们会将这些与周围的人分享，同时表达自己的观点。

每个人都希望能够传播知识，并且保持与他人的交流。

这种共同的对话不断持续，使得每个人都能获得更加丰富的信息。

不同的观点因此形成了组织系统，而相关的价值观也得以确立。

社会开始使用新的词汇或观点来描述公众的集体意识。

不是为了获得知识，而是为了成为知情人。

参见： 约翰·赫尔巴特 24~25页，库尔特·勒温 218~223页，所罗门·阿希 224~227页，利维·维果斯基 270页。

20世纪60年代后期，被称之为社会建构主义者的一些社会心理学家认为，心理学研究逐渐忽视了对一般人的研究。令人担忧的是，个体被错误地认为只会被动感知社会却不会主动建构社会。为了消除这些令人担忧的认识，社会心理学家莫斯科维奇进行了一系列研究以了解人们吸收信息、理解世界的方式，这些研究后来成为该领域的经典研究。

1961年，塞尔日·莫斯科维奇（Serge Moscovici）在法国出版的《精神分析》一书中提出，所有人的想法和理解都是“社会表征”的结果。而所谓社会表征便是人们日常交流过程中所共享的诸多概念、观点和解释。这些可以帮助我们在社会和物质世界中找到自己的定位，并且可以为我们提供在群体中进行信息交流的途径。实际上，这些就是经由大众传播媒体、科学、种族以及社会群体间的相互作用形成的集体意识，也是群体共享版的现实世界。

为了检验他的理论，莫斯科维奇开始研究第二次世界大战以来法国社会对精神分析概念的接纳和吸收过程。他研究了大众市场的相关出版物并进行了一系列的面谈，他希望借此寻找到集体意识领域相关信息的流动情况。他发现，随着精神分析理论的流行，在高雅文化领域和大众市场领域都有这方面的线索：人们用非常大众的方式思考、探讨精神分析当中的复杂概念。从整体上看，公众使用的依然是简化了的精神分析理论。

塑造常识

莫斯科维奇指出，将复杂的概念转换为简单的、可被理解的语言并没有什么问题，因为目标不是为了获得知识，而是为了成为知情人，是为了成为集体中主动参与的一员。这一过程让陌生人彼此熟悉，并且为科学转化为常识铺平道路。这样，社会表征就为不同群体的人提供了了解世界的框架。此外，它们还会影响人们对待他人的方式。任何时候，只要存在某个关于社会问题的争议（比如是否立法允许同性恋者收养儿童），社会表征的作用和重要性就会凸显出来。

莫斯科维奇坚持认为社会表征才是真正的知识形式，知识并不是将高水平信息稀释后的产物。事实上，他特别指出人们日常的观点（不是那些抽象的科学概念）十分重要，因为“分享的表征内容可以创建出一个共享版的‘现实’，成为一种被广泛接受的常识。”■

塞尔日·莫斯科维奇

塞尔日·莫斯科维奇出生在罗马尼亚布勒伊拉的一个犹太人家庭，他在布加勒斯特求学，但最终因反犹太法被驱逐出境。他从1941年的那场无数犹太人被谋杀和折磨的灾难中幸存下来，之后便和父亲不停辗转于各个国家。在第二次世界大战期间他学习了法语，并和别人一起创办了艺术杂志《Da》，但该杂志因未能通过审查而被停刊。1947年，他离开了罗马尼亚，再次流离失所，直到一年后才在法国定居。1949年，他获得了心理学学位，之后又在丹尼尔·拉加什的指导下依靠难民补助获得了博士学位。1965年他和别人一起创建了欧洲社会心理学实验室，并且成为美国和欧洲各大学备受尊敬的心理学教授。

主要作品

1961年 《精神分析》
1976年 《社会影响与社会变革》
1981年 《大众的时代》

我们本质上都是社会人

威廉·格拉瑟（1925年-）

背景介绍

聚焦

选择理论

此前

公元前350年 希腊哲学家亚里士多德提出人是由三种欲望所驱动的：感官欲望、愤怒和理性欲望，而理性欲望是个体追求真正善好之物的驱动力。

1943年 克拉克·赫尔指出所有人类行为都源于原始驱动力，这些原始驱力是饥、渴、性以及回避痛苦。

1973年 美国科学家威廉·帕尔斯提出了知觉控制理论，该理论认为行为是我们对知觉进行控制的结果，而我们控制知觉的目的是为了让其与我们内在固有的基准相符。

此后

2000年 美国精神病医生皮特·布利金出版了《挽救我们的孩子》，书中他抨击了使用精神类药物"治疗"问题儿童的做法。

威廉·格拉瑟（William Glasser）公然批评传统的精神病学治疗方法以及药物治疗法，他指出，大多数人的精神和心理问题实际上都处于正常的范畴，并且可以通过行为的改变而得以改善。他注重通过选择、责任以及改变来帮助个体获得幸福和自我实现感。

1965年，他提出了现实疗法，一种注重问题解决的认知行为方法，他鼓励来访者关注自己当下的需要，然后评估自己选择的行为可以实现目标还是会离目标越来越远。

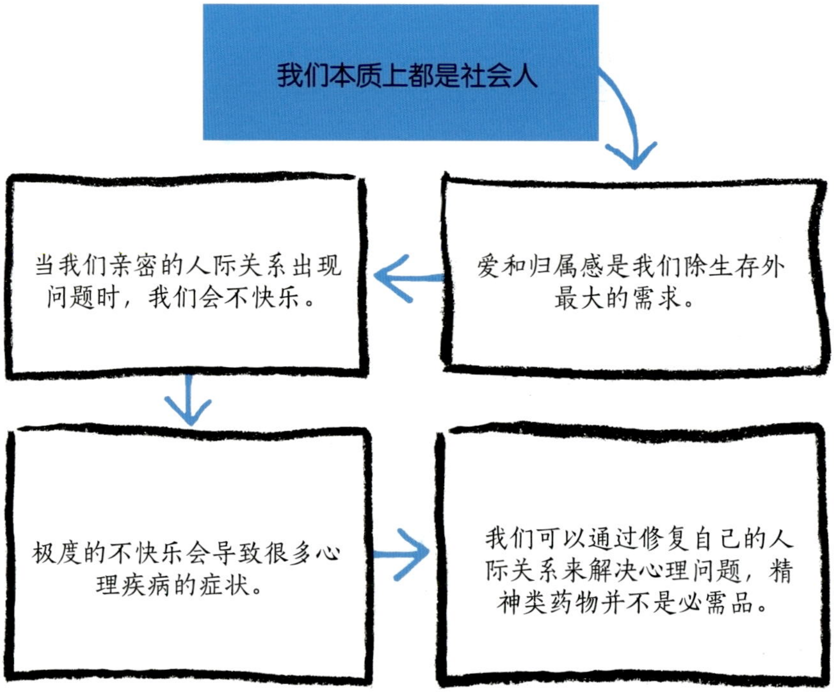

参见: 埃米尔·克雷佩林 31页，西格蒙德·弗洛伊德 92~99页，大卫·罗森汉 328~329页，克拉克·赫尔 335页。

选择理论

基于几十年利用现实疗法进行治疗的经历，格拉瑟发现自己的实践基于一个重要观点：人们能够主动找到为实现目标需要采取的行为，这促使他发展出了选择理论。这一理论认为，我们每个人都会主动采取行动趋利避害，我们都想要做出能让自己感觉更好的思考和行为。他指出，在努力的过程中遭遇的快乐和痛苦来自人们五方面的基本需求：生存、爱和归属感、权力、自由和幸福。任何能满足这些需求的行为都会令人愉快，而任何无法满足需求的行为都会引发痛苦。最后他解释说，只有通过人际关系才能实现这些目标和需要。当我们在为生存而挣扎时，他人的帮助会让我们感觉良好；为了实现爱和归属感的需要，我们至少需要一段良好的人际关系；为了满足我们的权力欲望，我们需要别人的倾听；为了实现自由的需求，我们需要在他人的控制中找寻自由感；而独自一人和有他人陪伴相比，显然他人的陪伴更容易让我们感到幸福。由于这些原因，他指出“我们本质上都是社会人”。

> 改善人际关系就是改善我们的心理健康水平。
>
> ——威廉·格拉瑟

与我们亲密的人发生冲突会导致不和与怨恨，而这会引发一系列的心理问题；这些问题实际上是我们人际关系出现问题的正常结果。

格拉瑟强调持续的心理问题通常是人际关系（而不是大脑出现了所谓的生化异常）出现了问题，如果我们修复自己的人际关系，而不依赖精神药物，这些痛苦一样可以被缓解。他还强调了人类对权力的基本需要，即我们试图通过控制他人来满足自己。事实上，我们唯一可以控制的是自己的思考和行为方式，我们无法控制别人。他指出，为控制他人而做的尝试只能表明对他人缺乏尊重，这也是导致我们不幸福的原因。选择理论是一种自我控制的办法，它可以帮助我们消除控制别人的愿望，并在人际关系中找寻到幸福。■

威廉·格拉瑟

威廉·格拉瑟于1925年出生在美国俄亥俄州 的克利夫兰。他最初在克利夫兰医学院接受的是化学工程师的训练，之后他在洛杉矶参加了精神病学方面的培训。他在1957年开始执业实践。通过参与帕尔斯对知觉控制理论的研究，他进入了控制理论的研究领域。1967年，格拉瑟建立了美国加州现实疗法研究所（后更名为威廉·格拉瑟研究所），该研究所培训学生学习选择理论。他的理论在超过28个国家和地区得到了认可和传播，他撰写了关于如何进行精神治疗、心理咨询和提升学业的系列书籍。他获得过诸多奖项，包括“心理咨询传奇奖”，并被美国精神病学协会授予“治疗大师”的称号。

主要作品

1965年 《现实主义疗法》
1969年 《没有失败的学校》
1998年 《选择理论》
2003年 《警告：精神治疗会对你的心理健康有害》

我们坚信人都会得到应得的奖赏或惩罚

梅尔文·勒纳（1929年–）

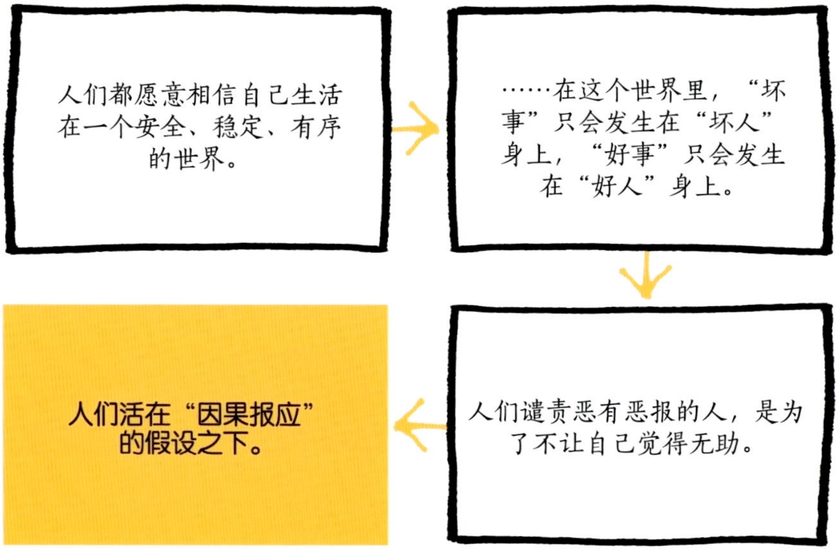

背景介绍

聚焦

归因理论

此前

1958年 奥地利心理学家弗里茨·海德研究了归因过程，即人们如何判断影响情境的因素。

1965年 美国心理学家爱德华·琼斯和基思·戴维斯指出，归因的目标在于发现行为和意图如何映射人们的本质。

此后

1971年 美国社会学家威廉·瑞安提出了“责备受害者”的说法，揭露了种族歧视和社会偏见现象。

1975年 美国心理学家基克·鲁宾和利蒂希娅·佩普劳发现，那些坚信“世界公平”的人们往往会更加独裁、更加虔诚、更愿意遵守现存的社会和政治制度。

当人们认为自己可以控制生活时会心生愉快。我们需要让自己相信，我们生活在一个公平的世界里，善有善报，恶有恶报，这样，我们就可以相信大多数生活事件是可被预测、被影响并最终被控制的。这种“公平世界假说”是一种相信“人都会得到应得的奖赏或惩罚”的思维。但是，在梅尔文·勒纳（Melvin Lerner）看来，这是一个危险的误会，这种倾向会过度强调一个人的性格特质，却忽视了瞬息万变的情境因素。如果一个人遭受痛苦或被惩罚，我们就会更愿意相信那个人一定做了什么坏事才让他获得这样的待遇。公平世界假说似乎给那些难以解释的事件一个令人安慰的合理化解释，让世界看起来不再那么混乱或无序。这也让人们相信，只要是“好人”，“好”事就会发生在他身上，从而赋予个体一种虚假的安全感。

参见: 多萝西•罗伊 154页, 伊丽莎白•洛夫特斯 202~207页。

如果你相信人应该为自己的不幸负责，那么无家可归等社会问题就不会令你觉得不舒服，你可能会对此漠不关心。

勒纳在《公正世界的信念》一书中指出，我们要求孩子乖巧，并向他们承诺只要他们压抑自己的冲动和欲望，将来就会收获回报。这一点属实的前提是我们必须生活在一个公正的世界，而这些孩子长大后自然会对此深信不疑。

责备受害者现象

勒纳在1965年的研究中发现，如果学生被告知一位同学中了彩票，那么为了让这件事更合常理，学生们会坚信这个中彩票的同学平时比其他人更努力。公正世界信念能够帮助人们“改变”事实的真相。当我们面对遭受虐待的受害者时，这种观点会十分危险。例如，在强奸案件中，人们时常会说女性受害者似乎是自找的（因为她穿了短裙或搔首弄姿），这就会减轻犯罪者的责任，并将责任推到受害者身上。通过责备受害者，非当事人就可以借此保护自己的安全不受威胁——只要我不那样，就不会遇到这种事情。

勒纳还强调，公正世界信念并不总是会造成责备受害者的现象。受害者的外在（是否清纯）、吸引力、身份地位以及受害者和个体之间的相似程度都会影响个体对受害者“是否该为自己的不幸埋单”的判断。

勒纳的假设成了研究社会公正的重要基础。“公正世界的观点对生活的影响到底怎样”的话题引发了争论。这种观点能否帮助人们对抗困难？它也有可能引发错误认知——错误行为（即使是无意或是非常微小的错误）可能会引发灾难性的后果。澳大利亚心理学家多萝西·罗伊指出，这种观点可能会增强人们罹患抑郁症的可能。■

> 人们需要相信自己生活在一个公正的世界。
>
> ——梅尔文•勒纳

梅尔文·勒纳

梅尔文·勒纳是心理学领域研究社会公正问题的先驱人物，他曾在纽约大学学习社会心理学并于1957年获得博士学位。然后，他前往斯坦福大学攻读博士后，他的研究主要集中在临床心理学领域。1970—1994年，勒纳在加拿大滑铁卢大学教授社会心理学。他还任教于美国和欧洲的多所大学，包括美国加州大学、华盛顿大学，荷兰的乌得勒支大学和莱顿大学。勒纳还是社会学杂志《社会公正研究》的编辑，他于2008年获得由国际司法研究学会颁发的终身成就奖。现在他是佛罗里达州大西洋大学的访问学者。

主要作品

1980年 《公正世界的信念：一个绝对错误的认识》

1981年 《社会行为中的公正动机：顺应时代的稀缺性和变化》

1996年 《关于社会公正的当代观点》

那些做疯狂事情的人并不一定是疯子

埃利奥特·阿伦森（1932年–）

背景介绍

聚焦

社会心理学

此前

1956年 社会心理学家利昂·费斯廷格提出认知失调理论，该理论认为不一致的信念会导致个体产生不适的紧张心理。

1968年 发生了越南的美莱村大屠杀事件，美军为了降低因屠杀平民而导致的认知失调，于是对平民进行"抹黑"。

此后

1978年 阿伦森设计了"拼图教室"的学习方法，以促进彼此独立的小团体的学习效果，并借此减少学校中的偏见和暴力问题。

20世纪80年代 心理学家认为，不同质的实验无法反映人们态度的真实变化，但是人们在"通过自己的行为提高社会对自己的接纳度"上是共通的。

在埃利奥特·阿伦森（Elliot Aronson）1972年的著作《社会性动物》中，他提出了"阿伦森第一定律"：做出疯狂举动的人并不一定是疯子。"疯狂的事情"指的是暴力行为、虐待或极端的偏见，这些极端行为似乎反映了个体的心理失衡状态。阿伦森认为，做出这些行为的人中肯定有精神病患者，但是心理健康的人也有可能做出看似疯狂的极端行为来。因此，在诊断一个人是否罹患精神

在某些情况下，疯狂的人会做出疯狂的事情。

↓

如果我们没有察觉到促发其行为的社会环境……

↓

……我们就会倾向于认为他们这样做是因为性格上存在缺陷，或者他们本就是疯子。

↓

我们必须记住，那些做出疯狂举动的人并不一定是疯子。

参见: 莱昂·费斯廷格 166~167页, 所罗门·阿希 224~227页, 梅尔文·勒纳 242~243页, 斯坦利·米尔格拉姆 246~253页, 菲利普·津巴多 254~255页。

疾病之前，社会心理学家需要尽力理解个体在做出这些行为时面对的压力及社会环境。

认知失调

为了说明其观点，阿伦森列举了1970年发生在美国俄亥俄州肯特州立大学发生的惨案。当时，俄亥俄州国民警卫队的成员开枪杀害了4名手无寸铁的学生，并造成9人受伤。伤亡的人中有的是抗议美国入侵柬埔寨的示威者，但大部分只是路人。虽然枪击事件的原因仍不清楚，但这无疑是一场不必要的悲剧。然而在此之后，美国俄亥俄州教师（以及国民警卫队成员）却声称，这些学生都"该死"，据说被杀害的女孩们有的是未婚先孕、有的感染了梅毒，还有的下流不堪。阿伦森认为这些假传闻并不是源于病态的思维，而是人们为了缓解内心的压力和冲突找到的解决办法。

肯特大学惨案中有4名学生被国民自卫队杀害，情感冲突的镇民们为了减少认知失调，做出了诋毁受害者的举动。

> 有些情境性因素会令很多"正常"的成年人做出令人作呕的举动。
>
> ——埃利奥特·阿伦森

这些人感受到的冲突便是"认知失调"，当多个信念中有两个或多个出现不一致时产生的不适感。为了减少这种不一致，人们将改变自己的态度、信念和行为，哪怕是否认自己的残忍行为或是为自己的行为寻找借口。阿伦森指出，这就是肯特大学惨案发生后谣言产生的原因。镇上的居民愿意相信国民卫队本性的善良，这意味着他们就需要相信这起惨案的受害者该死。认为被害者的肮脏和淫乱的想法可以安抚人们，因为这样大家就可以缓解"国民卫队杀死了无辜的学生"这一想法造成的情感冲突。

阿伦森声称，任何人在类似的情况下都可能会这样做。理解了人们为什么会拒绝承认或合理化其残酷行为，我们就可以在更广泛的社会背景下调节或预防此类事件（比如战争和社会偏见）发生。■

埃利奥特·阿伦森

大萧条时期，埃利奥特·阿伦森在马萨诸塞州的波士顿长大。他获得了布兰代斯大学的奖学金，于是他在那里学习并获得学士学位；之后，他又分别在卫斯理大学和斯坦福大学获得了硕士和博士学位。之后，他曾在好几所大学担任教授，其中包括哈佛大学和斯坦福大学。

在阿伦森的整个职业生涯中，他一直试图用研究成果改善人类的生存条件、减少偏见。由于他的成就，他获得了威廉·詹姆斯奖和高尔顿·阿氏奖，他还被《普通心理学评论》列入20世纪100位最有影响力的心理学家之一。他是唯一赢得美国心理学会所有三个奖项（写作、教学和研究）的人。

主要作品

1972年 《社会性动物》
1978年 《拼图教室》
2007年 《错误已经铸成（不是我的错）》

人们会做别人要求他们做的事

斯坦利·米尔格拉姆（1933–1984年）

背景介绍

聚焦

服从

此前

1939–1945年 在第二次世界大战期间，德国纳粹杀害了大约600万犹太人。

1950年 所罗门·阿希在研究中发现，个体在社会压力下会选择服从大多数人的观点。

1961年 纳粹战犯阿道夫·艾希曼受审，他声称自己只是“奉命行事”。

此后

1971年 菲利普·津巴多进行了著名的监狱实验。结果表明，在某些情况下，本来很善良的人也会做出邪恶的行为。

1989年 美国心理学家赫伯特·凯尔曼和汉密尔顿指出，当团体成员认可团体的合法地位后将会服从团体的权威指令。

社会心理学家斯坦利·米尔格拉姆（Stanley Milgrams）1963年出版的《服从行为研究》极大改变了我们对服从行为的理解。他的实验结果表明，在收到权威指令后，大多数人可能实施对他人造成严重伤害的行为。这也引发了人们对心理学实验伦理界限问题的质疑。

米尔格拉姆对德国纳粹战犯阿道夫·艾希曼的审判过程产生了极大的兴趣。当时人们的普遍观点认为，20世纪的德国人的内心与正常人有着本质区别；20世纪50年代，西奥多·阿多诺等心理学家认为，德国人有特殊的人格特点，这些特点使他们特别容易犯下残忍的罪行（如大屠杀）。但是阿道夫·艾希曼在审判中声称自己只是“奉命行事”，因此米尔格拉姆决定进行一项研究，即在命令面前，普通人是否会失去自己的是非观？他的研究对权威和服从这一主题进行了深入的探讨和解释，该实验目前仍然是历史上最有争议的心理学实验。

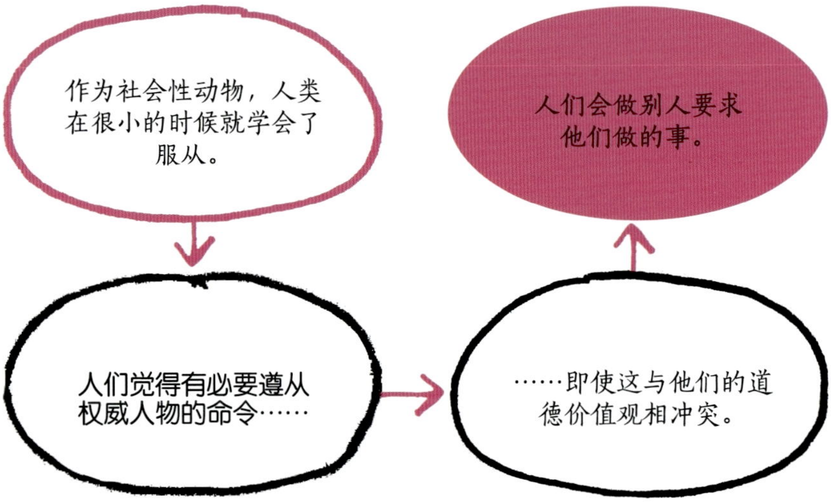

团体的力量

米尔格拉姆认为，第二次世界大战期间，强迫服从（而不是德国人的天性）才是让纳粹做出残酷行为的原因。他认为，行为是情境的直接结果，我们任何人在相同的情境下都可能做出同样的行为。20世纪50年代末，米尔格拉姆和阿希一起合作研究人类的服从行为，他们看到：人们会服从团体的决定，即使他们知道这个决定是错误的。实验表明，人们会说出、做出与自己真实感受相冲突的话和行为。那人们的道德判断是否也会受到团体或个人的影响？

米尔格拉姆的实验

米尔格拉姆进行了系列实验以测试在权威的命令下，正常、善良的人是否会做出违背自己道德观的行为。具体实验设计是：由权威人物给被试下命令，让他利用仪器对另一个人实施电击。米尔格拉姆想了解普通人是否会服从这一命令。1961年，米尔格拉姆在耶鲁大学的实验室进行了这个实验，当时他是那里的心理学教授。被试都是通过报纸招募的，被试来自各行各业，包括教师、邮政工人、工程师、工人和销售人员，共计40人。每个参与实验的人都将获得4.5美元的报酬，并且报酬在被试刚抵达实验室时就会支付。被试同时还会被告知无论实验过程中发生了什么，该报酬都属于他们。

在实验室中，米尔格拉姆制造了一个假的（但看起来十分恐怖且可以乱真的）电击器。该

参见: 所罗门·阿希 224~227页, 塞尔日·莫斯科维奇 238~239页, 菲利普·津巴多 254~255页, 沃尔特·米歇尔 326~327页。

> 这个服从实验是最为著名也最受争议的实验。
> ——理查德·格罗斯

电击器上有30档相差15伏特的开关，代表不同级别的电压强度，在强度标尺上分别标注着“小幅电击”、“极限强度电击”、“危险：极强电击”，最后一档标记为简单的“XXX”。

实验者，即“科学家”由一位生物老师扮演，他在实验中的姓名是杰克·威廉姆斯。为了让这位老师给被试留下权威印象，他自始至终都穿着灰色的实验室技术人员的外套，并且在每个实验中都保持着严厉无情的风范。

被试被告知该研究旨在探讨惩罚对学习的影响，实验中的两名志愿者一名将成为学习者，而另一名则会成为老师。事实上，每个实验中的一名“志愿者”并不是被试，而是实验助手，他的名字叫华莱士，是一位招人喜欢的会计师，他在实验中扮演受电击者。华莱士先生和真正的被试在实验开始前会从一顶帽子里进行抽签以确定自己在实验中的角色（学习者还是老师）。但这个抽签过程实际是研究者操纵好的，每次华莱士先生都会抽到“学习者”的纸签。被试将全程看到“学习者”（华莱士先生）受电击的情况，华莱士先生被捆绑在一张“电椅”中，他的两个手腕上则被连上电极。被试被告知，该电极的开关和操作台位于隔壁房间。被试会听到“科学家”告诉“学习者”（华莱士先生）说：“虽然电击非常痛苦，但是不会对你造成永久性损害”。为了让情境看起来更真实，科学家之后会给被试连上电击器，并给予45伏特的电击，这实际上是实验中的电击器唯一能

华莱士先生被像模像样地捆绑起来，假装自己只是个无辜的志愿者。他的尖叫并没有阻止65%的被试给予他最高级别的电击（尽管是假的）。

斯坦利·米尔格拉姆

斯坦利·米尔格拉姆1933年出生在纽约的一个犹太家庭。他的父母均是匈牙利人，在布朗克斯经营一家面包店。他和津巴多曾一起在詹姆斯·门罗高中就读。

米尔格拉姆成绩优秀，而且是同学里的领袖人物。开始时，米尔格拉姆对政治学感兴趣，但他之后转而接受高尔顿·奥尔波特的指导学习心理学，并于1960年获得哈佛大学心理学博士学位。与阿希在哈佛共同研究服从行为之后，他成为耶鲁大学的助理教授，在那里他进行了服从实验。1961年，他与亚历山德拉·麦金结婚，婚后育有两个孩子。1963年，他想回哈佛任职，但因他的实验争议较大而被拒绝。于是他前往纽约的城市大学并在那里任教，他于51岁时逝世。

主要作品

1963年 《服从行为研究》
1967年 《小世界问题》
1974年 《实验的视角：服从权威》

米尔格拉姆的电击实验得到了令人完全意想不到的结果。由40名精神病学家组成的团队预测认为，只有不到5%的被试将会对假被试释放高达300伏的电击；但事实上，每一个被试实施的电击都等于或超过了300伏。

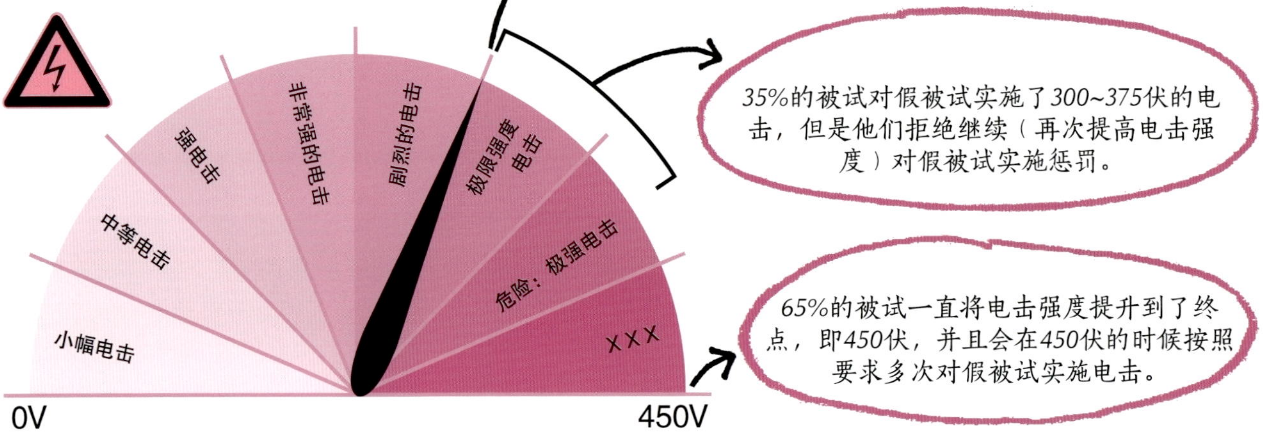

够产生的电击强度。

这时，被试会被安排走进装有电击器的房间，并按照主试的要求承担“老师”的角色。他需要按照要求大声朗读一张列有词组的清单（如“忧郁的女孩”、“晴朗的天”），以便让学习者即假被试记忆。之后，被试要朗读清单上的每个词组的前一个词；学习者的任务是回忆出配对的另一个词。如果学习者的答案是正确的，那么提问继续进行；如果答案是错误的，那被试就要告诉学习者正确的答案，并宣布他即将受到的电击等级，之后通过开关对被试实施电击。每当被试出错时，主试就要求被试实施高出上次惩罚15伏的电击（即被试要不断上调电击水平）。

实施电击

作为实验的一部分，学习者（华莱士先生）大约每四个回答中会故意答错一个，以确保被试被要求实施电击。在实验过程中，当电压达到300伏时，华莱士先生就会表现激烈，并大喊：“我不回答任何问题！让我离开这里！你不能把我困在这里！让我出去！”随着电击水平继续提高，华莱士先生会更疯狂地叫喊，最终不再发出任何声音；最后，华莱士先生将不再回答被试提出的问题，而以可怕的沉默“对抗”。当华莱士先生不回答问题时，主试要求被试按照学习者回答错误的办法进行处理——提高电击水平。如果被试表达不愿意继续实验，那么主试会采取不断递进的办法让被试继续实验：先口头上鼓励被试，然后要求他继续实验，最后告诉被试除了继续实验别无选择。如果当主试告诉被试除了继续实验别无选择时，被试依然拒绝继续实验，那么整个实验就宣告结束。在实验开始前，米尔格拉姆就实验可能的结果——被试会对学习者实施多高水平的电击——采访了很多人，包括普通市民、心理学家和精神病学家。大多数人认为被试最高会停留在能够引发疼痛的电击水平；而精神病学家预测，真正实

> **出于对规则的麻木，我们可以看到善良的人如何因屈从权威的要求而实施了残酷无情的行为。**
>
> ——斯坦利·米尔格拉姆

施到最高水平电击的被试至多不会超过千分之一。令人惊讶的是，米尔格拉姆的实验发现，40个被试对假被试实施的最高电击全都大于或等于300伏。只有5人在300伏之后拒绝继续进行实验；有65%的被试按照“科学家”的指示一直将电击强度提升到了终点——450伏。

而被试在实施惩罚的过程中表现出了明显的不适：极度的痛苦、紧张和焦虑。他们会结巴、颤抖、大汗淋漓、呻吟、神经质般地笑，有3名被试甚至出现了所有这些症状。实验过程中，每个被试都会中途停下来并对实验提出质疑，一些人甚至表示愿意退还开始时支付给他们的报酬。实验结束后，主试对被试进行采访，发现大多数参与者都相信这个“学习实验”是真实的。

实验结束后，主试向所有被试清楚地解释了整个实验，使被试明白到底发生了什么。之后主试还会对被试进行一系列的问卷测试，以确保被试没有受到情绪方面的伤害。被试还会与学习者（华莱士先生）再见面，从而让被试看到学习者其实并没有受到任何电击。

不得不服从

米尔格拉姆指出，实验中的众多因素都可能导致人们的高服从性，如该实验在耶鲁大学这样高知名度的大学进行。此外，被试认为这个实验的目标是要促进学习过程，并且主试曾确保这种电击虽然痛苦但不会有危险。而被试也可能因为自己是志愿参加实验、又拿了主试的报酬而觉得自己有服从的义务。为了检验这些解释的合理性，米尔格拉姆又对不同的因素进行了控制，重新进行了系列研究。但是结果发现，改变实验的背景对实验结果并没有造成太大的影响。

米尔格拉姆希望检验在极端情况下，个体服从权威人物的倾向性是否是引发个体行为的决定因素。显然在服从“科学家”指令的过程中，被试因做出的行为违背自己的道德观而出现了明显的消极反应（无论是身体还是心理），但是服从的压力过大，使得他们不得不放弃拒绝的权利。

在米尔格拉姆看来，这种服从意识来源于我们的成长历程：从小被教导要成为社会化的人，小时候家长和教师让我们要听话、服从命令，尤其要服从权威人物的规则和要求。米尔格拉姆说：“服从既是人们社会生活结构中的重要因素，又是个体遇到问题时可选的行为策略……它与个体其他许多重要机能联系在一起。”但是同样的，在第二次世界大战期间死亡集中营里惨绝人寰的杀人规则

> **那些从事正常工作、没有任何反社会问题或敌意的一般人，也可能在某个可怕的破坏性过程中变成暴力行为的执行者。**
>
> ——米尔格拉姆

20世纪60年代，耶鲁大学一直是人们心中的高水平学府，其权威性可能会对米尔格拉姆实验中的被试造成影响。

也“只有当大部分人服从时才可能得以推行和实施”。米尔格拉姆的实验向我们清晰地展示了：正常、无害的人在受到情境压力下也能做出残忍的行为。

在描述其研究结果时，米尔格拉姆还引用了从众的理论：当一个人既没有能力也没有知识帮助自己做决定时，他就会听从团体的决定。从众会让个体的行为反应受到限制，甚至出现扭曲，有时从众似乎还会导致责任扩散的问题，这也是米尔格拉姆用以解释第二次世界大战期间纳粹暴行的关键。米尔格拉姆还认为，一个人的良心和外部权威之间的冲突会产生巨大的内部压力，就好像实验中的被试们所经历的极度痛苦。

伦理问题

米尔格拉姆的研究引发了众人对伦理问题的争议。在其研究结果第一次出版时，有关伦理问题的争议甚至让美国心理学会撤销了米尔格拉姆的会员资格。然而，一年之后米尔格拉姆的会员资格便得以恢复，而1974年米尔格拉姆出版的《服从权威》一书则获得了年度社会心理学奖。

对米尔格拉姆的研究最大的批评在于，无论是实验的目的还是电击是否存在，实验中的被试显然遭到了双重欺骗，米尔格拉姆辩解说，不使用欺骗手段他就无法制造逼真的效果，并且在实验之后他向所有被试都明确说明了实验的具体内容。他认为，尽管实验使被试不得不做出之前无法想象的行为并会令被试感到不适，但是该实验也给被试留下了宝贵的财富——提高了个体的自我认识。

然而，很多心理学家仍然感到不安，该实验最终也成了心理学实验伦理标准发展过程中的关键点。这个实验促使人们制定了心理学实验伦理的重要标准——心理学实验应该避免故意欺骗被试，避免让被试遭受情绪上的折磨。

跨文化的一致性

对米尔格拉姆研究的另一个批评是，他采用的是过于特殊的样本：美国男性，而这一样本的特点并不能代表一般人群。即便如此，米尔格拉姆也得出结论：服从并不是20世纪时德国人的特质，而是一种更具普遍性的人类特质。之后很多在不同文化下实施的类似实验证实，尽管所处文化不同，但该实验结果的确具有非常高的一致性，只是在国家之间存在细微的差别。例如，在北美和欧洲的大部分地区，类似实验的结果和米尔格拉姆的实验结果类似，选择服从的被试比例很高。然而，在亚洲的相关研究中，被试的服从比例更高（尤其是

纳粹在第二次世界大战期间的暴行被归为普遍存在的“权威人格”问题，这使得米尔格拉姆的观点遭受到了广泛的质疑。

> 服从权威并不是德国文化的专属特点，而是人类的普遍特点。
>
> ——斯坦利·米尔格拉姆

> 在战争时期，士兵不会去质疑轰炸一个小村庄是好还是不好。
>
> ——米尔格拉姆

越战中的美国士兵报告说，他们的行为是逐渐失控的，就好比电击器一样，等发现自己开始杀害平民时，他们才意识到自己做出了怎样的行为。

东亚和伊斯兰国家）。而非洲、拉丁美洲以及加拿大的因纽特人在实验中的服从比例则要低得多。

虚拟折磨

2006年，心理学家梅尔·斯莱特实施了系列实验，他希望探讨当被试知道实验情境并不真实时，会出现怎样的不同结果。他对米尔格拉姆的实验进行了改变，他使用计算机模拟学习者和电击过程，所以实施电击的被试知道学习者是计算机生成的。他实施了两次实验：第一次实验中，被试看不到计算机生成的学习者，被试和计算机生成的学习者只能通过打字进行交流；而第二次实验中，被试可以在屏幕上看到计算机生成的学习者。那些通过文本与学习者交流的被试基本上对实施电击没有什么犹豫，但是当被试看到计算机生成的学习者时，他们的反应和米尔格拉姆的实验结果相差不大。

社会需要服从

社会的意义在于让每个人都愿意放弃部分个人自主性，参照具有更高社会地位和权威人士的决定，从而在更高、更广阔的视野背景下做出个人决定。即使是最民主的社会也需要公共认可的权威来实施对个人的管理，从而追求集体利益的最大化。为了实现社会机能，其中的民众必须同意遵守其规则。当然，这一规则必须合理合法，历史上个别人利用特权说服别人做出危害行为的例子可是数不胜数。

米尔格拉姆指出，与其说行为的实施要看行为主体“是什么样的人”，还不如说应该考虑“这个人处在怎样的情境中”导致他做出这样的行为。他还指出，与其用个体的人格特点来解释其罪行，不如把目光放到这个人当时所处的环境或情境中。

米尔格拉姆的开创性研究在当时受到了严厉的批评，不仅因为他的研究让我们看到令人绝望的、不寒而栗的人性另一面，而且因为我们更愿意相信纳粹和一般人之间存在着绝对的不同，我们不愿相信他的研究结论揭示的结果：在某些情境下，我们也会做出（和纳粹一样的）匪夷所思的暴行。米尔格拉姆向我们展示了权力、服从权威的倾向会导致的可怕后果，他既为所谓的恶棍们洗脱了罪名，又把所有人列入了可能的恶棍行列中。■

DEVELOPMENTAL PSYCHOLOGY
FROM INFANT TO ADULT

发展心理学
从婴儿到成人

1915年

新版《性学三论》出版，西格蒙德·弗洛伊德在其中增添了一章，讲述了**性心理发展理论**的大纲脉络。

20世纪20年代

在**儿童心理发展**的精神分析领域中出现了安娜·弗洛伊德的保守派和梅兰妮·克莱因的激进派。

20世纪30年代

利维·维果斯基关于学习的社会文化理论强调了**社会在个体的学习和发展过程中的重要性**。

1936年

让·皮亚杰提出了认知发展理论，该理论界定了个体童年的**认知发展阶段**。

1946年

肯尼斯和玛米·克拉克建立了纽约黑人住宅区的北方儿童发展中心，并探究了**种族偏见**的形成过程。

1950年

艾瑞克·埃里克森出版了《儿童与社会》，其中描述了儿童**社会心理发展**的八个阶段。

1957年

诺姆·乔姆斯基在《句法结构》中对传统的**语言习得论**提出了挑战。

1958–1960年

约翰·鲍尔比发表了一系列论文，对依恋的精神分析理论和行为主义理论进行了驳斥。

在20世纪早期，关于从童年到成年的心理发展有两种主要的理论：弗洛伊德的精神分析理论主要阐述的是儿童的性心理发展；行为主义理论主要阐释了人类的学习过程。然而，关于发展本身的研究（人一生中在心理、情感和感知方面的变化）却一直是空白。直到20世纪30年代，皮亚杰推翻了传统的认知，他认为儿童不是一个“微小的成人”，儿童的发展并不是简单地随着身体的成熟而不断获得知识的过程，儿童的发展会经过一系列根本的心理变化。皮亚杰提出了一些基本问题：我们获取知识的过程到底是循序渐进的还是存在着不同的阶段？我们的某些能力是天生的还是后天学习的结果？他的认知发展理论认为，儿童发展到成年会经历几个阶段。在每个阶段，儿童不是简单地接受外部知识，而是通过内部与外部的不断协调统合而建立起知识体系。皮亚杰的观点为发展心理学确立了新的领域，并且催生了现代的学校课程体系。

之后，其他发展理论开始如雨后春笋般出现。虽然维果斯基基本上认可皮亚杰的研究结论，但他认为儿童在不同的学习阶段依然需要成人的指导，他还强调儿童发展过程中社会文化环境的重要性。埃里克森对皮亚杰的理论进行了补充，最终形成了包含青少年期的心理发展八阶段论。科尔伯格则在其研究中提出了儿童道德发展的六阶段理论。

随着第二次世界大战后“认知革命”的崛起，心理学家班杜拉等人再次将目光转向了儿童发展的问题，这次心理学家关注的是信息加工的认知模型。班杜拉在其理论中将皮亚杰的阶段论和维果斯基的社会建构理论结合到一起。认知心理学则为学习理论（尤其是语言的学习过程）引入了新的观点，而乔姆斯基的“个体天生具有语

1959年
哈里·哈洛对猴子进行了实验，他发现在依恋形成的过程中，**提供安抚**远比提供食物重要。

1961年
阿尔伯特·班杜拉实施了**波比娃娃实验**以观察儿童的观察学习过程（模仿）。

1970年
玛丽·安斯沃斯在其**陌生人情境研究**中发现了儿童不同的依恋类型。

1971年
劳伦斯·科尔伯格在《道德发展阶段》中界定了**道德发展的六个阶段**。

1973年
法国的诺伊维尔开设了一所以**弗朗索瓦兹·多尔多**的教育理论为依托的新学校。

1974年
埃莉诺·迈克比在《性别差异心理学》中展示了他对**性别差异**的研究结果。

1991年
杰罗姆·布鲁纳在《真实的叙事解释》中探讨了个体对现实的独特思维建构方式。

1995年
西蒙·巴伦科恩出版了《精神盲》，他在书中探讨了**孤独症**的问题。

言学习能力”的观点再次引发了关于“先天还是后天”的热烈争论。

随着发展心理学对学习过程的不断关注，英国精神分析学家和精神病医师鲍尔比的实验则引发了人们对另一领域的关注。他对第二次世界大战期间与家人失散的儿童的研究为依恋理论的形成奠定了基础。依恋理论描述了我们如何建立和维持与亲友之间的关系，还特别强调了婴儿与照顾者之间依恋关系的重要性；鲍尔比认为，依恋是个体为维持生存所具备的自然本能。在美国，心理学家哈洛的实验证实了依恋理论的基本观点。他的实验展示了亲子分离对婴幼儿造成的影响，并证实，要确保婴幼儿良好的认知发展和社会发展，成人的照顾和陪伴不可或缺。

后来，安斯沃斯的研究进一步证实了这些观点，安斯沃斯还加入了有关“安全基地”的观点——婴幼儿可以在“安全基地”的基础上对世界进行探索。布鲁诺·贝特尔海姆则在依恋理论基础上提出了更富争议性的儿童发展理论，他对集体农场抚养长大的儿童的研究结果对传统家庭的重要性提出了挑战。20世纪60年代，民权运动和女权主义的崛起对社会心理学和发展心理学产生了重要影响。我们的偏见是如何产生的？是在什么阶段获得的？这些问题引起了非裔美国人克拉克夫妇的兴趣，他们在纽约的哈莱姆进行了有关儿童发展的研究；迈克比则就不同性别之间发展的差异进行了研究，这是第一个有关性别差异的研究。

发展心理学目前正在就孤独症及学习困难的成因和解决办法进行探索。并且，随着老龄化问题的加剧，心理学也正在寻找办法以帮助我们更好地面对老年生活。■

教育应该培养有能力做新事情的人

让·皮亚杰（1896–1980年）

背景介绍

聚焦

发生认识论

此前

1693年 英国哲学家约翰·洛克的著作《教育漫话》提出了儿童的意识是一块白板的说法。

18世纪80年代 德国哲学家康德提出了图式的概念，并指出个体的道德发展是经由个体与同伴的互动逐渐形成的，与权威人物并无关系。

此后

1907年 意大利教育家蒙特梭利博士建立了第一所蒙特梭利学校，该学校尊重儿童的天性发展，鼓励儿童自主发展。

20世纪七八十年代 很多西方教育体系都采纳了以儿童为中心的学习方法。

年轻时，让·皮亚杰（Jean Piaget）是一名杰出的生物学家，后来他对认识论产生了浓厚的兴趣。正是因为这些经历，皮亚杰提出了发生认识论，该理论关注儿童成长过程中智力的改变。皮亚杰对于不同年龄段儿童的智力水平差异（量化的认知改变）没有兴趣，他关心的是儿童发展过程中其心智能力的自然发展。定量研究可以对数值进行比较，但是皮亚杰希望能够了解儿童学习在类型、经验和特点方面的不同，这就需要进行“质”的研究。皮亚杰抛弃了流行的行为主义研究模式（将儿童发展完全归因于环境变量），皮亚杰决定研究儿童天生的，或者说先天的能力，即引导儿童不断向前发展的能力。

皮亚杰认为，儿童是主动且独立的学习者。在不断发展的过程中，他们会用感觉与周围的世界进行交流。他还认为，在儿童自主发展的过程中，我们需要对其进行培养和引导，这一点极其重要。我们需要让儿童进行自由的实验和探索，允许他们以自己的方式进行尝试错误学习。因此，好老师的任务应该是为儿童不同阶段的发展提供支持，不断激发他们的创造力和想象力，因为“教育的目标应该是培养有能力做新事情的人”。

学习是主动的过程

贯穿皮亚杰智力发展理论的一个核心观点是：学习是个体主动进行的过程。他指出，从幼年到童年，儿童的学习源自他们对感觉、探索、移动和控制的自然愿望。出于这个原因，皮亚杰对众多的标准化测试提出了质疑，在这些标准化测试中，儿童不得不接受格式化的测试，即通过所谓的“正确答案”来对儿童的智力进行量化。20世纪20年代初，皮亚杰曾从事标准化比奈量表的工作，之后皮亚杰不再关心儿童得出正确答案的能力，他关心的

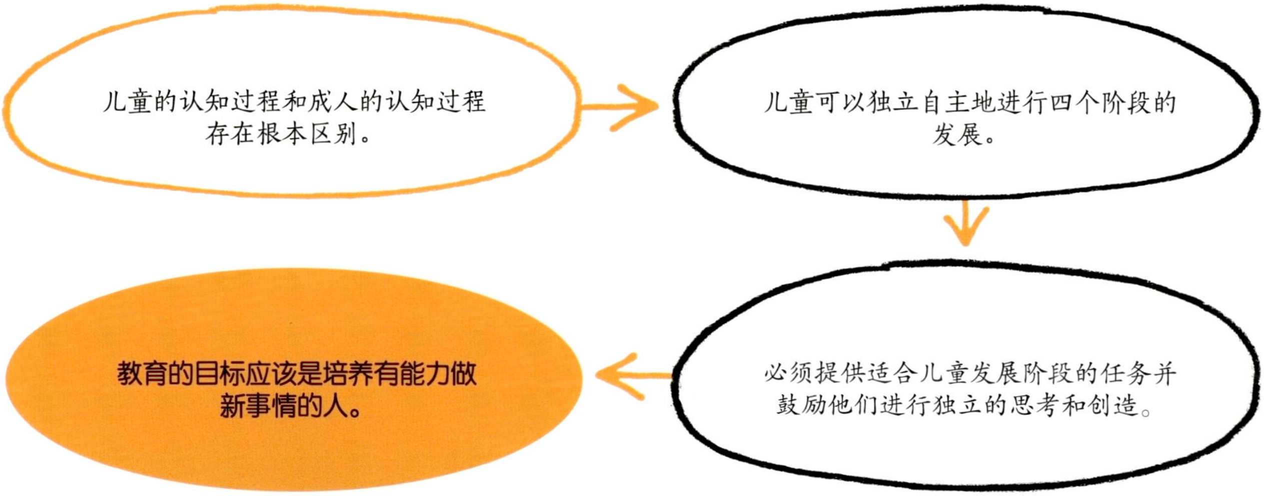

参见：阿尔弗雷德·比奈 50~53页，杰罗姆·布鲁纳 164~165页，利维·维果斯基 270页，艾瑞克·埃里克森 272~273页，弗朗索瓦兹·多尔多 279页，劳伦斯·科尔伯格 292~293页，杰罗姆·卡根 339页。

是儿童眼中的答案到底是怎样的。结果显示，儿童对于“世界是如何运作”的假设和成年人有着很大的不同，这使得皮亚杰认定儿童在思维上不仅和成人有所不同，而且不同年龄阶段的儿童也有着不同的思维方式。

逐步进化的思维

自17世纪以来，儿童是“微小的成人”这一观点一直占据着统治地位。当时的经验主义哲学家认为儿童大脑的工作原理和成人的完全相同，只是联想能力不如成人完善。而另一些秉承先天论的心理学思想家则认为，有些概念（有关时间、空间以及数量的观念）是先天的，所以婴幼儿天生就具备运用它们的能力。皮亚杰认为儿童的心智（从婴幼儿到青少年阶段）和成人有着根本的区别，这一观点显然具有激进色彩且极富争议。

皮亚杰认为理解儿童智力的形成和进化过程极其重要，因为这是我们唯一可以完全理解人类知识的方式。他运用心理治疗的面谈技巧要求儿童解释自己答案的形成过程，而这也成为他的一个重要研究工具。皮亚杰并没有预先准备好确定的问题清单，他会依据儿童的回答灵活地确定下一个问题。皮亚杰认为儿童的思路可以帮助他更好地了解儿童潜在的理解过程。他反对利用量化工具对儿童智力进行测量。他的

> 对大部分人而言，教育意味着引导儿童逐渐成为社会中典型的成人。
>
> ——让·皮亚杰

儿童并不是知识体系尚不完善的袖珍版的成人。相反，他们看待世界的方式以及他们与世界相互作用的方式都和成人存在根本区别。

观点使儿童认知发展理论出现了突破性进展。

智力的发展

皮亚杰最初认为，社会因素（如与家庭成员或同伴之间的交往和语言）会影响儿童的智力发展。然而，随着研究的进行，他意识到对儿童而言，语言并不如他们的行为重要。在刚出生的几天，婴儿的身体活动十分有限，主要是哭泣和吃奶，但是他们依然学会了新的行为动作，比如用手抓住玩具。因此，皮亚杰得出结论：行为（而不是社会交往）才是这个阶段思维的主要来源。

这一发现成为其理论的重要组成部分——每个儿童都会经历认知发展的不同阶段，这些阶段在质量和等级程度上各有不同。儿童只有真正完成了前一个阶段才可能进入下一个阶段。经过观察和研究，皮亚杰认为所有儿童都会经历相同顺序的不同阶段，不仅不会倒退，而且不会跳过某个阶段。这不是个一蹴而就的过程，虽然儿童一般会在差不多的年龄经历同一阶段，但是每个儿童的发展速度并不相同。

皮亚杰界定了智力发展的四个阶段，此外，他还界定了在每个发展阶段儿童所使用的图式。图式在头脑中的表现是一系列的观点、知觉和行为，图式帮助我们组织已有的经验，并帮助我们为获取新的知识做好准备。婴幼儿期的图式十分简单，比如哪些是“我可以吃的东西”。然而，随

发展的四个阶段

1. 感知运动阶段，儿童利用触觉和其他感觉感知世界。

2. 在前运算阶段，儿童开始运用逻辑对事物进行排列。

3. 在具体运算阶段，儿童意识到数量有着不同的形式。

4. 在形式运算阶段，儿童已经发展出了文字推理和假设思维的能力。

着儿童的成长，图式会变得越来越复杂，比如理解什么能够构成“厨房”、“最好的朋友”或“民主政府”。在皮亚杰看来，智力行为就是图式的不断增加。

四个发展阶段

皮亚杰理论中的第一个阶段是感知运动阶段，这一阶段一般是指儿童从出生到两岁左右。在这个阶段，婴幼儿会通过自己的感觉（感知）和身体动作（运动）来了解世界。这个阶段的儿童都是以自我为中心的，他们只能从自己的角度看待周围的世界。在这个阶段的初期，儿童的行为并不包含理解和意图，只是一种反射作用；之后，他们开始扩展自己的行为，并开始将行为与物体相整合；例如，他们可以想象出眼前没有的物品并找到隐藏起来的物品。他们开始进行试验，有目的地使用物品，并会在行动之前思考问题。这些发展标志着第一阶段的完成。

> **知识……是日趋完善的转换系统。**
>
> ——让·皮亚杰

随着儿童发展出自我觉知能力，他们开始学会利用自己的表象思维，他们开始发展并使用内部想象、符号和语言。这些组成了第二个阶段——前运算阶段，在这个阶段开始时，儿童感兴趣的是物体的外在特点。他们开始展现出一系列技能，如按照一定逻辑顺序（比如重量）排列物品，或者通过两个物品的共同特点对物品（比如积木）进行比较，但是每次他们只能关注物品的一个特点（要么是大小，要么是颜色）。在两岁到四岁，儿童只能按照绝对关系进行思考（比如大和最大）；而从四岁到七岁，他们则可以按照相对关系进行思考（比如更大或更重）。儿童此时的逻辑思维能力依然十分有限，并且此时儿童依然无法摆脱自我中心性，他们无法从别人的角度去看待事情。

第三个阶段是具体运算阶段，在这一阶段，儿童能够进行逻辑推理，但是这种推理仅限于实际的（具体的）物体。儿童此时开始理解交流中的观点，他们开始意识到无论物体的形态如何改变，物体本身不会改变。他们会认识到，如果你把一个矮胖瓶子中的液体倒入高瘦瓶子，里面的液体重量并不会因瓶子的高度而发生改变。他们还会认识到物品可以按照不同的特点进行不同的分类——玻璃珠是绿色的，也可以是透明的，也可以是大个儿的。儿童的自我中心性在这个阶段有所降低，他们开始在其观点中纳入更多的相对性。

在第四阶段（具体运算阶段），儿童开始控制自己的想法（而不只是简单地操作实物）并且能够基于语言进行单纯的推理。他们不再需要依赖具体的物体，并且可以进行论证。他们开始依据假设进行推理，这种新的技能（想象、讨论抽象的观点）表明他们已经越来越脱离自我中心性。

达到平衡

除了四阶段理论外，皮亚杰还提出了认知发展过程中的几个核心概念：同化、顺应以及平衡。同化指的是我们将新的信息纳入已有的图式中。顺应指的是在同化的过程中，我们对已有的知识或技能进行改变。我们称那些能够同化大部分或全部新信息的儿童达到了平衡的状态。然而，如果已有的图式不足以应对新的情境，那么儿童就会进入认知失衡的状态，那么他就需要进一步发展其图式以顺应必要的信息。本质上来看，这其实是一个适应的过程，也是学习的最基本的形式之一。

对教育的冲击

20世纪七八十年代，皮亚杰的研究激发了欧美教育体系的变革，促使教学理论和实践更多地开始采用以儿童为中心的方法。教育者们不再尝试教儿童按照成人的方式进行思考和行动，教育者鼓励儿童采用独特的、个性化的方式进行思考。皮亚杰认为教育应该鼓励人们去创造、创新和改革，应该阻止让儿童以牺牲想象力和创新精神为代价来顺从或遵守既成的准则规范。如果学习的自然过程（从婴幼儿时期开始）是个性化的、主动的探索过程，那么教育也应该成为引导儿童智力发展的体系。

以儿童为中心的教育的另一个非常重要的方面是“准备性”的概念，它指的是根据儿童的发展状态为儿童的学习设立界限。教师必须关注并尊重儿童处理新信息的能力，这一观点也是皮亚杰对教育领域的重要贡献之一（特别是在数学和科学方面）。教师给予儿童的任务应该能够反映并尽可能准确地适合儿童的认知发展水平及能力。皮亚杰认为，儿童的学习是一个主动的过程，不是被动观察的过程，教师必须以此为出发点实施教育行为。在教室中，学生之间的互动才是最重要的，这种互动可以确保知识能够传播给他人。

> 智力就是你在不知道该做什么的时候所使用的东西。
>
> ——让·皮亚杰

皮亚杰声称，教育者不应该固守某种思考或行为的固定模式，而应该促进儿童的自然学习过程。

蒙特梭利学校积极地运用了皮亚杰的观点。在蒙特梭利学校，教育者鼓励学生通过动手操作以及和同伴讨论等途径建立自己的学习过程。

因此，如果我们允许儿童彼此积极讨论（而不是被动地听课），他们将更有可能巩固和加深他们现有的知识。

道德教育

皮亚杰认为，和智力发展一样，儿童也存在固有的道德发展阶段，这种发展大多数情况下都是个体自主完成的。真正的道德发展基于儿童自己对世界的观察，而不是成人讲授的结果。皮亚杰认为同伴互动对儿童的道德发展至关重要。同伴（而不是父母或其他权威人物）才是儿童道德成长的关键，同伴群体是个体理解互惠、平等、正义等概念的源头。因此，皮亚杰积极鼓励教室中的学生互动，这是个体学习过程中必不可少的组成部分。

因此，在皮亚杰的以儿童为中心的课堂中，教师的角色是顾问和推动者，而不是一般意义上的指导者。教师需要仔细评估每个学生的认知发展水平，然后为每个学生设置能激发其内在动机的任务。有趣的是，为了帮助学生进入下一个发展阶段，教师还必须让儿童进入认知失衡状态，从而为其提供真正的学习机会。教师应该把焦点放在学习的过程上，而不是关注最终的结果或成果；教师应该鼓励学生问问题、做实验、自我探索，即便这可能让学生犯更多的错。最重要的是，教师必须为学生创造能够彼此学习的合作空间。

> 儿童只有自己创造，才能获得真知。
>
> ——让·皮亚杰

他们必须为学生创设协同学

让·皮亚杰

让·皮亚杰出生在瑞士的纳沙泰尔，从小他就对自然界有着无限的好奇，十一岁的时候撰写了第一篇科学论文。他在纳沙泰尔大学学习自然科学，并在22岁的时候获得了博士学位。之后他的兴趣开始转向精神分析，他在法国发展出了自己的理论——发生认识论。

1921年，他成为日内瓦的卢梭研究所的负责人。他与太太结婚后育有三个孩子，而孩子们则成了皮亚杰验证其认知发展理论观点的被试。1955年，他创立了发生认识论国际中心，他一直担任该中心的负责人，直到1980年去世。他获得过多个国际奖项和荣誉。

主要作品

1932年 《儿童的道德判断》
1947年 《智力心理学》
1952年 《儿童智力的起源》
1962年 《儿童心理学》

习的空间，让学生互相学习。

对皮亚杰的批评

尽管皮亚杰在发展心理学、教育学、道德、进化学、哲学甚至人工智能领域都具有很高的知名度和广泛的影响力，但是他的观点并没有被广为接受，甚至还得到了诸多批评。和其他影响广泛的理论一样，多年的探索和研究也暴露出了其理论的问题和缺陷。举例来说，皮亚杰关于自我中心的观点就遭到了质疑。1979年美国心理学家苏珊·吉尔曼的研究表明，为了让被蒙住眼睛的人了解其看不到的东西，四岁的儿童已经能够从对方的角度出发调整自己的描述和解释。并且当面对比自己年幼的孩子时，儿童在交流过程中会采取更为简单的语言。这些与皮亚杰的描述的“处在自我中心阶段的儿童无法意识到他人的需要”的观点存在冲突。

皮亚杰提出的“对物质世界的理解以及知识体系的建立都是儿童独立自主完成的”也遭到了批评，因为这种观点忽视了他人对儿童认知发展的重要作用。心理学先驱人物维果斯基的研究证实，知识以及思维本质上都是社会互动的结果，他反对皮亚杰“儿童并不是社会整体的组成部分”这一假设。维果斯基认为人类的发展基于三个水平：社会、人际交往以及个体本身，而他主要关注的是前两个水平。他的“最近发展区”理论（儿童需要成人或年长儿童的帮助来完成某些任务）便是对皮亚杰理论的某种反驳。

皮亚杰的理论中被确定具有普遍意义的便是其发展阶段的观点。尽管他没有绝对说服力的证据支持自己当时的假设，但是近年来的多个涉及感知运动阶段的跨文化研究（其中就包括皮埃尔·达森1994年的研究）都发现，皮亚杰的亚阶段理论具有普遍性，只不过环境和文化因素的影响会使不同文化下的个体进入/完成某一阶段的步调有所不同。

皮亚杰的工作无疑为儿童发展和人类认知发展的新研究领域铺平了道路。他为20世纪和21世纪的大量研究提供了新的理论背景，并从根本上改变了西方社会的教育形态。■

达森发现，生活在澳大利亚偏远地区的8至14岁儿童的发展遵循皮亚杰的发展阶段论。

> 深层结构，基本的认知加工过程，是具有普遍性的。
>
> ——皮埃尔·达森

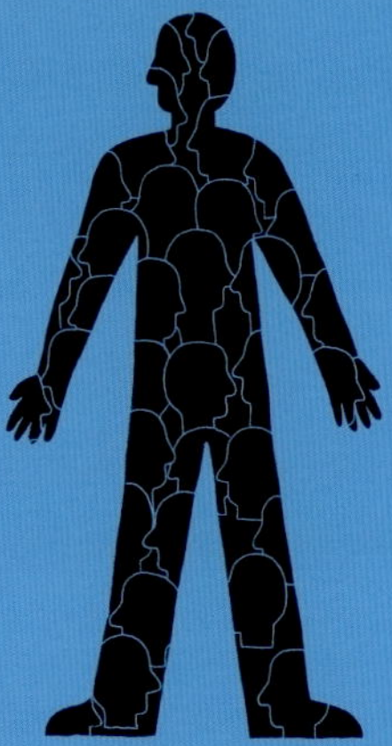

我们通过与他人的互动成为今天的自己

利维·维果斯基（1896–1934年）

背景介绍

聚焦

社会建构主义

此前

19世纪60年代 弗朗西斯·高尔顿的观点引发了激烈的争论，大家就天性（与生俱来的能力）和教养（养育）哪个是影响个体人格的最关键因素这一问题争论不休。

此后

1952年 让·皮亚杰认为，个体吸收、处理信息的能力主要是在儿童天生的能力与其环境交互过程中发展起来的。

1966年 杰罗姆·布鲁纳提出“任何学科的知识都可以以特定形式教给处于任何发展时期的任何儿童。”

1990年 美国教育心理学家罗伯特·斯莱文设计出了小组成绩分工法以促进学生的合作学习，降低了学生的竞争意识。

对于俄国心理学家利维·维果斯基（Lev Vygotskg）而言，儿童推理、理解以及记忆的技能都源于儿童与父母、教师和同伴的交互体验。维果斯基认为人类发展发生在三个层面——文化、人际交往和个人层面。他关注的主要是前两者，他认为我们大部分的成长经验都是社会交往的结果，因此他提出“我们通过与他人的互动成为今天的自己。”维果斯基认为，儿童通过与他们的照顾者的互动吸收前人的智慧、价值观以及知识技术，之后，他们会使用这些“工具”学习如何有效地管理自己的世界。但是只有通过社会交往过程，儿童才能够实践并内化这些工具。即使是个人层面的推理和思考能力，也源自我们发展过程中的一系列社会活动，而这种社会互动又会促进我们内在认知能力的发展。

> 所有高级的心理机能都是外部社会关系在个体内部内化的结果。
>
> ——维果斯基

维果斯基的理论对教与学的方法都产生了影响。他认为，教师应发挥指导作用，不断对学生进行引导和鼓励，从而提高学生的注意广度、专注度以及学习技能，从而帮助学生提高能力。这一观点对教育造成了深远的影响，特别是20世纪后期，这一观点使人们开始将教育由以儿童为中心转到了以课程为中心上来，并且还推动了协作学习的进一步发展和运用。■

参见：弗朗西斯·高尔顿 28~29页，杰罗姆·布鲁纳 164~165页，让·皮亚杰 262~269页。

不是由特定父母养大的儿童

布鲁诺·贝特尔海姆（1903–1990年）

背景介绍

聚焦

养育系统

此前

1945年 美国精神分析学家勒内·施皮茨报告说，将儿童交由慈善机构进行抚养将会导致灾难性的后果。

1951年 约翰·鲍尔比认为婴幼儿需要与母亲保持亲密且持续的关系。

1958年 美国人类学家米尔福德·斯皮罗撰写了《以色列集体农场中的儿童》一书，他在书中指出，西方养育子女主要是让母亲承担主要照顾者的角色，这在所有文化中都是养育孩子的最佳办法。

此后

1973年 美国精神病学家查尔斯·约翰斯顿和罗伯特·德舍认为，公共育儿系统带来的很多好处是核心家庭无法提供的。

当发现养育中心的专业护工可以很好地照料情感失调的儿童后，布鲁诺·贝特尔海姆（Bruno Bettelheim）开始对人们普遍认为的“对儿童最好的抚养需要亲密的亲子关系”这一假设提出了质疑。他认为类似以色列集体农场那样的公共育儿系统拥有值得西方社会学习的优点。

1954年，贝特尔海姆在以色列集体农场进行了为期数周的调研。在以色列集体农场，儿童都被安置在远离家庭的特殊住宅中。贝特尔海姆在1967年的著作《孩子们的梦想》中指出：“在以色列集体农场，儿童并不是由特定父母养大的”，尽管他发现这会导致儿童没有太多的一对一式的亲密关系，但是这也促使儿童与更多同伴建立了友谊，并且促使儿童更积极地投入社交生活中。

成功的成人

在研究之前，贝特尔海姆认为以色列集体农场培育出来的成人不会有很高的成就，也不会对社会产生文化影响。但是后来他发现，以色列集体农场培育出来的往往是成功人士。事实上，20世纪90年代，一位新闻工作者对贝特尔海姆当时调研的儿童进行了追访，结果发现，这些儿童中的大部分都成为了成功的专业人士。

贝特尔海姆认为，以色列集体农场的公共养育机制非常成功。他希望借此发现进一步促进美国的育儿体系的发展。■

斯皮罗发现，以色列集体农场中的儿童彼此之间会建立强大的情感纽带，但是他们和成人却不这样亲近。这种与同伴亲近的能力也许可以解释为什么他们成年后往往会在职业方面获得成功。

参见：弗吉尼亚·萨提亚 146~147页，约翰·鲍尔比 274~277页。

任何事物的发展都可以按图索骥

艾瑞克·埃里克森（1902–1994年）

背景介绍

聚焦

社会心理发展

此前

1905年 西格蒙德·弗洛伊德提出了性心理发展理论，该理论认为儿童需要历经五个阶段达到性成熟。

20世纪30年代 让·皮亚杰提出了认知发展阶段理论。

此后

20世纪80年代 在埃里克森的理论基础上，美国心理学家詹姆斯·玛西亚探索了青少年的自我同一性的形成过程。

1996年 美国作家盖尔·希利在其最畅销著作《新中年主张》中指出成年人的青春期会延续到他们的中年，几乎将埃里克森理论中的青春期阶段推迟了十年。

艾瑞克·埃里克森（Erik Enkson）从后成原理的角度来理解人类的发展，也就是说每个有机体从出生开始便带着某种目的，并通过达成目的来实现自我发展。用埃里克森的话说就是“任何事物的发展都可以按图索骥，而事物的不同组成部分也会据此不断发展”。他提出，人格发展会历经八个阶段。在埃里克森看来，这种成长是遗传和环境不断交互影响的结果。

八个阶段

第一阶段是婴儿出生的第一年，这个阶段个体经历“信任与不信任”的冲突。如果婴儿的需要无法得到持续的满足，那么婴儿将会产生不信任感，这种不信任感会在他未来的人际关系中再次出现。第二阶段是从一岁半到两岁，这个阶段的个体经历“自主与羞耻和怀疑”的冲突。儿童开始学着探索，同时他还需要学着处理因小的失败或家长的惩罚而导致的羞耻和怀疑感。当个体学会平衡成功与失败时，他将会发展出健康的意志力。第三阶段从三岁到六岁，这个阶段的个体要经历“主动与内疚”的冲突，儿童在学习游戏行为的同时也开始做出主动的、有目的的行为。在与其他人交流时，他们发现自己的行为也会反过来对他人造成影响。在这个阶段，对儿童实施严厉的惩罚会导致强烈的愧疚感。

六岁到十二岁，儿童开始接受教育并学习一定的社交技能。第四阶段便是“勤奋对自卑”的冲突。这个阶段儿童会产生勤奋感，但对努力的过分强调可能会导致儿童错误地将其自我价值和努力等同起来。这个阶段之后，便是青春期即第五阶段“自我同一性和角色混乱”的冲突。在这个阶段，通过思考自己的过去、现在和将来，我们

> **对于生存而言，希望是个体最早出现的也是最不可或缺的德行。**
>
> ——艾瑞克·埃里克森

参见: 斯坦利·霍尔 46~47页，西格蒙德·弗洛伊德 92~99页，库尔特·勒温 218~223页，让·皮亚杰 262~269页，劳伦斯·科尔伯格 292~293页。

人格从出生到死亡必然经历八个不同的发展阶段。

通过成功解决每个阶段遇到的冲突，我们将发展成为心理健康的人。

如果不能解决每个阶段的冲突，就会出现心理上的问题（如缺乏信任感或强烈的内疚感），这些问题将伴随我们终身。

埃里克森指出，在老年生活中，我们将发展出与前几个阶段的冲突处理效果成正比的整体性和整合感。

将得到“我是谁”的答案——自我同一性。如果能战胜自我同一性混乱的问题，那么我们在这个阶段就将产生统一的自我认同感，但同时也可能产生埃里克森所谓的“自我认同危机”问题。

个体在十八到三十岁要经历第六个阶段，即“亲密对孤独的冲突”，在这个阶段，我们会体验爱情，并和他人建立亲密关系。第七个阶段是个体在三十五岁到六十岁会经历的“生育对自我专注”的冲突，在这个阶段，我们为下一代而努力，或者通过社交、文化等为社会做出贡献。

最后一个是“自我调整与绝望期”的冲突阶段，这一阶段大约从个体的六十岁开始。在这一阶段，个体开始反思自己的生活，可能因为对自己的过去感到满意而过着平静的老年生活，也可能对自己的老化和面临的死亡感到绝望。如果个体能成功地解决冲突，他将获得超脱。■

任何事物的发展都可以按图索骥，而事物的不同组成部分也会据此不断发展。

艾瑞克·埃里克森

艾瑞克·埃里克森出生于德国法兰克福，是母亲因婚外情而生下的孩子。他跟了母亲丈夫的姓，他并不知道亲生父亲是谁，母亲在他3岁的时候又再婚了。毫无疑问，埃里克森一直在努力解决自己的同一性问题。家人鼓励他学医，但是他最终选择了艺术，在青年时期，他是一名辗转于意大利各地的“流浪艺人”。之后，他遇到了严重的自我认同危机，他前往维也纳并在一所奉行弗洛伊德理论的学校从事艺术教师一职。在完全接纳了这一切之后，他开始跟随安娜·弗洛伊德接受有关精神分析的培训。1933年，他与琼·瑟森完婚并于之后移居美国波士顿。在那里，他成为当地第一位儿童精神分析学家。之后，他又任教于哈佛大学、耶鲁大学和伯克利大学。在1933年移民至美国后，他自行决定将自己的姓改为“埃里克森”。

主要作品

1950年 《儿童与社会》
1964年 《顿悟与责任》
1968年 《同一性：青春期与危机》

早期的情感联结是人性的组成部分

约翰·鲍尔比（1907–1990年）

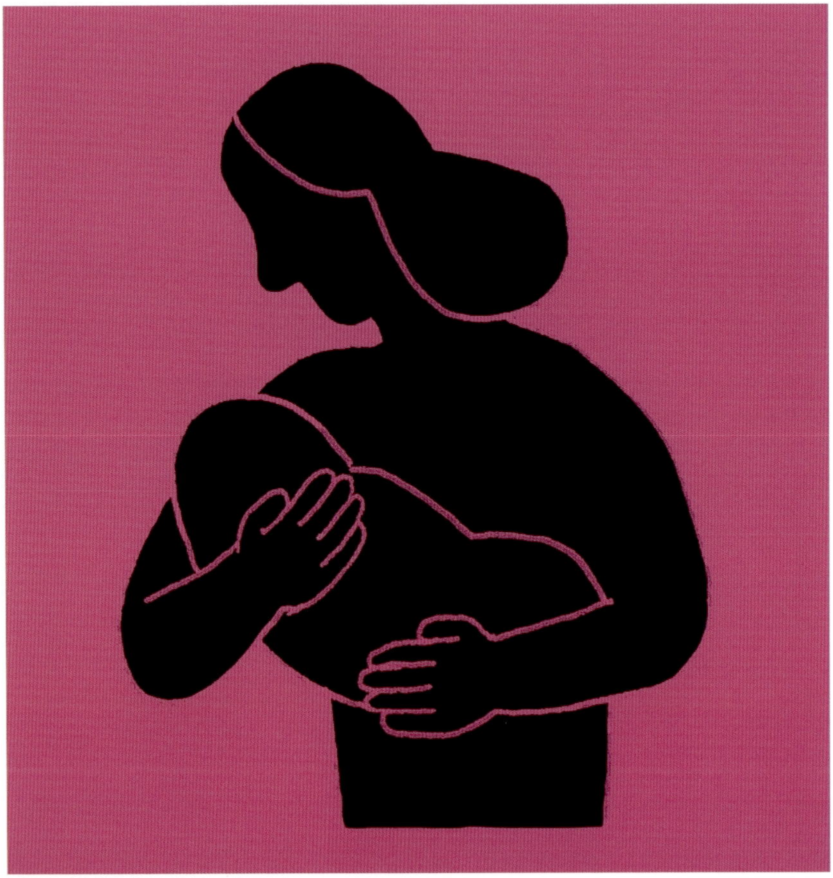

背景介绍

聚焦

依恋理论

此前

1926年 西格蒙德·弗洛伊德提出了精神分析理论中“有企图的爱”的观点，指出婴幼儿会对照料者产生依恋是因为照料者能够满足他们的生理需要。

1935年 康拉德·洛伦兹研究发现，动物会对出生后第一眼看到的移动物体产生强烈的情感联结。

此后

1959年 哈里·哈洛研究发现，那些小时候与母亲分离的恒河猴会出现社交和情绪方面的问题。

1978年 迈克尔·路特的研究发现，儿童可以对不同的对象（比如父亲、兄弟姊妹、伙伴甚至其他无生命物体）产生强烈的依恋情感。

20世纪50年代，精神分析理论中“有企图的爱”的观点是对儿童依恋的最为普遍的解释。这一观点认为，儿童会对那些满足自己生理需要（例如提供食品）的人形成情感联结。同时，动物学家洛伦兹对动物的研究发现，动物会对自己第一眼看到的移动物体（一般是自己的母亲）产生情感联结。

在这种背景下，约翰·鲍尔比（John Bowlby）对儿童早期的依恋行为提出了更具进化论色彩的观点。他认为，新生儿出生后是完全无助的，因此基因决定了他们要

参见：康拉德·洛伦兹 77页，西格蒙德·弗洛伊德 92~99页，梅兰妮·克莱因 108~109页，安娜·弗洛伊德 111页，库尔特·勒温 218~223页，利维·维果斯基 270页，布鲁诺·贝特尔海姆 271页，哈里·哈洛 278页，玛丽·安斯沃斯 280~281页，迈克尔·路特 339页。

从生物学角度来看，婴幼儿和母亲之间会形成对彼此的依恋……

……在儿童生命的关键阶段（从出生到两岁之间）。

如果个体的依恋关系在这个关键阶段出现问题，将会对儿童的发展造成持久且严重的负面影响。

依恋行为是人性中不可分割的组成部分。

形成与母亲的依恋以确保自己生存下去。他认为，基因也决定了母亲要与孩子形成情感的联结，母亲会觉得自己需要与孩子保持亲密的关系。任何会导致母子分离、威胁到母子依恋关系的行为都会促发不安和恐惧感。

只有母亲

鲍尔比的理论中最有争议的一点是婴儿的依恋行为总是指向女性，没有男性。这个女性人物可能不是婴儿的生母，但也是以母亲的角色出现的人物。鲍尔比将这种婴儿与女性形成依恋关系的倾向称为“单恋性”。他强调，尽管婴儿可能会与多个人物建立依恋关系，但是他对母亲角色的依恋和他一生中与其他人形成的依恋关系存在着很大的不同，他对母亲角色的依恋更为强烈。婴儿和他的母亲都将采取能够确保彼此依恋关系的行为。例如，婴儿会通过吸吮、拥抱、凝视、微笑和哭泣等行为塑造和控制照顾者的行为；而照顾者对婴儿的需要则会关心备至且有求必应。在这个阶段，这两种行为系统（依恋和照料）可以影响双方并使双方建立可以维持终身的情感联结。

鲍尔比认为，这种情感联结对儿童的发展极其重要，如果在婴儿出生后的几年间该联结未能建立或是出现问题，那么婴儿之后的发展过程将会不可避免地受到消极的影响。他还认为，母亲和婴儿建立安全的依恋关系存在一定的关键期：应该在婴儿出生后的第一年，或者至少在婴儿两岁前。鲍尔比认为三岁之后母亲的抚养行为将对建立依恋毫无意义，并且婴儿必然会因三岁前的母爱剥夺而受到一系列消极影响。

母爱剥夺

1950年，鲍尔比受世界卫生组织委托研究那些因第二次世界大战而失去母亲或是无家可归的儿童。他还被要求调查托儿所和其他大型机构（如孤儿院）对婴儿成长的影响。1951年，鲍尔比将他的研究结论写入了他的报告《母亲照料与心理健康》中，他发现如果在早期被长时间剥夺母爱，那么儿童在之后的生活中将会出现一定程度的智力、社交或情绪方面的问题。

五年后，鲍尔比开始了第二项研究。这次他研究的是曾在结核病疗养院（无法提供替代性的母爱）、疗养期为五个月到两年、当时年龄小于四岁的儿童。在鲍尔比进行研究时，这些孩子都处在七到十三岁，这些孩子和被传统方式养育的孩子相比，前者的游戏行为更为粗暴，缺乏主动性，更易过度兴奋，并且缺乏竞争能力。

在一些极端的个案中，鲍尔

> **在婴儿期，母爱对个体心理健康的重要性与维生素、蛋白质对儿童身体健康的重要性一样。**
>
> ——约翰·鲍尔比

鲍尔比预测，那些被迫与母亲分离的儿童将会出现长期的依恋问题，之后的研究也证实了他的观点。

比发现母爱剥夺甚至可能导致儿童出现“冷酷无情的精神病态”，很难真正地关心他人，也无法形成有意义的人际关系。很多出现这一问题的儿童会有违法犯罪和反社会行为，并且因为无法体验到内疚而缺乏对错误的懊悔感。鲍尔比在1944年对少年窃贼的研究中发现，很多这样的少年犯在五岁之前都曾有过和母亲分离超过六个月的经历，并且，其中有十四个孩子出现了“冷酷无情的精神病态”问题。

鲍尔比认为，之所以说安全的依恋如此重要，是因为依恋可以帮助儿童建立内在的工作模型，儿童需要利用这一模型去了解自己、他人和世界。即使成年之后，这种内在的工作模型同样会引导个体在一段人际关系中的思维、感受和预期。由于最初的依恋关系是之后个体其他人际关系的原型，因此最初的依恋关系的质量将决定儿童是否会相信别人，是否认可自己的价值，是否对社会充满信心。这些工作模型一旦形成就很难改变，它们将会决定个体的行为，并会决定个体与自己的孩子之间会形成怎样的情感联结。

> 从出生到死亡，依恋一直是人类的重要特性。
>
> ——约翰·鲍尔比

父亲的角色

鲍尔比的依恋理论饱受批评的一点就是，他过度夸大了母亲和孩子之间关系的重要性，并忽视了父亲的作用。在鲍尔比看来，父亲对于婴儿而言并没有直接作用，如果有，也是间接作用或是情绪上的微弱影响。鲍尔比的观点在进化论方面的基础在于：女性从天性上就善于养育，她们的母性本能会指引她们进行儿童的养育，而男性从天性上则更适合做供给者的角色。

然而，英国心理学家鲁道夫·谢弗（曾在伦敦的塔维斯托克诊所就职，并且当时在鲍尔比手下工作）发现，父亲对子女养育的参与程度在不同文化中有着很大的不同。越来越多的父亲成为照料孩子的主力，这表明，“养育孩子的主要角色到底是父亲还是母亲”这个问题将更多地受到社会习俗的影响，而不是源于生物方面的定论。

鲍尔比的观点意味着男人无法成为良好的抚养者，但是谢弗和美国心理学家罗斯·帕克的研究表明，男性同样能够给孩子提供温暖而细心的照料。他们还发现，孩子的发展并不受养育者的性别影响，而是取决于儿童与其养育者形成的情感联结的质量和强度。谢弗和心理学家佩吉·埃默森的进一步研究发现，除了父母，婴幼儿还会和很多人形成依恋关系，而这些多重依恋关系无一例外都会对儿童发展起到关键的作用。

之后的这些研究结果对于职业女性尤其重要，因为鲍尔比

> 对男性履行父亲角色的直接观察表明，他们可以和女性一样赋予儿童温暖而贴心的照顾。
>
> ——鲁道夫·谢弗

的理论认为女性一旦成为母亲就不应该外出工作，她们应该留在孩子身边，履行必要的、主要照顾者的职责。在鲍尔比理论提出的几十年后，一代又一代的劳动妇女因自己未能做全职母亲而内疚，但是之后的众多研究都对鲍尔比的理论观点提出了质疑。例如，20世纪70年代，心理学家托马斯·维斯奈和罗纳德·加利莫尔的研究显示，在诸多文化中，只有一小部分的母亲扮演着儿童的唯一照顾者的角色，而大部分情况下都是由一个团体（包括亲戚和朋友）来承担抚养儿童的责任。谢弗还指出，有证据表明，那些在工作上得到幸福感的妈妈和那些因全职在家而感到失意的妈妈相比，前者养育出来的孩子发展得更好。

开创性成果

尽管引发了许多批评，尽管几经修改，鲍尔比的研究仍然是研究人类依恋行为的最全面和最有影响力的理论，他的观点还促使哈洛和玛丽·安斯沃斯进行了突破性实验。心理学家使用鲍尔比的基本假设进行了更加深入的研究，并探讨出了一系列儿童的依恋类型；而且，心理学家进一步发展了成人的依恋理论，即探讨个体与父母之间的依恋关系如何影响个体之后与爱人、配偶之间的情感联结。

鲍尔比指出，托儿所并不适宜照顾婴幼儿，因为母爱剥夺会引发青少年犯罪，这一点的确造成了令很多身为母亲的职业女性感到两难的局面。

鲍尔比的理论对儿童抚养领域带来了诸多的积极影响，比如提升慈善机构对儿童的养育质量等。■

约翰·鲍尔比

约翰·鲍尔比出生在伦敦的一个中产阶级家庭，他有五个兄弟姐妹，他排行第四。他先由保姆抚养，在七岁的时候被送到寄宿学校。这些经历使他特别关注儿童的依恋问题。他在剑桥大学三一学院学习心理学，之后他开始从事教导顽劣孩子的工作。后来，他获得了医学学位和精神分析师的执业资格。在第二次世界大战期间，鲍尔比曾在英国皇家陆军医疗部队服役，并于1938年结婚，婚后育有四个孩子。战争结束后，他担任塔维斯托克诊所的负责人直到退休。1950年，他应世界卫生组织的要求进行了一次大规模的研究。他在苏格兰斯凯岛上自家的避暑公寓去世，享年83岁。

主要作品

1951年 《母亲照料与心理健康》（世界卫生组织报告）

1959年 《分离焦虑》

1969年、1973年、1980年 《依恋及依恋缺失》三卷

接触所带来的安慰感极其重要

哈里·哈洛（1905–1981年）

背景介绍

聚焦

依恋理论

此前

1926年 西格蒙德·弗洛伊德“有企图的爱”理论指出，婴儿之所以会对照料者亲近是因为照料者可以提供食物。

1935年 康拉德·洛伦兹指出，动物会对出生后第一眼看到的移动物体（通常是母亲）形成强烈的情感联结。

1951年 约翰·鲍尔比指出，人类的母子之间天生就会形成独特的、强有力的情感联结。

此后

1964年 英国心理学家鲁道夫·谢弗和佩吉·埃默森指出婴儿也会对非照料者形成依恋。

1978年 迈克尔·路特指出儿童会对不同的依恋对象（甚至是无生命物体）产生不同的依恋关系。

许多心理学家认为，婴儿之所以会对其照料者产生依恋，只是因为照料者可以满足他们对食物的需要。鲍尔比则对这种“有企图的爱”理论提出了质疑，但真正利用实验来推翻这一观点的则是哈里·哈洛（Harry Harlow）。

哈洛把小猴子与其母亲分离，然后将小猴子和两个“代理妈妈”共同放在笼子里，一个由铁丝组成，胸前挂了一个奶瓶；另一个由柔软的绒布组成，但是没有奶瓶。如果“有企图的爱”理论成立，那么小猴子应该和有奶瓶的铁丝妈妈待在一起。但事实上，小猴子大部分时间都和绒布妈妈在一起。当笼子里出现令它畏惧的物体时，他们会把绒布妈妈当作自己的安全基地，紧紧攀附在绒布妈妈身上。在之后的实验中，哈洛给绒布妈妈也挂上了奶瓶，结果发现，小猴子对绒布妈妈的依恋感变得更加强烈。因此，哈洛认为抚养孩子最为关键的是让孩子能够与母亲有肌肤接触。哈洛的研究极其重要，因为心理学家和医生曾警告家长不要溺爱孩子，不要在孩子哭泣时拥抱安抚他们。但是哈洛的实验结果如此毋庸置疑，使得西方世界的养育观出现了根本性的改变。■

哈洛实验中的小猴子对那个柔软的、由绒布所覆盖的“代理妈妈”产生了强烈的依恋，即使这个“代理妈妈”无法给他们提供食物。

参见：康拉德·洛伦兹 77页，西格蒙德·弗洛伊德 92~99页，亚伯拉罕·马斯洛 138~139页，约翰·鲍尔比 274~277页，玛丽·安斯沃斯 280~281页，迈克尔·路特 339页。

我们在让孩子为我们完全不了解的未来做准备

弗朗索瓦兹·多尔多（1908–1988年）

背景介绍

聚焦

精神分析

此前

1924年 西格蒙德·弗洛伊德提出了儿童面临的“阉割焦虑”理论，多尔多认为“阉割焦点”是塑造身体的潜意识形象的要素。

1969年 拉康提出了“它样存在”，这一观点后来在多尔多关注个体差异的理论中占据了重要位置。

此后

1973年 法国的拉纳维尔迪博斯克建立起了以多尔多理论为指导思想的学校，该学校强调尊重儿童的利益，强调让儿童从事非强制性的各种活动。

1978年 基于多尔多观点的第一所日间托儿所“绿色家园”在巴黎开业，其宗旨在于帮助父母和儿童尽力减少因分离引发的负面影响。

基于自己艰辛的儿时经历，法国医生和精神分析学家弗朗索瓦兹·多尔多（Francoise Dolto）决定帮助儿童发现并释放其欲望，她认为这种释放可以预防神经症的出现。她认为儿童表现出来的某些疾病从现实的角度来看只是因为儿童没能与其父母或照料者建立良好的联系。通过观察她发现，成年人似乎无法理解儿童，尽管每个成人都曾是儿童。

独特的观点

多尔多认为每个孩子都有独特的观点，而这正是传统教育试图扼杀的内容。她对那些试图通过让儿童顺从或模仿来控制儿童的道德体系和教育系统嗤之以鼻。此外，对于那些帮助儿童为未来做准备的各种方法，她也完全不以为然，因为儿童的未来到底怎样我们完全不可知。她指出，儿童和教授儿童知识的成年人是不同的，简单地说是因为儿童所拥有的经历是成年人在相同年纪时没有经历过的。

在多尔多看来，教育的目标是让每一个孩子都有探索其内心喜好的自由。她认为成年人应该扮演角色榜样，应该示范某个方法，而不是将方法直接传授给孩子。教育者应该教会孩子如何更好地进行自我引导。■

> 对于成年人而言，改变已经太迟了，我们应该致力于去为儿童做些什么。
>
> ——弗朗索瓦兹·多尔多

参见：西格蒙德·弗洛伊德 92~99页，阿尔弗雷德·阿德勒 100~101页，雅克·拉康 122~123页，丹尼尔·拉加什 336页。

敏感的母亲能够创造安全的依恋

玛丽·安斯沃斯（1913–1999年）

背景介绍

聚焦

依恋理论

此前

20世纪50年代 约翰·鲍尔比强调母亲与孩子之间的情感联结的重要性。

1959年 哈里·哈洛的研究表明，幼小的恒河猴把自己的依恋对象作为自己探索周围环境的"安全基地"。

此后

20世纪80年代 美国心理学家布莱恩·沃恩的研究表明，个体的依恋对象可能会根据家庭环境的变化而发生改变。

1990年 美国心理学家玛丽·梅恩提出了儿童的第四种依恋类型——"混乱型"依恋——以描述那种对环境和依恋对象都有所畏惧的儿童。

20世纪50年代初，玛丽·安斯沃斯与依恋理论专家鲍尔比密切合作，共同探讨母亲和婴幼儿之间的关系。1969年，安斯沃斯进行了众所周知的"陌生人情境"实验，探讨了幼儿在不同压力水平下如何平衡依恋和探索环境的需要之间的关系。每次实验中，安斯沃斯都把母亲和她一岁的孩子安置在一个房间里，房间里摆放了很多供儿童玩耍的玩具，然后观察在陌生人进入房间前后儿童的反应。这些"情境"包括当母亲离开房间时，儿童和陌生人独处的情

当婴幼儿与母亲分离时，其行为将反映出三种依恋类型中的某一种特点。

如果他没有因母亲的离去表现出任何不适，且陌生人可以安抚他的情绪，那么他对母亲就属于焦虑–回避型的依恋。

如果他因母亲的离去表现出高度的紧张，但在母亲回来后又拒绝和母亲互动，那么他对母亲便属于焦虑–抵抗型的依恋。

如果他因母亲的离去而紧张，而在母亲回来后以母亲为安全基地而进行探索，那么这就属于安全型的母子依恋。

参见：西格蒙德•弗洛伊德 92~99页，约翰•鲍尔比 274~277页，哈里•哈洛 278页，杰罗姆•卡根 339页，迈克尔•路特 339页。

> 在依恋对象难以接近的环境中，依恋行为将会被高度激活。
>
> ——玛丽•安斯沃斯

境，以及母亲回到房间后的情境。

安斯沃斯发现，母亲离开房间后儿童的反应并不是了解亲子之间情感联结的最为关键的信息，母亲回到房间后儿童的反应才是关键。她认为，儿童在母亲回到房间后的反应体现了三种不同类型的依恋。

依恋类型

安斯沃斯的实验中，大约百分之七十的儿童属于“安全型依恋”。这些儿童将母亲视为“探索周围环境的安全基地”。当母亲离开时，儿童表现出不适，但是只要母亲在需要的时候陪伴在自己身边，那么即使陌生人在场，儿童依然能愉快地游戏。

有些儿童对母亲表现得很冷漠，母亲的离去也没有给儿童带来过大的影响。安斯沃斯将这种亲子依恋归为“焦虑–回避型”。这些儿童可以很容易被母亲或陌生人安抚，大约15%的儿童属于这一类型。

还有15%的儿童属于“焦虑–抵抗型”依恋，这些儿童对陌生人表现得十分警惕，即使母亲在自己身边也是如此。他们在母亲离开后表现出高度的焦虑，但是在母亲回来后又会愤怒且拒绝与母亲交流。安斯沃斯认为，母亲的敏感程度很大程度上会决定儿童的依恋类型。她认为，敏感的母亲能够理解孩子的需要并会给予适宜的反馈，从而帮助孩子建立安全型的依恋。

在非西方文化中，母亲总是会时刻与儿童在一起。这样的模式会对这种社会中不同依恋类型的比例造成影响。

批评

对安斯沃斯理论的批评主要集中在以下两点：第一，依恋类型并不是一成不变的；第二，儿童的依恋并不总是恰好完全符合某一个类型。人们还注意到，不同文化也会导致不同的结果。20世纪90年代日本的一项研究发现，实验中的儿童有很大一部分属于“焦虑–抵抗型”依恋，这可能是因为和美国相比，日本的儿童很少有与母亲分离的经历。然而，陌生人情境依然是依恋研究领域最为重要的研究之一，今天，该实验模型依然被广泛运用。■

玛丽•安斯沃斯

玛丽•安斯沃斯出生在美国俄亥俄州的格伦代尔，她在五岁时和家人移居加拿大。1939年，她在多伦多大学获得了心理学博士学位，1942年加入加拿大女子陆军部队前，她在多伦多大学有过短暂的执教经历。第二次世界大战结束后，她回到多伦多大学，并在1950年结婚。之后，她和丈夫移居伦敦，在那里她曾与鲍尔比在塔维斯托克诊所共事。

1954年，安斯沃斯夫妻俩搬到了乌干达，她的丈夫在那里获得了一份工作，而她也有机会研究部落里的亲子关系。她于1956年返回美国继续她的学术生涯，最终在1975年成为弗吉尼亚大学教授。

主要作品

1967年 《乌干达的婴幼儿》
1971年 《婴幼儿的服从行为与母亲的教养方式》
1978年 《依恋类型》

是谁教会孩子憎恨或畏惧另一种族的人？

肯尼斯·克拉克（1914–2005年）

背景介绍

聚焦

种族态度

此前

1929年 德国作家、社工布鲁诺·拉斯克发表了《儿童的种族态度》，确立了研究儿童的种族观念的心理学方法。

20世纪30年代早期 加拿大心理学家奥托·克兰伯格和律师携手为公立学校中黑人教师与白人教师应获得同等薪酬而努力。

此后

1954年 美国最高法院就“在学校中实施种族隔离是否违宪”的问题召开“布朗对托皮卡教育局案 ”听证会。

1978年 埃利奥特·阿伦森提出了“拼图教室”的教学方法，旨在帮助不同种族的学生进行合作学习，从而减少多种族混合教室中的种族歧视问题。

20世纪30年代后期，肯尼斯·克拉克（Kenneth Clark）和他的妻子玛米·克拉克（Mamie Clark）研究了种族隔离学校对非裔学童造成的心理影响（尤其是对个体自我形象的影响）。他们设计了“洋娃娃实验”，用以了解儿童对种族差异的认知以及他们潜在的种族观念。在实验中，他们选取了三到七岁的儿童，实验提供了四个洋娃娃，这四个洋娃娃外表完全相同，只在皮肤的颜色上有所差别——从白色到不同深浅的黑色。儿童对娃娃皮肤颜色的选择明显表现出他们的种族意识，他们会选择最像自己种族皮肤颜色的娃娃。

为了解儿童对不同种族的态度，克拉克要求儿童指出自己最喜欢或最想要的娃娃，还要求他们指出哪个娃娃看起来最好看、哪个最难看。令人不安的是，黑人儿童明显表现出对白色娃娃的偏爱，而这可以解释为他们潜在的自我排斥。克拉克深信这反映了孩子们接纳、内化了社会上普遍存在的种族歧视态度，于是克拉克提出了一个重要的问题：“是谁教会孩子憎恨或畏惧另一种族的人？”

克拉克在20世纪30年代末40年代初进行的洋娃娃实验表明，在种族隔离学校中的黑人儿童往往更喜欢选择白人洋娃娃，这说明这些儿童已经接纳了当时流行的种族歧视观点。

偏见的传递

克拉克夫妇想要探讨美国社会如何塑造了种族歧视的现状，他认为孩子们依据社会的标准习得了对不同种族的差异性评价。美国社会要求儿童将自己归到某个特殊群体中，而每个种族群体都被社会赋

参见：埃利奥特·阿伦森 244~245页，穆扎费尔·谢里夫 337页。

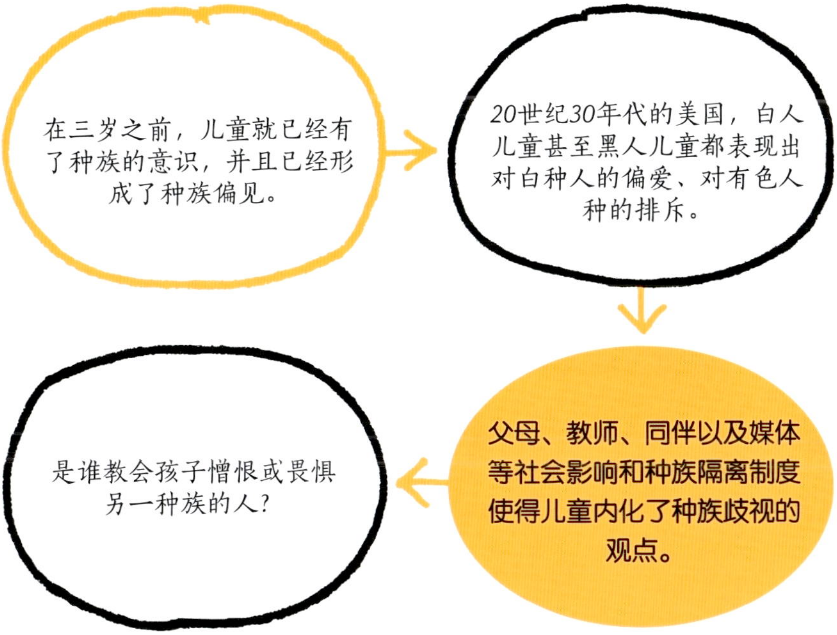

予了特定的等级。这些黑人儿童对白人娃娃的偏爱说明他们知道白人在美国社会的优先地位，并且他们还将这一观点内化到了自己的认知系统中。三岁的儿童就已经表现出了和与同种族成人类似的态度。克拉克夫妇得出结论：这些态度实际是多个因素（包括父母、老师、朋友、电视、电影和漫画）共同导致的结果。尽管家长们很少有人刻意教导儿童憎恨其他种族群体，但是很多人却将社会的普遍态度在微妙的、潜意识的过程中“传递”给了孩子。例如，一些白人父母可能阻止自己的孩子与黑人儿童一起玩耍，这就等于暗示孩子们要惧怕、远离黑人儿童。

> **社会利用种族隔离制度告诉人们，不同种族的人们有着不同的社会地位。**
>
> ——肯尼斯·克拉克

克拉克在1950年对自己的研究进行了总结，他指出，种族隔离制度对白人儿童和黑人儿童的人格都造成了破坏性的影响。他在1954年布朗对托皮卡教育局案中的专家证词中指出，公立学校中的种族隔离制度是违宪行为，直接引发了美国消除学校种族隔离制度的做法以及民权运动。■

肯尼斯·克拉克

肯尼斯·克拉克出生在巴拿马运河区，他在五岁时搬到纽约的哈莱姆。他的母亲拒绝接受让自己的儿子进入职业学校或中等专业学校的裁决，因此克拉克有了进入高中求学的机会。之后他在华盛顿的霍华德大学获得心理学硕士学位。他在那里遇见了他的妻子，之后两人一起进行研究，他和妻子获得了哥伦比亚大学的心理学博士学位，二人是获得该学位的第一位黑人男性和女性。他们还在哈莱姆成立了儿童发展与青少年就业中心。

克拉克还是纽约城市大学第一个成为终身教授的黑人，也是美国心理学会第一位黑人主席。

主要作品

1947年 《黑人儿童的种族认同和偏好》
1955年 《偏见与你的孩子》
1965年 《黑暗的贫民区》
1974年 《令人伤感的权力》

女孩的成绩比男孩好

埃莉诺·迈克比（1917年–）

总体来讲，男孩和女孩之间并不存在智力和能力上的显著差异。

但是因为女孩更倾向于在学校的学业上付诸努力，并且她们往往对学业拥有更高的兴趣和更好的习惯……

……所以女孩的成绩比男孩好。

背景介绍

聚焦

女权主义心理学

此前

20世纪早期　第一个针对性别差异的研究是由女权主义心理学家做出的。

20世纪70年代　性别研究往往强调男女之间的差异。

此后

20世纪80年代　研究发现男性和女性的大脑结构有所不同。

1993年　安妮·福斯托-斯特林声称"男性"和"女性"之间存在生物方面的等级差异，比如，我们可以界定出五种不同的性别。

2003年　西蒙·巴伦科恩认为，女性的大脑结构使得她们更易于移情，而男性的大脑结构使得他们更容易进行系统理解。

20世纪70年代，曾因行为主义的兴起而被压抑的性别差异研究再次被女权主义心理学家提上日程。美国心理学家埃莉诺·迈克比（Eleanor Maccoby）越来越关注女权问题。她不满当时的心理学文献只强调男女之间的差异却不关注相似点，于是她和学生卡罗尔·杰克林一起对关注性别差异的1600项研究结果进行了分析。他们将自己的研究结果发表在了《性别差异心理学》（1974）中，他们希望能够借此向公众展示，普遍认为的两性差异其实大多是人们杜撰的结果，人们对性别的很多刻板印象其实并不真实。尽管一些研究结果显示男孩比女孩更擅长数学和空间推理、女孩具有更为卓越的语言能力，但是随后的研究发现，这些差异其实并不显著，或者说这种差异远比其表象复杂。

但有一种差异在众多研究中是一致的，那就是"在学校，女孩的成绩比男孩更好"。迈克比对这一结论特别感兴趣，尤其她发现在这些研究中，女孩的能力倾向测验成绩并不比男孩高。

此外，之前对成就动机的研究似乎表明，男孩应该比同龄女孩的成就动机更高。男性出于自

参见: 珍妮特·泰勒·斯宾塞 236页, 西蒙·巴伦科恩 298~299页。

迈克比的研究表明，女孩往往更愿意满足教师的期望，并且更愿意努力学习，因此她们往往更容易获得好的学业成绩。

己的原因往往会更注重成就，他们往往对任务表现出更高的参与度，采取的探索性行为也更多；而女孩则主要关注人际关系方面的成就，她们会更努力取悦他人，并且在很多任务上，女孩的自信水平要低于男孩。

> 激发女孩的自信和主动性可以很好地促进她们的智力发展。
>
> ——埃莉诺·迈克比

挑战刻板印象

迈克比坚决反对这些假设，她指出女孩比男孩的学业成绩更好，女孩很早就表现出对学业技能有更浓厚的兴趣，并且在完成高中学业之前，女孩的中途辍学率也更低。迈克比因此认为，就学业而言，和男孩相比，女孩的高学业成绩清楚地反映出她们付出了更多的努力，拥有更好的习惯，无论男孩和女孩在成就动机方面是否存在差异，都无法说明女孩在学业动机方面劣于男孩。这种动机会在女孩的一生中起到非常重要的作用，因为学业表现与之后个体的工作表现息息相关。有关不同性别的固有差异的争论与很多政治问题联系到一起，比如社会组织形式，比如男性、女性天生适合的职业等。迈克比指出，心理学文献倾向于强调不同性别的差异，却忽视了性别的平等，因此她认为人们对不同性别的职业刻板印象是失实的。■

埃莉诺·迈克比

埃莉诺·迈克比（原名埃蒙斯）出生在华盛顿州的塔科马，她在华盛顿大学获得学士学位，之后在美国密歇根大学获得了实验心理学的硕士学位和博士学位。20世纪40年代，她曾在农业部任职，然后到哈佛大学担任有关儿童教养研究的督导。后来她发现人们的性别偏见阻碍了她的工作，于是她前往斯坦福大学并成为第一位女性心理学系主任。迈克比获得了美国心理学基金会颁发的终身成就奖，美国心理学会还推出了以她的名字命名的奖项。迈克比打破性别刻板印象的研究成果被认为是了解儿童社会化过程和理解性别差异的基础。

主要作品

1966年 《性别差异的发展》
1974年 《性别差异心理学》
1996年 《离异家庭的青少年》

大部分人类行为都是通过模仿习得的

阿尔伯特·班杜拉（1925年–）

背景介绍

聚焦

社会学习理论

此前

1938年 斯金纳提出了操作性条件作用，揭示了学习中的积极和消极的强化。

1939年 美国心理学家约翰·多拉德提出，攻击行为往往是受挫导致的。

此后

1966年 美国心理学家雷奥纳德·伯克维兹指出环境线索的重要作用，比如愤怒导致的攻击行为必然有环境因素的作用。

1977年 美国心理学家罗伯特·巴伦指出，班杜拉的实验结果表明，媒体上的暴力行为会助长社会上的暴力行为。

20世纪四五十年代，学习行为理论主要源自行为主义学家斯金纳的操作性条件作用理论——学习行为的奖惩结果是决定学习行为的唯一因素。阿尔伯特·班杜拉（Albert Bandura）在这个背景下开始了对儿童攻击行为的研究。他认为作为一种习得行为，从操作性条件作用的奖惩结果来探讨攻击行为远远不够。

班杜拉的假设是，儿童通过观察和模仿成人（尤其是家庭成员）学会暴力行为。他认为，解决问题的关键在于结合斯金纳的操作性条件作用理论以及弗洛伊德的精神分析理论，探讨个体如何将他人的特征内化到自己的人格体系中。班杜拉的成就在其“波比娃娃”实验以及他在1977年发表的专著《社会学习理论》中达到了巅峰。

社会学习理论

班杜拉认为个体并不是通过强化（奖惩）而是通过观察他人的行为完成其学习过程的，这也是社会学习理论的核心观点。该理论认为，个体的学习过程是通过在内心排练、模仿所观察到的他人（适宜行为的榜样）的行为完成的。班杜拉认为“大多数人的行为都是通过模仿习得的”。

班杜拉指出，一个人需要经历四个阶段完成模仿他人行为的过程，即注意、保留、复制和动机。学习过程需要学习者首先注意到所学的行为，接着他需要记住自己的所见所闻，然后他才能重现该行为，最后他会在合适的动机或原因（例如预期自己的行为会得到奖励）的驱使下再现这一行为。虽然关于奖励的概念也是社会学习理论的一部分，但是班杜拉对于个体行为与其环境之间关系的激进的、反行为主义观点和传统行为主义有着根本的不同。在行为主义者看来，环境对行为起着绝对的决定作用，但是班杜拉则秉承“相互决定论”——个体与环境

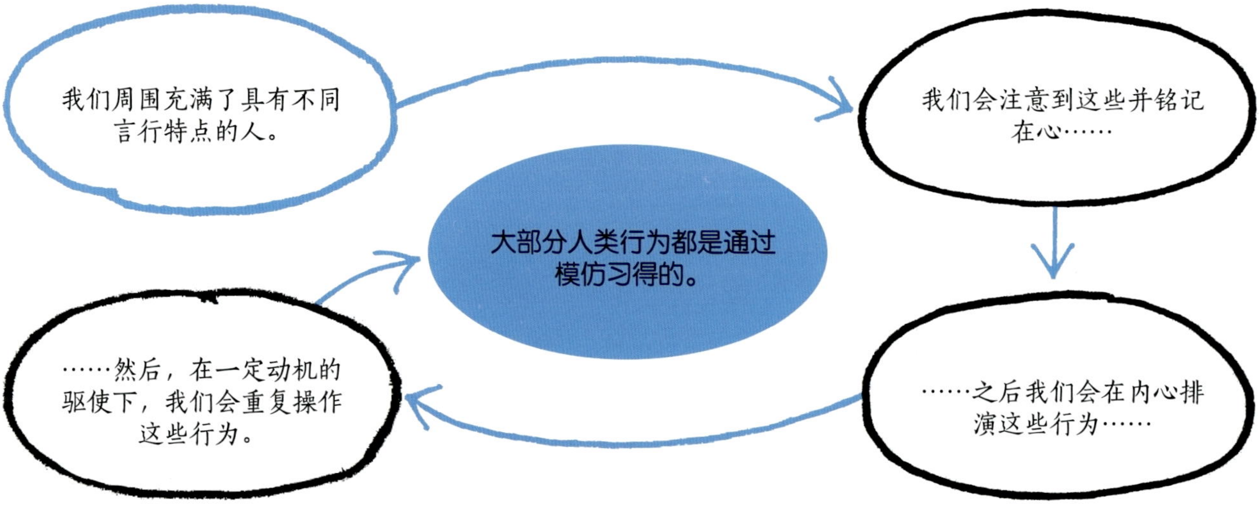

参见: 康拉德•洛伦兹 77页, 斯金纳 78~85页, 西格蒙德•弗洛伊德 92~99页, 利维•维果斯基 270页。

相互影响。

班杜拉认为个体的人格由三方面交互形成：环境、行为以及心理过程（个体使用语言和内心图像的能力）。研究表明，这些因素与儿童的攻击行为均密不可分。班杜拉认为，儿童通过观察、模仿成人而学会的攻击行为。

图为班杜拉1951年关于攻击行为的实验中儿童攻击娃娃的情况。有些儿童甚至会发明出新的攻击娃娃的方式——使用房间里的其他玩具作为武器。

“波比娃娃”实验

班杜拉社会学习理论的观点基于他在1961年的波比娃娃实验，该研究的目的在于探索儿童攻击行为形成过程，了解激发个体实施攻击行为的诱因，探讨决定个体实施攻击行为的决定性因素。实验表明，儿童会模仿成人榜样的行为，实验展示了社会上攻击行为的榜样所起到的重大影响。实验被试都是从当地幼儿园招募的三到六岁（36个）男孩和（36个）女孩。这些被试被分为三组，每组24名儿童，包括12个男孩和12个女孩。第一组为对照组（没有成人榜样）；第二组的儿童会接触到一名攻击充气波比娃娃的成人；第三组的儿童接触的是一位平静地与娃娃玩耍的成人。在实验中所有的孩子都单独进行测试，以确保他们不会受到其他儿童的干扰。

在第二组的实验中，每名儿童将看到成人对娃娃实施身体和口头上的攻击。成人会用木槌击打充气娃娃、把它扔到空中、用脚踢娃娃、再把它扔在地板上击打。之后，主试将每个孩子安排到一个单独的房间中，在房间里除了波比娃娃外还放置其他的一些玩具。结果发现儿童会模仿成人对娃娃进行大量的攻击行为，有的孩子甚至还会创造出新的攻击行为去击打娃娃。这一组的儿童和其他组的儿童相比显得不那么羞怯，他们对枪械玩具表现出了高度的兴趣——尽管之前成人并没有示范使用枪械的行为。

相反，控制组的儿童或是那些接触到平静成人的儿童很少出现可观察的任何身体和口头上的攻击行为。尽管班杜拉认为观察到攻击行为可能只是削弱了对儿童本已存在的攻击行为的约束作用，但是，

> **行为在一定程度上会塑造环境，而因此营造的环境又会对行为产生相应的影响。**
>
> ——阿尔伯特•班杜拉

电脑游戏以及媒体中的暴力行为被认为是暴力行为的潜在行为示范，尽管这一观点尚未得到强有力的实验研究证实。

儿童会模仿自己看到的行为这一事实表明，观察学习过程是的确存在的。

媒体中的暴力

班杜拉的研究对于媒体中暴力行为的盛行提出了很多质疑。如果一个陌生人的攻击行为可以成为儿童学习攻击行为的榜样，你自然会认为，电视节目力的暴力行为也可能成为这样的榜样。现代的电影和电视节目充斥着各种生动的暴力行为，这或许被认为是无伤大雅的，但是时常接触这些节目的儿童则可能模仿这些行为。这一观点已经引起了人们的激烈争论。许多研究表明，含有暴力色彩的电影和电视节目不会增加儿童的暴力行为。甚至还有些研究表明，时常接触暴力行为可以减少儿童的攻击行为——即宣泄理论。该理论认为，个体可能会将自己与屏幕上的角色联系到一起，因而屏幕上的暴力行为可以帮助个体释放负面情绪，从而降低个体的暴力行为倾向。

> **观看攻击行为的示范并不能起到宣泄情绪的作用。**
>
> ——阿尔伯特·班杜拉

其他心理学家则认为，电视是潜在的教育形式，电视上的角色时常会成为儿童模仿的榜样，因此电视上出现的人物应该起到积极的示范作用，以降低社会上暴力行为的整体影响。

虽然班杜拉不相信接触暴力行为可以起到宣泄的效果，但是他很谨慎地区分了学习与实施之间的区别。他认为，儿童可以通过观察学会暴力行为，但是拥有有关暴力行为的知识并不一定意味着个体会实施这样的行为。他特别提醒人们注意不要将媒体上的暴力行为和现实中的暴力行为进行直接因果关系的归因。

社会学习理论家认为，认知在个体的模仿过程中起到一定的作用，认知因素会在观看暴力行为与实施暴力行为之间起到一定的协调作用。举例来说，个体对电视上暴力行为的理解和感知、电视节目的真实程度都是影响个体是否实施暴力行为的重要因素。班杜拉认为，在儿童在学习暴力行为的过程中，环境也是十分重要的因素。显然，那些生活在高犯罪率地区的人们和生活在低犯罪率地区的人们相比，前者实施暴力行为的可能性会更高。

性别发展

基于班杜拉研究结果的社会学习理论对于我们理解性别认同发展具有十分重要的意义。根据性别发展理论，男孩和女孩之所以会出现不同的行为倾向，是因为父母（以及其他个体的重要他人）对待他们的方式不同。经过研究证实，从出生开始，人们就在不知不觉中调整自己的行为以满足他人对自己性别角色的预期；因此，人们会鼓励儿童做出符合自己性别特点的行为。

班杜拉的研究发现，儿童还会通过强化和观察学习学会特定的行为方式。通过模仿他人的行为，儿童会因做出符合自己性别角色的行为而得到正强化。而当儿童做出不符合自己性别角色的行为时，他人也会给予儿童直接或间接的忽视或否定。

虽然人们对班杜拉的理论有所批评（通常批评集中在他的理论上，认为他的理论不能算是一个真正的认知发展理论），但是在半个世纪后他的发现和理论依然被人们广泛讨论和引用，这也反映出他的理论影响之广。他的理论对许多心理学领域都产生了影响，其中包括社会认知理论、人格理论，甚至还有心理治疗实践。他的观点也为行为主义学习理论和之后的认知学习理论架起了桥梁。

班杜拉把研究重点放在了注意、记忆和动机等认知过程上，这表明他已经开始摆脱只注重可被观察和测量的变量（行为主义者唯一关注的方面）转而关注人的内在世界（心灵）是如何学习的。因此，很多人都认为班杜拉是同时代的人中最为杰出且最富影响力的心理学家。■

在儿童眼中，那些符合性别角色的行为，比如独立（对应男孩）或是移情（对应女孩），会因满足成人的预期而得到强化，同时也是儿童模仿成人或同伴的结果。

阿尔伯特·班杜拉

阿尔伯特·班杜拉出生在加拿大阿尔伯塔省的小镇上，他的父母都是波兰人。他毕业于英属哥伦比亚大学，之后他前往爱荷华大学深造并获得了硕士学位和博士学位，在那里他开始对学习理论产生兴趣。1953年，他以名誉教授的身份任教于加利福尼亚的斯坦福大学。

作为世界上最杰出的、最富有影响力的心理学家之一，班杜拉获得了无数的奖项，包括桑代克基金提供的教育心理学杰出贡献奖（1999年），以及高级行为主义疗法协会的终身成就奖（2001年）。他同时还拥有超过16个荣誉学位，并于1974年当选美国心理学会的主席。

主要作品

1973年 《攻击行为：社会学习角度的分析》

1977年 《社会学习理论》

1986年 《思想和行为的社会基础：社会认知理论》

道德发展的六个阶段

劳伦斯·科尔伯格（1927–1987年）

背景介绍

聚焦

道德发展

此前

1923年 西格蒙德·弗洛伊德从精神分析的视角对人类的道德发展做出了解释。

1932年 让·皮亚杰认为人类的道德发展遵循两种方式的推理：一种是自律，一种是他律。

此后

1977年 美国教育心理学家威廉·达蒙指出，儿童很早就能够意识到他人的需要，儿童出现这种能力的年龄比科尔伯格认为的要早。

1982年 美国教育心理学家南希·艾森伯格指出，要理解儿童的道德发展，我们必须探讨他们在面临自己的需求与他人的需求出现冲突时的思考过程。

劳伦斯·科尔伯格（Lawrence Kohlberg）认为个体从儿童到青春期的道德发展是逐步的过程。1956年，他以72名十岁到十六岁的男孩为研究对象，给予他们需要进行选择（两个选择都不能被完全接受）的道德两难故事，然后研究他们的反应。其中一个两难故事是：妻子罹患了致命的疾病，因为没有钱，所以丈夫偷窃了妻子急需的药物。之后，科尔伯格对其中的58名被试进行了跟踪研究，每三年进行一次后续研究，这一过程持续了二十年，他希望了解这些被试的

个体从童年、青少年到成年的道德发展遵循六个阶段的过程。

↓

在前两个前习俗阶段，惩罚、奖励以及互惠原则会决定个体的道德行为。

↓

在习俗水平的两个阶段，个体的道德行为的目标在于遵从他人的是非观、维护已有法则、维持社会秩序等。

↓

在后习俗水平的两个阶段，个体本身才是道德行为判断的主体，个体道德行为不再以社会规范为准则，而是遵循个体自己的良心和普遍的道德原则。

参见: 西格蒙德·弗洛伊德 92~99页，让·皮亚杰 262~269页，阿尔伯特·班杜拉 286~291页。

> 对道德的思考是不断发展的。
>
> ——劳伦斯·科尔伯格

道德倾向随着年龄增长有着怎样的变化。基于被试给出的答案，科尔伯格界定出了道德发展的三个水平六个阶段，这三个水平为前习俗水平、习俗水平和后习俗水平。

道德推理

九岁之前一般处于前习俗水平的道德推理阶段，个体在此时会认为规则是固定的、绝对的。在前习俗水平的第一个阶段（服从和惩罚的阶段），个体对行为对错的判断基于该行为是否会受到惩罚。在第二个阶段（相对功利的阶段），个体对行为对错的判断基于该行为是否会得到奖励。此时，个体会考虑他人的需求和愿望，但这种考虑基于互惠原则："你帮我抓痒，我也帮你抓痒"。这一水平道德主要取决于行为的结果。

道德推理的第二个水平始于青春期，持续到个体的成年早期。在这一阶段，个体开始考虑行为背后的动机，而不仅仅参考行为的结果。该水平的第一个阶段时常被称为"好孩子"阶段，在这一阶段，儿童对道德行为的定义是它是否能帮助或取悦他人。对行为的判断基于该行为是否是"好的行为"。在该水平的第二阶段（遵从权威与维护社会秩序的阶段），我们将好的行为等同于遵从权威或遵守秩序的行为，并认为好的行为可以维持社会秩序。在道德发展的第三个水平，我们开始脱离简单地服从规则，但是科尔伯格认为只有10%~15%的人可以到达这一水平。在这一水平的第一个阶段（社会契约的阶段），我们尊重权威，但是我们会越来越清楚地认识到，个人的权利可以取代那些破坏性或限制性的法则。我们会认识到，和遵守规则相比，人的生命更加神圣。在第六个即最后一个阶段（普遍的伦理原则的阶段），我们的良心是我们最终的判断标准，我们和他人一样都拥有同样的、应受到尊重的权利。我们可能会以普遍原则（如公正）的名义对规则进行抵抗。科尔伯格的六阶段理论被认为有些激进，因为该理论认为道德不是强加给儿童的（精神分析学家认为道德是强加给儿童的），也不是回避不良情绪的结果（行为主义者认为道德是回避不良情绪的结果）。科尔伯格认为，儿童的道德发展是通过与他人的互动形成的，是一种对尊重、同情和爱的感知。■

甘地是为数不多能够到达科尔伯格理论中最终道德阶段的人。在成年后，他始终认为自己有责任对抗那些不公正的、压迫性的规则。

劳伦斯·科尔伯格

劳伦斯·科尔伯格出生在纽约的布朗克斯维尔，他是家里四个孩子中最小的一个。在第二次世界大战结束时，他完成了自己的高中学业并成为一名水手，他曾协助犹太难民偷渡到巴勒斯坦。1948年，科尔伯格前往芝加哥大学求学，在那里，他仅仅花了一年就取得了学士学位，之后他继续着自己的研究和教学，并在1958年获得了博士学位。他还曾任教于耶鲁大学，最后留在哈佛大学执教。

1971年，科尔伯格在伯利兹感染了寄生虫，这使得他不得不与持续性疼痛和抑郁进行抗争。1987年1月19日，在要求停止治疗后，他选择了自杀，据说他的尸体最终在大西洋冰冷的水域中被找到。

主要作品

1969年 《阶段和连续性》
1976年 《道德与道德发展阶段》
1981年 《道德发展哲学》

语言器官的发展类似于其他身体器官的发展

诺姆·乔姆斯基（1928年–）

背景介绍

聚焦

先天论

此前

1958年 斯金纳使用操作性条件作用来解释语言的发展过程，他认为儿童通过强化习得了词语和短语。

1977年 阿尔伯特·班杜拉认为儿童会通过模仿学会句子的一般范式，然后儿童会将特定的词语填进句子的范式中。

此后

1994年 斯蒂文·平克指出，语言是一种与生俱来的本能，语言之所以会出现是因为它有利于人类的生存。

2003年 心理学家斯坦·库扎和海泽·希尔认为，和乔姆斯基的假设不同，父母时常会给予儿童符合语法规则的句子。

20世纪中期，斯金纳和班杜拉的学习理论是解释语言发展的主流理论。这些行为主义者认为，语言同人类的其他能力一样，是环境输入和学习的直接结果，并且可以通过操作性条件作用的核心技术（奖励和强化）而得以发展。斯金纳指出，当孩子模仿语言的声音并形成正确的词语时，他们会立即得到父母的认可和强化，而这将促使他们继续学习新的单词和短语。班杜拉拓展了模仿的概念，他指出，孩子们模仿的不仅是具体的文字和

参见: 斯金纳 78~85页，杰罗姆•布鲁纳 164~165页，斯蒂文•平克 211页，让•皮亚杰 262~269页，阿尔伯特•班杜拉 286~291页。

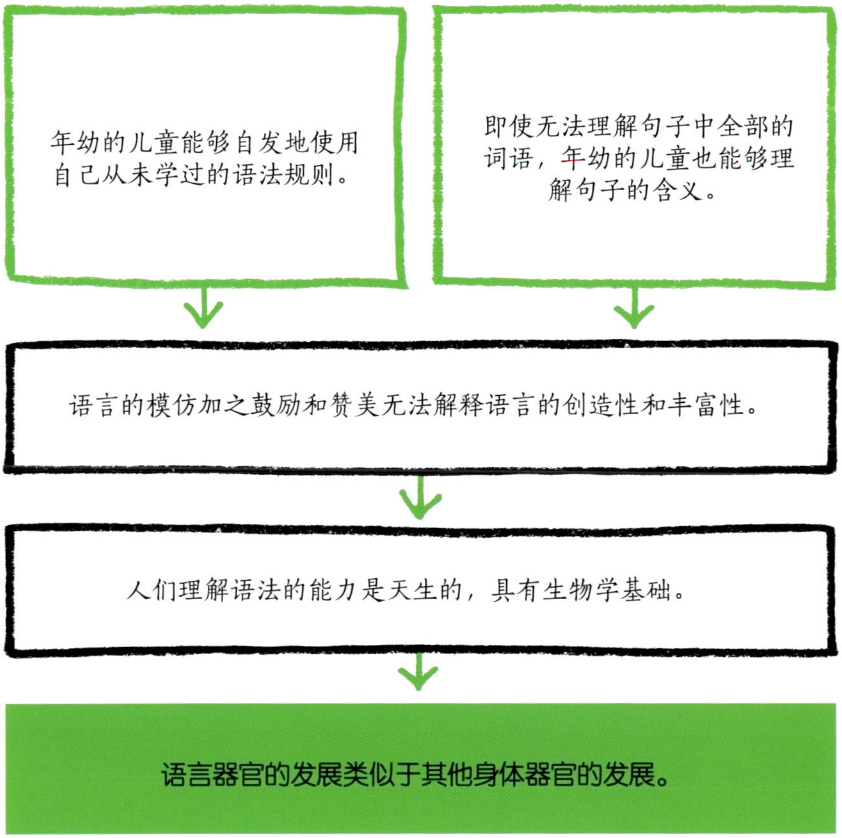

声音，还有句子的结构和通用范式，句子形成的过程就好像用特定的词语填入句子模板一样。

然而，语言学家诺姆•乔姆斯基（Noam Chomsky）则认为操作性条件作用不足以解释语言的丰富性和创造性，也不足以解释儿童为何能自发使用从未学过或听过的语法规则，也不能解释儿童为什么能够在未理解句子里每一个词的情况下就理解句子的含义。在乔姆斯基看来，这种能力是人类天生的："语言器官的发展类似于其他身体器官的发展"，他认为人类的语言能力和其他很多能力一样，都是遗传的结果。

先天论

乔姆斯基认为，尽管儿童所处的环境为其语言的内容提供了支持，但是语法本身是个体与生俱来的，是生物本能决定的人类能力。为了论证自己的观点，他引证了人类发展中遗传而来的其他能力。举例来说，青春期的开始就是个体发展的必然结果，这与个体的语言器官的发展相类似。我们可以断定这是一个遗传决定的重要里程碑，尽管不同人的语言发展会因为不同的环境因素而出现或多或少的差异，但是其基本过程在整个人类中都是相通的。我们可以理所当然地认为这是一种基本的生物功能。

乔姆斯基强调，语言的发展是人类基因发展导致的必然结果，就好像我们的血液循环系统和视觉系统，就好像我们经过进化长出了胳膊而不是翅膀。

关于"语言是我们成长过程中的必然"这一观点十分重要，因为这一观点凸显了乔姆斯基的理念——语言不是学习的结果。他秉持着先天论的观点，强调人类的遗传对行为的影响和作用，他并不认为环境输入有多么重要。然而，乔姆斯基认为环境因素对于影响个体语言发展的方向起到了重要作用，因为毕竟个体的早期经历会影响个体的语言器官发展。例如，因为乔姆斯基在宾夕法尼亚州的费城长大，因此他便吸收了这一地区的英语方言的知

> **语言是一个自由创造的过程。**
>
> ——乔姆斯基

识，他的语言器官的结构也因此发生了适应性的改变。无论个体是在巴黎、东京还是伦敦长大，他都会经历同样的发展过程。

通用语法

但是如何证明语言的习得是与生俱来的而不是学习的结果？乔姆斯基认为，最有说服力的证据是语法本身是个体的一种本能直觉。显而易见，人们从不需要讨论或学习就能理解语法（因此，一部分语法理解能力也是生物遗传的结果）。举例来说，英语语法结构中有些句子可以省略代词，而有的则不能省略。这二者之间的区别极其微小，但即使是（以英语为母语）六岁儿童，也能够完美地理解、使用这些句子结构。这意味着语法的理解并不需要学习，因此这种能力必然是天生的。为什么人们可以拥有如此丰富的语法理解能力？六岁的儿童又如何能够如此创造性地使用语言？语言能力是天生的可能是这些问题的唯一解释。乔姆斯基声称世界各地的人们都可以找到这种“通用语法”的证据，只不过这种语法可能会因个体的母语不同而有些许不同。因此这种语言机制实际上是先天的，也是个体获得语言的基础。所有的孩子都同样能够学会任何他们所接触到的语言，因此乔姆斯基认为，这就是语言机制来自遗传的最好证据。他指出，人类都有通过遗传获得的语言器官，而这可以赋予我们相同的语言功能，其中包括基本语法、言语能力以及理解言语的能力。这种机制可以确保我们学习并使用人类的语言，同时也可能帮助我们习得那些违反规则的语言。

语言获得机制

乔姆斯基认为我们都有与生俱来的语言获得装置（LAD）。他认为以下三方面事实说明我们每个人都有这样的装置：每个儿童出生就能够理解和使用所有类型的句子，哪怕这种句子他们从未听过或学过；所有的语言都有着共同的普遍要素；无论个体的智力和所处的文化如何，他们都能够学会语法规则。此外，还有其他的支持性证据，比如个体的发声器官、呼吸系统、听觉系统和大脑似乎都是先天为语言交流而“准备”的。乔姆斯基认为，儿童时常会听到父母或其他成年人说出不合文法的、不完整的语

> **我们生来就能够习得符合一系列规则的语言，这种规则就是我们常说的通用语法。**
>
> ——诺姆·乔姆斯基

诺姆·乔姆斯基

语言学家、哲学家、认知科学家、社会活动家诺姆·乔姆斯基出生于美国宾夕法尼亚州，他的父母都是犹太人。他在宾夕法尼亚大学学习哲学和语言学，并在那里获得了学士、硕士和博士学位。1955年，乔姆斯基进入麻省理工学院并于1976年成为教授。

乔姆斯基被公认为现代语言学之父，但他同时也是一个持不同政见的无政府主义信徒。他对美国外交政策的批评使他成为一个极具争议的人物。他曾多次获得荣誉学位，还曾获得杰出科学贡献奖、多萝西埃尔德里奇和平奖和奥威尔奖。他与另外一位语言学家卡罗尔·沙茨喜结连理，直到她于2008年逝世，他们共同度过了59年的婚姻生活。

主要作品

1957年 《句法结构》
1965年 《笛卡儿语言学》
1968年 《语言和思维》

聋哑儿童使用手语进行交流，这种手语和人们的口头语言拥有同样的特点，这说明，有关语法和句法的知识是我们先天就有的。

言，那么只有语言获得装置可以解释为什么他们能够通过这样的语言学会语言的规则和文法。最后，有关聋哑儿童的研究也提供了支持性的证据，未受过语言教育的聋哑人也会自发出现符合一般语言基本原则的手语。

评价

认知科学家平克也认可语言是一种与大脑特定“装置”相联系的、与生俱来的本能，但是他认为语言的产生是进化和适应的结果，因为早期它可以帮助我们的祖先更好地生存。乔姆斯基对平克的这一语言进化论的观点并不认同，他认为语言本身具备完全独立的心理模块，并且不受个体的其他认知能力的影响。

语言学家简·艾奇逊也认可乔姆斯基的说法——儿童天生就有理解语言规则的能力，但是她还认为，儿童天生具有的问题解决的能力使得他们能够加工语言信息（以及其他信息）。然而，乔姆斯基则坚持认为，人类天生的语言能力是独立于其他能力存在的，因为大脑由类似于身体器官的心智器官所组成，所以语言可以独立于其他心理功能而存在。

社交障碍专家罗宾·查普曼也对乔姆斯基的观点提出了批评，他认为人们应该在社会交往的背景下进行语言发展研究。她指出，儿童语言能力的发展是一个历经多年、逐块形成的过程，而儿童获得语言能力的速度存在很大的差异，因此这表明社会环境因素的作用也必须考虑其中。此外，人们对乔姆斯基的假设“语言是人类独有的能力”的说法也提出了一定程度的质疑。对黑猩猩的研究表明，猿类和人类在语言方面只存在数量上而非质量上的差异，这使得人们开始质疑语言是否是人类独有能力这一说法。

乔姆斯基的观点对语言学、心理学、哲学和数学等多个领域都造成了深远的影响。尽管其观点“儿童生来就具有学习语言的能力”被广为接受，但是他的“儿童天生具备语言知识，儿童的父母对儿童知识的获得并没有太大作用”的观点却引发了很大的争议。人们普遍认为乔姆斯基是心理学历史上最极端的先天论者，尽管人们认为他的“语言的发展具有生物学基础”的说法比行为主义的“语言发展是操作性条件作用的结果”更贴近事实，但是人们认为乔姆斯基的理论依然无法完全解释语言的生成。乔姆斯基的观点促使了后来整合型观点的出现，这势必会帮助人们对语言进行新的研究、产生新的理解。■

对黑猩猩交流的研究发现，黑猩猩的语言是复杂的，尽管人类语言的内容和丰富性要更胜一筹。

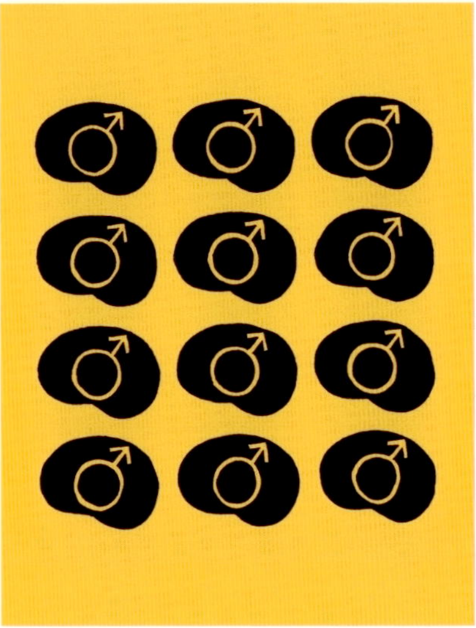

孤独症是男性大脑的极端形式

西蒙·巴伦科恩（1958年–）

背景介绍

聚焦

心理理论

此前

1943年 美国心理学家里奥·肯纳指出孤独症源自父母的冷酷无情。

1944年 澳大利亚儿科医师汉斯·亚斯伯格将孤独症描述为"男性智力的极端变量"。

1979年 英国心理学家洛娜·温和朱迪丝·古尔德发现孤独症存在多种类型。

此后

1989年 德裔心理学家犹他·弗里斯指出，罹患孤独症的个体倾向于关注情境的细节，而不是关注情境中更广层面的内容。

1997年 英国心理学家佩特·米切尔批评巴伦科恩的心理理论无法解释某些孤独症患者在记忆等方面的出众才能。

孤独症是一种会阻碍社交和交流技能正常发展的障碍。罹患孤独症的儿童对周围世界的反应在他人看来十分怪诞。他们的交流技能可能很糟糕，社交互动对这些儿童而言也十分困难，当然部分原因可能在于罹患孤独症的儿童一般都不愿开口说话，也可能是因为很多罹患孤独症的儿童对他人毫无兴趣。大部分罹患孤独症的儿童都是男孩，而且大部分孤独症患者直到成年仍未康复。对孤独症的解释有很多。最近的也最有影响力的就是西蒙·巴伦科恩（Simon Baron-cohen）的"心理理论"假说，之后他对不同性别的大脑差异的研究也证实了他的假设，他认为"孤独症是男性大脑的极端形式"。

> 拥有极端女性大脑的个体会出现"系统盲"的问题。
>
> ——西蒙·巴伦科恩

大脑类型

在2003年，巴伦科恩提出了"女性"和"男性"大脑的移情–系统理论，该理论为每一个人（不分性别）赋予大脑特定的类型，而分类的依据便是个体的移情或系统化能力。他的研究表明，女性大脑的移情能力是天生的，女性会对他人产生更多（和男性相比）移情，对他人的面部表情和非语言交流更为敏感。相比之下，男性大脑似乎更容易理解和构建系统，男性大脑感兴趣的是事物的运作、结构和组织。男性大脑在需要进行编码的任务中（如看地图）会更胜一筹。

然而，这并不意味着这种分类完全和个体的性别对应。巴伦科恩的实验结果表明，17%左右的男性有"移情脑"，17%的妇女有"系统化脑"，而许多人则拥有两种能

参见：罗杰·斯佩里 337页，海因茨·黑克豪森 338页，迈克尔·路特 339页。

男性大脑天生善于理解和建立系统。

女性大脑天生善于移情。

罹患孤独症的人会执着地痴迷于理解和操作系统，但是缺乏移情的“工具”。

孤独症是男性大脑的极端形式。

力水平相当的“平衡脑”。

心理理论

巴伦科恩认为，罹患孤独症的人缺乏“心理理论”，即正确理解他人的情绪和行为的能力，因此无法了解他人的心态或意图。此外，这些人往往对某些类型的系统有着偏执的兴趣，比如他们会全神贯注在电灯开关上。他们还专注于系统中的微小细节，关注于系统的潜在规则并努力掌控这一规则，追求分毫不差地学习每一件事情。以上所述的对系统的痴迷以及表现出的缺乏移情能力的特点，加之男性罹患孤独症的高比例，使得巴伦科恩得出结论：罹患孤独症的人有一个极端的“男性”大脑。

孤独症是儿童最为严重的心理障碍，巴伦科恩的观点帮我们进一步了解这种病症，提高了人们对这一病症的关注度，并且使治疗孤独症的方法有了很大改进。■

罹患孤独症的儿童有时会在某些方面表现出很高的天分，尤其对于那些需要观察细节的工作（比如数学、绘画和制图）。

西蒙·巴伦科恩

西蒙·巴伦科恩出生在伦敦，他在伦敦大学的精神病学研究所获得了临床心理学家的执业资格，之后他在伦敦大学学院完成了博士学位的学习。

1995年，他成为了剑桥三一学院的实验心理学研究员，目前他是该学院发展精神病理学的教授和孤独症研究中心的主任，他的研究主要集中在探究孤独症的成因以及寻找治疗孤独症的方法上。

他曾获得过诸多荣誉，包括总统奖、英国心理学学会颁发的斯皮尔曼奖，以及美国心理学会颁发的博伊德麦坎德利斯奖。从2009年到2011年，巴伦科恩担任国际孤独症研究协会的副会长，他也是英国孤独症协会的副会长。

主要作品

1993年 《孤独症：一些事实》

1995年 《精神盲》

1999年 《教孤独症儿童进行心智解读》

2003年 《本质上的区别》

PSYCHOLOGY OF DIFFERENCE

PERSONALITY AND INTELLIGENCE

差异心理学
人格和智力

1871年
在《人类的起源》中，**达尔文指出智力**具有遗传性。

1884年
弗朗西斯·高尔顿第一个从科学的角度利用大规模的问卷调查研究个体的差异。

1904年
查尔斯·斯皮尔曼提出智力是大脑的一元的单一特点，他称其为“G因素”或“G”。

1905年
阿尔弗雷德·比奈西蒙设计出**第一个智力测验**，也就是后来的比奈－西蒙量表。

1921年
奥尔波特兄弟出版了《人格特质：分类和测量》。

1937年
高尔顿·奥尔波特出版了他最为著名的《人格：心理学的解释》。

1941年
雷蒙德·卡特尔提出智力由两种变量组成：**流体智力和晶体智力。**

1942年
布里格斯母女设计出**职业性格测验**——一个广为使用的心理测验。

理论心理学关注的主要是对常见的思维和行为进行识别和检验，但哲学家以及之后的科学家则一致认为，我们在心理构成上的差异使得我们成为与他人不同的个体。一些早期的哲学家使用人格的体液说来解释人格的差异，但是直到20世纪才出现了对人格的科学研究。行为主义者的观点我们自然可以想象——认为人格是条件作用的产物，而精神分析理论则将人格描述为无意识对个体过去经历造成的影响——这些理论的基础往往是其他更为普遍化的研究，而不是单独针对人格的研究。第一个在该领域使用系统化研究方法的心理学家是奥尔波特，他认为人们对人格的了解远远不够。作为“特质理论”的先驱之一，他界定了不同的人格特质类型，并指出这些特质在三个不同水平上的结合构成了每个人的独特人格。奥尔波特的研究成果获得了人们的认可，人格特质的观点既成为人格心理学的核心，也成为当时又一个新的重要研究领域。

人格特质

特质分析的新方法（比如卡特尔的因素分析法鉴别出了16种人格特质）帮助奥尔波特进一步细化他的理论，将组成个体人格的特质的数量进行了精简。大多数这类人格模型都会包含内向性和外向性这样的主要特质，而这二者之间的区别被认为是决定个体人格的主要因素。艾森克的三因素模型便将这二者纳入其中，艾森克的理论模型中三个基本的特质是：神经质、内倾性–外倾性以及精神质。

人们时常质疑个体是否会做出与其人格特质相符的行为。米歇尔的研究表明，人在不同的情境下会做出不同的行为，他指出应该在个体对不同环境的知觉和反应的前提下探讨其人格特质的问题。这

1947年–20世纪70年代

艾森克提出了人格的**三因素理论**。

1950年

吉尔福特提出了智力的**三维度理论**，该理论认为智力结构应从操作、内容、产物三个维度去考虑。

1954年

科比特·西格彭和赫维·克莱克里在《三面夏娃》中描述了一个拥**有多重人格障碍**的个案。

1955年

大卫·韦克斯勒设计出**韦氏成人智力测验**（*WAIS*）。

1968年

沃尔特·米歇尔出版了《人格和测量》，他在书中对于“行为由个体人格特点决定，而不受**环境因素的影响**”的假设提出了质疑。

1973年

大卫·罗森汉在**伪病人实验**中，对评判一个人究竟是疯狂还是正常的标准提出了质疑。

1986年

尼科·弗莱吉达出版了《情绪》，在书中她将情绪描述为个体内部为实施行为而做出的改变。

20世纪90年代

研究者们逐渐认可人格的**大五结构**（外倾性、开放性、随和性、尽责性、神经质或情绪稳定性）理论。

不仅因为人格的一致性远没有人们假设的那么高，还因为在某些个案中，有的人会有多个不同的人格。在《三面夏娃》中，精神科医生西格彭和克莱克里便描述了一个存在多重人格障碍——现在被称为分离性身份识别障碍（DID）——的个案。

智力因素

另一个让我们与众不同的因素便是智力。几乎从心理学诞生开始人们便开始对智力进行研究了，但是人们逐渐发现它难以定义和测量。相关的研究也频繁引发了人们的争议；自达尔文和高尔顿时期开始，智力便被假设为一种遗传特征（种族偏见和优生学也因此应运而生），而不是受环境影响的因素。这种智力究竟源于先天还是后天的话题成了人们关注的焦点，包括卡特尔和艾森克这样的心理学家都认为智力源于遗传，而其他人则争论智力本身会受环境影响，而有关智力的诸多测试存在文化偏见，因而这些测试结果往往并不准确。

20世纪早期，英国心理学家斯皮尔曼就通过统计技术这种科学、客观的研究手段为智力的研究奠定了基础。他确定了智力的单一因素“G因素”，即一个与个体其他智力能力相关的因素。吉尔福特对这种单一智力因素的观点提出了质疑，吉尔福特认为智力包含一系列不同的能力，而这一观点也间接引出了卡特尔的晶体智力与流体智力理论——推理和批判性思维的两个水平。有关差异心理学等领域的研究，最早是由艾克曼和弗莱吉达（情绪和面部表情）、罗森汉（心理障碍）所发起的，虽然罗森汉的实验表明区分差异（区分“正常”与“异常”）并不容易。这些研究表明，人与人之间的差异似乎更加类似于频谱上不同位置的散点，并不容易进行区分，这也进一步凸显了人类心理的复杂性和多样性。■

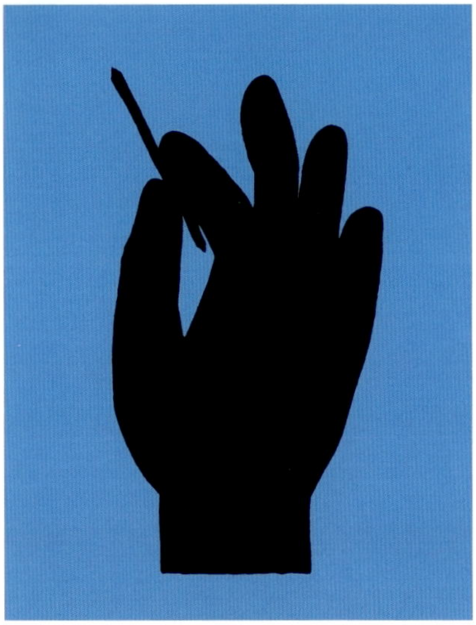

牙签和名字一样，都可以有多种用途

吉尔福特（1897–1978年）

背景介绍

聚焦

智力心理学

此前

19世纪 威廉·冯特、古斯塔夫·费希纳和弗朗西斯·高尔顿提出，个体之间在认知能力等方面的差异可以通过实证测量工具来加以测量。

1904年 英国心理学家查尔斯·斯皮尔曼提出，智力可以被数字所界定。

1938年 英国心理学家瑟斯顿界定了组成个体的“基本能力”，即智力的七种变量。

此后

1969年 菲利普·弗农估算认为人类的智力大约60%是天生的。

1974年 美国心理学家埃利斯·保罗·托伦斯设计出自己的创造力测验，该测验至今仍被广泛应用着。

虽然对智力以及智力的组成成分等相关问题的讨论可以追溯到古希腊时期，但是第一个系统测量智力的方法直到1905年才出现，当时，法国心理学家比奈应邀进行研究，以识别出可能从教育援助计划中受益的儿童。他和研究者西蒙一起设计出了“比奈–西蒙量表”，该量表使用记忆、注意以及问题解决任务等工具对儿童的智力进行测量并得出一个分数或商数，从而用以推断个体的智力水平。从方便的角度出发，他们将平均的智力商数（IQ）设为100，心理学家

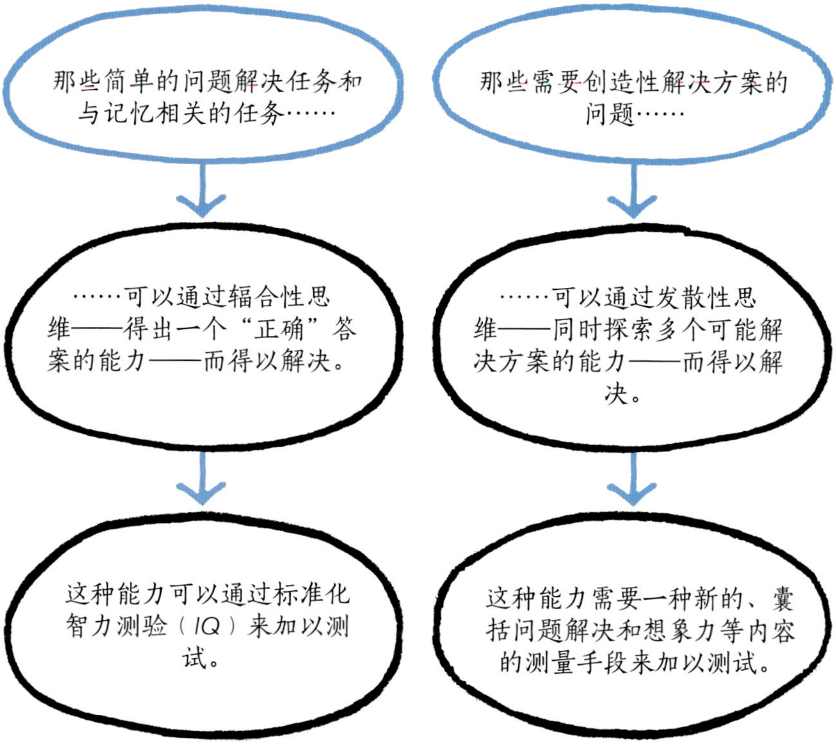

参见：阿尔弗雷德·比奈 50~53页，雷蒙德·卡特尔 314~315页，汉斯·艾森克 316~321页，威廉·斯登 334页，大卫·韦克斯勒 336页。

创造性思维甚至可以为牙签找到上百种用途。吉尔福特的“非常用途测验”对人们列举出某种物体的通常用途和非常用途的能力进行了区分。

可以通过这个分数更加轻松地对个体进行分类。实际上，大约有95%左右的人得分在70~130之间，只有约0.5%的人得分在145分（天才级别）以上。

虽然这一测验至今为止依然在被人们所使用，但是美国心理学家吉尔福特（J.P.Guilford）认为其中存在根本的缺陷。他指出，标准化的智力测验忽视了人们的创造性，并且，标准化的智力测验的潜在假设是智商可以反映人们的“一般智力”——但这一假设是否成立令人质疑。

创造力测验

根据定义，创造力意味着对一个问题提出多个解决办法。这需要一种不同的思维，吉尔福德称之为“发散性思维”，因为这种思维指向多个方向且为一个问题找到了多个解决办法。相反，传统的智力测验需要个体进行一种以单一答案为终点的思维：辐合性思维。

吉尔福特认为创造力是可测量的，即可以通过个体思维发散方向的数量来加以测量。他设计了一系列的测验来量化人们的发散性思维，这其中就包括1967年的“非常用途测验”——该测验要求被试尽可能多地写出物品的用途：（a）牙签、（b）砖块、（c）曲别针。在他设计的“后果推断测验”中，他要求被试想象如果突然取消所有国家和地方的法律会发生什么，然后要求被试尽可能多地列举可能的后果。吉尔福特从流畅性、灵活性、独特性和精致性来对被试的答案进行打分。

吉尔福特声称智力并不是只由单一的“一般因素”组成的，而是含有三个方面的内容：操作、内容和产物。操作（Operations）是指我们使用的智力加工过程，包括记忆、认知和评价等六个因素；内容（Content）是指智力过程中所包含的信息和数据，包括视觉和听觉方面的共计五个方面的信息；产物（Products）是指对这些内容进行智力加工后的结果，包括类别、关系等六个因素。这样，智力便由6×5×6=180种基本能力构成，也就意味着共计有180种智力类型——现在已经有超过一百种得到核实。

吉尔福特理论的复杂性以及在测验中存在的问题使得他的测验没有标准化智力测验使用得广泛，但是他的成果对智力以及创造力的研究产生了深远的影响。■

吉尔福特

吉尔福德出生于美国内布拉斯加州的一个农场。他比同龄人显得聪明得多，他高中毕业时曾作为毕业生代表发言。因应征入伍，他被迫中断了心理学专业的学习，但他后来继续了自己的学业，并在康奈尔大学获得了博士学位。1928年，他以副教授的身份回到内布拉斯加州，并于1940年在美国南加州大学（USC）就职，之后便一直在这所大学执教直到1967年退休（除了第二次世界大战期间曾被短期借调）。人们对他的形容为：正直、慷慨的顾家好男人，在部队的日子里，他因羞怯而被冠以“灰色幽灵”的绰号。作为一名多产且富有影响力的研究者，吉尔福特设计了30个测验，出版了超过25部著作和300多篇文章。

主要作品

1936年 《心理测量方法》
1967年 《人类智力的本质》

> 那些可以在固定时间内想出大量点子的人往往更能产生重要的观点。
>
> ——吉尔福特

鲁滨逊在遇见“星期五”之前是否缺乏某种人格特质？

高尔顿·奥尔波特（1897–1967年）

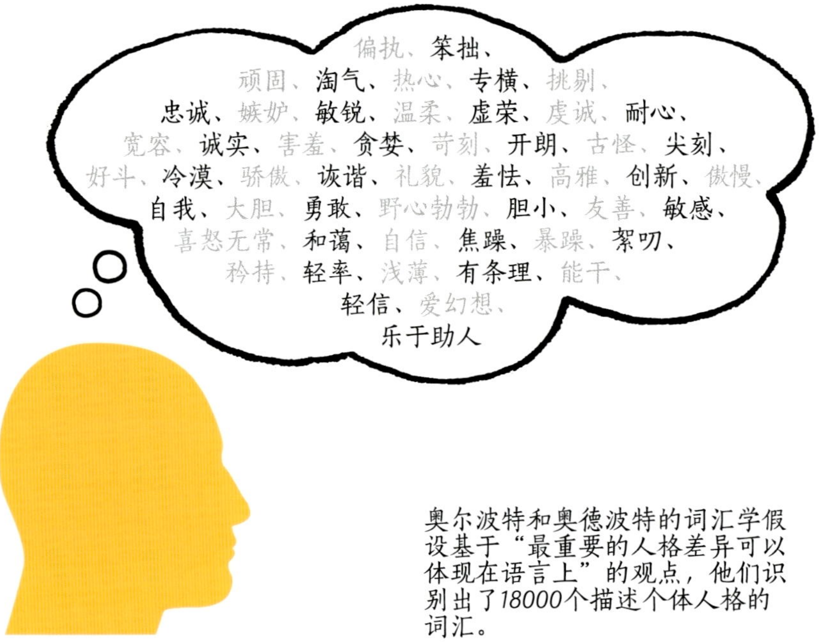

奥尔波特和奥德波特的词汇学假设基于“最重要的人格差异可以体现在语言上”的观点，他们识别出了18000个描述个体人格的词汇。

首要特质

经过对词汇学假设的深入研究，奥尔波特界定了三种不同类型的人格特质：首要特质、一般特质和次要特质。首要特质是个体的基本特质，它们掌管个体的生活方式。奥尔波特认为，不是每个人都拥有首要特质，但如果某个个体拥有首要特质，那么他便会因此而闻名，事实上，有些人太过有名，以致他们的名字也会成为其首要特质的代言词，比如拜伦、加尔文主义、马基雅弗利。

> 可以说一个人拥有某个特质，但是不能说他就是某个类型的人。
>
> ——高尔顿·奥尔波特

一些和首要特质相比不那么显著的特点对个体而言也十分重要，它们会对个体的生活起到引导和统合（意识和无意识层面）的作用；事实上，个体的每个行为都可以和这些特质的影响相联系。

在其后来的研究中，奥尔波特认为个体的首要特质可以促进自我统一体（基本的内驱力、核心需求及个体的愿望）的形成。这个观点已经超出了气质论的范畴，而是将人格描述为一种迫切需要被表达的导向性目标。为了说明自我统一体，奥尔波特以挪威极地探险家罗尔德·阿蒙森为例进行说明。阿蒙森从15岁开始便一心希望成为一名极地探险家。他所面临的困难看似不可逾越，引诱他放弃梦想的诱惑也十分吸引人，但是他一直持续付出着努力，虽然他不断获得了各种小成果，但这只进一步激发了他想要实现自己“极地探险”目标的渴望。

在航行通过西北航道之后，阿蒙森开始着手准备前往南极的计划。之后，经历了多年的准备和挫折后，他飞往了北极。他的信念依然没有动摇，他依然在坚持自己的梦想，后来他为救助一名初级探险者而不幸丧生。

相对不太重要的特质

和首要特质相比，一般特质属于比较普遍的特点，比如诚实就是大部分人都有的特点。这些积木一样的特点会塑造我们的行为，但是它们并不如首要特质重要。奥尔波特指出，一般特质的发展主要受到个体父母的影响，是后天形成的。同一文化下的个体会拥有同一类型、不同水平的特质，例如，攻击性这种特点的水平就会因人而异。在奥尔波特看来，我们大部分人都拥有5~10种这样的特质，他们就是我们的突出特点。

奥尔波特指出，随着时间的推移，一般特质可能实现“功能上的自治”，这意味着我们开始可能会因为某个原因做某件事情，但之后我们会因其他的原因继续做这件事。这是因为当前的动机并不总是依赖于我们的过往。例如，我们可能会为了打败班里另一个孩子而学习绘画，但是我们最终会为了完善自己的作品而继续学习绘画。这意味着，我们的过去只能间接影响我们今天的思考和行动。功能上的自治一样也可以解释个体强迫性的行

> 任何认为人格是稳定、不变的理论都是错误的。
>
> ——高尔顿·奥尔波特

为和思维：这些行为和思维可能表现除了功能的自治，个体不知道自己为什么做这件事，但是他就是无法阻止自己。

奥尔波特定义的第三类特质也就是常说的次要特质，和首要特质或一般特质相比，这类特质对我们的影响要弱一些。它们只有在特定的场合下才会出现，因为它们由环境和情境所决定。例如，我们会说一个人“在被搔痒时会发脾气”或“在飞机上会紧张”。这些特质所反映出的个体的态度和偏好可以改变。当没有他人在场时，次要特质也会出现，但是几乎难以被察觉。这三类特质一起向我们展示出了人类的复杂性。

特质和行为

奥尔波特感兴趣的是个体的特质是如何形成的，以及个体的特质及其行为之间的关系。他认为内在和外在的力量会联合起来对我们的行为造成影响。被他称为基因型的特定内在驱动力支配着我们保留和使用信息（与外界进行交互）的过程。同时，被他称为现象型的外在力量决定了个体接纳其环境的方式，以及他人的行为对个体的影响。他认为，这两种力量为个体人格特质的形成提供了基础。

如果将这些观点带入《鲁滨逊漂流记》的故事中，奥尔波特认为，在遇到“星期五”之前，鲁滨逊的基因型特质或说是其内在资源，加之他的一些现象型特质，共同帮助他在荒岛上存活了下来。他从最初的绝望中恢复了过来，并且在船只沉没前打捞回了武器、工具和其他补给品。他给居住的洞穴安装了围栏，还做了一份日历。他打猎、种植大米和玉米、学着做陶器、学着养羊，他还收养了一只鹦鹉。他阅读圣经并开始信奉宗教。这些行为都表现出了鲁滨逊的首要特质以及产生的相应行为。

然而，只有在“星期五”到来之后，鲁滨逊的其他现象型

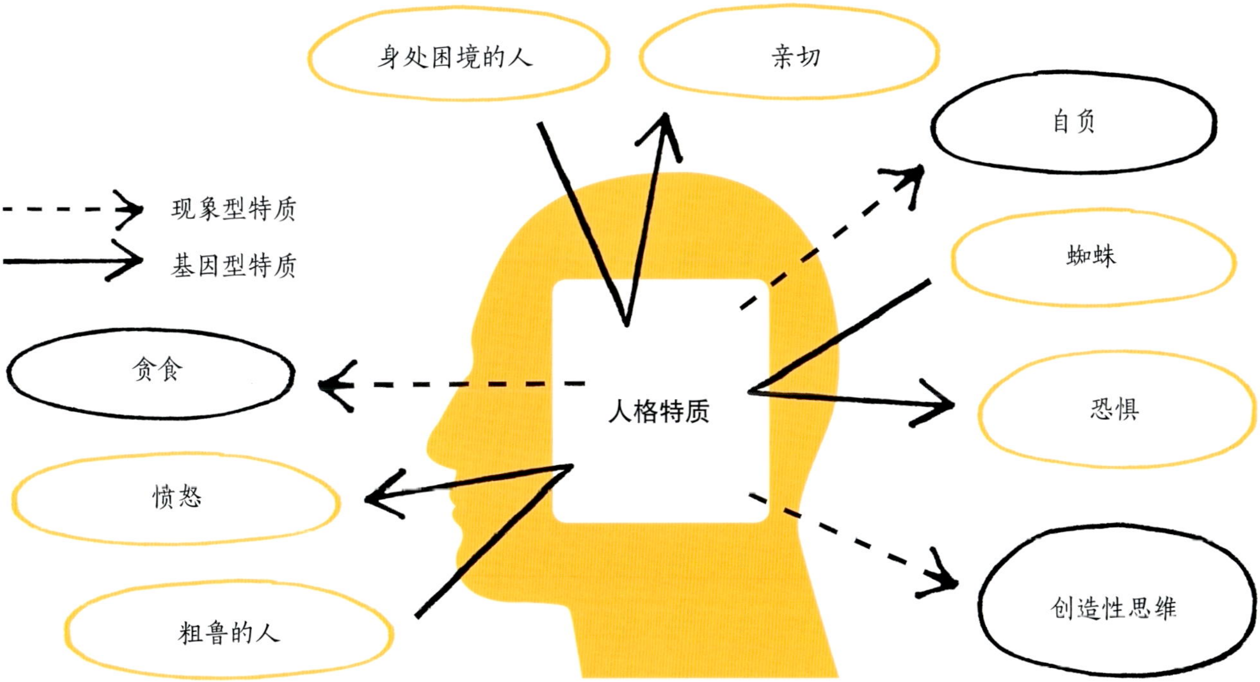

奥尔波特指出，鲁滨逊显然拥有多种个人特质，但是只有在他遇难并遇到“星期五”之后，有些特质才得以显现。

特质的行为才找到了出口：他帮助“星期五”逃离抓捕者，耐心地坚持教“星期五”学习英语，他还将“星期五”转变成了一个基督徒。尽管鲁滨逊拥有这些人格特质，但是在他与“星期五”建立交往之前，这些特质都没有表现的机会（或通道）。这一观点类似我们熟知的哲学难题：如果森林中空无一人，那么一棵树倒下是否会产生噪声？在奥尔波特看来，人格特质会让我们的行为具备一致性；人格特质总是存在的，即使没有人激发它们，即使没有人目睹这些特质所引发的行为，它们还是存在的。

个案研究

1937年，《人格：心理学的解释》出版后，奥尔波特将注意力转到了种族、偏见以及道德规范上。但是到1965年，他又将注意力转到对珍妮·马斯特森（1868—1937）的人格特质的个案研究上来。他的研究对象珍妮在其生命的最后11年中，给与自己交好的一对夫妇撰写了300封信件。

奥尔波特对这些信件进行了分析研究，他让36名被试通过这些信件来描述他们所理解的珍妮的人格特质。被试描述出的八个特质“群”中有198项相对较容易分辨的个人特质，所有参加评定的人都一致认可这些特质：爱争吵-多疑、自我中心、独立、攻击性、愤世嫉俗、多愁善感、有艺术才能、高度紧张。

然而，奥尔波特认为这个针对珍妮的人格特质分析并不具有决定意义，于是他将其他的理论框架也纳入分析过程中，其中包括弗洛伊德和阿德勒的精神分析理论。在他的学生杰弗里·佩奇和阿尔弗雷德·鲍德温的帮助下，奥尔波特对材料还采用了“内容分析”的方法。这是一种新的计算机分析形式，通过特定程序，计算机可以计算涉及特定主题或某种情绪的字或短语的出现次数。这种新方法给奥尔波特带来了巨大的震撼，并因此进一步加深了他对其观点的坚信程度——个案研究可以揭示个体性格特点的细微之处，这是问卷调查远不能及的优势。

1966年，奥尔波特发表了题为《再谈人格特质》的论文，该论文指出，人格研究不应该聚焦在对个体特质的微量分析上，而应该研究个体的整个精神组织。他指出，他早期撰写人格特质的著作时并没有深厚的心理学背景知识，因此可能存在一定方向上的偏差，但他坚持认为特质是用以描述个体人格的良好起点。

> **人格是一个极其复杂的东西，我们不能简单地用概念来束缚它。**
>
> ——高尔顿·奥尔波特

奥尔波特的影响

奥尔波特的理论为很多当代的思想流派奠定了基础，尽管这一点可能很少有人提及。卡特尔和艾森克的人格问卷衍生出当代的很多人格测验，而卡特尔和艾森克也利用了奥尔波特的词汇学研究结果。卡特尔的十六因素量表至今依然被广泛使用着，卡特尔采用了奥尔波特最初形成的4500个形容词以及计算机分析的结果界定了这十六个因素。

人本主义心理学为很多心理辅导和治疗奠定了基础，它在很大程度上也获益于奥尔波特的研究成果。尤其是奥尔波特的个案研究，以及坚持每个个体都有其独特性的观点，都为人本主义心理学的产生和发展提供了方向。现在人们越来越重视来访者和咨询师之间的关系，因为人们认为这种关系可以促进个体人格的表达和发展，而这也根源于奥尔波特的观点：“人格是人际关系的机能”。

对于以个体积极体验为中心的理论，奥尔波特也是第一批指出其问题的人，这种理论的基本观点大部分来自于存在焦虑或是其他心理障碍的个体的行为，或是来自于那些被捕捉到的、绝望的老鼠的奇怪举动。他不知道为什么没有理论建立在对健康的、努力让自己的生活更具意义的个体的研究之上。他指出，大多数研究针对的是罪犯，而不是坚守法律的仁人志士；探索的是恐惧，而不是人的勇气；指向的是人的无知和缺陷，而不是人类的智慧。由马丁·塞利格曼倡导的积极心理学采纳的便是奥尔波特的观点，并且发展出了研究个体积极体验的科学方法。

> 奥尔波特主张心理学家应该脱离哲学来研究人格特质。
>
> ——马丁·塞利格曼

到了1955年，奥尔波特撰写了《生成》一书，他的思维更加深入；他将人们为达成更高水平的认知而做出的努力视为人格的真正动机。“生成”是人们的最终目标的观点在卡尔·罗杰斯和亚伯拉罕·马斯洛的努力下得到了进一步的发展，他们将其重新命名为“自我实现”。尽管奥尔波特的研究成果和其他知名心理学家相比似乎并没有被广泛引用，但是他对心理学产生了深入、持久的影响。■

高尔顿·奥尔波特

高尔顿·奥尔波特1897年出生于美国印第安纳州的蒙特苏马。奥尔波特是四兄弟中年纪最小的一个。儿时的奥尔波特害羞、好学，但是他在十几岁时便成为学校报纸的编辑，并有了自己的印刷生意。

第一次世界大战期间，奥尔波特曾在军队服役，之后他争取到了哈佛大学的奖学金，前往那里学习哲学和经济学。1919年毕业后，他曾在土耳其执教一年，然后又回到哈佛，并于1922年获得了心理学博士学位。他还曾在英国的剑桥大学学习，也曾前往德国学习过格式塔理论。

1924年，奥尔波特再次回到哈佛，并开始执教美国第一门人格研究课程。除了曾有四年在新罕布什尔州达特茅斯大学执教，他的全部执教时间都留给了哈佛，直到1967年他因罹患肺癌去世，享年70岁。

主要作品

1937年 《人格：心理学的解释》
1954年 《偏见的本质》
1955年 《生成》
1961年 《人格的类型及发展》

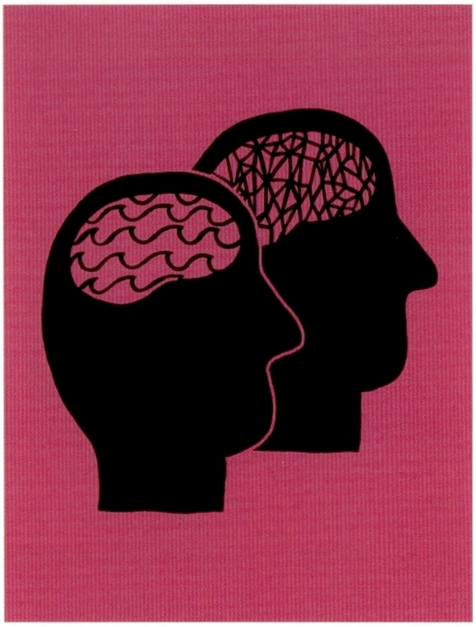

一般智力包含晶体智力和流体智力

雷蒙德·卡特尔（1905–1998年）

背景介绍

聚焦

智力理论

此前

20世纪初 阿尔弗雷德·比奈称可以对人的智力进行测量，并提出了“智力商数”（智商）（IQ）的概念。

1904年 查尔斯·斯皮尔曼提出了智力的“G因素”。

1931年 在《智力的测量》中，爱德华·桑代克指出智力有三或四种主要类型。

此后

1950年 吉尔福特称，有大约150种不同的智力类型。

1989年 美国心理学家约翰·卡罗尔提出了智力的三层次心理测量模型，这三个层次包含宽层能力、窄层能力以及斯皮尔曼的G因素。

雷蒙德·卡特尔（Raymond Cattell）被认为是20世纪为数不多的最令人尊崇的心理学家之一。他的研究对探索人类的智力、动机以及人格都具有重要意义。他对智力的兴趣早在他还是斯皮尔曼的学生时就已确立。斯皮尔曼是英国著名的心理学家，他将智力定义为“G因素”，即为所有的学习过程提供基础的一般智力能力。

1941年，卡特尔更加深入地发展了这一概念，他为“G因素”定义了两种不同的组成部分：流体和晶体智力。流体智力是一系列运用到任何问题或内容上的思考或推理能力。有时被描述为一种在我们不知道如何做某事时所用的能力，它是我们在问题解决或模式识别过程中自动使用的能力，它被认为与我们的工作记忆容量密切相关。

卡特尔认为流体智力来自基因遗传，这可能可以解释个体在智力方面的差异。流体智力在个体成年时到达顶峰，然后稳步下降，这

一般智力由（G因素）两部分组成。

流体智力，是指抽象思维的能力，以及在没有说明和实践的情况下觉察事物之间关系的能力。

晶体智力，基于个体过去的经验和已学到的知识，是随着我们年龄增长而逐渐累积的判断能力。

参见：阿尔弗雷德·比奈 50~53页，吉尔福特 304~305页，汉斯·艾森克 316~321页，威廉·斯登 334页，大卫·韦克斯勒 336页。

也许是因为年龄增长带来的大脑的相关变化。脑损伤可能影响流体智力，这表明流体智力很大程度上仰赖于个体的生理。

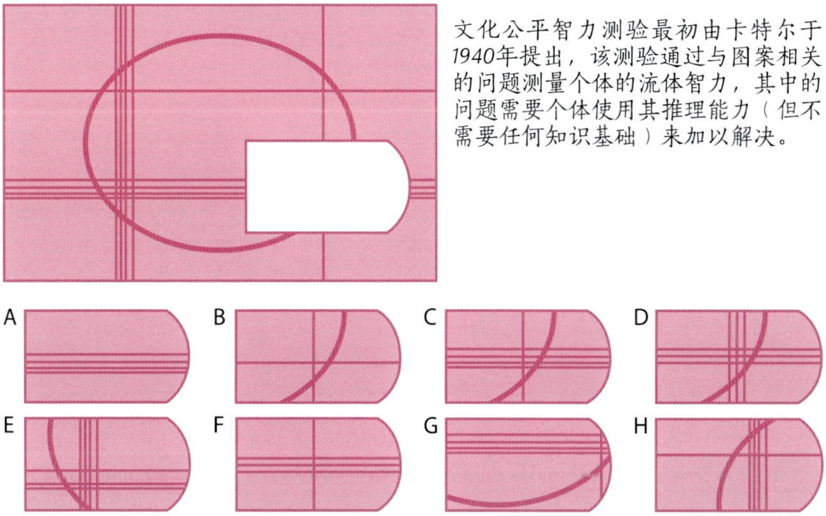

文化公平智力测验最初由卡特尔于1940年提出，该测验通过与图案相关的问题测量个体的流体智力，其中的问题需要个体使用其推理能力（但不需要任何知识基础）来加以解决。

晶体智力

在我们使用流体智力解决问题时，我们开始对周围所处的世界进行知识存储和假设形成的过程。这一知识的存储便是我们的晶体智力，卡特尔将其描述为人们通过在一系列文化活动中获得的“一系列判断技能”。社会阶层、年龄、国籍以及历史时代等原因或导致个体的学习经历出现很大的差异。

晶体智力包括言语理解、数学能力等技能，因为这些技能基于个体习得的知识，比如语法规则、加减法及其他数学概念的规则，因此这种智力会随着年龄的增长而呈现稳定的逐渐增长的态势，直到65岁左右，晶体智力才会下降。

卡特尔认为流体和晶体智力彼此相互独立，但个体如果具有较高的流体智力，可能促使其晶体智力得到更广和更快的发展，而这也与个体的人格以及兴趣等因素有关。他特别指出标准的智力测试往往对晶体和流体智力都有所评估。

卡特尔设计出独立测试流体智力的测验。他的《文化公平智力测验》是非言语、主要基于形状和图案的多项选择测验，对被测量者没有知识基础方面的要求，这个测验可以应用于任何文化下的成人和儿童。■

雷蒙德·卡特尔

雷蒙德·卡特尔出生在英国的斯塔福郡，他最初在1924年获得了化学的一级学位，之后他的兴趣转向了心理学并在1929年获得博士学位。在任教于伦敦大学和埃克塞特大学后，他在莱斯特儿童指导诊所工作了五年，然后在1937年前往美国。他在克拉克大学、哈佛大学和伊利诺伊大学都曾担任职务，直到1973年。卡特尔结过三次婚，他最终在夏威夷大学担任教授，并在那里度过余生。1997年，美国心理学会授予他终身成就奖。然而，他的观点“国家应该通过优生学政策来保证高智力基因的遗传”把他推到了风口浪尖，并使得他的获奖引发了争议。卡特尔虽为自己辩护，但拒绝接受奖项，他于次年死于心脏衰竭。

主要作品

1971年 《能力》
1987年 《智力》

天才和疯子仅有一线之隔

汉斯·艾森克（1916—1997年）

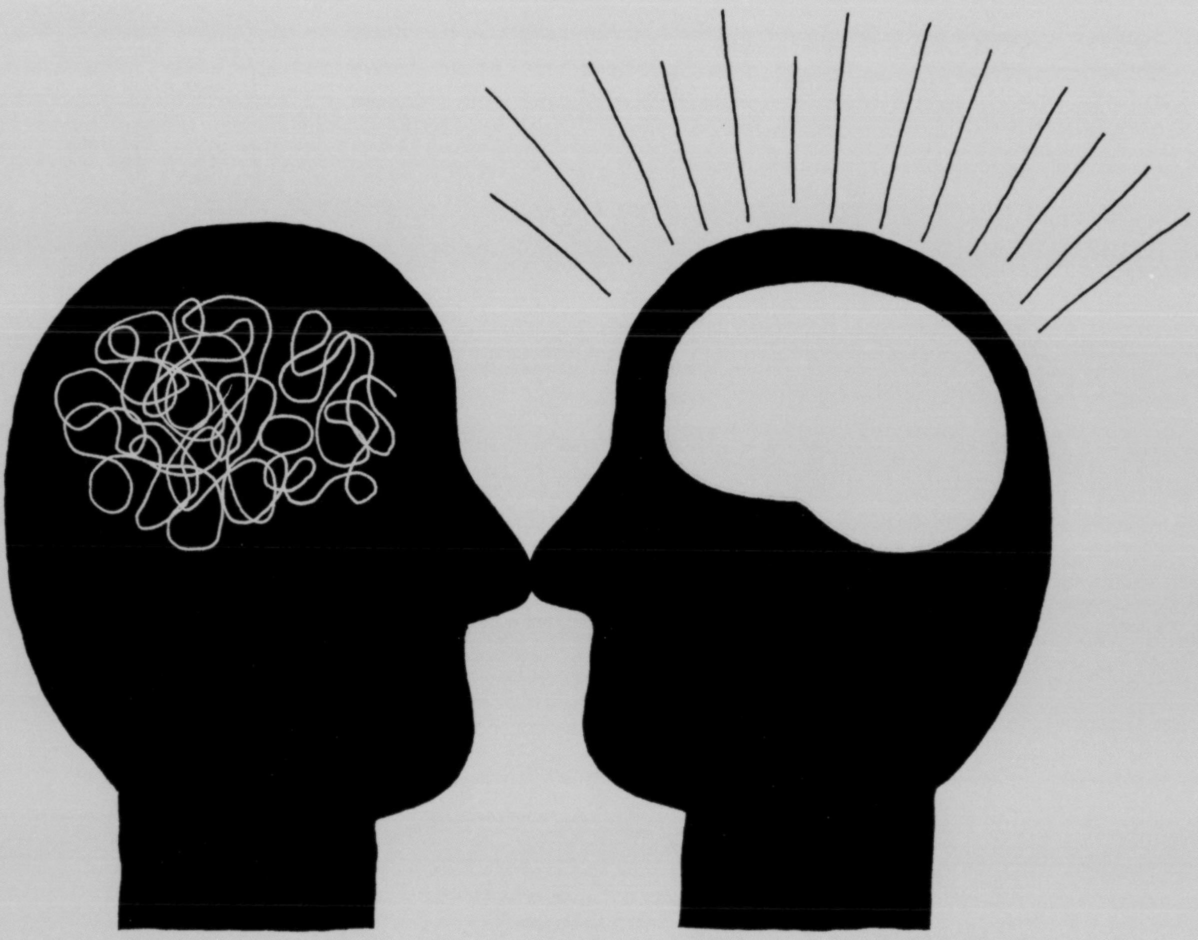

背景介绍

聚焦

人格

此前

1926年 美国心理学家凯瑟琳·考克斯对300名天才的智商和人格进行了测试，结果发现他们的平均智商高于165，而其主要的人格特点是高水平的毅力和动机。

1956年 吉尔福特提出了与创造力有关的发散性思维的概念。

此后

2009年 在《天才101：创造者、领导和神童》中，美国心理学家基思·西蒙顿（Dean Keith Simonton）认为，天才源于良好的基因和良好的环境。

2009年 瑞典心理学家安德斯·爱立信将专家级的行为表现归功于数万小时的练习。

在历史上，“天才是天生的还是后天的”这个话题一直深受人们的关注。20世纪初以前，人们对天才的理解很大程度上来源于那些被认定为天才的人的故事，如达·芬奇和贝多芬。早在亚里士多德时期，人们眼中具有创造力的天才和疯子之间就存在联系，人们普遍认为这二者均是遗传的结果。1904年，英国心理学家哈夫洛克·埃利斯的《关于英国天才的研究》报告了他为探讨精神病患者和富有创造力的个体之间的联系而设置的对照研究。70年后，德国心理学家汉斯·艾森克（Hans Eysenck）对早期的研究结果进行了回顾，他得出结论，天才并不是与精神病（完全的精神错乱）存在联系，而是与精神质（出现精神病症状的潜在倾向）之间存在联系。

> **心理偏差与创造力都有潜在的遗传基础。**
>
> ——汉斯·艾森克

气质和生物学

许多心理学家对人格特质进行了定义和测量，但艾森克的焦点集中在人类的气质上，而非探讨组成个体人格的细节特点。他是一位生物学家，和许多之前的前辈（尤其是古希腊医生希波克拉底和盖伦）一样，他认为生理因素决定气质。希波克拉底曾提出性格类型来源于个体特定类型体液的过量或缺乏。盖伦进一步深化了这种观点，他认为可以人共有四种气质：多血质、胆汁质、黏液质和抑郁质。他声称，多血质的人血液占优势，往往会开朗乐观。胆汁质的人胆汁占优

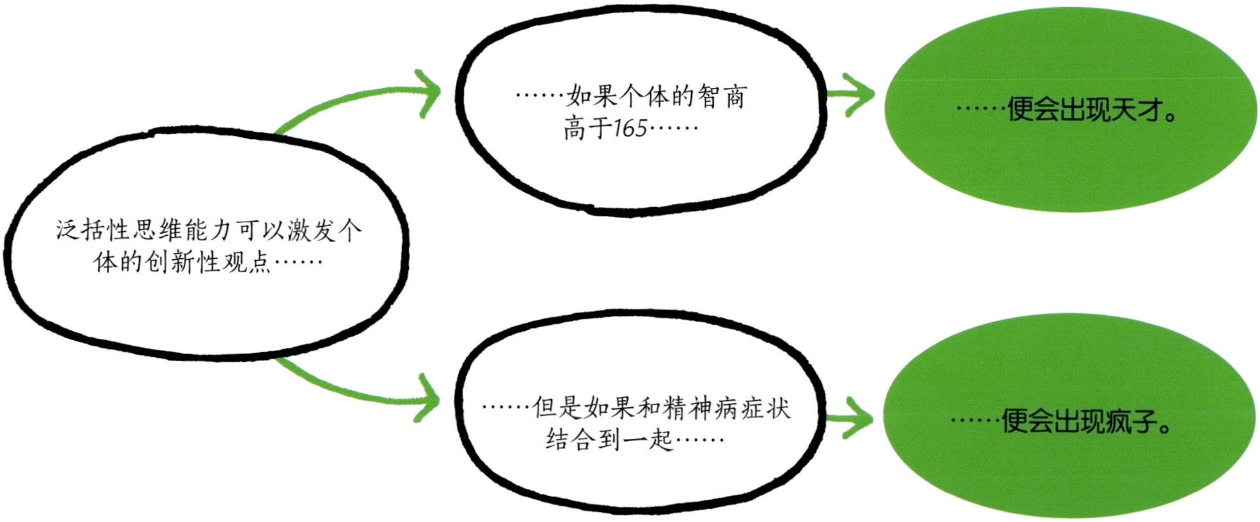

参见：克劳迪亚斯•盖伦 18~19页，弗朗西斯•高尔顿 28~29页，吉尔福特 304~305页，高尔顿•奥尔波特 306~313页，雷蒙德•卡特尔 314~315页，沃尔特•米歇尔 326~327页，大卫•罗森汉 328~329页。

势，往往容易性情急躁。黏液质的人黏液占优势，往往会行动缓慢、懒惰、迟钝。抑郁质的人黑胆汁占优势，往往容易悲伤、悲观和沮丧。

盖伦的生物方法引起了艾森克的兴趣，艾森克认为气质是由生理因素和遗传决定的。他提出了人格的两维度测量标准，周围被各种细节性的特质所环绕。他用神经质和内外倾这两个维度映射了盖伦的四种气质类型。

艾森克的人格模型为我们提供了一个定义性格气质的拱形参数图。每个超级因素（外倾和神经质）都由低层次的习性所组成。这两个超级因素将这些习性区分为可以反映盖伦的四种气质的四种类型。

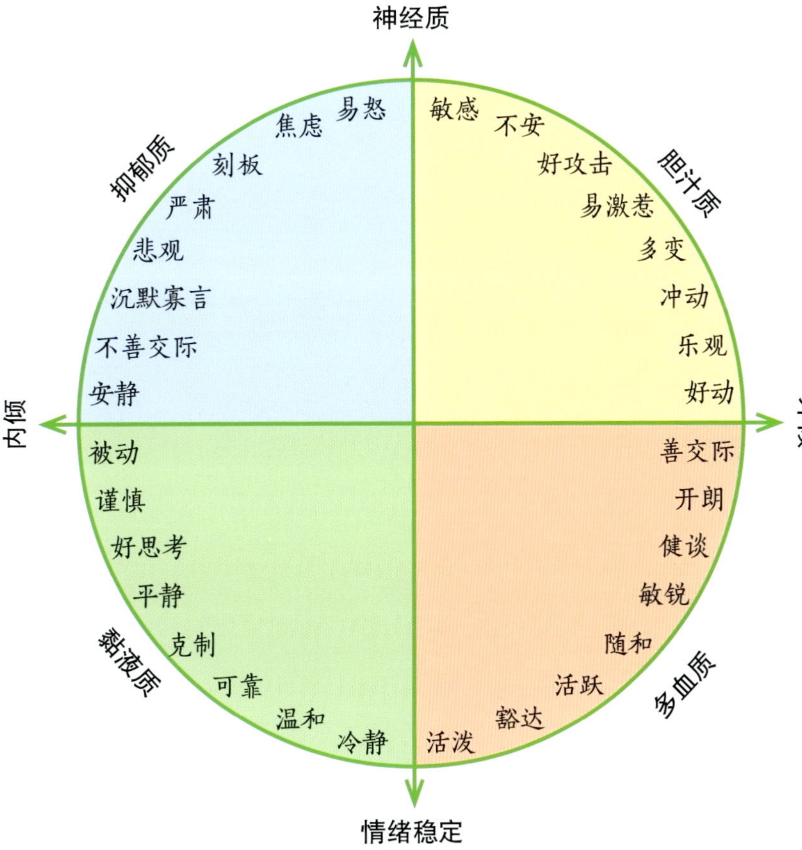

艾森克量表

“神经质”是艾森克定义的一个人格维度，一端是情绪平静和稳定，另一端是紧张、易怒。他指出，神经质（在人格因素示意图中处于不稳定的一端）说明个体的交感神经系统激活阈限较低，这是大脑激活“战斗或逃跑”反应的重要组成部分。从这个角度来看，拥有这样更加灵敏的系统的个体会更易过度反应，所以即使是轻微的威胁，他们也会认定为是严重的危险而立即做出反应，个体会出现血压和心率增加、出汗等现象。他们也更容易患上各种神经障碍疾病。然而，艾森克并不认为得分接近神经质这端的个体在现实生活中必然会出现神经质的问题，只不过他们更容易患上各种神经障碍疾病。艾森克定义的第二个维度是“外倾-内倾”。我们在日常生活中会用这个维度来描述我们周围的人，因此艾森克十分重视这个维度。外倾性的个体善交际、善言辞，内倾性的个体则害羞而安静。艾森克声称，大脑活动的差异可以解释这二者之间的不同：内倾性的个体处于长时间的神经过敏以及过度被唤起的状态，而外倾性的个体处于长时间的无聊或唤起不足状态；所以大脑要么会通过和他人的互动寻求更加深入的刺激来保持自己的觉醒状态（外倾性个体），要么通过寻求平静和孤独而让自身平静下来（内倾性个体）。

精神质

艾森克在大范围内检验了自己的观点，但是他发现自己的研究忽视了某些社会团体，于是他将视线转到了精神卫生机构上。通过研究，他在原来的基础上又增添了一

人们认为，和外倾性的人相比，内倾性的人的活动水平更高，因此内倾性的人长期处于更高水平的大脑皮质激活状态。

——汉斯·艾森克

个维度，他称其为“精神质”，这一术语在日常使用中从很大程度上取代了原有的“精神错乱”。在人格理论中，他的这一做法具有突破性意义：大部分人格理论学家都致力于界定和测量正常（健全）的人格。然而，艾森克指出精神质和神经质一样，也存在程度上的差异；他的测验就是要寻找精神病患者常见的人格特质。

艾森克发现有些人格特质彼此联系，并会引发精神质；精神质个体在量表上得分居高的项目通常有：好攻击、自我中心、冷漠、冲动、反社会、难以移情、创造性、倔强。不过，在这样的量表上得分高并不意味着个体一定是精神质的，也不是说他将不可避免出现精神质的问题，只能说明他们和精神质的个体拥有同样的特点而已。例如挪威心理学家丹·奥维尤斯和他的同事在1980年所做的对照研究就发现，精神质中的“好攻击”在生物学上与个体的睾丸激素升高有关。

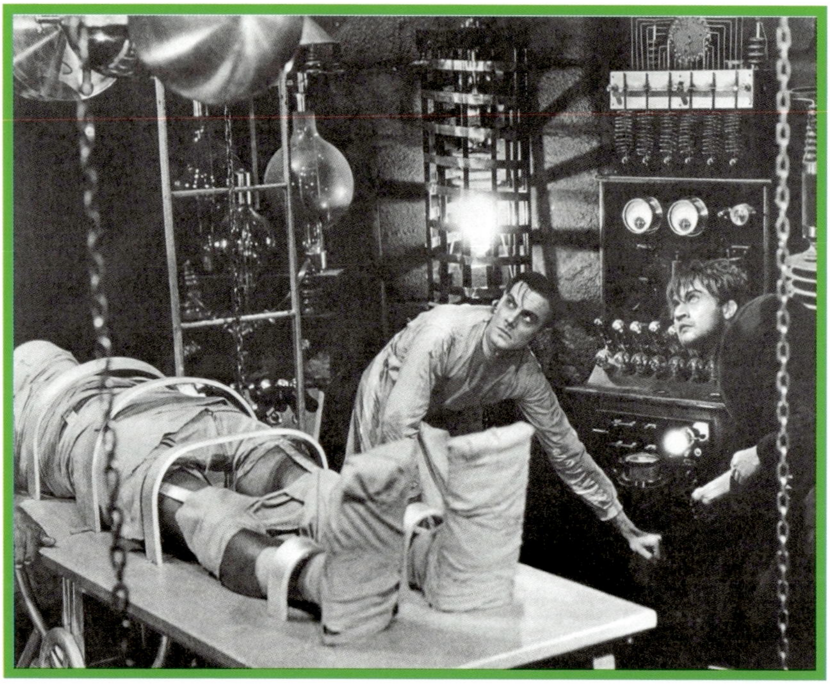

在玛丽·雪莱的小说中，创造怪物的弗兰肯斯坦教授表现出了典型的精神病症状：鲁莽、无视规矩以及固执的态度。

天才研究

对创造力的定义一直以来并没有统一定论，但是大家怀有共识，即创造力包含创意和创新，创造力建立在人格和智力两方面的基础上。在《创造力和人格：理论建议》中，艾森克试图解释创造力以及创造力与智力、人格和天才之间的关系。

天才被认为是创造力的最高级别，它取决于个体的高智商：IQ得分高过165是天才的首要条件。然而，仅有高智商并不够，另外一个和智力密切相关的元素便是我们用以寻找答案的心理检索过程，这一过程需要我们从记忆中将不同的内容提取出来，然后形成对问题的新的解决方案。心理检索过程会受到“我的过去经历及思想中有哪些与这个问题有关？”等问题的指引。我们每个人的检索过程各有不同，而这种检索的能力并不依赖于我们的智商，这种能力存在程度上的差异，从对相关因素进行泛括性思考（将过多实物视为潜在可能的解决方案），到缩小范围只形成单一的解决方法（只看到少数可能的几种解决方案）；居于这种能力中心的则是对解决任何问题都可能需要用到的资源的认知。

泛括性思维可以通过词语联想测验加以测量，词语联想测验主要分析两个方面的内容：个体

创造性的天才，比如艺术家梵高，就表现出了艾森克的精神质方面的一些特质，尤其是泛括性思维、独立性和不墨守成规。

对给定词语的反应数量以及其反应的新颖程度。举例来说，当给定词语是“脚”时，那些只能给出固定答案的个体最可能得出的反应是“鞋”；思维宽泛一些的个体可能会反馈出“手”或“趾头”，而具备泛括性思维能力的个体可能会反馈出如“士兵”或者“疼痛”等词语。这种测验使测量创造性成为可能。

艾森克证实，泛括性思维是精神质和创造力都具备的共同特征。当泛括性思维与高智商同时存在时，具有创造性的天才便应运而生，因为这二者的结合可以产生创新性的观点，而这种认知特点也是创造性的基础。当泛括性思维和精神病症状相伴时，便可能产生不同程度的精神病。

创造力和人格

艾森克认为创造力是一种人格特质，它为个体的创造性成就提供了潜在可能，但是实现的过程却需要精神质方面的特质（但个体不能存在精神病症状）。而将创造力特质转化为成就的驱动力（比如创作艺术作品）则需要一些精神病方面的特质，比如泛括性思维方式。艾森克并不是说天才和疯子之间存在因果关系；但是这二者之间的确存在共同之处——泛括性思维，而泛括性思维与不同因素（天才/疯狂）结合将会产生完全不同的结果。

对创造力的研究面临着一系列严峻的挑战：一些研究人员声称，创造力的判断标准只能依靠其产出的成果。艾森克也认为无法为创造力提出一个全面成熟的理论，只能就创造力提出一系列的建议，正如他所说：“我只是将几个模糊理论联结到了一起”。他的研究工作涉及很多领域，但最著名的还是他对人格和智力的探索。他的PEN（精神质、内外倾、神经质）模型产生了巨大的影响力，并为后来许多人格特质的研究奠定了基础。■

“

在没有精神病的情况下……精神质是将创造力特质转化为现实中的成功的重要因素。

——汉斯·艾森克

”

汉斯·艾森克

汉斯·艾森克出生于德国柏林，他的父母均是艺术从业者，他的母亲是著名的电影演员，他的父亲爱德华是虔诚的天主教徒，也是一个舞台演员。他的父母在他出生后不久就离婚了，艾森克由外婆抚养长大。1934年，他发现，如果加入纳粹，就只能在柏林大学学习，于是他前往英国，在伦敦大学学习心理学。

艾森克于1938年结婚，在第二次世界大战期间他险些因自己的德国公民身份被捕，之后他完成了博士学位的学习，并作为一名心理学家在急诊医院工作。他后来创办了伦敦大学精神病学研究所并担任那里的负责人。艾森克于1950年再婚，并于1955年成为英国公民。他于1996年被诊断患有脑瘤，并于1997年在伦敦的一家临终关怀医院去世。

主要作品

1967年 《人格的生物学基础》
1976年 《人格的维度：精神质》
1983年 《创造性的根源》

三种核心动机驱动个体做出行动

大卫·麦克利兰（1917–1998年）

背景介绍

聚焦

需要理论

此前

1938年 美国心理学家亨利·穆雷提出了有关个体的心理需求如何塑造其人格的理论。

1943年 亚伯拉罕·马斯洛在《人类动机理论》中提出了需要层次理论。

1959年 在《工作的动机》中，美国心理学家弗雷德里克·赫茨伯格指出，人们工作的动机来源于对成就的追求，而不是金钱。

此后

1990年 在《心流：心理的最佳体验》中，米哈里·契克森米哈赖探讨了人类的成就动机。

2002年 马丁·塞利格曼指出，动机是一种性格优势的表达。

2004年 在《有效率的领导》一书中，美国心理学家丹尼尔·戈尔曼将麦克利兰的观点应用到了商业的领导力领域。

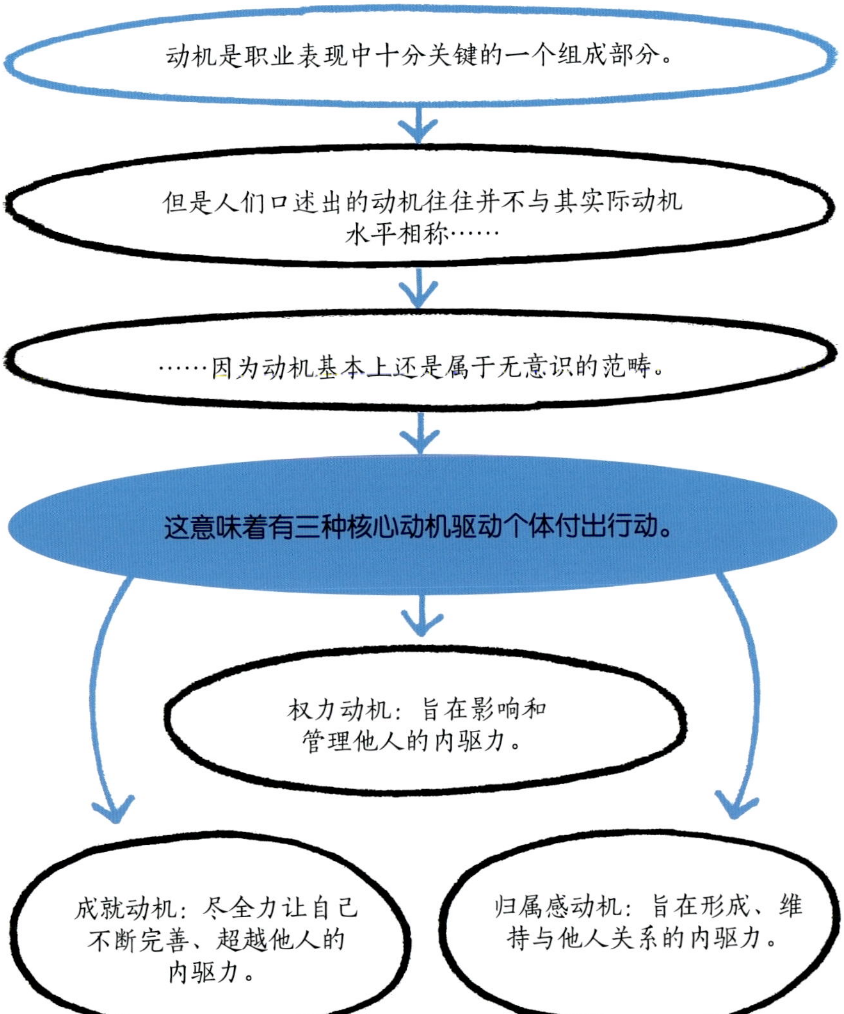

参见： 亚伯拉罕·马斯洛 138~139页，米哈里·契克森米哈赖 198~199页，马丁·塞利格曼 200~201页。

20世纪六七十年代，各大机构在招聘人员时通常依据学业成绩、人格和智商测验的结果。然而，大卫·麦克利兰（David C. McClelland）认为，人们的动机水平才是预测其是否会在职场取得成就的最佳指标。通过广泛研究，他确立了三种可以预测个体工作表现的动机：对权力、成就以及归属感的需要。虽然每个人都有这三种动机，但他认为在每个人身上占据主导地位的动机将会决定一个人在职场的表现。

三种核心需求

在麦克利兰看来，人们对权力或对控制别人的需要是成为优秀的经理或领导的最重要的动力。但这种需要必须要以公司或组织的利益为基础。个人权力欲较强的个体可能无法成为优秀的团体协作者。

麦克利兰认为，高品质的工作来自于个体追求成就的高水平动力，因此和智力相比，个体追求成就的内驱力可以更为准确地预测其工作成就。他认为，个体的成就动机可以赋予其竞争优势，帮助他们制订新的目标，不断完善自我。

最后，麦克利兰指出，对归属感的需要（追求与他人的良好关系）可以帮助人们进行良好的团队协作。他还指出，明显具有归属感需要的个体不太可能成为一个成功的管理者。

麦克利兰指出，动机深深根源于个体无意识领域的人格特质。我们都无法充分意识到自己的动机，所以，工作面试或是自我报告量表中得出的动机分析往往并不属实。他主张使用心理学家亨利·穆雷和克里斯蒂娜·摩根在20世纪30年代为揭示个体无意识而设计出的主题统觉测验（TAT）来测量个体的动机。该测验要求被试通过图片编出一个故事，其假设是，这些故事可以预测个体的基本能力和动机。一直以来，主题统觉测验很少被运用到商业领域。麦克利兰设计了创新性的方法分析个体在这一测验上的反应，从而帮助企业、组织对不同个体进行比较以确定最适合该工作领域的人。

麦克利兰的观点彻底改变了企业招聘，尽管测验结果分析的复杂性使该测验的运用受到了限制，但其基本原则却得到人们的认可并被延续了下来。现在，动机水平被视为评价个体工作表现的关键所在。■

麦克利兰所开发的主题统觉测验被用于评估求职者。人们认为，根据图片讲述一个故事能够揭示出人的真实动机。

大卫·麦克利兰

大卫·麦克利兰出生在纽约州芒特弗农。从康涅狄格州卫斯理大学毕业后，他前往密苏里大学并在那里拿到了硕士学位。之后，他前往耶鲁大学，并于1941年在那里获得了实验心理学博士学位。他在几所大学都有短暂的执教经历，他于1956年接受了哈佛大学的邀请，成为那里的教授。麦克利兰在哈佛大学执教30年，是社会关系学系的负责人。

1963年，麦克利兰成立了企业管理咨询公司，他运用自己的理论协助公司高管进行员工的评估和培训工作。1987年，波士顿大学授予他"杰出心理学教授"的称号，他在波士顿大学一直执教，直到80岁逝世。

主要作品

1953年 《成就动机》
1961年 《追求成就的社会》
1973年 《做能力测试，而不是智力测试》
1987年 《人类的动机》
1998年 《通过行为事件访谈鉴别个体的能力》

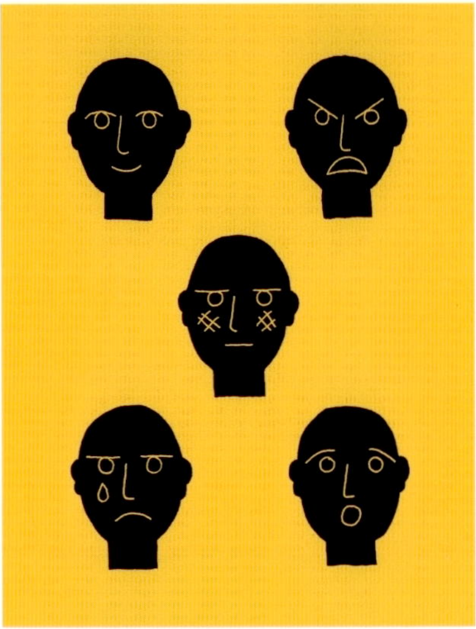

情绪本质上是一个无意识的过程

尼科·弗莱吉达（1927年–）

背景介绍

聚焦

情绪心理学

此前

1872年 生物学家达尔文在《人和动物对情绪的表达》中第一次涉及人类情绪的科学研究。

19世纪末期 威廉·詹姆斯和丹麦生理学家卡尔·兰格提出詹姆斯-兰格情绪理论：情绪是身体变化的结果，而不是生理变化的原因。

1929年 生理学家沃尔特·坎农和菲利普·巴德提出坎农巴德理论，该理论指出，我们的情绪是和生理唤起同时产生的。

此后

1991年 心理学家理查德·拉扎勒斯在《情绪和适应》中指出，个体的思维先于情绪或生理唤起的出现。

情绪和感受比较特殊，看似完全是主观层面的内容。围绕它们有着诸多的未解之谜，这似乎可以解释这个领域发展得为什么如此缓慢。但是在最近30年中，这一情况有所改变，科学家开始探索情绪的“发生点”，再次激发了人们对这一主题的兴趣。进化心理学家也提出了类似的问题。情绪的目的是什么？它们如何帮助

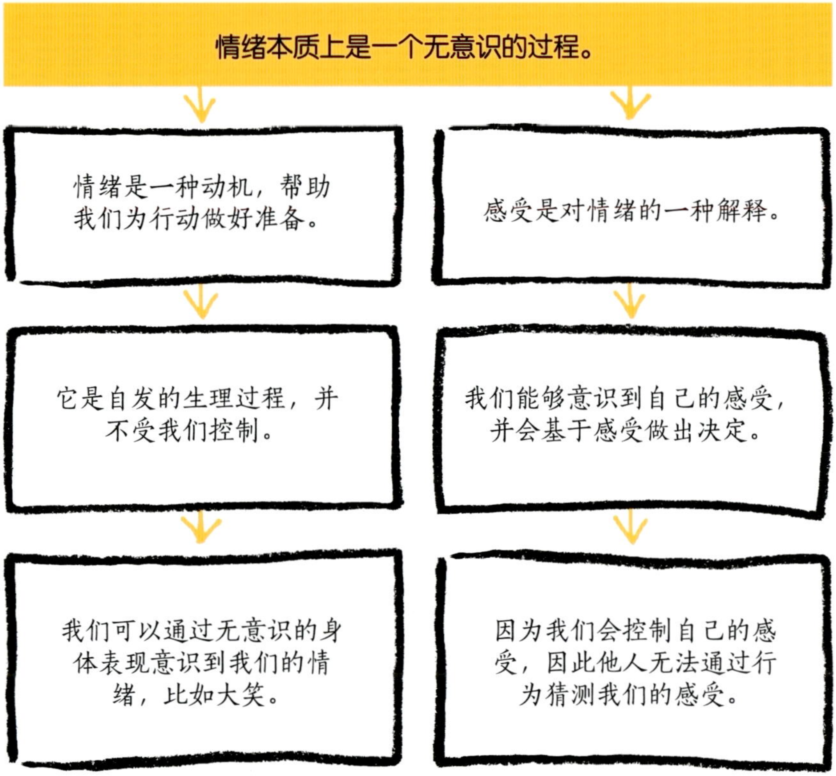

参见：威廉·詹姆斯 38~45页，阿尔伯特·艾利斯 142~145页，高尔顿·鲍尔 194~195页，夏洛特·布勒 336页，雷内·迪阿特凯内 338页，斯坦利·斯坎特 338页。

我们生存并成长？尼科·弗莱吉达（Nico Frijda）的开创性著作《情绪的法则》一书探索了有关情绪的本质及其法则。他认为情绪处在认知和生理这两条道路的交叉口处：有些情绪（比如恐惧）是我们固有的、天生的，我们和动物都拥有这些基本情绪。而一些其他的情绪则是我们思维的反应——因此显然是基于认知过程的。有些情绪（比如愤怒或羞愧）甚至受到了文化因素的影响。

弗莱吉达对情绪和感受进行了明确的区分。情绪是我们无法控制的，它们自发出现，时时提醒我们它们的存在，它们出现时我们会感觉到身体上的变化，比如我们恐惧时会觉得肠胃紧缩。出于这个原因，他说："情绪本质上是一个无意识的过程"。感受是我们对自己情绪的解释，意识的成分会更多一些。当我们有某种感受时，我们依然有思考和决定的能力。和感受相比，我们更容易被情绪所操控。

想法和行动

弗莱吉达指出，情绪和感受有着不同的表现方式。情绪会为我们的行动做好准备；当我们面临恐惧的情境时，情绪可以帮助我们的身体做出战斗或逃跑的准备。他人可以通过我们的行为了解或者至少猜测我们的情绪。但是，我们的感受可能与我们的行为并不一致，因为我们会选择隐藏自己感受的行为方式。

弗莱吉达将情绪视为提高自我知觉的一种机会。情绪时常伴随着生理唤起，这将帮助我们意识到情绪，进而更加清晰地了解自己的感受。这可以帮助我们在了解感受的情况下做出选择，做出如实的反应，进而加深对自我的认识。但弗莱吉达认为的基本情绪仅限于愤怒、喜悦、羞耻、悲伤和恐惧。其他诸如嫉妒和内疚等情绪则并不存在一样的生物必然性。在对情绪表达的规则进行了清晰的定义和描述后，弗莱吉达指出，我们可以预测其产生和消长。我们的理性会像晴雨表那样对其进行解释，以确保我们的心理健康。弗莱吉达指出："我们的情绪自我和理性自我并不是完全分化的，相反，它们彼此之间的关系远比看起来要紧密得多"。■

弗莱吉达指出，如恐惧这样的情绪，总是"因某事而被激发的"。它们是我们对环境变化的自发反应，同时也在很大程度上揭示出人与环境之间的关系。

尼克·弗莱吉达

尼克·弗莱吉达出生在阿姆斯特丹的一个充满学术氛围的犹太家庭。在孩童时，为了躲避第二次世界大战对犹太人的迫害，他不得不过着东躲西藏的生活。他在阿姆斯特丹的大学城学习心理学。1956年，他的《解读面部表情》的论文帮助他获得了博士学位。他将自己对情绪的兴趣归因于自己在学生时代与"一位表情丰富的女孩"的恋爱经历。

1952年到1955年，弗莱吉达在荷兰陆军神经官能症中心承担临床心理学家的工作。之后，他回到科研领域重新开始执教。在之后的十年中，他先是成为阿姆斯特丹大学的助理教授，然后逐步成为实验和理论心理学教授。

弗莱吉达作为教授在欧洲各地游学，他的足迹遍布巴黎、意大利、德国和巴西。现在，他与第二任妻子居住在阿姆斯特丹。

主要作品

1986年 《情绪》
2006年 《情绪的法则》
2011年 《情绪管理与自由意志》

脱离环境线索去理解行为的做法是荒谬的

沃尔特·米歇尔（1930年–）

背景介绍

聚焦

人格理论

此前

公元前400年 古希腊医生希波克拉底认为人格取决于个体身体中四种体液的水平。

1946年 雷蒙德·卡特尔开发出十六因素人格模型。

1961年 美国心理学家欧内斯特·托普斯和雷蒙德·克莱斯托提出了第一个“大五”人格因素模型。

此后

1975年 汉斯·艾森克的人格问卷识别出了两个以生物学为基础的、彼此独立的人格维度。

1980年 美国心理学家罗伯特·霍根、乔伊斯·霍根和罗德尼·沃伦菲尔兹在“大五”人格模型的基础上设计出了较为全面的人格测验。

直到20世纪60年代晚期，人格还依然被描述为来自基因遗传的个体的行为特质。因为人格被认为是了解、预测个体行为的必不可少的因素，因此心理学家一直致力于定义和测量这些特质。卡特尔确定了十六种不同的人格特质，艾森克认为，人格特质只有三到四种。1961年，托普斯和克莱斯托提出了“大五”人格因素模型：开放性、尽责性、外倾性、随和性、神经质或情绪稳定性。1968年，沃尔特·米歇尔（Walter Mischel）提出了震惊世界的人格理论，他在

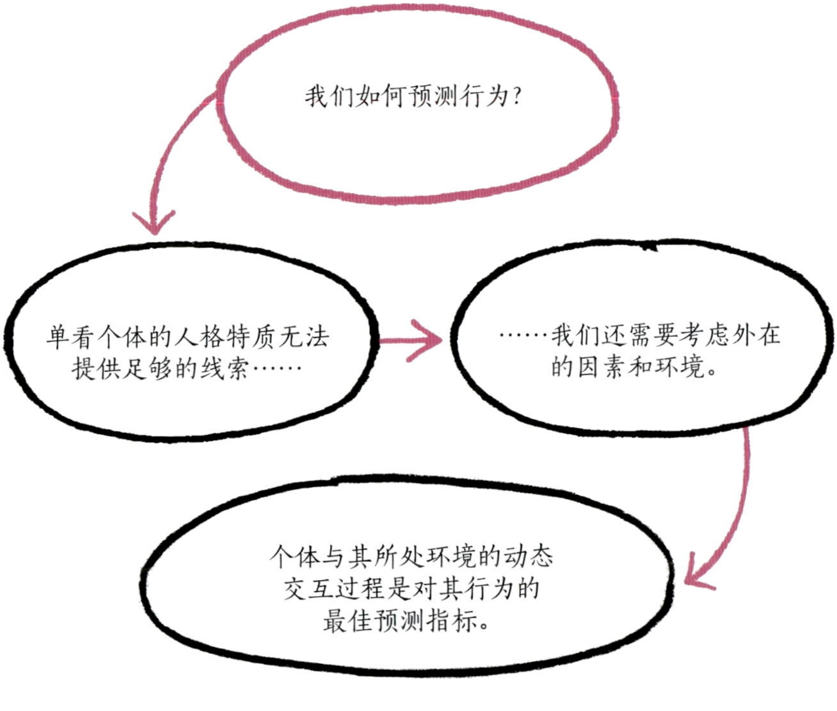

参见: 克劳迪亚斯·盖伦 18~19页, 高尔顿·奥尔波特 306~307页, 雷蒙德·卡特尔 314~315页, 汉斯·艾森克 316~321页。

《人格和测量》中提出，经典的人格测验在对人格的评估上毫无意义。他回顾了一些试图从人格测验结果预测行为的研究，发现只有大约9%的测验是有效的。

外部因素

米歇尔提出，要重视如环境背景等外部因素对行为的决定性作用，他认为人和环境的动态交互作用对于理解个体的行为十分重要。设想一下，如果说人们的行为完全独立于外部环境的话该是多么荒谬。他提出，如果在不同的情况、不同的环境下分析个体的行为，那么我们便可以了解个体的行为特点，这将会揭示个体与众不同的人格特点。在此过程中还需要考虑个体自己对环境的理解和解释。

后来，米歇尔还研究了人们的思维习惯，思维习惯不会随着时间或情境的变化而变化。在他著名的测试个体意志力的棉花糖实验中，他给四岁的孩子一颗棉花糖，并告诉他，如果他现在吃掉糖果，那么他就只能吃到一个棉花糖，而如果他愿意等待20分钟，他就可以得到两个棉花糖。有些孩子们会选择等待20分钟，有些孩子则不会。米歇尔在这些孩子进入青春期之后对他们进行了追踪研究，他发现，那些抵制住诱惑、等待了20分钟的孩子具有更好的心理适应能力，更加有责任感，他们的学业成绩和人际交往能力都更好一些，并且他们的自尊水平也要更高。和之前其他研究者们测量的特质相比，延迟满足能力似乎是一个可以预测个体未来的更好的指标。

> 关于一个人，人格测验到底能告诉我们什么？
> ——沃尔特·米歇尔

米歇尔对孩子的行为研究揭示，抵抗诱惑而不是屈从于短期的满足感，这种特质可以预测个体未来的成就。

米歇尔为人格研究带来了改变——从人格如何预测行为转到了如何利用行为研究个体人格上。他的研究还改变了人格潜质在岗位应聘方面的运用。原本那些被认为可以应用于岗位招聘的测验如今也只被视为一种参考，人们会在和岗位相似的情境下解释这些测验的结果。■

沃尔特·米歇尔

沃尔特·米歇尔出生在奥地利，1938年他与家人一起移居美国。他在纽约的布鲁克林区长大，于1956年在俄亥俄州立大学获得临床心理学博士学位。接着，他前往科罗拉多州的哈佛大学和斯坦福大学任教，之后又于1983年前往纽约市的哥伦比亚大学，在那里他担任人文科学教授。

米歇尔被授予无数荣誉。这其中包括杰出科学贡献奖、美国心理学会颁发的杰出科学家奖，还有2011年心理学领域著名的格威文美尔奖。米歇尔同时也是一个多产且才华横溢的艺术家。

主要作品

1968年 《人格和测量》
1973年 《个体本身的特点是否比环境线索更为重要？》
2003年 《人格导论》

在精神病医院，我们无法区分正常人和精神病人

大卫·罗森汉（1932年–）

背景介绍

聚焦

反精神病学

此前

1960年 在《分裂的自我：一项针对神志正常与疯狂的存在主义研究》中，莱恩强调了家庭是引发心理疾病的重要因素。

1961年 心理学家齐格勒和菲利普斯证实，不同种类的精神障碍拥有很多相同的症状。

1961年 美籍匈牙利精神病学专家托马斯·斯扎斯出版了备受争议的《精神疾病的谎言》。

1967年 英国精神病专家大卫·库珀发起了反精神病学运动。

此后

2008年 托马斯·斯扎斯出版了《精神病学：谎言的科学》。

精神病学家指出，可以通过按照症状所属的类别来对精神障碍进行精确诊断。

↓

因此他们能区分正常人和精神病人之间的差别。

↓

第一个实验表明，有些正常人也会被诊断为精神病人。

第二个实验表明，那些真正的精神病人可能会被判定为是假装的。

↓

在精神病院中，我们无法区分正常人和精神病人。

↓

精神病学诊断并不客观，不同的观察者往往有不同的标准。

参见：埃米尔•克雷佩林 31页，罗纳德•大卫•莱恩 150~151页，莱昂•费斯廷格 166~167页，埃利奥特•阿伦森 244~245页。

20世纪60年代，精神病学面临着一批被称之为“反精神病专家”对其基本理念提出的挑战。这个由精神病专家、心理学家、社工组成的非正式组织提出，精神病学是针对精神健康的医学模型，然而，这一模型缺乏对症状的详细检查，而且其治疗制度在很大程度上忽略了病人的需求和行为。

1973年，大卫•罗森汉（David Rosenhan）在美国进行了旨在探讨精神病学诊断准确性的实地研究，他的研究得出了戏剧化的结论：在精神病院中，我们无法区分正常人和精神病人。

在第一部分的研究中，罗森汉召集了八名正常人（包括他自己），这八个人来自不同的年龄阶段和职业领域，每个人的任务是假扮精神病人。罗森汉向他们解释了研究的目标：大家要努力以病人的身份被收容到五所美国的国立精神病医院中。第一步，均通过电话联系这些医院预约进行诊断。之后，在医院的接待处，他们需要陈述自己的头脑中出现陌生的声音，罗森汉要求大家用“不清晰”、“空洞”、“砰”等词语形容这种声音——以证明这种感受的无意义性。罗森汉要求大家用假名和假职业进行登记，但是必须提供真实的个人经历。

结果，尽管没有表现出精神分裂的症状，所有的假病人都被诊断为精神分裂症并被医院收治。他们的住院时间大约持续19天，在这期间，他们将做出完全正常的表现。他们会将医院的经历写入日记，开始时偷偷摸摸这样做，后来则开始光明正大地记，因为没有人对此提出质疑。罗森汉发现，医院对他们的治疗记录上都写着同样的评论　“病人忙于书写行为”——为什么正常的行为也可能会被解释为精神病症状？

这些“假病人”在医院会以人格解离和无能为力为主要方向来讲述自己的经历。他们就医过程的记录显示，他们每个人每天与医务人员接触的时间平均不到7分钟。虽然他们没有被医院工作人员识破身份，但是其他病人却对他们产生了怀疑，有时会有人提出：“你没有疯，你只是一个来调查医院的记者”。

区分正常人和精神病人

罗森汉还做了另外一个研究，被研究医院的工作人员已经知道罗森汉第一个研究的结果，并且不相信这种错误会在自己的医院里发生。罗森汉告诉这些工作人员，在以后的三个月中，会有一个或多个假病人尝试进入这间医院。在三个月的时间里，这间医院接受住院的人共有193人。这些人当中，有41名被至少一位医院职员判定为假病人，有23名被至少一位精神病医师判定为假病人。

罗森汉的研究引爆人们的争议，并进一步促使很多机构开始逐步完善他们对患者的看护工作。■

大卫•罗森汉

大卫•罗森汉1932年出生在美国。在纽约市叶史瓦大学获得心理学学士学位后，他继续前往哥伦比亚大学攻读硕士和博士学位。他专门研究临床和社会心理学，并成为法庭审判策略和决策方面的专家。1957年到1970年，他在斯沃斯莫尔学院、普林斯顿大学、哈弗福德学院等多地任教。最后他留在了斯坦福大学，在那里执教了近三十年。在斯坦福大学，他担任心理学和法学的名誉教授。他是美国科学进步协会的成员，并在牛津大学担任客座教授。

他创办了审判分析团，并一直是为心理疾病患者争取合法权利的主要推动者。

主要作品

1968年　《变态心理学基础》（与派瑞•兰登合著）

1973年　《精神病院里的正常人》

1997年　《变态》（与马丁•塞利格曼、丽萨•巴特勒合著）

三面夏娃

科比特·西格彭（1919–1999年）

赫维·克莱克里（1903–1984年）

背景介绍

聚焦

心理障碍

此前

19世纪80年代 让内·皮埃尔将多重人格障碍（MPD）描述为一种多重意识形态，他还创造出了“解离”这一术语。

1887年 法国外科医生尤金·阿扎姆记录了一个存在多重人格的个案Felida X。

1906年 美国医师莫庭·普林斯在其著作《分裂的人格》一书中描述了克里斯汀·波强普的个案。

此后

20世纪70年代 美国精神病学家科妮莉亚·威尔伯报告了西比尔·伊莎贝尔·帝豪的个案，并且她将多重人格障碍与儿时被虐待经历联系到了一起。

1980年 美国精神病学会出版了《精神障碍的诊断与统计手册（第三版）》，将多重人格障碍加入其中。

1994年 多重人格障碍更名为分离性身份识别障碍。

多重人格障碍（之后更名为分离性身份障碍）是一种精神状态，存在这种问题的个体其人格会出现两个或两个以上的身份。第一例多重人格障碍发现于1791年，是由爱伯哈德·格梅林博士报告的。在之后的150年中，又出现了大约100个这样的临床病例。有人认为，多重人格障碍源自个体儿时的受虐经历，可以通过将其亚人格重新整合到个体的主人格中而被治愈。多重人格障碍最著名的个案便是白色夏娃。1952年，西格彭和克莱克里报告了伊芙（Eve）——白色夏娃的个案，伊芙有严重的头痛，还伴有偶发的晕眩。她是一个整洁、拘谨的年轻女子，时年25岁，已婚，有一个四岁的女儿。伊芙连续接受了14个月的治疗。

伊芙向医生描述一些令她困惑的事件，她买了一些根本负担不起的衣服，但是她却没有买东西时的记忆。在讲述的过程中，她的言行举止突然出现了改变。她先是一脸疑惑，然后脸上的线条出现了变化。她的眼睛瞪大了，她挑衅般地

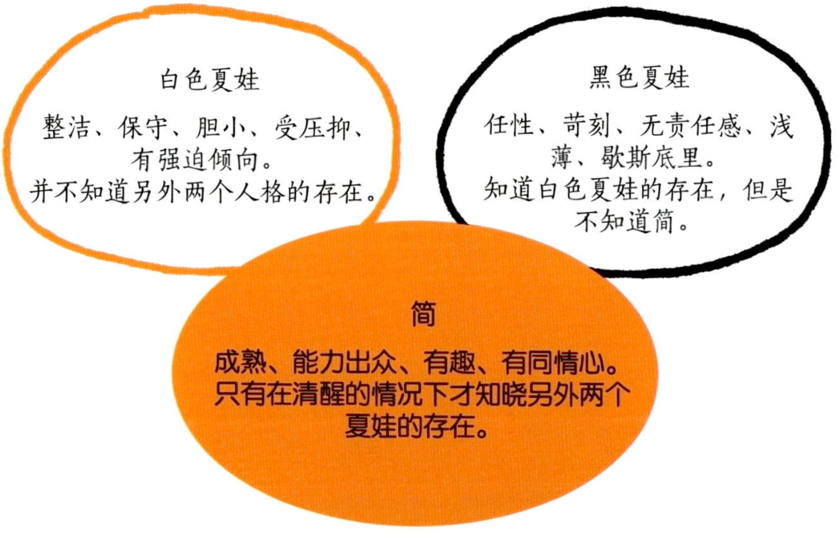

参见：皮埃尔·让内 54~55页，蒂莫西·利里 148页，米尔顿·艾瑞克森 336页。

微笑着。她以轻浮而欢快的语气跟医生要烟，而伊芙并不吸烟。

这就是“黑色夏娃”，一个与白色夏娃完全不同的人格——她的皮肤对尼龙过敏，白色夏娃没有这个问题。白色夏娃并不知道黑色夏娃的存在，而黑色夏娃却知道白色夏娃，她甚至还嘲笑白色夏娃是一个“该死的笨蛋……”

截然不同的人格

治疗师对两个夏娃都进行了测试，结果发现白色夏娃的智商略高于黑色夏娃；她们两个的测试结果都显示她们属于“聪明、正常”的范畴。治疗师还使用了罗夏墨渍测验（接受测验的个体将汇报自己对一些无意义墨点的知觉感受）测试了她们的人格。黑色夏娃和白色夏娃出现了很大的差异：黑色夏娃的测试结果显示出她具有歇斯底里的倾向，具有适应能力，而白色夏娃则表现出了“拘谨、焦虑以及强迫性的特征”，并且无法处理自己的愤怒和敌意。

伊芙出现这种状况被认为和其儿时的受虐经历有关，因此治疗师开始努力帮助她回到儿时，利用催眠的技术促使黑色夏娃出现。最后，治疗师开始试图让两个夏娃同时出现，结果她出现了神志恍惚的状态，并最终以第三种人格醒来：简，第三个面孔——一个比白色夏娃更有能力、更有趣的性格。她似乎整合了两个夏娃的优点，同时又摒弃了二者的缺陷。两个夏娃都不知道简的存在，但是简却同时知道她们两个。

简在两个夏娃之间慢慢找到了平衡点，而伊芙利用对三种人格进行动态管理的机会逐渐成长起来：她将两个夏娃都统合到了自己的性格中。

像这样完全成熟的多重人格障碍的个案十分少见，现在人们普遍认为，存在很多不太显著的多重人格障碍患者。人们开始对类似伊芙这样的个案进行深入的研究，这促使多重人格障碍的诊断和治疗方案得到了进一步的发展和完善，从而提高了此类疾病的治愈率。■

伊芙的故事在出版界和电影界都受到了热捧，《三面夏娃》这部电影抓住了公众的想象力，并使得伊芙这个个案成了最著名的多重人格障碍的案例。

> 黑色夏娃说：“当我外出喝酒时，她会从宿醉中醒来。”
>
> ——科比特·西格彭
> 赫维·克莱克里

科比特·西格彭
赫维·克莱克里

西格彭出生于美国佐治亚州的梅肯。他在儿时是一位魔术爱好者，这个爱好他坚持了一生，他还曾被选入美国东南部魔术师协会的名人堂。西格彭于1942年和1945年先后于默瑟大学和佐治亚医学院毕业。第二次世界大战期间他曾在美军服役。1948年，他与克莱克里开始了私人执业精神科医生的辉煌职业生涯。20年来，他们二人在佐治亚医学院的精神和神经内科进行联合授课。人们对西格彭的评价是“他的每次演讲结束后，在座的听众都会自发地起立欢呼”。他于1987年退休。

克莱克里出生在乔治亚州的奥古斯塔。1924年，他从乔治亚大学毕业，读书时他热衷于户外活动。之后，他获得了罗德奖学金并赴英国牛津大学就读，然后于1926年毕业。他的整个职业生涯都在佐治亚医学院度过，他曾在多个岗位上就职，其中就包括精神病学和健康行为中心的负责人。1941年，他对精神病患者进行了开创性的研究，而结果出版在其撰写的《心智健全的面具》一书中。

主要作品

1941年 《心智健全的面具》（克莱克里）
1957年 《三面夏娃》（西格彭和克莱克里）

DIRECTORY

人名录

人名录

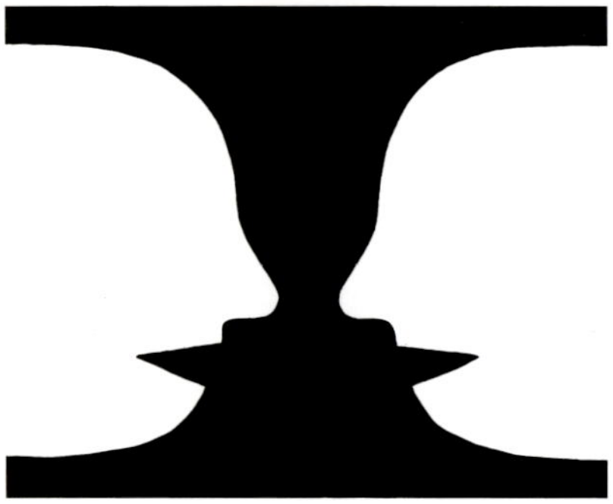

对于大脑的研究可以追溯到人类文明的早期——尽管当时的研究还不具备现代意义上的科学性，主要是哲学思辨的内容。在20世纪后半叶，当生物科学出现重大进展后，对心理过程进行真正科学的分析才成为了可能，这也促使心理学从哲学中脱离了出来，成为独立的研究领域。本书中已经呈现了很多重要研究者的观点和发现，但是还有很多人同样对心理学这一受人尊敬的学科做出了重要贡献，从结构主义、行为主义、精神分析到认知疗法，下面提到的心理学家都将帮助我们更加深入地理解我们作为人类的独特之处。

约翰·杜威
1859–1952年

美国人杜威极大地影响了20世纪上半叶科学和哲学对人类思维研究的发展。虽然他是一名行为主义心理学家，但他对实用主义哲学的运用对美国的教育思想和实践产生了重大的影响。

参见：威廉·詹姆斯 38~45页，斯坦利·霍尔 46~47页

威廉姆·里弗斯
1864–1922年

英国的威廉姆·哈尔斯·里弗斯·里弗斯是一名外科医生、神经学家和精神病医生，他主要研究身心之间的关系。他发表过数篇关于神经系统疾病（包括癔症）的重要论文。他因著名的“炮弹休克”效应研究（创伤后应激障碍）而闻名，他还被认为是医学人类学的创始人之一。里弗斯在对托雷斯海峡考察中所采用的跨文化分析法为后来的实地研究奠定了基础。

参见：威廉·冯特 32~37页，赫尔曼·艾宾浩斯 48~49页，西格蒙德·弗洛伊德 92~99页

爱德华·铁钦纳
1867–1927年

英国的爱德华·布拉德福德·铁钦纳先在牛津大学研究实验心理学，之后又前往德国在冯特的指导下学习。他于1892年移居美国，之后被人们推为结构心理学的创始人，打破了人类过去的经验体系，将这些经验按照基本结构进行排列。结构心理学基于内省，这与当时流行的行为主义观点截然不同。到了20世纪20年代，铁钦纳因自己的观点难觅知音而被搁置在了极其孤立的地位，但他仍然广受赞誉。

他撰写了许多心理学方面的经典教材，如《心理学大纲》（1896）、《实验心理学》（1901—1905）、《心理学教科书》（1910）。

参见：威廉·冯特 32~37页，威廉·詹姆斯 38~45页，吉尔福特 304~305页，埃德温·波林 335页

威廉·斯登
1871–1938年

德国的威廉·斯登是确立发展心理学地位的领军人物。他在对自己三个孩子（均大于18岁）的观察之后，完成了自己的第一本著作《幼儿心理学》（1914）。他采用个体心理学的方法探索了个体的发展历程，并将应用心理学、差异心理学、遗传学以及普通心理学等的方法纳入其中。作为司法心理学的先驱，他是首先使用律则–个案研究法的人。斯登因其通过智商测验计算儿童的智力水平的研究而闻名。通过将测试得出的个体的心理年龄除以其生理年龄然后再乘以100，个体就将得到一个代表自己智商的分数。

参见：阿尔弗雷德·比奈 50~53页，让·皮亚杰 262~269页

查尔斯·塞缪尔·迈尔斯
1873–1946年

迈尔斯曾在剑桥大学追随里弗斯学习实验心理学，他于1912年成立了剑桥大学实验心理学实验室。第一次世界大战期间，他为出现“炮弹休克”（他发明的术语）问题的士兵提供帮助。战争结束后，他成为了职业心理发展的关键人物。他的著作包括《心智与工作》（1920）、《英国的工业心理学》（1926）以及《在心智领域中》（1937）。

参见： 库尔特·勒温 218~223页，所罗门·阿希 224~227页，雷蒙德·卡特尔 314~315页，威廉姆·里弗斯 334页

马克斯·韦特海默
1880–1943年

20世纪30年代，捷克心理学家韦特海默和库尔特·考夫卡以及沃尔夫冈·苛勒共同在美国创立了格式塔心理学。格式塔建立在有关知觉组织的已有理论之上。与冯特的分子论不同，韦特海默主张研究整体，其名言是“整体大于部分之和”。他还提出了求简律，即我们的大脑对视觉信息的加工会简化成为最为简单的片段信息——对称和形状。

参见： 亚伯拉罕·马斯洛 138~139页，所罗门·阿希 224~227页

埃尔顿·梅奥
1880–1949年

20世纪30年代，来自澳大利亚的哈佛大学工业管理教授埃尔顿·梅奥进行了开创性的霍桑实验。他使用心理学、生物学以及人类学等学科知识，在改变工作条件的前提下，连续五年对六名女性工人的工作效率和工作热情进行了研究。最令人惊讶的是这些工人对研究本身的反应（现在已经为人所熟知的霍桑效应）是当人们知道自己在被研究时，其行为会出现变化的现象。这一发现对产业伦理及关系、社会科学研究方法等领域产生了持久的影响。

参见: 西格蒙德·弗洛伊德 92~99页，卡尔·荣格 102~107页

赫尔曼·罗夏
1884–1922年

在瑞士上学时，罗夏被人称为“墨迹”，因为他总是在写写画画。后来，他设计出了墨迹测试——用无意义的墨点解释个体的情绪、性格和思维障碍。在其“图形解释测验”心理诊断法出版（1921）的一年后，罗夏在37岁的时候离开了人世。后来，人们又对该测试进行了发展，但是后来出现的四个分支都存在这样那样的缺陷。1993年，美国心理学家约翰·爱格耐结束了群雄争霸的混乱局面，建立了统一的测验标准——综合测试体系，一个沿用下来的精神分析实验。

参见： 阿尔弗雷德·比奈 50~53页，西格蒙德·弗洛伊德 92~99页，卡尔·荣格 102~107页

克拉克·赫尔
1884–1952年

克拉克·赫尔早期的研究主要集中在心理测验和催眠上。他曾出版《能力倾向测验》（1929）以及《催眠与暗示感受性》（1933）。在客观的行为主义方法的启示下，赫尔出版了《机械学习的数学推理定律》（1940）——利用数学公式测量所有的行为（包括动物的行为）。他在其著作《行为原理》（1943）中对这一理论进行了发展，探讨了强化在刺激–反应这一联系中的影响和作用。当时，他的《行为通用论》曾是最为标准的心理学研究体系之一。

参见： 让–马丁·沙可 30页，阿尔弗雷德·比奈 50~53页，伊万·巴甫洛夫 60~61页，爱德华·桑代克 62~65页

埃德温·波林
1886–1968年

埃德温·波林是实验心理学领域中的重要人物，他专门研究人的感觉和知觉体系。他对希尔的老妇/少女两可图的解释使类似的图片之后被称为波林图。20世纪20年代，波林将哈佛心理系的研究领域从精神病学发展成为一个统合结构主义和行为主义的严格的科学学派。他先发表了第一本著作《实验心理学史》（1929），之后又发表了《实验心理学史上的感觉与知觉》（1942）。

参见： 威廉·冯特 32~37页，爱德华·铁钦纳 334页

弗雷德里克·巴特利特
1886–1969年

弗雷德里克·巴特利特是剑桥大学实验心理学教授（1931—1951）。他因其记忆实验而闻名，他要求被

试阅读一个并不熟悉的虚构故事（如鬼魂的战争），然后再要求被试进行回忆。结果发现被试会添加一些原本没有的细节，或是为故事赋予自己文化的意义。巴特利特认为，被试并不是不记得故事，而是重构了其内容。

参见： 安道尔·托尔文 186~191页，高尔顿·鲍尔 194~195页，威廉姆·里弗斯 334页

夏洛特·布勒
1893–1974年

夏洛特·布勒与丈夫卡尔于1922年一起创办了维也纳心理研究所。她开始时主要研究儿童的人格和认知发展，后来拓展到了人类一生的发展。她将卡尔·荣格的三阶段论拓展为四个阶段：0~15岁，16~25岁，26~45岁，46~65岁。布勒发现成人的情绪与其幼儿时期的经历之间存在联系。她设计的“世界测验”是一种治疗手段，使用一些微缩的复制品揭示儿童的内在情绪世界。在出版了《从出生到成熟》（1935）、《从儿童到老年》（1938）之后，她移居美国。20世纪60年代，布勒的研究对人本主义心理学的发展起到了重要的作用。

参见： 卡尔·罗杰斯 130~137页，亚伯拉罕·马斯洛 138~139页，维克多·弗兰克尔 140页，高尔顿·奥尔波特 306~313页

大卫·韦克斯勒
1896–1981年

第一次世界大战期间，韦克斯勒（出生于罗马尼亚的美国人）、爱德华·桑代克和查尔斯·斯皮尔曼一起作为军队的心理学家工作。他们一起实施了用以测试团体智力的陆军甲种测验。后来，他开发了比奈测试，增加了非言语推理的部分。韦克斯勒认为智力不仅在于理性思考的能力，还在于个体的有目标的行动能力以及有效处理环境的能力。1939年，韦克斯勒–贝尔维智力量表出版，十年之后，他又出版了韦氏儿童智力量表（1949）。现在，韦氏成人智力量表（1955）仍是使用最广泛的智力测验。

参见： 弗朗西斯·高尔顿 28~29页，阿尔弗雷德·比奈 50~53页，大卫·麦克利兰 322~323页

南希·贝利
1899–1994年

南希·贝利是美国著名儿童发展心理学家，她专门研究个体的运动和智力发展。在博士阶段的学习中，她通过分析儿童汗腺中的水分含量测量儿童的恐惧水平。她的《贝利智力和运动发育量表》（1969）依然是测量1~42个月的婴儿的智力和身体发育状况的世界级标准。

参见： 埃德温·格斯里 74页，西蒙·巴伦科恩 298~299页

米尔顿·艾瑞克森
1901–1980年

艾瑞克森出生在内华达州，他基于多年对催眠的尝试错误的观察结果使得他成为催眠领域的全球权威。他用以诱发催眠的“艾瑞克森握手”使他闻名于世。艾瑞克森被认为是催眠治疗的创始人，他的成就还对家庭治疗、焦点解决疗法、系统疗法以及一些短期疗法（其中就包括神经语言程式学，NLP）的发展产生了重要影响。

参见： 斯金纳 78~85页，斯坦利·米尔格拉姆 246~253页

亚历山大·鲁利亚
1902–1977年

鲁利亚出生在俄罗斯的喀山，早期他在莫斯科的心理研究所学习。他主要研究人类的反应时和思维过程，由此他发明了以及他独有的“协同动力法”和有史以来第一台测谎机。之后，他前往了医学院学习神经病学。由于他在生理和心理方面的双重背景，他在脑损伤、记忆力减退、认知、失语症（语言障碍）等领域都取得了突破性的研究成果。他在著作《支离破碎世界中的男人：脑损伤的历史》（1972）中所讲述的故事使人们进一步了解了神经系统疾病。

参见： 西格蒙德·弗洛伊德 92~99页，斯金纳 78~85页，诺姆·乔姆斯基 294~297页

丹尼尔·拉加什
1903–1972年

法国的丹尼尔·拉加什听取了乔治·杜马斯的讲座后，燃起对实验心理学、精神病理学和现象学的兴趣。作为一名法医和犯罪学专家，拉加什出版了一系列的著作，其中包括《嫉妒》（1947）、《病理学的悲哀》（1956）。国际精神分析协会于1953年因他对萨夏·纳赫特的医疗威权主义提出批评而取消了

他的会员资格，于是他和雅克·拉康一起成立了独立的精神分析学会。作为一名弗洛伊德学派的理论学家，拉加什在推进精神分析的公众普及方面做出了重要贡献，尤其是他将弗洛伊德理论与临床治疗的结合为精神分析的发展起到了不可忽视的作用。

参见：雅克·拉康 122~123页

欧内斯特·希尔加德
1904–2001年

20世纪50年代，希尔加德和妻子在美国斯坦福大学进行了有关催眠研究的开创性工作。1957年，他们创立了催眠研究实验室。之后，他与安德烈·穆勒·维特森霍夫一起开发了《斯坦福催眠感受性量表》（1959）。他那备受争议的新离解性学说和“隐藏观察者效应”（1977），即在催眠状态下，执行控制系统下的子系统依然保有意识，经历了时间的考验。他出版的教科书《学习因素》（与马奎斯合著，1940）以及《心理学导论》（1953）依然被沿用至今。

参见：伊万·巴甫洛夫 60~61页，莱昂·费斯廷格 166~167页，埃莉诺·迈克比 284~285页

乔治·凯利
1905–1967年

乔治·凯利的《个人建构主义心理学》（1955）为人格心理学做出了重要贡献。他富有人文主义的思想表明，个体会通过自己对事件的认知评价过程形成自己的人格特点。这一理论衍生出了用以研究诊断个体人格类型的角色建构测验。这一测验对认知心理学和心理测验领域都有着重要的作用，同时，它也被运用于组织行为学以及教育研究的领域。

参见：约翰·赫尔巴特 24~25页，卡尔·罗杰斯 130~137页，乌瑞克·奈瑟尔 339页

穆扎费尔·谢里夫
1906–1988年

谢里夫在土耳其长大，在美国的哥伦比亚大学获得了博士学位，他的博士研究论文的题目是《社会因素如何影响个体的知觉》。他在1936年出版了《社会规范心理学》，其中的游动错觉实验令他声名一时。谢里夫的一项重要贡献在于他成功地将实验室实验和实地实验结合到一起。他与妻子卡罗琳·伍德·谢里夫实施了著名的“罗伯斯山洞实验”（1954）。其中，少年营员们被分为两组。谢里夫装扮成看门人，以观察团体中偏见、冲突以及刻板印象的来源。他的研究后来衍生出来的现实冲突理论依然是我们用以理解群体行为的基础。他与卡尔·霍夫兰还共同发展出了社会判断理论（1961）。

参见：所罗门·阿希 224~227页，菲利普·津巴多 254~255页

尼尔·米勒
1909–2002年

美国心理学家米勒在维也纳追随安娜·弗洛伊德和海因茨·哈特曼进行研究。在拜读了拜耶科夫的《大脑皮质和内部器官》（1954）之后，米勒开始试图证实个体可以通过意志操控自己的内部器官及其功能。他的发现促使生物反馈治疗技术的出现，旨在通过训练个体对自己身体发出的信号做出反应来改善患者的状态。

参见：安娜·弗洛伊德 111页，阿尔伯特·班杜拉 286~291页

埃里克·伯恩
1910–1970年

伯恩是加拿大精神病学家和精神分析学家，他提出了沟通分析理论，该理论将言语交流作为心理治疗的首要要务。第一个开口的人说出的话语被称之为沟通刺激，反馈者的反馈被称之为沟通反馈。在沟通分析中，人格分为三种人格的独立自我状态：“父母”（parent，P）、“成人”（adult，A）及“儿童”（child，C）三者；每个刺激和反馈都被视为这些“组成部分”的游戏。所谓交换被视为“我为你做某事，而你也做些什么作为回报”。他的《人间游戏》（1964）指出，这种个体之间的“游戏”或行为方式可以揭示个体隐藏的感受或情绪。

参见：艾瑞克·埃里克森 272~273页，大卫·麦克利兰 322~323页

罗杰·斯佩里
1913–1994年

美国神经生物学家斯佩里对胼胝体的成功分离——左右脑之间的传输信号——为治疗癫痫带来了戏剧性的突破。1981年，他因脑分割理论（左右脑有着独立的特化作用）和大卫·胡贝尔、托斯坦·维厄瑟尔一起被授予诺贝尔生理学和医学奖。

参见：威廉·詹姆斯 38~45页，西蒙·巴伦科恩 298~299页

赛吉·乐伯维奇
1915–2000年

乐伯维奇是法国著名弗洛伊德学派专家，他专门研究青少年、儿童和婴幼儿的发展，他尤其关注婴儿和母亲之间情感联结的形成过程。他被认为是将儿童精神分析理论引入法国的先驱。他的主要著作有《精神分析在法国》（1980）、《国际青少年精神病学年鉴》（1988）。

参见：西格蒙德·弗洛伊德 92~99页，安娜·弗洛伊德 111页

米尔顿·罗克奇
1918–1988年

罗克奇是波兰裔的美国社会心理学家，他主要研究宗教信仰如何影响个体的价值观和态度。他将价值观视为个体的核心动机以及个体对基本心理需求进行心理转换的结果。他的教条主义理论探索了认知的开放性与闭锁性的特点（《认知的开放性与闭锁性》1960）。罗克奇的《教条主义量表》现在依然被广泛使用，他的《罗克奇价值观调查量表》被认为是调查特定群体的信仰和价值观的最为有效的工具之一。在他的《伟大的美国价值观测验》中，罗克奇等人对人们态度的转变进行了测量，从而证实电视媒体可会对人们的价值观造成影响。

参见：莱昂·费斯廷格 166~167页，所罗门·阿希 224~227页，阿尔伯特·班杜拉 286~291页

雷内·迪阿特凯内
1918–1997年

迪阿特凯内是法国精神分析学家和心理学家，他聚焦于动力精神医学领域。他强调不应关注观察到的行为，而应关注情绪及其背后的思维过程。迪阿特凯内在推进心理健康机构的建立方面做出了重要贡献，他曾于1958年协助创建精神健康协会。他的著作《早熟的精神分析》（与简宁·西蒙合著，1972）是他影响力最为持久的作品之一。

参见：安娜·弗洛伊德 111页，雅克·拉康 122~123页

保罗·米尔
1920–2003年

美国的保罗·米尔的研究对心理健康和研究方法论领域产生了持久的影响。在其著作《临床预测与统计预测：理论分析和相关研究结果的回顾》（1954）中，他指出，对行为的统计最好使用公式化的数学方法，而不是临床分析。1962年，他发现了精神分裂症在遗传方面的证据，而之前人们一直认为精神分裂源于父母不恰当的养育方式。他的观点“决定论和自由意志的不确定性”在其著作《身心问题的决定论与自由论》（与赫伯特·费格尔合著，1974）中得到了体现。

参见：斯金纳 78~85页，大卫·罗森汉 328~329页

哈罗德·凯利
1921–2003年

美国社会心理学家凯利在库尔特·勒温的指导下获得了美国麻省理工学院的博士学位。他的第一项主要研究《沟通与说服》（与霍夫兰和詹尼斯合著，1953）将沟通分成了三个部分：“谁”、“对谁”、“说了什么”。他的观点在当时得到了广泛应用，他的观点还影响了美国政治家宣传自己的方式。1953年，他开始与约翰·蒂博特进行合作研究，他们一起撰写了《群体社会心理学》（1959）和后来的《人际关系：相互依存理论》（1978）。

参见：莱昂·费斯廷格 166~167页，库尔特·勒温 218~223页，诺姆·乔姆斯基 294~297页

斯坦利·斯坎特
1922–1997年

斯坎特出生在纽约，他与杰罗姆·辛格尔共同提出的情绪二因论（斯辛二氏论）使他们闻名于世。他们提出，身体的感觉与情绪之间存在联系，例如，个体在感到恐惧之前会先出现心跳增加和肌肉紧张的状况，而个体的生理状态又会影响其认知。

参见：威廉·詹姆斯 38~45页，莱昂·费斯廷格 166~167页

海因茨·黑克豪森
1926–1988年

德国心理学家海因茨·黑克豪森是动机心理学领域的世界级专家。他

的博士后论文主要研究了人们对成败的希望和恐惧，基于早期对儿童动机发展的研究，他和莱茵博格提出了动机的高级认知模型。他与同为心理学家的女儿尤塔共同撰写了《动机与行为》（1980）一书，对心理学领域产生了持久的影响。

参见： 郭任远 75页，阿尔伯特·班杜拉 286~291页，西蒙·巴伦科恩 298~299页

安德烈·格林
1927年–

安德烈·格林是埃及裔的法国精神分析学家，他在20世纪50年代追随雅克·拉康进行实习期间对通信理论和控制论产生了浓厚的兴趣。但后来，他对拉康的理论提出了强烈的质疑，他认为拉康过分强调象征性和结构形式，而这使他背离了精神分析的理论宗旨。20世纪60年代后期，格林重新回归到精神分析的根本——分析，并从这一点出发去探索人们的消极情绪情感。这在其论文《死去的母亲》（1980）中得到了最为贴切的诠释，他的论文中描述了一个从心理上认为母亲已经死去的儿童，因此当发现活着的母亲时，孩子因此感到困惑和恐惧。

参见： 西格蒙德·弗洛伊德 92~99页，唐纳德·温尼考特 118~121页，雅克·拉康 122~123页，弗朗索瓦兹·多尔多 279页

乌瑞克·奈瑟尔
1928年–

德裔美籍心理学家乌瑞克·奈瑟尔最著名的著作是《认知心理学》（1967），书中概述了聚焦于心理过程的研究方法。后来，他对认知心理学提出了批评，因为他认为认知心理学在发展过程中忽视了人类知觉的重要作用。他的主要研究方向是人类的记忆，1995年，他应邀担任全美心理协会主席，开展了主题为“智力，已知与未知”的专项研究，并对已有的智力测验理论进行了调查。他的论文后来出版在了《上升的曲线：长期上升的智商分数以及相关的测量》一书中。

参见： 乔治·米勒 168~173页，唐纳德·布罗德本特 178~185页

杰罗姆·卡根
1929年–

卡根是美国发展心理学的领导人物，他认为生理因素比环境因素对个体心理特点的影响更大。他在儿童发展的生物学研究（焦虑和恐惧对个体的自我意识、道德和记忆等方面的影响）为气质的生理学研究奠定了基础。他对于行为的富有影响力的研究已经远远超出了心理学的范畴，其研究涉足犯罪学、教育学、社会学及政治学等领域。

参见： 西格蒙德·弗洛伊德 92~99页，让·皮亚杰 262~269页

迈克尔·路特
1933年–

英国精神病学家迈克尔·路特改变了我们对儿童发展问题和行为问题的理解。在其著作《母爱剥夺再评价》（1972）中，他驳斥了约翰·鲍尔比的选择性依恋理论，他指出，儿童在童年有多个依恋对象的现象十分普遍。他之后的研究结果显示，剥夺（拥有后丧失）与匮乏（从未有过）之间有着显著的不同，而家庭不和比母爱被剥夺更容易造成反社会行为。

参见： 约翰·鲍尔比 274~277页，西蒙·巴伦科恩 298~299页

弗里德曼·冯恩
1944年–

德国心理学家弗里德曼·舒尔茨·冯恩最为人所知的便是他的通信模型，阐述该模型的著作《和彼此对话》分别在1981年、1989年和1998年出版了三个版本。冯恩指出，对话存在四个水平的沟通：阐述事实、表述自我、评论我们与他人的关系、要求他人做一些事情。他指出，如果说者与听者处在不同的层次上，那么双方就会出现误解。

参见： 斯金纳 78~85页，库尔特·勒温 218~223页

约翰·蒂斯代尔
1944年–

英国心理学家蒂斯代尔主要研究通过认知的方法治疗抑郁症。他和津戴尔·塞戈尔和马克·威廉姆斯一起开发了正念认知疗法（MBCT）。该认知疗法结合了正念以及东方的冥想技术，要求那些存在周期性抑郁症状的患者有意识地与其消极想法对抗，而不是静待其发生；此外，患者还需要以超脱的视角审视自己的这些想法。

参见： 高尔顿·鲍尔 194~195页，艾伦·贝克 174~177页

术语表

轶事法 Anecdotal method
使用观察结果（通常不具科学性）作为研究数据。

原型 Archetypes
主要出现在卡尔·荣格的理论中，指的是我们集体无意识情况下用以组织经验的先天的框架或模式。在神话和故事中，原型时常占据着重要位置。

联结 Association
（1）对知识形成过程的哲学解释，一般的叙述的方式是：个体将简单的观点联结成为复杂的观点体系；（2）两个心理过程的联系往往是个体对过去两个经历进行配对的结果。

联想主义 Associationism
个体通过遗传或后天学习获得的对于刺激和反应的神经连接，也是个体不同行为模式的来源。

依恋 Attachment
一种重要的情绪关系，个体会希望接近某人并从其那里获得安全感，常见于婴幼儿对父母亲的依恋。

注意 Attention
用以形容选择性的、聚焦于特定目标的知觉过程的通用术语。

孤独症 Autism
一种自闭症（ASD），即多种大脑机能失调的非官方术语，其主要特点是，极度关注自我，缺乏同情心，重复进行某一行为活动，语言和概念技能受损等。

行为矫正 Behaviour modification
使用有效的行为改变策略控制或改变个体或团体的行为。

行为主义 Behaviourism
一种心理学方法，研究的对象只限于可被观察的行为，因为这些行为可以通过客观的术语被加以观察、描述和测量。

核心特质 Central traits
在高尔顿·奥尔波特的理论中，用以描述个体的六个左右的人格特质，例如“害羞”或“和善”。这些是人格的“建筑模块”。

经典性条件作用 Classical conditioning
一种学习过程，其中某个中性刺激通过与另一个无条件刺激配对而被赋予了诱发某个特定反应的能力。

认知 Cognitive
个体的心理过程，比如知觉、记忆或思维。

认知失调 Cognitive dissonance
个体的信念或感受之间出现不一致性，这时常导致压力的产生。

认知心理学 Cognitive psychology
一种聚焦于学习和掌握知识的心理过程的心理学方法，关注个体思维如何对经历进行积极有效的管理。

认知风格 Cognitive style
个人所偏爱使用的信息加工方式。

集体无意识 Collective unconscious
在卡尔·荣格的理论中，指的是在个体最深层次的内心，通过原型获得的积淀下来的精神性情。

条件反射 Conditioned response (CR)
将某种中性刺激与一个无条件刺激进行配对，最终该中性刺激也能引发原本无条件刺激所引发的反应。

条件刺激 Conditioned stimulus (CS)
在经典条件反射中，通过将某个刺激与另一个无条件刺激进行配对，那么这个刺激也将可以引发该无条件刺激可以引发的反应，这个刺激便是条件刺激。

接近 Contiguity
两个事件或想法出现的时间彼此接近。这被认为是形成联结的必要条件。

控制组 Control group
实验中不接受研究者实验控制的被试组。

相关 Correlation
一个统计术语，是指两组数据或变量在特定情况下存在相似的变化趋势。它时常会与因果关系相混淆。

晶体智力 Crystallized intelligence
通过使用流体智力而获得的技能、认知能力和策略。晶体智力会随着年龄的增长而得到加强。

防御机制 Defence mechanisms
在精神分析理论中，指个体通过无意识为抵挡焦虑而采取的心理反应。

脱敏 Desensitize
一种通过不断让个体重复接触某个刺激而降低个体对该刺激的反应强度的过程。

抑郁 Depression
一种以无助感、低自我价值感、兴趣缺失和情感淡漠为显著特点的心理障碍。在极端个案中，抑郁可能会损伤个体的正常机能，还可能诱发个体产生轻生念头。

决定论 Determinism
一种认为所有的事件、行为以及选择都是由过去事件或已经存在的诱因所导致的理论。

双耳分听 Dichotic listening
同时给两只耳朵播放两种不同的信息。

自我 Ego
精神分析理论术语，是组成个体精神的三个组成部分之一（参见本我、超我）。自我是人格中理性的部分，是与外在世界及外在要求接触的部分，其职责在于控制个体的本能。

经验主义 Empiricism
一种强调知识来源于感觉和经验的哲学和心理学方法。

编码 Encoding
将感觉信息加工进记忆的过程。

动物行为学 Ethology
在自然状态下研究动物行为的科学。

外倾性 Extraversion
一种人格类型，这种类型的个体会将精力主要放在外在世界和周围的人身上（参见内倾性）。

消退 Extinction
（1）某些事物的消亡，尤其指某个种族；
（2）在条件学习中指在缺乏强化物的情况下，某种反应强度被削弱。

虚假记忆 False memory
对于从未发生的事件的伪记忆，一般会被暗示所诱发。

家庭治疗 Family therapy
形容针对整个家庭（而非个体）进行治疗的通用术语，其假设是：个体的问题往往源自家庭系统中成员之间的关系。

场理论 Field theory
库尔特·勒温关于人类行为的模型，该模型使用有组织力的场的概念来解释个体的“生活空间”或社会领域的影响作用。

流体智力 Fluid intelligence
处理新问题的能力，随着年龄的增长而衰退。

自由联想 Free association
心理疗法使用的一种技术，患者在给予某个单词后说出自己脑海里出现的第一样东西。

弗洛伊德口误 Freudian slip
个体做出/说出一个与自己原本打算做/说的行为/词语接近但不同的行为/词语，这反映了个体的无意识动机或焦虑。

机能主义 Functionalism
一种心理学理论，关注个体的心理对环境的适应性。

基本归因误差
Fundamental attribution error
个体倾向于从人格特质的角度（而非外在环境的因素）来解释他人的行为。

一般智力（“G”因素）
General intelligence（“G”）
根据查尔斯·斯皮尔曼的定义，一般智力因素或能力可以通过个体在不同智力测验中所得分数的相关性来加以测量，斯皮尔曼视其为测量个体心智能量的工具，而他人则认为这只表征了个体的抽象推理能力。

格式塔心理学 Gestalt psychology
一个注重整体的心理学理论，强调心理加工过程中（如知觉过程）由部分组织成的整体（而非强调各组成部分）。

人本主义心理学
Humanistic psychology
强调自由意志和自我实现在心理健康方面重要作用的心理学学派。

催眠 Hypnosis
一个短暂的、容易被暗示的恍惚状态。

假设 Hypothesis
需要通过实验来证实或证伪的预测或预设。

本我 Id
精神分析理论术语，是组成个体精神的三个组成部分之一（参见自我、超我）。本我是心理能量的来源，本我顺从于个体的本能。

个体差异 Individual differences
所有的心理特点在不同人身上有着或多或少的差别，比如人格或智力。

自卑情结 Inferiority complex
阿德勒精神分析学派提出的术语，当个体无法处理真实或想象的自卑感时会出现这一问题，出现自卑情结的个体可能会选择放弃，也可能进一步超越自我。

印刻 Imprinting
动物行为学术语，指动物出生后迅速出现的一种快速学习系统。常见于对特定的个体或物件产生依恋。

先天 Innate
天生的或个体出生后便有的一种有机体系；可能来源于遗传，也可能不是。

本能 Instincts
天生的倾向或内驱力。在精神分析中，这些是激发个体行为和个性的动力。

工具性条件作用 Instrumental conditioning
一种条件作用，是指动物会因行为的结果而改变其行为。动物走迷津实验便是一个很好的例子。

智商 Intelligence quotient (IQ)
一种可以让个体的智力与标准智力水平进行比对的智力指数。最早由威廉·斯登提出，计算方法是用个体的心智年龄除以其生理年龄，然后乘以100。

内省 Introspection
最为古老的一种心理学方法，由自我发现的过程组成：通过审视自己内在的思维和感觉过程了解并报告自己的内在状态。

内倾性 Introversion
一种人格类型，这种类型的个体会将精力主要放在自己内在的思维和感受上（参见外倾性）。

最小可觉差 Just noticeable difference
个体可以察觉的两个物理刺激之间的最小差异。

效果律 Law of Effect
由行为主义代表人物爱德华·桑代克提出，该原则的含义是，如果个体对于某个事件有多种可选的行为反应，那么只有那些得到奖励的行为与事件的联结会得到加强，而得到惩罚的行为与事件的联结将会被削弱。

唯物主义 Materialism
认为只有物质领域是真实的，认为心理现象可以通过物质角度加以解释的学科。

心理年龄 Mental age
儿童在特定任务上表现出的平均能力所属的年龄，判断的方法在于通过标准化测验将儿童反应与一般的行为标准进行比对。

心身问题 Mind-body problem
界定心理和物理事件之间交互作用的问题，最早由笛卡儿提出。

负强化 Negative reinforcement
在工具性或操作性条件作用中，通过移除某个消极刺激而加强某个行为反应。

神经元 Neuron
一种可以在不同大脑区域传递信息（如神经冲动）的神经细胞。

神经心理学 Neuropsychology
涉及心理学和神经学的二级学科，关注大脑的结构和机能，聚焦于大脑障碍对行为和认知的影响。

无意义音节 Nonsense syllables
由三个字母组成的非词音节，最早出现在赫尔曼·艾宾浩斯对学习和记忆的研究中。

俄狄浦斯情结 Oedipus complex
来自精神分析理论，指的是男孩在5岁左右时的一种发展状态——男孩会在无意识中对母亲产生渴望，并有取代、伤害父亲的愿望。

操作性条件作用 Operant conditioning
通过作用于环境而获得相应结果的一种条件作用，例如通过按压杠杆获得食物。

人格 Personality
个体稳定而持久的心理和行为特点或特质，这些特点使个体拥有一种相对固定的行为方式。

现象学 Phenomenology
而是一种通过“直接经验”获取知识，而不会利用任何预设、假设或解释来对其进行分类的方法。

恐惧症 Phobia
一种焦虑性障碍，有此问题的个体会频繁出现强烈的、无理性的恐惧。

正强化 Positive reinforcement
行为主义的重要概念，指的是在预期行为出现后迅速给予奖励或积极刺激物的过程。

实用主义 Pragmatism
该学说将人类的观点视为行为的规则，而观点正确与否要依据实践结果来判断。

精神分析 Psychoanalysis
西格蒙德·弗洛伊德的系列理论及治疗方法，其核心在于探索影响人类行为的无意识过程。

心理物理学 Psychophysics
研究心理和生理之间关系的科学研究。

性心理发展期 Psychosexual stages
在精神分析理论中，专指儿童的发

展阶段，聚焦于不同时期儿童用以获取满足感的身体部位。

心理疗法 Psychotherapy
对所有使用心理治疗的技术（而非生理技术）的疗法的统称。

目的行为主义
Purposive behaviourism
爱德华•托尔曼提出的理论，该理论指出，所有的行为都有其终极目标。

现实原则 Reality principle
在精神分析中，指的是用于管理我们的自我、现实世界以及外在需求的一系列原则。

反射 Reflex
对某个刺激的自动反应。

强化 Reinforcement
在经典条件反射中，用以提高某种反应再次出现的可能性的程序。

复制 Replication
对某个实验或研究进行事无巨细的完全重复，以期得到同样的结果。复制对于证实某个发现的正确性而言十分关键。

压抑 Repression
在精神分析理论中，自我防御机制会将那些不被接纳的想法、记忆、冲动或期望推出意识领域。安娜•弗洛伊德还将其称为动机性遗忘。

提取 Retrieval
搜寻、找到存储在记忆中的信息的过程。

精神分裂 Schizophrenia
一组会对个体不同脑区的机能造成损伤的严重的心理障碍（开始时被误认为是早发性痴呆）。主要特点是思维混乱、情感缺失或出现不协调的情绪、对现实产生歪曲理解。

自我实现 Self-actualization
个体的潜力得以充分发挥并被表现出来。在亚伯拉罕•马斯洛看来，这是人类最高级别的需求。

塑造 Shaping
在行为主义理论中，行为的塑造指的是当个体的行为接近或达成预期的反应标准时，给予其正强化的过程。

社会学习 Social learning
一种认为学习是基于观察他人行为及结果的理论。阿尔伯特•班杜拉是该理论最著名的人物。

刺激 Stimulus
能够被个体所觉察、引发个体反应的环境中的任何物体、事件、情景或因素。

意识流
Stream of consciousness
威廉•詹姆斯对意识的描述，即思维持续的、流动的过程。

结构主义 Structuralism
以研究个体意识结构为主的心理学理论。

超我 Superego
在精神分析理论中，这一术语指的是个体心灵中从父母或社会的价值观和标准中传承下来的组成部分（参见自我、本我），它主要受道德约束所控制。

特质理论 Trait theory
该理论认为，个体相对持久的、稳定的性格特点是导致个体差异的主要原因。

移情 Transference
在精神分析理论中，指的是来访者会将其过去人际关系中（尤其是和父母的关系）的情绪反应转移到治疗师身上的倾向。

尝试-错误学习
Trial and error learning
爱德华•桑代克最初提出的一种学习理论，指的是个体通过反复实施多个行为反应，直至得到预期结果的学习过程。

无条件积极关注
Unconditional positive regard
在卡尔•荣格的以来访者为中心的疗法中，指的是咨询师对来访者的绝对的接纳。

无条件反应
Unconditioned response
在经典条件反射中，对某个刺激做出的反射性（无条件的、天然的）反应（如将四肢远离造成痛苦的刺激物）。

无条件刺激
Unconditioned stimulus
在经典条件反射中，能够引发反射性（无条件的、天然的）反应的刺激。

无意识 Unconscious
在精神分析理论中，指意识无法进入的精神领域。

效度 Validity
是指测量工具或手段能够准确测出所需测量的事物的程度。

蔡加尼克效应 Zeigarnik effect
指个体对未完成的工作比对已完成的工作记忆更加深刻的倾向。

索引

A

阿毕・法利亚 16,22~23
阿道夫・艾希曼 248
阿尔伯特・班杜拉 74,80,164,236,260,261,286~291,294
阿尔伯特・艾利斯 91,110,142~145,174,177,212
阿尔弗雷德・阿德勒 90,100~101,138,139,142,146
阿尔弗雷德・鲍德温 312
阿尔弗雷德・比奈 17,30,50~53,265,302,304,314
阿兰・巴德利 185
阿兰・图灵 158,170,181
阿莫斯・特沃斯基 159,193
阿诺德・拉扎勒斯 177
阿维森纳 22
阿文祖尔 60
阿希研究范式 224,225
埃德温・波林 335
埃德温・格斯里 58,59,74
埃尔顿・梅奥 335
埃克哈特・赫斯 77
埃里克・伯恩 111,337
埃里克・弗洛姆 90,91,124~129,198
埃利奥特・阿伦森166,217,236,244~245,282
埃利斯・保罗・托伦斯 304
埃莉诺・迈克比 261,284~285
埃伦・巴斯 204
埃米尔・克雷佩林 17,31
埃米尔・库艾 22
埃皮克提图 142
艾德华・哈特曼 24
艾伦・贝克 72,91,142,145,159,174~177,198,200,212
艾美・维尔纳 152
艾瑞克・埃里克森 46,90,260,272~273
艾萨克・普里勒坦斯基 256
爱伯哈德・格梅林 330
爱德华・琼斯 242
爱德华・桑代克58,59,62~65,68,72,74,161,163
爱德华・铁钦纳 35,232,233,305,334
爱德华・托尔曼58,59,68,72~73,74,75,160,193
爱丽丝・米勒 118
爱丽丝・伊格雷 236
安德・托尔文159,162,170,186~191,194,208,209
安德里亚斯・维萨里 18,19
安德烈・格林 339
安德斯・爱立信 318
安东尼奥・达玛西 45
安娜・弗洛伊德 90,111,260,273
安妮・福斯托-斯特林 284
安妮・特雷斯曼 180
安慰剂效应 22
奥德波特 308,309,310,313
奥斯卡尔・海印洛特 77
奥托・克兰伯格 282
奥托・兰克 132

B

《白板》，斯蒂文・平克 192
《不同寻常的治疗法》，杰・哈利 149
柏拉图 20,34,41
保罗・艾克曼 159,196~197,303
保罗・古德曼 91,174
保罗・米尔 338
保罗・萨科夫斯基斯 212~213
保罗・瓦莱里 13
保罗・瓦兹拉威克 91,149
贝克焦虑量表(BAI) 177
贝克绝望自评量表(BHS) 177
贝克抑郁自评问卷(BDI) 177
贝克自杀意念量表(BSS) 177
被压抑的记忆 204,205,207
本能 28,58,59,75,77,104,105,161,275,297
本我 96,111
比奈-西蒙量表 52~53,304
伯里斯・西鲁尔尼克 152~153
布莱恩・沃恩 280
布鲁玛・蔡加尼克 158,162,188,19 4
布鲁诺・贝特尔海姆 261,271
布鲁诺・拉斯克 282
布鲁斯・韦斯特利 220
布罗德本特过滤器模型 183

C

《超越自由与尊严》，斯金纳 85
《创造力和人格：理论建议》，汉斯・艾森克 318
《创造性思维心理学》，卡尔・登克尔 160
《词与物》，罗杰・布朗 216
《存在主义》，罗洛・梅 91
《存在主义心理疗法》，欧文・亚隆 141
CAVD测验（完形填空，算术，词汇，执行指示）65
蔡加尼克效应 162,194
操作性条件作用 58,59,72,82,83,84,85,288,294,295,297
查尔斯・达尔文 16,28,34,50,58,77,83,211,302,324
查尔斯・库利 100,228
查尔斯・塞缪尔・迈尔斯 335
查尔斯・斯皮尔曼 53,62,302,303,304,314
查尔斯・约翰斯顿 271
差异心理学 11,13,302~303
痴呆 31
创造 91,304,305,318~321
刺激-反应理论 11,58,59,68,70,71,74
催眠 16,17,22~23,30,90,94,224,331
存在主义 16,26~27
存在主义心理疗法 141
存在主义心理学 91
存在主义哲学 91

D

《当下，繁花盛开》，乔恩・卡巴金 200
《当预言破灭时》，莱昂・费斯廷格 167
《动机与人格》，亚伯拉罕・马斯洛 91,200
《动物思维》，唐纳德・格里芬 34
《动物与人类的目的性行为》，爱德华・

托尔曼 72
《动物智力》，爱德华·桑代克 65
《对服从的行为研究》，斯坦利·米尔格拉姆 248
《对社交的心理需要》，约翰·杜威 216
达利尔·贝姆 166
大脑 59,163
大卫·伯恩斯 142
大卫·克雷奇 45
大卫·库珀 328
大卫·罗森汉 303,328~329
大卫·麦克利兰 322~323
大卫·韦克斯勒 303,336
大卫·休谟 49
戴维·鲁宾 237
丹·麦克亚当 308
丹·吉尔伯特 140
丹·奥维尤斯 320
丹尼尔·伯努利 193
丹尼尔·戈尔曼 322
丹尼尔·卡尼曼 159,193
丹尼尔·拉加什 336
丹尼尔·夏克特 159,170,188,194,204,207,208~209
道德发展 292~293
道德发展阶段，劳伦斯·科尔伯格 261
道格拉斯·吉列 155
德奥尔多·西蒙 52,302,304
德勒兹 54
德里克·弗里曼 46
蒂莫西·利里 91,148
电击，服从实验 248~252
动机 322~323
短程治疗 149
多萝西·罗伊 91,154,243
多重人格障碍 (MPD) 303,330,331

E

《儿童的种族态度》，布鲁诺·拉斯克 282
《儿童与社会》，艾瑞克·埃里克森 46,260
《儿童智力的起源》，让·皮亚杰 164
厄伦费尔 160
恩斯特·布鲁克 96
儿童发展 264,265,266,267

F

《分离的意识》，欧内斯特·希尔加德 54
《分裂的人格》，莫庭·普林斯 330
《分裂的自我》，莱恩 26,91,328
《服从权威》，斯坦利·米尔格拉姆 252
发生认识论 264~267
发展阶段 272~273
发展心理学 11,12,159,260~261,269,284~285
反精神病学 150~151,328,329
防御悲观主义 108
菲利普·巴德 324
菲利普·弗农 304
菲利普·津巴多 166,217,248,254~255
菲利普斯 328
费格斯·克雷克 185
分离性身份识别障碍 (DID) 303,330
分析心理学 104~107
疯子与天才 318,320,321
佛教 140,141,210
弗吉尼亚·萨提亚 91,146~147
弗吉尼亚·亚瑟兰 118
弗朗索瓦兹·多尔多 261,279
弗朗西斯·高尔顿 13,28~29,50,51,75,270,302,304
弗朗兹·麦斯迈 22
弗雷德里克·巴特利特 48,158,180,188,204,208,234,237,335
弗雷德里克·赫茨伯格 322
弗里茨·海德 242
弗里茨·皮尔斯 91,112~117,126,132,138,174
弗里德曼·舒尔茨·冯恩 339
弗罗伊德·奥尔波特 302,310
弗洛伊德口误 98
服从 216,217,224,227,248~251,254~255
负强化 82,83

G

《个体建构心理学》，乔治·凯利 154
《个体心理学的理论与实践》，阿尔弗雷德·阿德勒 90
《工作的动机》，弗雷德里克·赫茨伯格 322
《公正世界的信念：基本的幻觉》，梅尔文·勒纳 154,243
《孤独、创造和爱》，克拉克·莫斯塔卡斯 132
《鬼的战争》，弗雷德里克·巴特利特 158
“g因素” 62,302,303,314
盖尔·希利 272
盖伦 18~19,20,308,319
盖伊·科尔诺 91,155
高尔顿·鲍尔 159,188,194~195,196
高尔顿·奥尔波特 165,173,204,216,302,306~313
戈特弗里德·莱布尼茨 24,25
格里高利·贝特森 150,151
格式塔理论 91,154
格式塔疗法 114~117,142,174
格式塔心理学 12,59,72,73,158,159,160~161,167,220
格式塔运动 44
个案研究 308,309,313
个人建构理论 154
个体心理学 100~101
公平世界假说 242,243
攻击，儿童 288,289,290
孤独症 261,298
古斯塔夫·费希纳 232,304
归因理论 242~243
郭任远 58,75,80

HI

《孩子们的梦想》，布鲁诺·贝特尔海姆 271
《回忆》，弗雷德里克·巴特利特 204,208,234
哈里·哈洛 139,261,274,277,278,280
哈利·斯塔克·沙利文 146
哈罗德·凯利 338
海因茨·海克豪森 338
海因茨·科胡特 110
海泽·希尔 294
汉弗莱微·奥斯蒙德 148
汉密尔顿 248
汉密尔顿抑郁量表(HAMD) 154
汉斯·艾森克 18,19,212,302,308,313,316~321,326
汉斯·亚斯伯格 298
合作心理学 193
赫伯特·凯尔曼 248
赫布式学习 163

赫尔曼·艾宾浩斯 10,11,17,48~49,62,158,162,170,172,188,208
赫尔曼·赫尔姆霍兹 37
赫尔曼·罗夏 335
赫维·克莱克里 303,330~331
黑格尔 122,238
亨利·戈达德 53
亨利·里肯 & 斯坦利·斯坎特 167
亨利·穆雷 138,322,323
亨利·里肯 167
后天，参见先天和后天之争
恢复记忆治疗 205,207
霍华德·加德纳 198
IQ测验《铁约翰：一本关于男人的书》，罗伯特·勃莱 155

J

《嫉恨与感恩》，梅兰妮·克莱因91
《记忆：对实验心理学的一项贡献》，赫尔曼·艾宾浩斯 17,49,170,208
《记忆的七宗罪》，丹尼尔·夏克特 159,170,188,194,204,207
《记忆的艺术》，乔尔丹诺·布鲁诺48
《焦虑的概念》，索伦·克尔凯戈尔26
《焦虑的意义》，罗洛·梅 26,141
《教育的过程》，杰罗姆·布鲁纳 165
《教育漫话》，约翰·洛克264
《结果选择论》，斯金纳 83
《精神病学：科学的谎言》，托马斯·斯扎斯则 328
《精神病学和反精神病学》，大卫·库珀 328
《精神病学教科书》，埃米尔·克雷佩林 31
《精神的不自主运动》，皮埃尔·让内 55,110
《精神分析：形象与公众对象》，塞尔日·莫斯科维奇 239
《精神疾病的谎言》，托马斯·斯扎斯则 328
《镜像期》，雅克·拉康 90
《句法结构》，诺姆·乔姆斯基 260
"基于情绪的提取效应" 195
鸡尾酒会现象 183,184
积极心理学 152~153,198~199,200~201,313
基克·鲁宾 242
基思·戴维斯 242
基思·西蒙顿 318
基因，天性 318~321
基因型 311,312
激进行为主义 71,80~85,149
集体无意识 90,104,105,106,107
记忆 17,48,49,58,158,159,180,208,234
记忆的重构 158
记忆术 48
家庭治疗 146~147,151
简·卢文格 111
交互抑制 86~87
焦虑 86,87,159,177
教育心理学 65
杰·哈利 149
杰弗里·米勒 211
杰弗里·佩奇 312
杰奎琳·麦茨勒 159
杰罗姆·布鲁纳158,162,164~165,173,188,261,270
杰罗姆·卡根 339
结构主义 24~25
解放心理学 217,256~257
解离 54,330
津戴尔·塞戈尔 210
进化 16,58
进化心理学 13,211
经典条件作用 58,59,60~61,68,69,70,81
精神病 150,318~321
精神病理学 90
精神病学 31,328~329
精神分裂症 31,91,150,151,329
精神分析（精神分析心理治疗法) 12,17,90,91,97,158,308
精神障碍的诊断与统计手册 330
精神质、内外倾和神经质(PEN) 308,321

K

《科学的英国人：他们的天性与后天教养》，弗朗西斯·高尔顿 29,75
卡尔·登克尔 160
卡尔·拉什利 58,59,76,163,165
卡尔·兰格 43,324
卡尔·马克思 129
卡尔·荣格 24,90,94,102~107,114,122
卡尔·威尔尼克 16
卡尔·罗杰斯 26,27,91,114,116,130~135,141,145,146,198,200,313
卡珲莎草纸文稿 30
卡罗尔·杰克林 284
凯伦·霍妮 90,110,114,126,129,142,143
凯瑟琳·布里格斯 302
凯瑟琳·考克斯 318
坎农巴德理论 324
康德 40,41,114,264
康拉德·洛伦兹 34,59,75,77,274,278
科比特·西格彭 303,330~331
科林·彻利 158,183,184
科妮莉亚·威尔伯 330
克拉克·赫尔 59,240,335
克拉克·莫斯塔卡斯 132
克劳德·列维·斯特劳斯 123
克劳德·香农 171
克里斯蒂娜·摩根 323
克纳·拉森 224
肯尼思·克雷克 180,181
肯尼斯·格根 238
肯尼斯·克拉克 260,261,282~283
肯特·戈德斯坦 138
恐惧 68,69,70,71
恐惧症 87
库尔特·考夫卡 160
库尔特·勒温 12,166,167,216,218~223,254
狂飙运动 47

L

《老鼠与人类的认知地图》，爱德华·托尔曼59
《理性生活指南》，阿尔伯特·艾利斯 91
《联合家族治疗》，弗吉尼亚·萨提亚 91
《灵魂的激情》，笛卡儿 16
《论攻击行为》，康拉德·洛伦兹 75
《论记忆》，赫尔曼·艾宾浩斯 62
《论女性的疾病》，希波克拉底 30
《论清醒睡眠的原因》，阿毕·法利亚 16,23
《论人》，勒内·笛卡儿 20
拉蒙-卡哈尔 76
莱昂·费斯廷格 159,166~167,244
莱恩 26,27,91,150~151,328
赖杰基 233
劳拉·波斯那 116
劳拉·戴维斯 204
劳拉·皮尔斯 91,174
劳伦斯·科尔伯格 260,261,292~293

勒内·笛卡儿 16,20~21,34,40,41,180,192
勒内·施皮茨 271
雷奥纳德·伯克维兹 288
雷蒙德·卡特尔 302,303,308,313,314~315,326
雷蒙德·克莱斯托 326
雷内·迪阿特凯内 338
冷酷无情的精神病态 276
里奥·波兹曼 48,165,204
里奥·肯纳 298
里奥波德·贝拉克 149
里弗斯 334
理查德·拉扎勒斯 324
理查德·道金斯 211
理查德·泰勒 193
理查德·班德勒 114
理性情绪行为疗法 (REBT) 91,110,142~145, 174,177,212
利蒂希娅·佩普劳 242
利己主义 117
利维·维果斯基 164,165,238,260,269,270
联结主义 62~63,65
恋母情结 155
领悟疗法 149
流体智力 314,315
卢克莱修 31
鲁道夫·利纳斯 44
鲁道夫·谢弗 276,277,278
路德维希·宾斯万格 141
路米 126
路易斯·推孟 53
罗宾·查普曼 297
罗伯特·奥恩斯坦 148
罗伯特·巴伦 288
罗伯特·伯恩斯坦 232
罗伯特·勃莱 155
罗伯特·德舍 271
罗伯特·海姆里奇 217,236
罗伯特·霍根 326
罗伯特·摩尔 155
罗伯特·斯莱文 270
罗伯特·扎荣茨 217,230~235
罗德尼·沃伦菲尔兹 326
罗杰·布朗 194,216,217,237
罗杰·斯佩里 337
罗杰·谢帕德 159,192
罗兰·巴特 123
罗洛·梅 26,91,126,137,141
罗纳德·加利莫尔 277
罗纳德·利比特 220
罗莎莉·蕾娜 69,70,71,86
罗夏测验 331,335
罗夏墨渍测验 331,335
洛娜·温 298

M

《玛格丽特·米德和萨摩亚人》，德里克·弗里曼46
《梦的解析》，西格蒙德·弗洛伊德 90,98
《母亲照料与心理健康》，约翰·鲍尔比 275
《目击者证词》，伊丽莎白·洛夫特斯 159,188,206
MACOS项目 164
马丁·海德格尔 141
马丁·塞利格曼 140,174,198,200~201,313,322
马基雅弗利特质 310
马克·波多尔斯基 228
马克·利瑞 228
马克·威廉姆斯 210
马克思·韦特海默 40,114,160,335
马克斯·汉密尔顿 154
马林·梅森 21
马歇尔·麦克卢汉 12
玛格丽特·米德 46,196
玛拉·塞尔维尼·帕拉佐利 146
玛丽·安斯沃斯 261,277,280~281
玛丽·梅恩 280
玛米·克拉克 260,261,282
迈尔斯职业性格测试 (MBTI) 107
迈克尔·阿盖尔 100
迈克尔·路特 274,278,339
梅尔·斯莱特 253
梅尔文·勒纳 154,217,242~243
梅兰妮·克莱因 90,91,99,108~109,110,111, 118,119,121,260
蒙特梭利学校 264
迷幻药 148
米尔顿·艾瑞克森 149,336
米尔顿·罗克奇 338
米尔福德·斯皮罗 271
米哈里·契克森米哈赖 198~199,200,201,322
米歇尔·库伯维 192
棉花糖实验 327
面部表情 196,197,235,303
面孔识别 36
莫顿·普林斯 54,330
母爱剥夺 275,276
母子联结 275,280,281
目的(认知)行为主义 72,160
穆扎费尔·谢里夫 216,224,225,254,337

N

《内驱力的战争》，爱德华·托尔曼 75
男性心理学 155
南希·艾森伯格 292
南希·贝利 336
内倾性 90,319,321
内隐学习 68,73
尼采 141
尼尔·米勒 59,337
尼尔森·考恩 173
尼科·弗莱吉达 303,324~325
虐待儿童 204,206,207
诺姆·乔姆斯基 59,72,85,173,211,260,261, 294~297
女权运动 284
女性 217,236
女性态度量表 236
女性心理学 284

O

欧内斯特·托普斯 326
欧内斯特·希尔加德 54,337
欧文·波拉克 171,172
欧文·戈夫曼 216,228~229
欧文·亚隆 141

P

《批判心理学》，艾萨克·普里勒坦斯基&丹尼斯·福克斯 256
《偏见的本质》，高尔顿·奥尔波特 216
PEN（精神质、内外倾和神经质）308,321
帕拉赛尔苏斯 94
佩吉·埃默森 277,278
佩特·米切尔 298

皮埃尔·达森 269
皮埃尔·让内 17,54~55,104,330
皮尔·保罗·布洛卡 16,76
皮特·布利金 240

Q

《潜意识的哲学》，艾德华·哈特曼 24
《青春期：教育、管理和卫生》，斯坦利·霍尔47
《情绪》，尼科·弗莱吉达 303
《情绪的法则》，尼科·弗莱吉达 325
《情绪的解析》，保罗·艾克曼 197
《情绪的面部表情》，保罗·埃克曼 159
《情绪与适应》，理查德·拉扎勒斯 324
《求偶思维》，杰弗里·米勒 211
《缺失的父亲，迷失的儿子》，盖伊·科尔诺155
“情绪一致性处理”195
欺骗 196,197
齐格勒 328
气质和体液 18,19
强化 64,81,82
强迫症 (OCD) 212~213
乔恩·卡巴金 200,210
乔尔丹诺·布鲁诺 48
乔伊·保罗·吉尔福特 303,304~305,314,318
乔伊斯·霍根 326
乔治·贝克莱 20
乔治·凯利 154,337
乔治·米勒 159,162,163,164,165,168~173,180,194,208
青春期 46,47
青少年犯罪 276
情景记忆 189,190,191
情绪 68,69,144,159,196,197,233,303,324~325
情绪的情感理论 196
情绪心理学 196~197

R

“人：一门学科”(MACOS)项目 164
《人格：心理学的解释》，高尔顿·奥尔波特302,312
《人格和测量》，沃尔特·米歇尔 303,327
《人格特质——分类和测量》，高尔顿·奥尔波特和弗罗伊德·奥尔波特 302,308
《人格维度》，汉斯·艾森克 18
《人类存在的实现及其基本形式》，路德维希·宾斯万格 141
《人类的起源》，达尔文 203
《人类动机理论》，亚伯拉罕·马斯洛198,322
《人体构造》，安德雷亚斯·维萨里 18
《人与动物的情绪表达》，达尔文 58,324
《人猿的智力》，沃尔夫冈·苛勒 193
《认知失调理论》，莱昂·费斯廷格 158
《认知心理学》，乌瑞克·奈瑟尔 159
《认知与沟通》，唐纳德·布罗德本特 72,158,184,192
《日常生活中自我的表现》，欧文·戈夫曼 216,228
REBT，参见理性情绪行为疗法
让·皮亚杰 74,164,165,260,262~267,270,272,292
让-马丁·沙可 17,23,30,51,54,55,90,94
人本主义精神分析 126~129
人本主义心理学 12,129,136,137,138~139,141,198
人本主义心理治疗 91
人格 13,16,17,134,318~321
人格测验 323
人格分裂 110
人格理论 303,318~321,326~327
人格特质和类型 107,128,129,308,309,310,320,326~327
人格心理学 302,303,308~313
人类发展 29,46~47
认知 59,68,73,160
认知发展 164~165,264,265,266,267,269
认知行为疗法 (CBT) 12,59,72,85,144,145,159,212~213
认知行为主义 72~73,160
认知疗法 72,91,174~177,198,200
认知神经科学 163
认知失调 166,167,244,245
认知心理学 11,12,59,72,85,91,158,159,166~167,180,181,184,185,208~209,260~261
荣格的原型 155
肉体/心灵二元论 20~21

S

《萨摩亚人的成年》，玛格丽特·米德 46
《三面夏娃》，科比特·西格彭&赫维·克莱克里303,331
《社会性动物》，埃利奥特·阿伦森 244
《社会学习理论》，阿尔伯特·班杜拉 74,164
《社会压力与个体观点》，所罗门·阿希 224
《神经系统疾病》，让-马丁·沙可 17,54
《神经性催眠》，詹姆斯·布雷德 22
《神经症与人类成长》，凯伦·霍妮 114
《神奇的数字7±2》，乔治·米勒 162,170
《生病至死》，索伦·克尔凯郭尔 16
《生成》，高尔顿·奥尔波特 313
《生而为人》，卡尔·罗杰斯 26,136
《生理心理学原理》，威廉·冯特 31,34
《所罗门的指环》，康拉德·洛伦兹 34
萨尔瓦多·米纽琴 146
萨拉·汉普森 228
萨特 122,140,150
萨提亚模式 147
塞尔日·莫斯科维奇216,217,224,227,238~239
塞西尔·古德曼 158
赛吉·乐伯维奇 338
瑟斯顿 304
闪光灯记忆 190
社会建构主义 238~239,270
社会心理学11,12,167,216~217,220~223,232,236,244~245,256
社会学习理论 80,236,260,288~291
社交 288~291
社区心理学 256
神经催眠术 22
神经科学 30,54~55
神经系统科学 59,158,159, 163
神经心理学 67,163
神经语言学程序 (NLP) 114
神经质 19,319~321
神奇的数字 7,170~173
生物心理学 28~29
实验 148
实验心理学 17,34~37,48,49,148
史蒂文·理查 254
视错觉 192
熟悉度 232~235
顺从 224~227,248~253

思想的自由 140
斯蒂文・平克 159,192,294,297
斯金纳58,59,60,61,62,64,71,72,74,75,78~85,86,149,288,294,309
斯金纳箱 81,82,83
斯坦・库扎 294
斯坦福监狱实验 217,254
斯坦利・霍尔 17,46~47
斯坦利・米尔格拉姆 166,217,224,225,227,246~253,254
斯坦利・史密斯・史蒂文斯 173
斯坦利・斯坎特 167,338
死本能 91,108,109
苏菲教 126
苏格拉底 26
苏珊・吉尔曼 269
苏珊・克兰西 208
所罗门・阿希 216,224~227,248,249
索伦・克尔凯郭尔 16,26~27,141

T

"他者" 122~123
《天才101：创造者、领导和神童》，基思・西蒙顿 318
《通过有意识的自我暗示控制自我》，埃米尔・库艾22
唐纳德・布罗德本特 72,158,173,178~185,192
唐纳德・赫布 48,76,158,163
唐纳德・温尼考特 91,118~121
唐纳德・格里芬 34
条件作用 11,58,59
通则式研究 309
同一性危机 46,273
团体动力 216,220,223
托马斯・斯扎斯 30,328
托马斯・维斯奈 277
脱敏 59

W

《挽救我们的孩子》，皮特・布利金 240
《为解放心理学而作》，伊格纳西奥・马丁-巴洛 257
《文化心理学》，威廉・冯特 37
《沃尔登第二》，斯金纳 85
《无意识心理学》，卡尔・荣格 24
《无助：抑郁、发展和死亡》，马丁・塞利格曼174
《物种起源》，达尔文 16,50, 77
瓦特・米伽尔 302,303,326~327
外倾性 19,319~321
威廉・鲍尔斯 240,241
威廉・达蒙 198,292
威廉・狄尔泰 309
威廉・冯特17,18,26,31,32~37,47,50,172,304
威廉・苛勒 193
威廉・瑞安 242
威廉・斯登 309,334
威廉・文德尔班 309
威廉・詹姆斯 11,17,20,28,38~45,47,59,65,68,80,82,100,122,148,162,163,170,172,228,237,308,324
威廉・格拉瑟 217,240~241
威廉・斯塔克尔 108
韦氏成人智力测验(WAIS) 303
维尔纳・海森堡 238
维克多・弗兰克尔 91,140
文化公平智力测验 315
问题解决 159,160,161
沃尔夫冈・苛勒 158,159,160~161, 163,220,225
沃尔特・坎农 324
沃尔特・潘科 148
乌瑞克・奈瑟尔 159,237,339
无条件积极关注 135,136
无意识 16,17,90,91,148

X

《现实主义疗法》，威廉・格拉瑟 217
《心理学纲要》，埃米尔・克雷佩林 17
《心理学教科书》，乔安・赫尔巴特 16
《心理学视角与文艺复兴艺术》，米歇尔・库伯维 192
《心理学原理》，威廉・詹姆斯 17,45,60,80,82,122,162,170,308
《心理咨询与治疗》，卡尔・罗杰斯 91,141,146
《心流：心理的最佳体验》，米哈里・契克森米哈赖 199,200,322
《新中年主张》，盖尔・希利 272
《行为的组织》，唐纳德・赫布 48,163
《行为主义》，约翰・华生 71
《行为主义者眼中的心理学》，约翰・华生 58,59,86
《形状的特质》，厄伦费尔160
《性别差异心理学》，埃莉诺・迈克比 261,284
《性学三论》，西格蒙德・弗洛伊德 260
西奥多・阿多诺 248
西格蒙德・弗洛伊德 11,12,17,22,24,30,46,54,90,92~99, 104,108,111,118,150,152,174,195,204,220,272,274,278,292,309
西里尔・伯特 50
西蒙・巴伦科恩 236,261,284,298~299
希波克拉底 18, 30,308,319,326
希波吕忒・伯恩海姆 224
希尔文・汤姆金斯 196
习得的能力 28
习得性无助 200,201
系统脱敏 86,87
夏洛特・布勒 336
先天和后天之争 13,16,28,29,71,75,159,261,264,270,303
先天论 294~297
现实和感知 114, 115
现实主义理论 217
现实主义疗法 217,240,241
心理测量 302
心理动力学疗法 149
心理复原力 152,153
心理疾病 31,150,151
心理紧张 108
心理类型，卡尔・荣格 90
心理先天论 265
心理学 10~11,16, 17
心理障碍 17,330~331
心理诊断 17
心理治疗 11,12,94, 138
心灵 96,105
心灵成长 101
行为发育遗传学 75
行为心理学 322~323
行为学 59,77
行为主义 11,12,59,68~71,72,80,90,149,158,308
行为主义理论 60,80
行为主义疗法 59,159
行为主义心理学 62,63, 64,160
行为主义运动 44,58,76,77
性别差异 261,284,285
性别发展 290, 291
性别研究 236,261

性心理发展 260
虚假记忆综合征 206,207
选择理论 217,240~241
选择性注意 182,183,184,185
学习 12,16,17,48,49,58,59,68,159,163,221,222
学习困难 261
学习理论 74,166,294

Y

《压力与决策》，唐纳德·布罗德本特 185
《言语行为》，伊万·巴甫洛夫，约翰·华生，爱德华·桑代克&斯金纳 59,85
《遗传的天赋》,弗朗西斯·高尔顿 16,29
《以来访者为中心的治疗法》，卡尔·罗杰斯 26,198
《以色列集体农场中的儿童》，米尔福德·斯皮罗 271
《抑郁症：起因与治疗》，艾伦·贝克 159
《意识存在吗》，威廉·詹姆斯 20
《意识心理学》，罗伯特·奥恩斯坦 148
《癔症研究》，西格蒙德·弗洛伊德&约瑟夫·布洛伊尔 24,30,90,94
《优质工作：当卓越和道德遭遇》，威廉·达蒙&霍华德·加德纳 198
《优质工作：领导、心流以及创造意义》，威廉·达蒙&霍华德·加德纳 198
《有机体的行为》，斯金纳 74,75,86
《有效率的领导》，丹尼尔·戈尔曼 322
《语言和沟通》，乔治·米勒 71
《运动知觉的实验研究》，马克思·韦特海默 160
雅克·拉康 90,122~123,155,279
雅克·洛布 68
亚伯拉罕·马斯洛 91,100,126,132,133,137,138~139, 148,198,200,313,322
亚里士多德 18,20,34,41,201,240
亚历克斯·哈斯拉姆 254
亚历山大·鲁利亚 336
亚瑟·叔本华 108,122
养育系统 271
一行禅师 210
伊格纳西奥·马丁-巴洛 217,256~257
伊丽莎白·洛夫特斯 91,159,188,202~207,208
伊莎贝尔·布里格斯·迈尔斯 302
伊万·巴甫洛夫 11,58,59,60~61,62,68,70,72,74,76,80,81,86,87,161,174
依恋理论 261,274~277,278,280~281
移情 235,236
遗传 16,28,29,59,104,105
遗传学 59,83,159
遗忘 48,49,208,209
以来访者为中心疗法 132~135,200
抑郁 109,140,142,154,159,200,201,243
意识 16,17,44,148
意识分析 40~45
意义治疗 140
癔症 17,30,90,94
印刻 59,77
印象管理 228~229
应用心理学 182
优生学 28,29
幽默 18~19,308,309,319
尤金·阿扎姆 330
尤金·布鲁勒 31,150
犹他·弗里斯 298
游动错觉 225
游戏治疗 109, 118
语言 116,260,294,295,296,297
语言获得装置 (LAD) 296,297
预期理论 193
原型 94,104,105,106,107
约翰·鲍尔比 77,104,152,211,260, 271, 274~277,278,280
约翰·蒂斯代尔 210,339
约翰·杜威 216,334
约翰·多拉德 288
约翰·赫尔巴特 16,24~25
约翰·华生 11,26,28,40,58,59,60,61,62,64, 66~71,72,75,80,86,87,94
约翰·卡罗尔 314
约翰·洛克 28,40,41,49,264
约翰·尤里 207
约瑟夫·布洛伊尔 23,90,94
约瑟夫·坎贝尔 104
约瑟夫·沃尔普59,72,80,86~87,174,177,212

Z

“自我”，122~123
《再谈人格》，高尔顿·奥尔波特 313
《真实的叙事解释》，杰罗姆·布鲁纳 261
《正念》，西蒙·巴伦科恩 261
《知觉的组织原则》，马克思·韦特海默 40
《知觉组织元素的价值与需要》，杰罗姆·布鲁纳&塞西尔·古德曼 158
《智力的测量》，爱德华·桑代克 314
《追寻人生的意义》，维克多·弗兰克尔 91,140
《自私的基因》，理查德·道金斯 211
《自我与防御机制》，安娜·弗洛伊德 90
《自由的恐惧》，埃里克·弗洛姆 90
《作为历史的社会心理学》，肯尼斯·格根 238
詹姆斯·布雷德 22,23
詹姆斯·卡特尔 35,50,51
詹姆斯·库里克 237
詹姆斯·玛西亚 272
詹姆斯-兰格情绪理论 43,324
战后神经症 86,87
哲学 10,11,16
珍妮·马斯特森 310
珍妮·沃森 220
珍妮特·泰勒·斯宾塞 217,236
正念 200,210
正念减压疗法(MBSR) 210
正念认知疗法(MBCT) 210
正强化 81,83,85
知觉 16,17,59,114,115,158,159,160,161,192
知觉控制理论 (PCT) 240,241
植物人状态 (PVS) 44
智力 13,17,161,304~305,314~315
智力测验 50,52,53,65,265,302,304,305,314,315,318, 320,323
智力结构 (SI) 303
智力理论 298~299
智力理论 50~53
种族主义 242,282,283
朱迪·贝克 175
朱迪丝·古尔德 298
朱迪丝·柯特薛尔 207
朱莉·诺勒姆 108
主题统觉测验 (TAT) 138,323
追求卓越情结 101
自卑情结 100,101
自然选择 77,83
自杀 140
自我 16,96,97,105,106,111,126,127,133,134,135,136
自我暗示 23
自我觉知理论 166
自我实现 91,106,126,138~139,148,313
自我意识 116
自责 154
自尊 100,101
最近发展区理论 269

致 谢

Dorling Kindersley would like to thank Shriya Parameswaran, Neha Sharma, Payal Rosalind Malik, Gadi Farfour, Helen Spencer, Steve Woosnam-Savage, and Paul Drislane for design assistance; Steve Setford for editorial assistance; and Stephanie Chilman for composing the Directory.

PICTURE CREDITS

The publisher would like to thank the following for their kind permission to reproduce their photographs:

(Key: a-above; b-below/bottom; c-centre; f-far; l-left; r-right; t-top)

19 The Bridgeman Art Library: Bibliothèque de la Faculté de Médecine, Paris / Archives Charmet (tr). **21 Corbis:** Bettmann (tr). **Getty Images:** Hulton Archive (bl). **23 akg-images:** Bibliothèque nationale (tc). **Alamy Images:** Tihon L1 (bl). **25 Getty Images:** Hulton Archive (tr). **27 akg-images:** Coll. Archiv f. Kunst & Geschichte (tl). **Corbis:** Bettmann (bl). **29 The Bridgeman Art Library:** Birmingham Museums and Art Gallery (bc). **Getty Images:** Hulton Archive (tr). **30 Getty Images:** Imagno / Hulton Archive (br). **35 Alamy Images:** Interfoto (br). **Corbis:** Visuals Unlimited (tc). **36 Corbis:** Bettmann (tr, tc). **37 Corbis:** Bettmann (bl). **40 Corbis:** (bl). **43 Corbis:** The Gallery Collection. **44 Corbis:** Underwood & Underwood (br). **45 Science Photo Library:** Chris Gallagher (tr). **47 Corbis:** Bettmann (tr). **49 Corbis:** Bettmann (bl); Bill Varie (tr). **51 Science Photo Library:** US National Library of Medicine (tr). **52 Corbis:** Bettmann (bl). **55 Alamy Images:** Eddie Gerald (cr). **Lebrecht Music and Arts:** Rue des Archives / Varma (bl). **61 Corbis:** Bettmann (bl). **LawtonPhotos.com :** (tl). **65 Corbis:** Jose Luis Pelaez, Inc. (tl). **Science Photo Library:** Humanities and Social Sciences Library / New York Public Library (tr). **69 Corbis:** Underwood & Underwood (bl). **71 The Advertising Archives:** (br). **73 Corbis:** Sandy Stockwell / Skyscan (cr). **Magnum Photos:** Wayne Miller (bl). **75 The Advertising Archives:** (cra). **77 Getty Images:** Nina Leen / Time & Life Pictures (br). **81 Getty Images:** Nina Leen / Time & Life Pictures (br).

82 Getty Images: Joe Raedle (br). **83 Corbis:** Bettmann (tr). **84 Alamy Images:** Monashee Frantz (bl). **87 Getty Images:** Lambert / Archive Photos (tr). **94 Getty Images:** Imagno / Hulton Archive / Sigmund Freud Privatstiftung (tr). **97 Alamy Images:** Bjanka Kadic (bl). **98 The Bridgeman Art Library:** Museum of Modern Art, New York / © Salvador Dali, Fundació Gala-Salvador Dalí, DACS, 2011. **99 Corbis:** Hulton-Deutsch Collection (tr). **101 Corbis:** Guo Dayue / Xinhua Press (tl). **Getty Images:** Imagno / Hulton Archive (tr). **105 Getty Images:** Imagno / Hulton Archive (br). **106 Getty Images:** Apic / Hulton Archive (bl). **107 akg-images:** Walt Disney Productions (tl). **Getty Images:** Imagno / Hulton Archive (tr). **108 Corbis:** Robbie Jack (cra). **109 Wellcome Images:** (bl). **116 Corbis:** Robert Wallis (tl). **117 Alamy Images:** Harvey Lloyd / Peter Arnold, Inc. (tl). **Science Photo Library:** National Library of Medicine (bl). **119 Getty Images:** Hulton Archive (tr). **120 Corbis:** Nancy Honey (br). **123 Getty Images:** Ryan McVay (tl). **Lebrecht Music and Arts:** Rue des Archives / Collection Bourgeron (bl). **127 Corbis:** Michael Reynolds / EPA (tr). **129 Getty Images:** Leonard Mccombe / Time & Life Pictures (tr); Roger-Viollet (bl). **134 Corbis:** Pascal Deloche / Godong (tl). **135 Getty Images:** David Malan / Photographer's Choice (tr). **136 Corbis:** Roger Ressmeyer (bl). **137 Getty Images:** Peter Cade / Iconica (tl). **139 Corbis:** Ann Kaplan (tr). **144 Corbis:** Bettmann (bl). **Getty Images:** Mark Douet (tr). **147 Corbis:** Jutta Klee (tl/computer); Roy Morsch (tc/blamer); Larry Williams (tr/placator). **Getty Images:** Nathan Blaney / Photodisc (tc/leveller). **148 Getty Images:** Dennis Hallinan (b). **151 Corbis:** Allen Ginsberg (tr); Robbie Jack (bl). **153 Getty Images:** Miguel Medina / AFP (tr); Toru Yamanaka / AFP (tl). **155 Alamy Images:** Sigrid Olsson / PhotoAlto (cra). **161 TopFoto.co.uk:** Topham Picturepoint (tl, tr). **162 Getty Images:** Andersen Ross / Photodisc (cb). **165 Press Association Images:** (tr). **167 Science Photo Library:** Estate of Francis Bello (bl). **173 Corbis:** William Whitehurst (tl). **Jon Roemer:** (tr). **175 Beck Institute for Cognitive Behavior Therapy:** (tr). **176 Corbis:** Bettmann (br). **181 Alamy Images:** David O. Bailey (tl). **Science Photo Library:** Corbin O'Grady Studio (tr). **182 Corbis:** Carol Kohon (bl). **184 Corbis:** H. Armstrong Roberts / ClassicStock (bc, br). **Getty Images:** George Marks / Retrofile / Hulton Archive (bl). **185 Corbis:** Monty Rakusen (tr). **190 Alamy Images:** Gary Roebuck (tl). **Courtesy of Baycrest:** (bl). **192 Corbis:** Owaki/ Kulla (cra). **195 Corbis:** Ocean (tr). **197 Getty Images:** Steven Dewall / Redferns (bl). **199 Claremont Graduate University:** Photo by C. Sajgó (bl). **Corbis:** Charles Vlen / Bettmann (tl). **201 Getty Images:** Purestock (bc). **Positive Psychology Center, University of Pennsylvania. :** (tr). **204 Courtesy of UC Irvine:** (bl). **207 Corbis:** Guy Cali (bl). **210 Alamy Images:** Michele Burgess (cb). **212 Lebrecht Music and Arts:** Matti Kolho (bc). **213 University of Bath:** (tr). **221 Getty Images:** Chris Ryan / OJO Images (tr). **222 Corbis:** Moment / Cultura (bc). **223 Alamy Images:** Interfoto (bl). **Corbis:** K.J. Historical (tl). **225 Solomon Asch Center for Study of Ethnopolitical Conflict:** (tr). **227 Corbis:** Bettmann (bl). **229 American Sociological Association, www.asanet.org. :** Photo of Erving Goffman (bl). **Corbis:** Yi Lu (cr). **234 Corbis:** Claro Cortes / Hanoi, Vietnam (tl). **235 Corbis:** Hannes Hepp (bc). **Stanford News Service. :** Linda A. Cicero (tr). **237 Corbis:** Walt Sisco / Bettmann (cr). **239 Corbis:** Sophie Bassouls / Sygma (bl). **241 The Bridgeman Art Library:** Musée national des arts et traditions populaires, Paris / Archives Charmet (tc). **William Glasser Inc. - www.wglasserbooks.com :** (tr). **243 Alamy Images:** David Grossman (tl). **University of Waterloo:** Maurice Greene (bl). **245 Corbis:** Bettmann (bl). **Special Collections, University of California, Santa Cruz:** (tr). **249 Getty Images:** Apic / Hulton Archive (tr). **Manuscripts and Archives, Yale University Library:** Courtesy of Alexandra Milgram (bl). **251 Getty Images:** Peter Stackpole / Time & Life Pictures (br). **252 Corbis:** Stapleton Collection (br). **253 Corbis:** Geneviève Chauvel / Sygma (tl). **255 TopFoto.co.uk:** Topham Picturepoint (tr). **Philip G. Zimbardo, Professor Emeritus, Stanford University:** (tl). **257 Universidad Centroamericana "José Simeón Cañas" (UCA), El Salvador:** (bl). **265 Corbis:** The Gallery Collection (tc). **267 Science Photo Library:**

Bill Anderson (bl). **268 Corbis:** Bettmann (bl). **269 Alamy Images:** Thomas Cockrem (br). **271 Corbis:** Jerry Cooke (cr). **273 Corbis:** Ted Streshinsky (tr). **Getty Images:** Jose Luis Pelaez / Iconica (bc). **276 Corbis:** Hulton-Deutsch Collection (tr). **277 Richard Bowlby:** (bl). **Getty Images:** Lawrence Migdale (tr). **278 Science Photo Library:** Photo Researchers (cr). **281 Corbis:** Tim Page (tr). **282 Library Of Congress, Washington, D.C.:** Gordon Parks (cr). **283 Corbis:** Bettmann (tr). **285 Corbis:** Bob Thomas (tc). **Special Collections, Eric V. Hauser Memorial Library, Reed College, Portland, Oregon:** (bl). **289 Albert Bandura:** Department of Psychology, Stanford University (tr). **290 Alamy Images:** Alex Segre (tr). **291 Corbis:** Ocean (b). **293 Corbis:** Bettmann (tr). **296 Corbis:** Christopher Felver (bl). **297 Corbis:** Frans Lanting (br); Brian Mitchell (tl). **299 Getty Images:** Trisha G. / Flickr (bl). **Rex Features:** Brian Harris (tr). **305 Getty Images:** Stan Munro / Barcroft Media (tl). **310 The Bridgeman Art Library:** Palazzo Vecchio (Palazzo della Signoria), Florence (tr). **312 Getty Images:** MPI / Archive Photos (tl). **313 Corbis:** Bettmann (tr). **315 Courtesy of the University of Illinois Archives:** Image 0000950. Found in RS: 39/1/11, Box 12, Folder Raymond B. Cattell (bl). **320 Corbis:** Bettmann (bl). **321 Getty Images:** Universal History Archive/ Hulton Archive (tl). **Mary Evans Picture Library:** John Cutten (tr). **323 Harvard University :** Jane Reed / Harvard News Office (tr). **Science Photo Library:** Van D. Bucher (bc). **325 Getty Images:** Universal History Archive / Hulton Archive (tr). **Dolph Kohnstamm:** (bl). **327 Corbis:** Monalyn Gracia (tc). **Courtesy of University Archives, Columbia University in the City of New York. :** Joe Pineiro / Office of Public Affairs Negatives - Box 109 (tr). **329 Corbis:** Bettmann (bl). **331 The Kobal Collection:** 20th Century Fox (tc).

For more information see:
www.dkimages.co.uk

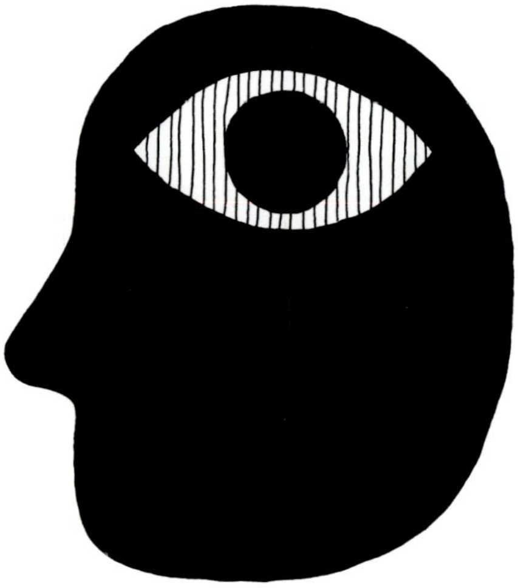